21 世纪应用型本科土木建筑系列实用规划教材

高层建筑施工

主　编　张厚先　陈德方
副主编　王立军　吴美琴
参　编　刘菁菁　储劲松　周占学
主　审　胡长明

北京大学出版社
PEKING UNIVERSITY PRESS

内容简介

本书针对高层建筑施工技术的迅速发展，着眼新技术及培养学生指导现场施工的能力，注重叙述高层建筑施工技术的系统性及与一般施工技术的区别。本书主要内容包括：高层建筑施工技术的发展概述、高层建筑施工测量、基坑工程、大体积混凝土基础结构施工、高层建筑施工用垂直运输机械、高层建筑施工用脚手架、现浇混凝土结构高层建筑施工、钢结构高层建筑施工及高层建筑装饰装修工程施工。

本书严格遵守国家现行规范；反映新技术、新工艺；结合应用型本科特点，注重技术含量、实用性；体系完整，内容精练，附图直观；使本、专科学生尽快成为施工现场技术人员以及对施工现场技术人员履行职责有较大帮助。书中重要计算内容均有例题、习题。

本书可作为高等学校土木类专业本、专科学生的教学参考书。

图书在版编目(CIP)数据

高层建筑施工/张厚先，陈德方主编. —北京：北京大学出版社，2006. 1

(21世纪应用型本科土木建筑系列实用规划教材)

ISBN 978-7-301-10434-0

Ⅰ. 高… Ⅱ. ①张…②陈… Ⅲ. 高层建筑施工—高等学校：技术学校—教材 Ⅳ. TU974

中国版本图书馆CIP数据核字(2005)第158920号

书　　名：高层建筑施工
著作责任者：张厚先　陈德方　主编
责 任 编 辑：吴　迪　李昱涛
标 准 书 号：ISBN 978-7-301-10434-0/TU·0019
出　版　者：北京大学出版社
地　　　址：北京市海淀区成府路205号　100871
网　　　址：http://cbs.pku.edu.cn　http://www.pup6.com
电　　　话：邮购部010-62752015　发行部010-62750672　编辑部010-62750667
电 子 信 箱：pup_6@163.com
排　版　者：北京东方人华北大彩印中心　　电话：010-62754190
印　刷　者：北京虎彩文化传播有限公司
发　行　者：北京大学出版社
经　销　者：新华书店
787毫米×1092毫米　16开本　22.75印张　528千字
2006年1月第1版　2022年12月第16次印刷
定　　　价：45.00元

丛书总序

我国高等教育发展迅速，全日制高等学校每年招生人数至2004年已达到420万人，毛入学率19%，步入国际公认的高等教育“大众化”阶段。面临这大规模的扩招，教育事业的发展与改革坚持以人为本的两个主体：一是学生，一是教师。教学质量的提高是在这两个主体上的反映，教材则是两个主体的媒介，属于教学的载体。

教育部曾在第三次新建本科院校教学工作研讨会上指出：“一些高校办学定位不明，盲目追求上层次、上规格，导致人才培养规格盲目拔高，培养模式趋同。高校学生中‘升本热’、‘考硕热’、‘考博热’持续升温，应试学习倾向仍然比较普遍，导致各层次人才培养目标难于全面实现，大学生知识结构不够合理，动手能力弱，实际工作能力不强。”而作为知识传承载体的教材，在高等教育的发展过程中起着至关重要的作用，但目前教材建设却远远滞后于应用型人才培养的步伐，许多应用型本科院校一直沿用偏重于研究型的教材，缺乏针对性强的实用教材。

近年来，我国房地产行业已经成为国民经济的支柱行业之一，随着本世纪我国城市化的大趋势，土木建筑行业对实用型人才的需求还将持续增加。为了满足相关应用型本科院校培养应用型人才的教学需求，从2004年10月北京大学出版社第六事业部就开始策划本套丛书，并派出10多位编辑分赴全国近30个省份调研了两百多所院校的课程改革与教材建设的情况。在此基础上，规划出了涵盖“大土建”六个专业——土木工程、工程管理、建筑学、城市规划、给排水、建筑环境与设备工程的基础课程及专业主干课程的系列教材。通过2005年1月份在湖南大学的组稿会和2005年4月份在三峡大学的审纲会，在来自全国各地几十所高校的知名专家、教授的共同努力下，不但成立了本丛书的编审委员会，还规划出了首批包括土木工程、工程管理及建筑环境与设备工程等专业方向的40多个选题，再经过各位主编老师和参编老师的艰苦努力，并在北京大学出版社各级领导的关心和第六事业部的各位编辑辛勤劳动下，首批教材终于2006年春季学期前夕陆续出版发行了。

在首批教材的编写出版过程中，得到了越来越多的来自全国各地相关兄弟院校的领导和专家的大力支持。于是，在顺利运作第一批土建教材的鼓舞下，北京大学出版社联合全国七十多家开设有土木建筑相关专业的高校，于2005年11月26日在长沙中南林学院召开了《21世纪应用型本科土木建筑系列实用规划教材》（第二批）组稿会，规划了①建筑学专业；②城市规划专业；③建筑环境与设备工程专业；④给排水工程专业；⑤土木工程专业道路、桥梁、地下、岩土、矿山课群组近60多个选题。至此，北京大学出版社规划的“大土木建筑系列教材”已经涵盖了“大土建”的6个专业，是近年来全国高等教育出版界唯一一套完全覆盖“大土建”六个专业方向的系列教材，并将于2007年全部出版发行。

我国高等学校土木建筑专业的教育，在国家教育部和建设部的指导下，经土木建筑专业指导委员会六年来的研讨，已经形成了宽口径“大土建”的专业发展模式，明确了土木建筑专业教育的培养目标、培养方案和毕业生基本规格，从宽口径的视角，要求毕业生能从事土木工程的设计、施工与管理工作。业务范围涉及房屋建筑、隧道与地下建筑、公路与城市道路、铁道工程与桥梁、矿山建筑等，并且制定一整套课程教学大纲。本系列教材就是根据最新的培养方案和课程教学大纲，由一批长期在教学第一线从事教学并有过多年工程经验和丰富教学经验的教师担任主编，以定位“应用型人才培养”为目标而编撰，具有以下特点：

(1) 按照宽口径土木工程专业培养方案，注重提高学生综合素质和创新能力，注重加强学生专业基础知识和优化基本理论知识结构，不刻意追求理论研究型教材深度，内容取舍少而精，向培养土木工程师从事设计、施工与管理的应用方向拓展。

(2) 在理解土木工程相关学科的基础上，深入研究各课程之间的相互关系，各课程教材既要反映本学科发展水平，保证教材自身体系的完整性，又要尽量避免内容的重复。

(3) 培养学生，单靠专门的设计技巧训练和运用现成的方法，要取得专门实践的成功是不够的，因为这些方法随科学技术的发展经常在改变。为了了解并和这些迅速发展的方法同步，教材的编撰侧重培养学生透析理解教材中的基本理论、基本特性和性能，又同时熟悉现行设计方法的理论依据和工程背景，以不变应万变，这是本系列教材力图涵盖的两个方面。

(4) 我国颁发的现行有关土木工程类的规范及规程，系1999～2002年完成的修订，内容有较大的取舍和更新，反映了我国土木工程设计与施工技术的发展。作为应用型教材，为培养学生毕业后获得注册执业资格，在内容上涉及不少相关规范条文和算例。但并不是规范条文的释义。

(5) 当代土木工程设计，越来越多地使用计算机程序或采用通用性的商业软件，有些结构特殊要求，则由工程师自行编写程序。本系列的相关工程结构课程的教材中，在阐述真实结构、简化计算模型、数学表达式之间的关系的基础上，给出了设计方法的详细步骤，这些步骤均可容易地转换成工程结构的流程图，有助于培养学生编写计算机程序。

(6) 按照科学发展观，从可持续发展的观念，根据课程特点，反映学科现代新理论、新技术、新材料、新工艺，以社会发展和科技进步的新近成果充实、更新教材内容，尽最大可能在教材中增加了这方面的信息量。同时考虑开发音像、电子、网络等多媒体教学形式，以提高教学效果和效率。

衷心感谢本套系列教材的各位编著者，没有他们在教学第一线的教改和工程第一线的辛勤实践，要出版如此规模的系列实用教材是不可能的。同时感谢北京大学出版社为我们广大编著者提供了广阔的平台，为我们进一步提高本专业领域的教学质量和教学水平提供了很好的条件。

我们真诚希望使用本系列教材的教师和学生，不吝指正，随时给我们提出宝贵的意见，以期进一步对本系列教材进行修订、完善。

本系列教材配套的PPT电子教案在出版社相关网站上提供下载。

《21世纪应用型本科土木建筑系列实用规划教材》
专家编审委员会
2006年1月

前 言

从 20 世纪 70 年代末开始，我国陆续建造了一批高层建筑，推动了建材、结构类型、施工技术的不断创新，积累了丰富的、有别于多层和传统建筑施工的高层建筑施工技术。这些技术在期刊杂志等资料中多有报道，在手册等大型工具书中也有全面阐述。1994 年国家建设部颁发了在全国范围内大力推广 10 项新技术的要求，1998 年又在原 10 项新技术的基础上补充了更新内容；另外，这些技术在“建筑施工”教材中也得到部分反映。但对上述高层建筑施工独特、先进技术的基本工艺和基本理论进行理论探讨及科学分析，从而可以服务于高等学校土木工程专业“高层建筑施工”课教学的教材并不多见，以面向建筑施工第一线为培养目标的广大院校急需改善这一状况。

本书针对高层建筑施工技术迅速发展的实践，着眼新技术及培养学生指导现场施工的能力，注重叙述高层建筑施工技术的系统性及与一般施工技术的区别。本书严格遵守国家现行规范，反映新技术、新工艺，注重技术含量、实用性，体系完整，内容精练，附图直观，力求对本、专科学生尽快成为施工现场技术人员以及对施工现场技术人员履行职责能有较大帮助，重要计算内容均有例题和习题。

本书各章内容特色：

第 1 章介绍了保证建筑垂直方法、保证建筑标高符合设计的方法、保证沉降观测工作的质量要点、激光经纬仪等新技术的应用，对以往在相关课介绍不充分的施工放线也作了详细介绍。

第 2 章对基坑工程概念及现状、支护结构的类型、基坑工程特点、基坑工程设计内容、基坑工程设计依据、支护结构设计计算方法作了概述，对支护结构设计的荷载及其组合、桩墙式支护结构的内力变形及配筋计算、基坑的稳定性分析、内支撑的内力与截面计算、锚杆设计、土钉墙设计、重力式水泥土挡墙设计作了详细介绍。其中桩墙式支护结构的内力变形及配筋计算，重点介绍等值梁法、弹性抗力法，并对等值梁法编写了例题和习题。对基坑工程勘查、施工、检测、试验作了简明介绍。本章按《建筑地基基础设计规范》(GB 50007—2002)、《建筑边坡工程技术规范》(GB 50330—2002)和《建筑基坑支护技术规程》(JGJ 120—1999)编制完成。

第 3 章介绍了大体积混凝土温度裂缝产生的原因，介绍了大体积混凝土温度应力和平均整浇长度(伸缩缝间距)的计算方法，并对该计算方法编写了例题和习题，介绍了大体积混凝土温度裂缝、施工泌水的控制措施。

第 4 章重点介绍了塔吊基础设计及构造做法、附壁构造及节点承载力设计、运能估算方法，施工电梯基础设计及构造做法、附壁构造，混凝土泵泵管与结构的节点。塔吊基础设计符合《塔式起重机设计规范》(GB/T 13752—1992)。

第 5 章对高层建筑施工用脚手架作了概述。重点介绍了扣件式钢管脚手架、门式钢管脚手架的设计计算方法及其规范构造要求，对计算方法编写了例题和习题。对碗扣式钢管脚手架、悬挑脚手架、外挂脚手架、附着升降脚手架的构造作了介绍，并作为附录编入了《建筑施工附着升降脚手架管理暂行规定》。本章计算符合规范，脚手架构造经验方便读者选用。

第 6 章全面、系统介绍了高层建筑模板工程的类型、粗钢筋连接的各种常用技术，并对外墙围护工程保温工程、隔墙工程、填充墙砌体工程作了简明介绍。

第 7 章全面、系统介绍了钢结构高层建筑的结构体系、钢结构用钢材的种类及选用方法、钢结构的连接技术、钢结构高层建筑的制作和安装、钢结构的防腐与防火技术，改变了《建筑施工》教材对钢结构建筑施工介绍不足的状况，符合我国钢结构建筑加快发展的趋势。

第 8 章重点介绍了高层建筑装饰工程的常用做法：铝合金幕墙、玻璃幕墙施工，对小规格面砖、大规格饰面板(边长大于 400mm)施工作了介绍。

本书前言、第 2 章、第 5 章由南京工程学院张厚先编写，第 1 章由南京工程学院张厚先、江西科技师范学院陈德方编写，第 3 章由河北建筑工程学院王立军、周占学编写，第 4 章由南京工程学院张厚先、湖北工业大学储劲松编写，第 6 章由武汉工业学院刘菁菁编写，第 7 章由华东交通大学吴美琴编写，第 8 章由江西科技师范学院陈德方编写。全书由南京工程学院张厚先统稿，由西安建筑科技大学胡长明主审。

在编写过程中，我们引用了大量参考资料。为此，特向参考文献提到的以及未提到的文献作者表示衷心的感谢！

由于编者水平有限，时间仓促，不妥之处在所难免，衷心希望广大读者批评指正。

编　者

2005 年 9 月

目　录

绪　论

高层建筑的定义在不同的国家和地区、不同的时间有所不同，1987 年我国《民用建筑设计通则》(JGJ 37—1987)规定，高层建筑是指 10 层以上的住宅及总高度超过 24m 的公共建筑及综合建筑。

1909 年美国开始建造 50 层(213m 高)的高层建筑。1934 年建成的上海国际饭店(24 层，高 82.5m)是解放前我国最高建筑；建国后，国内高层建筑逐渐增高，如深圳帝王大厦(81 层，高 325m)、上海金茂大厦(88 层，高 421m)。

城市工业和商业的发展，城市人口的猛增，建设用地的紧张，促使建筑向高空发展。高层建筑的建成，依靠结构、材料、施工、机具、组织管理等方面的技术(包括理论和经验两个相互影响的方面)。20 世纪 70 年代以前，建造高层建筑，一般都离不开放坡挖深基坑、散支散拆木模板和手工砌砖、抹灰等笨重的体力劳动，建设速度也慢。以下主要针对高层建筑施工技术水平的提高情况加以介绍。

0.1　基础工程施工技术的发展

桩基技术——尤其混凝土灌注桩，能适用于任何土层、承载力大、施工对环境影响小，因而发展最快，目前已形成挤土、部分挤土和非挤土三类、数十种桩和成桩工艺，最大直径达 3m，最深达 100m 左右。桩基承载力的检验，已开发应用了动态测试技术。

目前基础埋深超过 15m 的已很普遍，其中中国大剧院工程基础最深达 41m。支护技术有了很大的发展，其方法也较多，可根据土质、深度和周围环境选用。常用的挡土结构有灌注桩、钢板桩、土钉支护及地下连续墙等，常用的支撑结构分坑外支撑(主要为土层锚杆)、坑内支撑。土层锚杆技术不但可用于较好的土层，也已成功地用于含水量饱和的淤泥质软黏土中。

我国对支护结构计算方法、施工机械和施工工艺均进行了研究和开发，取得了较显著的效果。例如北京京城大厦 23.76m 的深基坑，采用 H 型钢板桩、3 道预应力土层锚杆，比日方提出的设 5 道土层锚杆，节约工程费用约 1/3。

支护结构与地下结构工程结合、地下连续墙与逆作法联合应用，效果显著，这方面亦已取得初步经验。

在深基坑施工降低地下水位方面，对于因降水而引起附近地面严重沉降的问题，也研究了防止措施。

高层建筑箱基、筏基的底板、深梁等大体积混凝土，极易产生危及结构安全的裂缝。上海市制定了基础大体积混凝土工法，1994 年经国家建设部审定为国家级工法。

0.2　模板工程施工技术的进步

20 世纪 70 年代末研制开发的组合小钢模，在一段时间内成为使用面积最广的一种模板。其优点是模板成本较低，周转次数多，使用灵活方便；缺点是模板拼缝较多，给装修带来极大困难，在结构表面往往要刮多道腻子，既费工又拖延工期。对于组合小钢模需要的及时维修，国内生产了不少修理组合小钢模的专用设备；租赁体制对组合小钢模的使用与管理，也起到很大的促进作用。到20世纪90年代后期，小钢模用量已开始逐年下降。

20世纪70年代中期研制开发的全钢大模板，用4～6mm厚钢板作面板，8号槽钢作龙骨，焊接而成。其优点是模板整体刚度好，不易损坏，浇筑成的墙面平整；缺点是自重和用钢量大，使用不灵活，且不能实现“一模多用”。

组合小钢模拼制成大模板，用脚手架钢管作骨架，其优点是投资少、成本低；缺点是整体刚度差、板面拼缝多、给墙面装修带来极大困难等。

钢框木(竹)胶合板组合模板(板宽60～120cm，长度150～240cm)、无框木(竹)胶合板模板的优点是适应性强，可以实现“一模多用”，从而避免了模板的停滞积压；另外，浇筑的墙面所出现的少量板缝，经用手提打磨机打磨后，墙面可不再抹灰，克服了用小钢模拼制的大模板施工所带来的缺点。20世纪90年代后期为克服这类模板刚度差，面板容易坏等弊病，又出现了全钢中型组合模板，很受欢迎。

曾用于高耸构筑物施工的滑动模板工艺，移植到高层房屋建筑施工，可用于剪力墙、框架和筒体结构施工。

爬模工艺20世纪70年代末在上海开始用于外墙和电梯井筒施工，目前已发展到内外墙模板同时爬升。其特点是既具有大模板一次能浇筑一个楼层墙体混凝土的长处，又具有滑动模板可以随楼层升高而连续爬升，不需要每层拆卸和拼装模板的特点。上海88层的金茂大厦的核心筒体就是采用这种工艺，最快达到2天1层。

20世纪80年代中期，在滑动模板工艺的基础上，又派生出滑框倒模工艺。另外，将现浇墙体的大模板与浇筑楼板的模板结合在一起，组合对拼成整间的半隧道模，亦在个别工程中得到尝试。其他尚有板柱结构体系施工的台模(又称飞模)、大跨度密肋楼盖施工的塑料和玻璃钢模壳、圆形柱子施工的半圆形定型钢模和玻璃钢圆柱模板、剪力墙清水混凝土施工的铸铝模板、楼板模板免拆施工的混凝土薄板(50～80mm厚)或压型钢板永久性模板。

早拆支撑体系的特点是可以提高楼板模板的周转率，减少模板的投入量。划分小流水段和多划流水段、少配模板的组织办法，可以加快模板的周转。

0.3 粗钢筋连接方法的突破

传统的帮条焊、搭接焊，工艺复杂，接头施焊时间较长，给混凝土浇筑也带来很大的难度。20世纪80年代初期，研制发展了电渣压力焊、气压焊等新工艺；但气压焊推广力度不大，较少使用。20世纪80年代中期又出现了径向套筒挤压连接和轴向套筒挤压连接等机械接头，虽然机械接头的成本比电渣压力焊(每个接头4～5元)、气压焊(每个接头7～8元)要高，但它的工艺简单，效率高，易保证质量，节约能源，且无明火作业，故应用较广。到了20世纪80年代末期北京建筑工程研究院又成功研制了锥螺纹接头，单价低于挤压接头，工效高，接头施工可以不占工期，深受施工单位欢迎；但是这种接头在拉伸试验中不能达到钢筋母材的抗拉强度，只达到钢筋母材的1.35倍的屈服强度，因此设计单位不太愿意使用，后来经研究锥度由 1∶5 改为 1∶10，基本上能达到接头与母材等强度。为了增加其安全度，到了 20 世纪 90 年代后期又出现了镦粗锥螺纹接头和镦粗直螺纹接头，其接头强度均超过了钢筋母材。为简化钢筋镦粗和丝扣的加工工艺，1999 年又研制了等强滚压直螺纹接头，这种接头不仅工艺简单，工效高，性能稳定，其价格一般大于电渣压力焊，低于套筒冷挤压接头，是值得推荐使用的一种接头。此外，在钢筋混凝土剪力墙结构大模板施工中，还使用了点焊网片，它可以节约钢材，减少钢筋绑扎时间，加快施工速度。

0.4 混凝土工程施工技术的发展

预拌混凝土可以避免出现施工现场砂石堆放困难、混凝土搅拌噪声大、混凝土强度不稳定等问题。预拌混凝土搅拌站，装备成套的运送设备，如搅拌车、混凝土输送泵、布料泵车等，从而使混凝土施工的机械化水平有了迅速提高。泵送混凝土可实现浇注强度 1 000m^3/h。

混凝土外加剂已成为现代混凝土材料和技术中不可缺少的部分。在高层建筑的大体积基础混凝土中，已广泛使用了缓凝剂；在高层建筑混凝土结构施工中，已广泛采用了各种高效减水剂配制高强混凝土和高流动性混凝土；此外还有防冻早强剂和缓凝早强剂等，对改进混凝土工艺和性能，都起到了明显的作用。目前，我国外加剂的品种比较齐全。

进入 20 世纪 90 年代，我国高强、高性能混凝土发展很快。高强混凝土已达 C70 和 C80。高性能混凝土(High Performance Concrete，HPC)，以耐久性为基本要求，强化某些性能的混凝土，如补偿收缩混凝土、自密实免振混凝土等，实现高工作度、高体积稳定性和高抗渗性。但高性能混凝土还有待在实践中进一步完善、总结，逐步实现规范化。

大模板工艺的“内浇外预”，预制外墙板装饰混凝土有花纹、线条或有面砖；在北方地区可以结构、保温、装饰三合一，即混凝土岩棉(或其他保温材料)复合外墙板，并可承重，厚 18～25cm，其保温性能均优于 49cm 厚砖墙。大模板表面铺贴花饰图案衬模，亦可一次浇筑出带有装饰线条的混凝土墙体，只需表面涂刷外墙涂料即可。从 1982 年开始，大模板全现浇工艺避免了预制构件吨位对起重设备的高要求，也解决了预制外墙板板缝防水的问题。

0.5 高效钢筋和现代化预应力技术的应用

为解决配筋稠密、钢筋用量大、造价高的问题，研制开发了 400MPa 的新Ⅲ级钢筋，比原来 370MPa 的Ⅲ级钢筋性能优良。另外，引进生产了 20 世纪 70 年代国外发展起来的新型钢筋——冷轧带肋钢筋，这种钢材强度高、韧性好且锚固性能强，已成为冷拔低碳钢丝和热轧光圆钢筋的代换品。

在现代预应力混凝土技术方面，高强度低松弛钢绞线的强度已达到国际先进水平(1 860MPa)。大吨位锚固体系与张拉设备的开发与完善，金属螺旋管(波纹管)留孔技术的开发与无黏结预应力成套技术的形成(包括开发了环向、竖向和超长束预应力工艺)，将我国现代预应力技术从构件推向结构新阶段，应用范围不断扩大。采用预应力混凝土大柱网结构，满足高层建筑下部大空间功能的要求；无粘结预应力平板技术，可比梁板结构降低层高 0.2～0.4m，具有显著的经济和社会效益。由于研制开发了环向、竖向和超长束预应力工艺，使预应力混凝土技术用于高耸构筑物成为可能。如高度居世界第三、第四、第五位的上海东方明珠电视塔(高 450m)、天津电视塔(高 415.2m)和北京中央电视塔(高 405m)，均采用了上述技术。采用预应力技术建造整体装配式板柱结构(简称 IMS 体系)，已用于北京建筑设计研究院科研楼和北京工业大学基础楼(均为 12 层)以及成都珠峰宾馆(15 层)。

近几年，我国预应力技术在特大跨度钢结构建筑中(如北京西站 45m 跨钢桁架门楼)，对节约钢材和提高结构刚度，均发挥了重要作用。

0.6 脚手架技术的进步

从竹木脚手架和钢管脚手架并存转变为以钢管脚手架为主，并出现包括扣件式、门架式、碗扣式等的多种新型脚手架；特别是爬架，由于它能沿着建筑物攀升和下降，不受建筑物高度的限制，即可用于结构施工，又可用于外装饰作业。脚手架的功能多样化，脚手架的搭设、安装和设计计算也逐步趋向规范化。

0.7 装饰工程施工技术水平的提高

装饰材料及对应的施工技术翻新很快，包括花岗岩、大理石、釉面砖、变色釉面砖、大型瓷砖、玻璃锦砖、彩色玻璃面砖、不透明饰面玻璃、玻璃大理石、装饰铝板、不锈钢板、彩色压型钢板、多层树脂采光壁板、耐擦洗耐水涂料、复层花饰涂料(含地面涂料)、塑料地板、塑料壁纸墙布、塑料装饰板以及钙塑板、铝塑吊顶装饰板、各种用途的胶黏剂(用于瓷砖、大理石、塑料地板、塑料壁纸等，不含甲醛)、轻钢龙骨纸面石膏板隔墙、轻钢龙骨或铝合金龙骨与装饰石膏板以及各类装饰吸声板和铝合金装饰板吊顶(组合形式有明龙骨、暗龙骨和敞开式等)、玻璃或非玻璃透明材料采光屋顶。

花岗岩以干挂最理想，可以解决长期存在的石材表面变色问题；且销钉式挂件改为卡片式挂件。外墙面砖由于黏结层配比(有的含胶料)不准确、搅拌不均、粘贴不饱满，会出现剥落现象，可以考虑在以下方向改进：黏结层用胶粉、粘贴工艺严格要求、保证养护期、分格消减热胀冷缩。

0.8 防水工程施工技术水平的发展

高层建筑的屋面、楼层和基础地下室防水工程，从热作业逐步向冷作业发展。在地下水位较深的工程中，广泛采用在混凝土中加 UEA 等膨胀剂的做法，或在密实自防水混凝土外侧涂刷聚氨酯。从 20 世纪 90 年代中期开始，对重要工程的屋面和地下工程都实行多道设防的防水措施，包括材料防水、自防水和构造防水等多种做法，大大减少了屋面和地下工程的渗漏现象。

高层建筑的屋面和楼层防水材料，近几年发展很快，品种繁多，主要有橡胶改性沥青卷材、高分子防水卷材及防水涂料和嵌缝密封材料等。橡胶改性沥青卷材是以聚酯纤维无纺布为胎体、以热塑性丁苯橡胶(SBS)——沥青为面层；高分子防水卷材品种较多，常用的有三元乙丙——丁基橡胶卷材、氯化聚乙烯——橡胶共混防水卷材、氯化聚乙烯卷材、硫化型橡胶卷材和以氯丁橡胶为主要成分的 BX-702 橡胶卷材；防水涂料分水乳型和溶剂型两类，常用的有氯丁胶乳沥青防水涂料(水轧型)、聚氨酯涂膜(双组分溶剂型)和丙烯酸涂料等；嵌缝密封材料常用的有双组分聚氨酯弹性密封膏、双组分聚硫橡胶密封膏和由丙烯酸乳液为胶黏剂的丫 J-5 型水乳型建筑密封膏等。此外还有诸如“水凝液”等渗透性的防水涂料，这类涂料涂在混凝土表面以后，就渗入混凝土内，填充了混凝土中的微小孔隙后，很快形成结晶体堵塞了孔隙，从而起到防水作用，全国从 20 世纪 90 年代后期已经开始使用。

0.9 施工机械化水平的提高

进入 20 世纪 80 年代，塔吊需求日益增多，吨位日渐增大，如 1 300～2 500kN·m。塔吊的形式基本上可分为两种：一种是“内爬塔”，另一种是“外立塔”。“外立塔”在高度较低(40m 左右)时可以行走，超高后就必须与建筑物拉结固定。内爬塔则可随建筑物升高，且造价低，高度不限，但是拆塔难度较大；在上海、广州等地广泛使用“内爬塔”，香港更为普遍。

外用施工电梯已广泛应用于高层建筑施工中，近几年外用电梯已由单笼发展到双笼，高度亦由百米发展到 250m。

高层建筑外装修施工用的电动吊篮，国内已能生产，并得到广泛地应用。

由于高层建筑基础的加深，促进了基础、地下工程施工机械化水平的提高。各种大型土方机械、各类打桩机、钻孔机和扩孔钻机、土层锚杆钻孔机、振动拔桩机(可拔 30m 钢板桩)等都被大量的推广应用。土层锚杆钻孔机钻孔深度可达 30 余米。

随着预拌混凝土的发展，大型自动上料由计算机控制的搅拌设备发展迅猛，与之配套的搅拌车、混凝土泵车(带布料杆)和固定式混凝土泵以及楼层上使用的移动式小型混凝土布料杆等，已普遍推广应用，并且这类机械一般都能在国内自行生产。在装饰工程中，电动小机具有了飞速的发展，诸如石材切割机、瓷片切割机、双速冲击电钻、电锤、电动攻丝机、电动螺丝刀、电(气)动拉铆枪、射钉枪、电剪刀、角向磨光机、混凝土磨刨机以及木装修使用的手提式电锯、木电刨等；这类机具已由国外引进逐步转向国内自行生产。

0.10 其他相关技术的水平

采用激光技术作导向对中和测量，使施工的精确度得以提高。

目前钢结构已包括高层和超高层建筑钢结构、大跨度空间钢结构、轻型钢结构(包括轻型房屋子钢结构和门式钢网架结构)和钢—混凝土组合结构(包括劲性混凝土和钢管混凝土结构)等，其连接技术已发展采用高强螺栓联接、焊接、螺柱焊和自攻螺纹联接，从设计、制造、施工等方面形成了比较成熟的成套技术，某些领域还处于领先地位。首都机场四机位库(360m×90m×40m)，钢屋盖由大门钢桥、中梁桁架及正交斜放多层四角锥焊接空心球管网架 3 种结构组成，是世界上最大的飞机库之一。

近十多年来，我国建成的大跨度大空间结构，其结构构件安装技术复杂，难度大，施工技术已达到世界先进水平。其一是采用集群千斤顶同步整体提升，如北京西站北站房跨度 45m 的钢门楼，总重 1 818t，采用 16 台 200t 千斤顶和 8 台 40t 穿心式液压千斤顶，通过 336 根 5 ϕ15.2mm 钢绞线，用计算机同步控制整体提升到 43.5m 的设计位置。其二是利用起重设备提升，高处合龙，如首都机场四机位库(360m×90m×40m)，其钢屋盖由 360m 长的钢桥、90m 长的中梁及网架组成，总重 5 400t；钢桥在大门顶部，为双跨连续梯形空间桁架，每跨长 153m、高 15m、宽 6m，在每跨的柱间地面上立拼 132m 长钢桥(重约 1 000t)，用 48 台 40t 穿心式液压千斤顶，计算机集中控制，同步将钢桥整体提升到安装位置；两跨合龙时，用塔吊将节点处钢桥高处散装就位。

在钢结构施工中，应用磁粉探伤(MT)、渗透探伤(PT)和超声波探伤(UT)等无损检测技术，检验其焊接质量，亦已取得成功。

从 20 世纪 80 年代初期开始，围绕以节约建筑能耗为核心，对建筑物围护结构和采暖(空调)系统(包括改革和废除多年来使用的传统黏土砖)进行了研究和工程试点。《民用建筑节能设计标准(采暖居住建筑部分)》(JGJ 26—1995)要求节能 30%；颁发了《建筑节能技术政策》。提出了推广采用混凝土小型空心砌块建筑体系、框架轻墙建筑体系、外墙外保温隔热技术、节能保温门窗(塑钢门窗)和门窗密封技术、高效先进的供热制冷系统(如直埋式保温管道、水力平衡阀和双管管网系统、分室控温分户安装表)等主要建筑节能和墙改技术，使我国的建筑节能技术向着全面实施的阶段发展。

高层建筑的内隔墙，已向多样化、标准化、预制装配化方面发展。如轻钢龙骨石膏板组装隔墙，石膏珍珠岩圆孔板、陶粒珍珠岩板、玻璃纤维混凝土(GRC)空心板等，其厚度均为 50～60mm；现场利用成组立模生产厚 50mm 的整间预制钢筋混凝土板材，其表面平整，不需抹灰，造价较低。

单项专业软件的编制水平也大大提高，内容也十分广泛，如工程预算、工程成本计算、劳动工资、材料库存管理、统计报表、投标报价、土石方工程量计算、混凝土配合比设计、深基坑挡土支护、结构施工方案决策、大体积混凝土施工温控、成本控制、编制施工网络进度计划、编制预算和投招标书等。自从 20 世纪 90 年代初信息高速公路 Internet/Intranet 技术出现后，为准确地掌握各类信息，以便及时决策，企业已开始注重利用计算机进行信息服务，发展信息化施工技术，施工软件的功能，已从单一发展到功能集成，也正在从单项专业应用向信息化系统应用发展。

高层建筑必须具备电梯、水加压泵和消防、通风、空调、自动扶梯、电信、报警等专用设施。这些设施国内已能自行生产，但与发达国家相比，还存在一定的差距，许多高级建筑的设备不少还是依靠进口。进入 20 世纪 90 年代中期，全国各大城市先后出现了一批智能化建筑(包括办公楼和公寓)，自动控制化程度越来越高。除消防系统的喷淋和报警、室内空调温度要求自动控制外，在通信、保卫及办公等方面都增加了许多自控设备和综合布线等。

第 1 章　高层建筑施工测量

1.1　建筑物的定位放线

教学提示：高层建筑施工测量的重点是保证建筑的平面位置及垂直、保证建筑的形状及标高符合设计、保证沉降观测工作的质量以及应用新技术。

教学要求：本章介绍轴线测量、高程控制测量、沉降观测、高层建筑施工测量新技术，要求重点掌握轴线传递。

建筑物的定位放线，根据设计给定的定位依据和定位条件进行。

当定位依据是原有建(构)筑物时，要会同建设单位和设计单位到现场，对定位依据的建(构)筑物的边、角、中线、标高等具体位置，进行明确的指定和确认，必要时进行拍照，以便查证和存档。

当定位依据是规划红线、道路中心线或测量控制点时，在同建设单位和设计单位在现场当面交桩后，要根据各点的坐标值、标高值校算其间距、夹角和高差，并实地校测各桩位是否正确，若有不符，应请建设单位妥善处理。

高层建筑在根据场地平面控制网定位之前，应校测所用控制桩点的点位，以防误用有碰动和沉降变形的桩位。

1.1.1　根据原有建(构)筑物定位

如图 1.1 所示，*ABCD* 为原有建筑物，*MNQP* 为新建高层建筑，*M′N′Q′P′* 为该高层建筑的矩形控制网(在基槽外，作为开挖后在各施工层上恢复中线或轴线的依据)。根据原有建(构)筑物定位，常用的方法有三种：延长线法、平行线法、直角坐标法。而由于定位条件的不同，各种方法又可分成两类情况：一类情况是如图 1.1(a)类，它是仅以一栋原有建筑物的位置和方向为准，用各(a)图中所示的 *y*、*x* 值确定新建高层建筑物位置；另一类情况则是以一栋原有建筑物的位置和方向为主，再加另外的定位条件，如各(b)图中 *G* 为现场中的一个固定点，*G* 至新建高层建筑物的距离 *y*、*x* 是定位的另一个条件。

1. 延长线法

如图 1.1(1)所示，是先根据 *AB* 边，定出其平行线 *A′B′*；安置经纬仪在 *B′*，后视 *A′*，用正倒镜法延长 *A′B′* 直线至 *M′*；若为图(a)情况，则再延长至 *N′*，移经纬仪在 *M′* 和 *N′* 上，定出 *P′* 和 *Q′*，最后校测各对边长和对角线长；若为图(b)情况，则应先测出 *G* 点至 *BD* 边的垂距 y_G，才可以确定 *M′* 和 *N′* 位置。一般可将经纬仪安置在 BD 边的延长点 *B′*，以 *A′* 为后视，测出∠*A′B′G*，用钢尺量出 *B′G* 的距离，则 $y_G=B'G\times\sin(\angle A'B'G-90°)$。

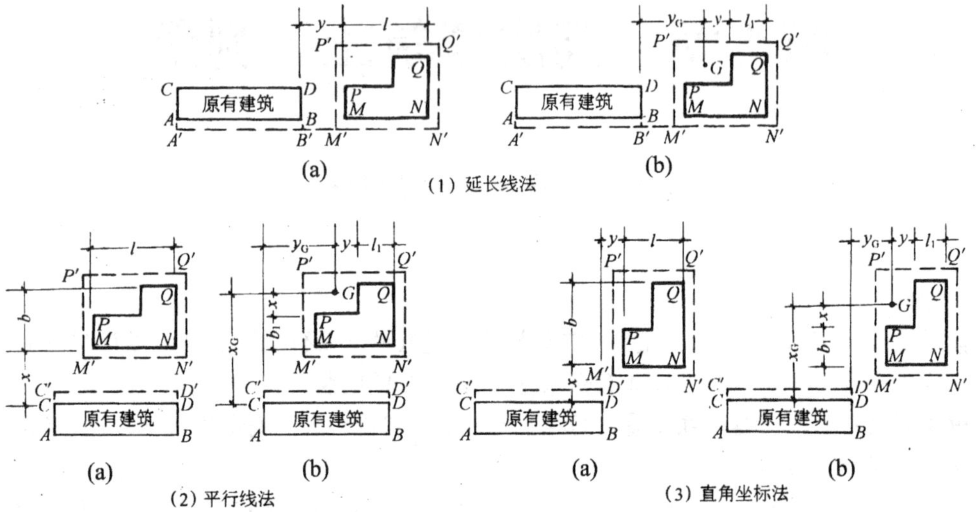

图 1.1　根据原有建筑物定位

2. 平行线法

如图 1.1(2)，是先根据 CD 边，定出其平行线 $C'D'$。若为图(a)情况，新建高层建筑物的定位条件是其西侧与原有建筑物西侧同在一直线上，两建筑物南北净间距为 x。则由 $C'D'$ 可直接测出 $M'N'Q'P'$ 矩形控制网；若为图(b)情况，则应先由 $C'D'$ 测出 G 点至 CD 边的垂距 x_G 和 G 点至 AC 延长线的垂距 y_G，才可以确定 M' 和 N' 位置，具体测法基本同前。

3. 直角坐标法

如图 1.1(3)，是先根据 CD 边，定出其平行线 $C'D'$。若为图(a)情况，则可按图示定位条件，由 $C'D'$ 直接测出 $M'N'Q'P'$ 矩形控制网；若为图(b)情况，则应先测出 G 点至 BD 延长线和 CD 延长线的垂距 y_G 和 x_G，然后即可确定 M' 和 N' 位置。

1.1.2　根据规划红线、道路中心线或场地平面控制网定位

常用的定位方法有以下四种。

1. 直角坐标法

如图 1.2 为某饭店定位情况。它是由城市规划部门给定的广场中心正点起，沿道路中心线向西量 y=123.300 m 定 S 点，然后由 S 点逆时针转 90° 定出建筑群的纵向主轴线——X 轴，由 S 点起向北沿 X 轴量 x=84.200 m，定出建筑群的纵轴(X)与横轴(Y)的交点 O。

2. 极坐标法

如图 1.3 为五幢 25 层运动员公寓，1～4 号楼的西南角正布置在半径 R=186.000 m 的圆弧形地下车库的外缘。定位时可将经纬仪安置在圆心 O 点上，用 0° 00′ 00″ 后视 A 点后，按 1～5 号点的设计极坐标数据(极角、极距)，由 A 点起依次定出各幢塔楼的西南角点 1、2、3、4、5，并实量各点间距作为校核。

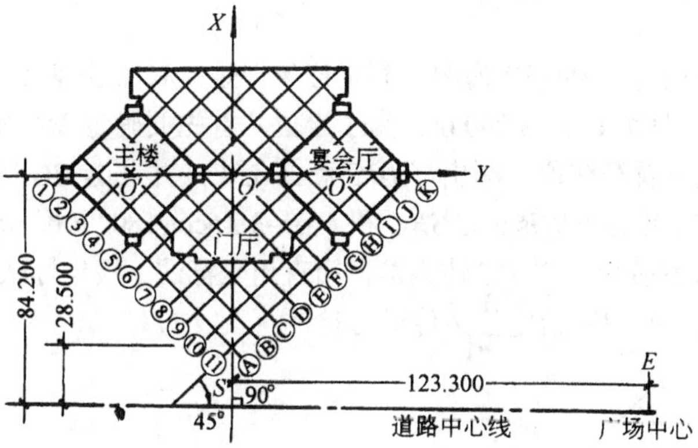

图 1.2　某饭店直角坐标法定位图(单位：m)

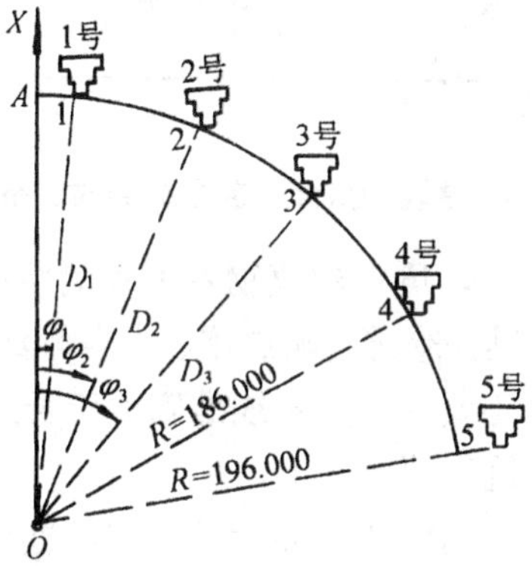

图 1.3　建筑物极坐标法定位图

3. 交会法

如图 1.4 为某重要路口北侧折线形高层建筑 *MNQP*，其两侧均为平行道路中心线，间距为 *d*。定位时，先在规划部门给出的道路中心线上定出 1、2、3、4 点，并根据 *d* 值定出各垂线上的 1′、2′、3′、4′ 点，然后由 1′ 2′ 与 4′ 3′ 两方向线交会定出 *S*′ 点，最后由 *S*′ 点和建筑物四廓尺寸定出矩形控制网 *M′S′N′Q′R′P′* 。

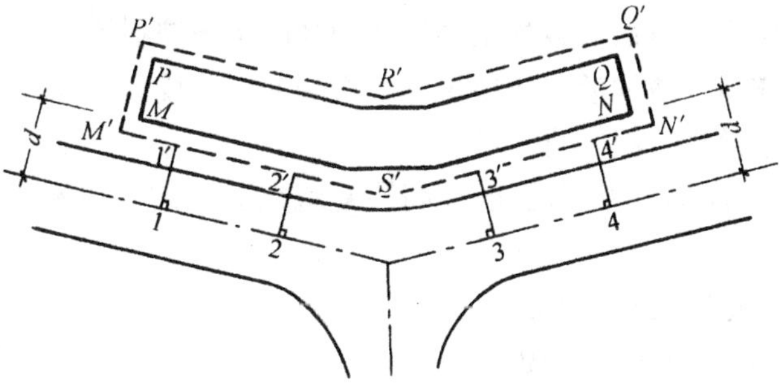

图 1.4　建筑物交会法定位图

4. 综合法

以图 1.5 某小区高层 *MNQP* 为例，其定位条件是：*M* 点正落在 *AB* 规划红线上，*MN* 平行 *BC* 规划红线，且距 *G* 为 8.000 m。为了定位，首先要确定 *MN* 相对于 *BC* 边的位置。因此，先在 *B* 点上安置经纬仪，测出∠*ABC* 和∠*GBC*，并量出 *BG* 间距；算出 *MN* 至 *BC* 的垂直距离 MM_1=8.000 m＋*BG*sin ∠*GBC* 和 $M_1B=MM_1\cot(180°\ 00'\ 00'' - \angle ABC)$。

当求出 MM_1 和 M_1B 后，以 *BC* 边为准，用直角坐标法、极坐标法或交会法等测定矩形控制网 *M′N′Q′P′*，并用所给定位条件进行检测。

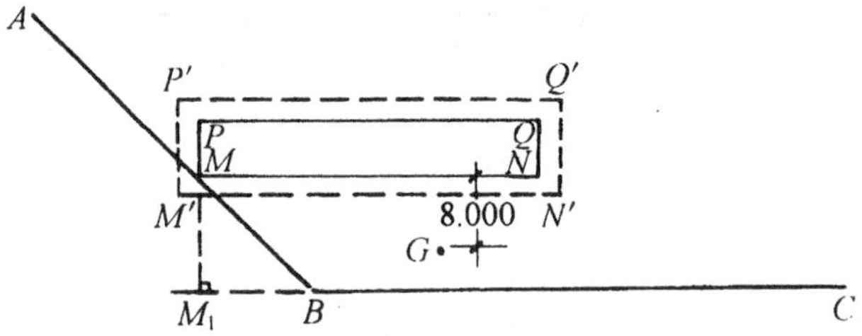

图 1.5　建筑物综合法定位图(单位：m)

在建筑物矩形控制网的四边上，测定建筑物各大角的中线或轴线控制桩(也叫引桩)。测设时要以各边的两端控制桩为准，量通尺测定该边上各轴线控制桩后，再校核各桩间距。若高层竖向使用外控法施测时，还要将主要轴线准确地延长到距建筑物高度以外、能稳固保留桩位的地方，或附近现有建筑物的墙面上。

高层建筑物基础开挖均较深，基槽四周多设护坡桩，桩顶砌矮墙以防雨水。这样，又可在此矮墙顶面上测设出各中线、轴线的位置，用以作为基槽内测设中线、轴线的依据。

根据建筑物各轴线桩或控制桩，按基础图撒好基槽灰线。这道工序精度要求不高，但很容易出差错。因此，在经自检合格后，要提请有关部门和建设单位验线。

验线时首先要检查定位依据的正确性和定位条件的几何尺寸，再检查建筑物矩形控制网和建筑四廓尺寸及轴线间距，这是保证建筑物定位条件和本身尺寸正确性的重要措施。验线时决不可只检查建筑物的自身四廓尺寸，而不检查建筑物的定位情况，这样可能会造成建筑物位置的漏检，致使整个建筑物定位不正确。此外，验线时不仅要检查建筑物矩形网和各大角桩位、槽线情况，还要检查各轴线、尤其是主要轴线的控制桩(引桩)桩位是否准确和稳定，因为它是挖槽后，各施工层放线和高层竖向控制的基本依据。另外，沿规划红线兴建的高层建筑，在放线后，还要由城市规划部门验线，经验线合格后，方可破土开工，以防新建高层建筑压、超红线。

基础验线时的允许偏差如下(引自《高层建筑混凝土结构技术规程》(JGJ 3－2002，J 186－2002))。

长度 $L \leqslant 30$ m，允许偏差±5 mm。

30 m$<L\leqslant$60 m，允许偏差±10 mm。

60 m$<L\leqslant$90 m，允许偏差±15 mm。

90 m$<L$，允许偏差±20 mm。

轴线的对角线尺寸的允许偏差应为边长偏差的 $\sqrt{2}$ 倍；外扩轴线夹角的允许偏差应为±1′。

《工程测量规范》(GB 50026－1993)之 7.3.5 条专门对于建筑物施工放线作出了精度要求(表 1-1)；施工测量应符合表 1-1 关于中误差的限值，并可方便地应用《高层建筑混凝土结构技术规程》(JGJ 3－2002，J 186－2002)关于测量允许偏差检查、验收测量成果。《工程测量规范》(GB 50026－1993)条文说明指出："目前，我国高层建筑施工放样的精度要求尚无统一规定"，这可以理解为该状况为 GB 50026－1193 的 7.3.5 条出现之前的状况。本章以后的测量精度要求，读者可同此掌握。

表 1-1　建筑物施工放样的主要技术要求

建筑物结构特征	测距相对中误差	测角中误差(″)	在测站上测定高差中误差(mm)	根据起始水平面在施工水平面上测定高程中误差(mm)	竖向传递轴线点中误差(mm)
金属结构、装配式钢筋混凝土结构、建筑物高度100～120m或跨度30～36m	1/20 000	5	1	6	4
15层房屋、建筑物高度60～100m或跨度18～30m	1/10 000	10	2	5	3
5～15层房屋、建筑物高度15～60m或跨度6～18m	1/5 000	20	2.5	4	2.5
5层房屋、建筑物高度15m或跨度6m以下	1/3 000	30	3	3	2
木结构、工业管线或公路铁路专用线	1/2 000	30	5	-	-
土工竖向整平	1/1 000	45	10	-	-

注：1. 对于具有两种以上特征的建筑物，应取要求高的中误差值；
2. 特殊要求的工程项目，应根据设计对限差的要求，确定其放样精度。

通常，测量允许误差等于 2 倍测量中误差。这样放线过程中就可以随时对测设项目(距离、角度)的每一次观测值进行误差检查，看其误差是否满足上述允许误差要求；当然也可以选择测设过程中薄弱的项目(如最后的边长或角度，为误差积累较大者)。

1.2　高层建筑标高测量

1. 高层建筑标高测量的允许误差

(精度要求；测得三个点的标高差值小于 3 mm 时，应取其平均值，再与设计标高值

比；引自《高层建筑混凝土结构技术规程》(JGJ 3－2002，J 186－2002))

层间标高测量偏差不应超过±3 mm，建筑全高(*H*)测量偏差不应大于：

(1) $H \leqslant 30$ m，±5 mm；

(2) 30 m<$H \leqslant 60$ m，±10 mm；

(3) 60 m<$H \leqslant 90$ m，±15 mm；

(4) 90 m<$H \leqslant 120$ m，±20 mm；

(5) 120 m<$H \leqslant 150$ m，±25 mm；

(6) 150 m<H，±30 mm。

通常，测量允许误差等于 2 倍测量中误差。建筑物标高误差由测量误差、施工误差组成，而建筑物标高误差的允许值，可查相关结构施工规范。

2. ±0.000 以下标高测法

为控制基础和±0.000 以下各层的标高，在基础开挖过程中，应在基坑四周的护坡钢板桩或混凝土桩(选其侧面竖直且规正者)上各涂一条宽 10 cm 的竖向白漆带。用水准仪根据附近栋号的水准点或±0.000 水平线，测出各白漆带上顶的标高；然后用钢尺在白漆带上量出±0.000 以下，各负(−)整米数的水平线；最后，将水准仪安置在基坑内，校测四周护坡桩上各白漆带底部同一标高的水平线，当误差在±5 mm 以内时，则认为合格。在施测基础标高时，应后视两条白漆带上的水平线以作校核。

3. ±0.000 以上标高测法

±0.000 以上标高测法，主要是用钢尺沿结构外墙、边柱或楼梯间等向上竖直测量。一般高层建筑至少要由三处向上引测，以便于相互校核和适应分段施工的需要。引测步骤是：

(1) 先用水准仪根据二个栋号水准点或±0.000 水平线，在各向上引测处准确地测出相同的起始标高线(一般多测+1.000 m 标高线)。

(2) 用钢尺沿铅直方向，向上量至施工层，并画出正(+)米数的水平线，各层的标高线均应由各处的起始标高线向上直接量取。高差超过一整钢尺长时，应在该层精确测定第二条起始标高线，作为再向上引测的依据。

《高层建筑混凝土结构技术规程》(JGJ 3—2002，J 186—2002)规定：标高的竖向传递，应从首层起始标高线竖直量取，且每栋建筑应由三处分别向上传递；当三个点的标高差值小于 3 mm 时，应取其平均值；否则应重新引测。

(3) 将水准仪安置到施工层，校测由下面传递上来的各水平线，误差应在±6 mm 以内。在各层抄平时，应后视两条水平线以作校核。

为了提高竖向传递标高的精度，近些年来使用全站仪加弯管目镜，直接测得较长竖向高差，取得良好的效果。如图 1.6 所示，将全站仪安置在首层，以水平视线后视已知点高程(H_A)，求出视线高(H_A+a)，然后用铅直视线测出施工层上水平放置的棱镜的铅直距离(即高差 h)，最后在施工层上用水准仪测出棱镜至欲求点高程(H_B)。

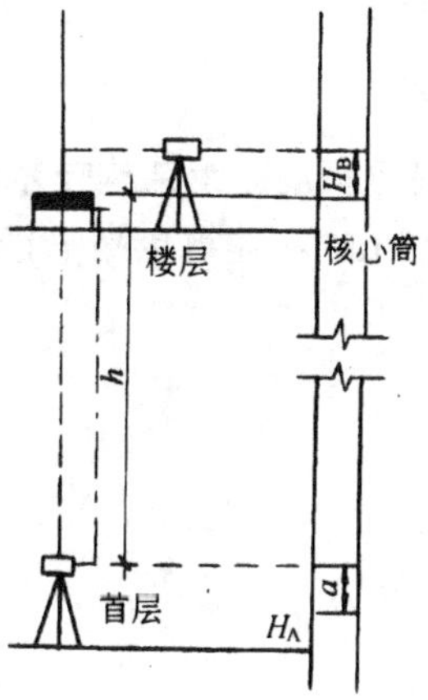

图 1.6　全站仪传递标高的原理图

4. 标高施测要点

(1) 观测时尽量做到前后视线等长。测设水平线时，最好采用直接调整水准仪的仪器高度，使后视时的视线正对准水平线，前视时则可直接用铅笔标出视线标高点，然后用铝合金直尺以硬铅笔画水平线。这种测法比一般在木板上标记出视线再量反数的测法，能提高精度 1～2 mm，但只能测出各层在+1.300 m 或+1.400 m 处的标高线。

(2) 由±0.000 水平线向下或向上量高差时，所用钢尺应经过检定，量高差时尺身应铅直并用标准拉力，同时要进行尺长和温度改正(钢结构不加温度改正)。

(3) 采用预制构件的高层结构施工时，要注意每层的高差不要超限，同时更要注意控制各层的标高，防止偏差积累使建筑物总高度偏差超限。为此，在各施工层标高测出后，应根据偏差情况，在下一层施工时对层高进行适当的调整。

(4) 为保证竣工时±0.000 和各层标高的正确性，应请建设单位和设计单位明确：在测定±0.000 水平线和基础施工时，如何对待地基开挖后的回弹与整个建筑在施工期间的下沉影响；在钢结构工程中，钢柱负荷后对层高的影响。不少高层建筑在基础施工中将总下沉量在基础垫层的设计标高中预留出来，取得了较好的效果。

1.3　高层建筑竖向控制

当高层建筑施工到±0.000 后，随着结构的升高，要将首层轴线逐层向上投测，用以作为各层放线和结构竖向控制的依据。其中，以建筑物外廓轴线和控制电梯井轴线的投测更为重要。《高层建筑混凝土结构技术规程》(JGJ 3—2002，J 186—2002)规定以下轴线应向上投测：建筑物外廓轴线；伸缩缝、沉降缝两侧轴线；电梯间、楼梯间两侧轴线；单元、施工流水段分界轴线。

高层建筑轴线的竖向投测，常采用下列两类方法：外控法、内控法；另外还可用内外控综合法。无论使用哪类方法向上投测轴线，都必须在基础工程完成后，根据建筑场地平面控制网，校测建筑物轴线控制桩后，将建筑轮廓和各细部轴线精确地弹测到±0.000 首层平面上，作为向上投测轴线的依据。

1. 高层建筑竖向投测允许偏差

(正倒镜投点间距；引自《高层建筑混凝土结构技术规程》(JGJ 3—2002，J 186—2002))
层间竖向测量偏差不应超过±3 mm，建筑全高(H)竖向测量偏差不应大于：

(1) H≤30 m，±5 mm；

(2) 30 m<H≤60 m，±10 mm；

(3) 60 m<H≤90 m，±15 mm；

(4) 90 m<H≤120 m，±20 mm；

(5) 120 m<H≤150 m，±25 mm；

(6) 150 m<H，±30 mm。

2. 外控法

当施工场地比较宽阔时，多使用此法。施测时主要是将经纬仪安置在高层建筑附近进行竖向投测，故此法也叫经纬仪竖向投测法。由于场地情况的不同，安置经纬仪的位置不同，又分为三种投测方法：延长轴线法、侧向借线法、正倒镜挑直法。

1) 延长轴线法

此法适用于场地四周宽阔，能将高层建筑轮廓轴线延长到建筑物的总高度以外，或附近的多层或高层建筑物顶面上，并可在轴线的延长线上安置经纬仪，以首层轴线为准，向上逐层投测。如图 1.7 所示的甲仪器安置在轴线的控制桩上，后视首层轴线后，抬起望远镜将轴线投测到施工层上。

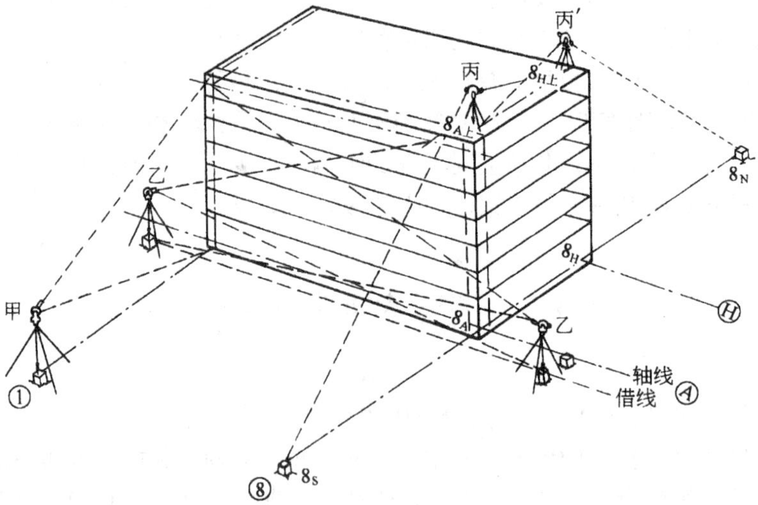

图 1.7　延长轴线法

此法误差由照准目标误差、投点标志误差、经纬仪竖轴不铅直的影响误差，以及现场振动、风吹、日晒等影响组成。在正倒镜投测取中时，该误差不超过以上精度要求，说明此法可用。

2) 侧向借线法

此法适用于场地四周较小，高层建筑四廓轴线无法延长，但可将轴线向建筑物外侧平行移出，俗称借线。移出的尺寸应视外脚手架的情况而定，尽量不超过 2m。如图 1.7 所示的乙仪器和乙′仪器是先后安置在借线上，以首层的借线点为后视，向上投测并指挥施工层上的人员，垂直视线横向移动水平尺，以视线为准向内量出借线尺寸，即可在施工层上定出轴线位置。

3) 正倒镜挑直法

此法适用于四廓轴线虽可延长，但不能在延长线上安置经纬仪的情况。如图 1.7 所示的丙仪器安置在施工层 $8_{A上}$点，向下后视地面上的轴线点 8_S后，纵转望远镜定出 $8_{H上}$点；然后将仪器移到 $8_{H上}$点上，后视 $8_{A上}$点后，纵转望远镜，若前视正照准地面上的轴线点 8_N，则两次安置仪器的位置就都正在 8_S8_N轴线上。

图 1.8(a)、(b)分别为图 1.7 的侧面图和平面图，用正倒镜挑直法在施工层上投测⑧轴。施测时先在施工层面上估计 8_A 点向上投测的点位如 $8'_{A上}$。在其上安置经纬仪，后视 8_S，用正倒镜延长直线取分中定出 $8'_{H上}$，然后移仪器到 $8'_{H上}$，后视 $8'_{A上}$，仍用正倒镜延长直线取分中定出 $8'_N$，实量出 $8_N8'_N$间距后，根据相似三角形相应边成正比的原理，计算两次镜位偏离⑧轴的垂距，然后可以在施工层定出 $8_{A上}$、$8_{H上}$。再在 $8_{A上}$、$8_{H上}$安经纬仪，用正倒镜延长直线法检测 $8_{A上}$、$8_{H上}$、8_N、8_S应在一条直线；若有误差，按两次 $8_{A上}$、$8_{H上}$取中，作为最后结果。

此法精度高于前两种方法。因此，当用前两种方法时，可每隔几层用正倒镜挑直法较测一次，以提高精度。

3. 内控法

当施工场地窄小，无法在建筑物之外的轴线上安置仪器施测时，多使用此法。施测时在建筑物的首层测设室内控制网，用垂准线原理进行竖向投测，故此法也叫垂准线投测法。由于使用仪器的不同，又分为以下三种投测方法。

1) 吊线坠法

吊线坠法是使用较重的特制线坠悬吊，以首层靠近建筑物轮廓的轴线交点为准，直接向各施工层悬吊引测轴线。施测中，如果采取的措施得当，使用线坠引测铅直线是既经济、简单，又直观、准确的方法。一般在 3～4 m 层高的情况下，只要认真操作，由下一层向上一层悬吊铅直线的误差不会大于±3 mm。若采取依次逐层悬吊 16 层，其总误差不会大于$\pm 3\text{ mm}\sqrt{16}=\pm 12\text{ mm}$，此精度能满足规范要求。但在使用吊线坠法向上引测轴线中，要特别注意以下几点。

(1) 线坠的几何形体要规正，质量要适当(1～3 kg)。吊线要用编织线或没有扭曲的细钢丝。

(2) 悬吊时要上端固定牢固，线中间没有障碍，尤其是没有侧向抗线。

(3) 线下端(或线坠尖)的投测人，视线要垂直结构面，当线左、线右投测小于 3～4 mm 时，取其平均位置，两次平均位置之差小于 2～3 mm 时，再取平均位置，作为投测结果。

(4) 投测中要防风吹和振动，尤其是侧向风吹。

(5) 在逐层引测中，要用更大的线坠(如 5 kg)每隔 3～5 层，由下面直接向上放一次通线，以作校测。

(6) 若用铅直塑料管套住吊线，下端用专门的观测仪器，其精度还可提高。

2) 天顶准直法

天顶方向是指测站点正上方、铅直指向天空的方向。天顶准直法就是使用能测设天顶方向的仪器，进行竖向投测，故也叫仰视法。常用测设天顶方向的仪器有以下五种：配有 90° 弯管目镜的经纬仪、激光经纬仪、激光铅直仪、自动天顶准直仪、自动天顶－天底准直仪。

天顶法仪器均安置在施工层的下面。因此，施测中要注意对仪器的安全采取保护措施，防止落物击伤，并经常对光束的竖直方向进行检校。观测时间最好选在阴天又无风的时候，以保证精度。

3) 天底准直法

天底方向是指过测站点、铅直向下所指的方向。天底准直法就是使用能测设天底方向的仪器，进行竖向投测，故也叫俯视法。测设天底方向的仪器，除自动天顶—天底准直仪外，常用的有以下两种。

(1) 垂准经纬仪。测法是先在首层地面上精确地测定了方形控制网，各点预埋铁板，面上划线，并用红漆标记。在每层楼面的方形网基准点处，均预留孔洞(洞口处用砂浆做成 20 mm 高的防水斜坡)，以便进行投测。

(2) 自动天底准直仪。此种仪器用法同前。由于天底准直法是将仪器安置在施工层上，将底层轴线铅直投测上来，故适用于现浇钢筋混凝工程，既安全又能保证精度。

4. 内外控综合法

由于受场地的限制，在高层建筑施工中，尤其是超高层建筑施工中，多使用内控法进行竖向控制，但因内控制法所用内控网的边长均较短，一般多在 20～50 m 之间，每次向施工画上投测后，虽可对内控网各边长及各夹角的自身尺寸进行校测与调整，但检查不了内控网在施工面上的整体位移与转动。为此近年来，在一些超高层建(构)筑物的施工中，多使用内外控互相结合的测法，以互相校核。

1.4 变形观测

高层建筑施工从施工准备到竣工后的一段时间，应进行沉降、位移和倾斜等变形观测，包括两部分：一，高层建筑施工对邻近建筑物和护坡桩的影响、日照对在建建筑物的影响；二，在建建筑物各部位的变形。前一部分观测由施工单位担任，后一部分观测一般多由勘测专业部门担任。

一般规定变形观测的误差应小于变形量的 1/10～1/20。为此，变形观测应使用精密水准仪(S_1、$S_{0.5}$)、精密经纬仪(J_2、J_1)和精密的测量方法。每项工程至少要有三个稳固可靠的基准点，并每半年复测一次。所用仪器、设备要固定，观测人员要固定，观测的条件、环境基本相同，观测的路线、镜位、程序、方法要固定。

1. 沉降观测

1) 施工对邻近建(构)筑物影响的观测

打桩(包括护坡桩)和采用井点降低水位等，均会使邻近建(构)筑物产生不均匀的沉降、裂缝和位移等变形。为此，在打桩前，除在打桩、井点降水影响范围以外设基准点，还要根据设计要求，对距基坑一定范围的建(构)筑物上设置沉降观测点，并精确地测出其原始标高。以后根据施工进展，及时进行复测，以便针对变形情况，采取安全防护措施。

2) 施工塔吊基座的沉降观测

高层建筑施工使用的塔吊基座随着施工的进展，塔身逐步增高，尤其在雨季时，可能会因塔基下沉、倾斜而发生事故。因此，要根据情况及时对塔基四角进行沉降观测，检查塔基下沉和倾斜状况，以确保塔吊运转安全，工作正常。

3) 地基回弹观测

一般基坑越深，挖土后基坑底面的原土向上回弹量越大，建筑物施工后其下沉也越大。为了测定地基的回弹值，基坑开挖前，在拟建高层建筑的纵、横主轴线上，用钻机打直径100 mm 的钻孔至基础底面以下 300～500 mm 处，在钻孔套管内压设特制的测量标志，并用特制的吊杆或吊锤等测定标志顶面的原始标高。当套管提出后，测量标志即留在原处，在套管提出后所形成的钻孔内装满熟石灰粉，以表示点位。待基坑挖至底面时，按石灰粉的位置，轻轻找出测量标志，测出其标高，然后，在浇筑混凝土基础前，再测一次标高，从而得到各点的地基回弹值。地基回弹值是研究地基土体结构和高层建筑物地基下沉的重要资料。

4) 建筑物的沉降观测

这是高层建筑沉降观测的主要内容。当浇筑基础底板时，就按设计指定的位置埋设好临时观测点。一般浮筏基础或箱形基础的高层建筑，应沿纵、横轴线和基础周边设置观测点。观测的次数与时间，应按设计要求。一般第一次观测应在观测点安设稳固后及时进行。以后结构每升高一层，将临时观测点移上一层并进行观测，直到±0.000 时，再按规定埋设永久性观测点。然后每施工一层、复测一次，直至竣工。工程竣工后的第一年内要测四次，第二年测两次，第三年后每年测一次，至下沉稳定为止。一般砂土地基测二年，黏性土地基测五年，软土地基测十年。

沉降观测的等级、精度要求、适用范围及观测方法，应根据工程需要，按表 1-2 中相应等级的规定选用。

表 1-2 沉降观测的等级、精度要求和观测方法表

等级	标高中误差(m)	相邻点高差中误差(mm)	适用范围	观测方法	往返较差、附合或环线闭合差(m)
一等	±0.3	±0.1	变形特别敏感的高层建筑、高耸构筑物、重要古建筑等	参照国家一等水准测量外，尚需双转点，视线≤15 m，前后视距差≤0.3 m，视距累积差≤1.5 m	$0.15\sqrt{n}$
二等	±0.5	±0.3	变形比较敏感的高层建筑、高耸构筑物、古建筑和重要建筑场地的滑坡监测等	一等水准测量	$0.30\sqrt{n}$

续表

等级	标高中误差(m)	相邻点高差中误差(m)	适用范围	观测方法	往返较差、附合或环线闭合差(m)
三等	±1.0	±0.5	一般性的高层建筑、高耸构筑物、滑坡监测等	二等水准测量	$0.60\sqrt{n}$
四等	±2.0	±1.0	观测精度要求较低的建筑物、构筑物和滑坡监测等	三等水准测量	$1.40\sqrt{n}$

注：n——测站数。

沉降观测应提供的成果如下。

(1) 建筑物平面图。如图 1.8 所示，图上应标有观测点位置及编号，必要时应另绘竣工时及沉降稳定时的等沉线图。

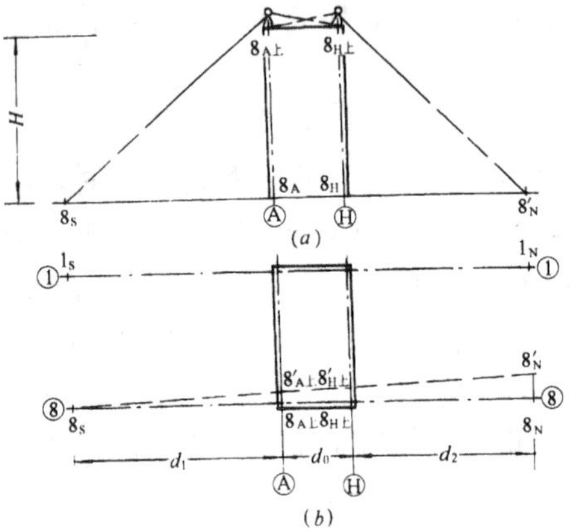

图 1.8　正倒镜挑直法

(2) 下沉量统计表。这是根据沉降观测原始记录整理而成的各个观测点的每次下沉量和累积下沉量的统计值。

(3) 观测点的下沉量曲线。如图 1.9 所示，图中横坐标表示时间。图形分上下两部分，上部分为建筑荷载曲线，下部分为各观测点的下沉曲线。

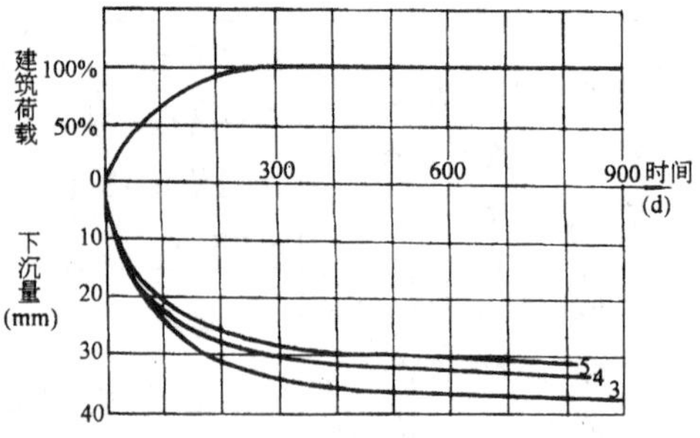

图 1.9　某观测点的下沉量曲线

2. 建筑物的位移观测

当建筑物在平面位置上发生位移时，应根据位移的可能情况，在其纵向和横向上分别设置观测点和控制线，用经纬仪视准线法或小角度法进行观测。和沉降观测一样，水平位移观测也分为四个等级，各等级的适用范围同表 1-2，各等级的变形点的点位中误差分别为：一等为±1.5 mm，二等为±3.0 mm，三等为±6.0 mm，四等为±12.0 mm。

3. 建(构)筑物竖向倾斜观测

一般要在进行倾斜监测的建(构)筑物上设置上、下二点或上、中、下多点观测标志，各标志应在同一竖直面内。用经纬仪正倒镜法，由上而向下投测各观测点的位置，然后根据高差计算倾斜量；或以某一固定方向为后视，用测回法观测各点的水平角及高差，再进行倾斜量的计算。

1.5　高层建筑施工常用测量仪器概述

测量仪器在近百年中，大体上走过了四代。20 世纪初的前 20～30 年为第一代；第二次世界大战前后为第二代，水准仪为微倾式，水准管上方装有符合折光棱镜而提高了定平精度，经纬仪为光学度盘与对中；20 世纪 60～70 年代为第三代，水准仪上的水准管与经纬仪竖盘指标水准管均被自动补偿机构代替，从此测量仪器走上自动定平的地步；20 世纪 80 年代以后水准仪与经纬仪的读数为电子数字化显示，测量仪器进入了自动化、电子化和数字化的时代。下面简要介绍当前高层建筑施工测量常用的仪器。

1. 工程水准仪(S_3、S_2)

望远镜放大倍数 24～28 倍，微倾气泡水准仪已被自动补偿水准仪所代替，精度为每公里往返测高差平均值的中误差 m 为±3～2mm，这是施工现场使用最多的水准仪。图 1.10 是北京光学仪器厂生产的 AL126A 型(S_2 级)自动补偿水准仪。

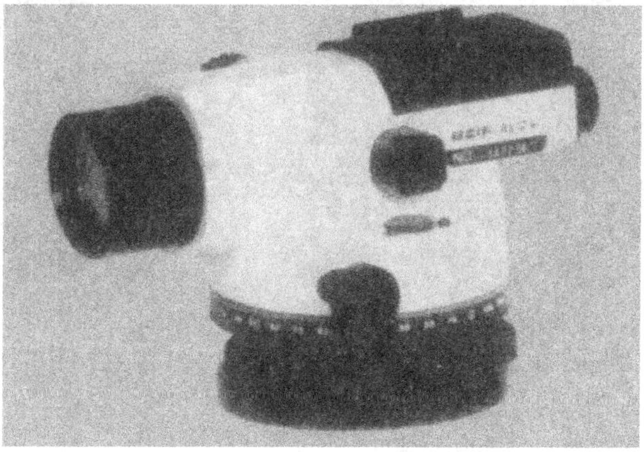

图 1.10　S_2 级自动补偿水准仪

2. 精密水准仪(N_3)

其望远镜清澈明丽，放大超过 40 倍，内置平行板测微器可直读至 0.1 mm，估读至 0.01 mm，升降螺旋有刻度，可测度小竖直角和坡度变化。专供大地一等水准测量、地震变形、沉降观测等应用，如图 1.11 所示。

图 1.11　N_3 精密水准仪

$S_{1.5}$、$S_{0.7}$ 也属于精密水准仪，既可用于普通工程水准，又可用于工程沉降观测。

3. 工程经纬仪(J_6、J_2)

J_6、J_2(如图 1.12 所示)是目前施工现场使用最多的经纬仪，但逐渐将被数字化显示的电子经纬仪(如图 1.13 所示)所代替。电子经纬仪测角后视时可直接置 0° 00′ 00″，前视时则直接显示角度数值，而不用测微估读，因之实测中，无论精度、速度均比同精度的光学经纬仪效果好，并可自动记录、贮存数据。

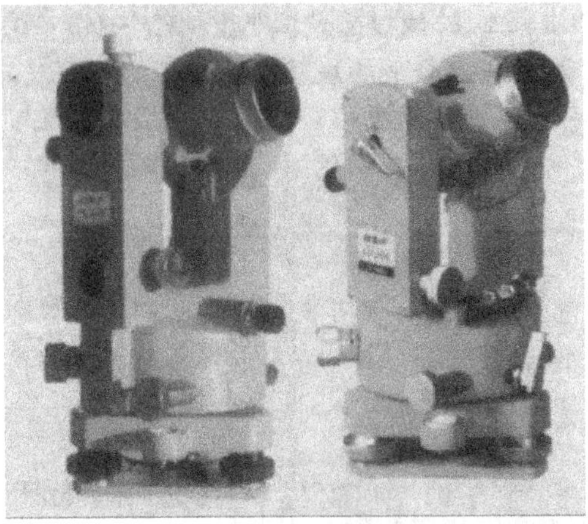

图 1.12　J_6、J_2 光学经纬仪

图 1.13　电子经纬仪

4. 光电测距仪

在测线的一端安置光电测距仪，另一端安置反射棱镜，仪器照准棱镜后开机，通过棱镜反射回的电磁波信号即可精确测量测线两端点间的斜距离(D)，然后经过竖直角的改正而得到两端点间的水平距离(H)与高差(y)。建筑施工中多使用测程为 1.4～2.0 km 的测距仪，

工程定位时，可用Ⅱ级精度的测距仪。

将光电测距仪安装在光学经纬仪或电子经纬仪上，就组成组合式的半站仪(如图 1.14 所示)，但近些年来逐渐为整体式的全站仪(如图 1.15 所示)所代替。

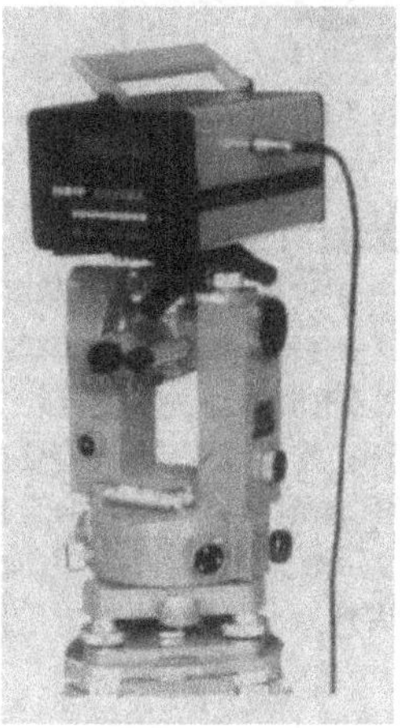

图 1.14　半站仪

图 1.15　全站仪

7. 垂准经纬仪

如图 1.17 所示，垂准经纬仪配有 90° 弯管目镜。该仪器既能使望远镜仰视向上指向天顶，又能使望远镜俯视向下，使视线通过直径 20 mm 的空心竖轴指向天底。施测前应将仪器水平转动一周，若视线向上或向下一直指在一点上，说明视线方向正处于铅直。此仪器一测回(即正倒镜各观测一次取平均位置)垂准观测中误差不大于±6″，即 100 m 高差处平面误差为±3 mm(约±1/30 000)。此仪器可专门用作施测垂准方向，也可作一般经纬仪使用。

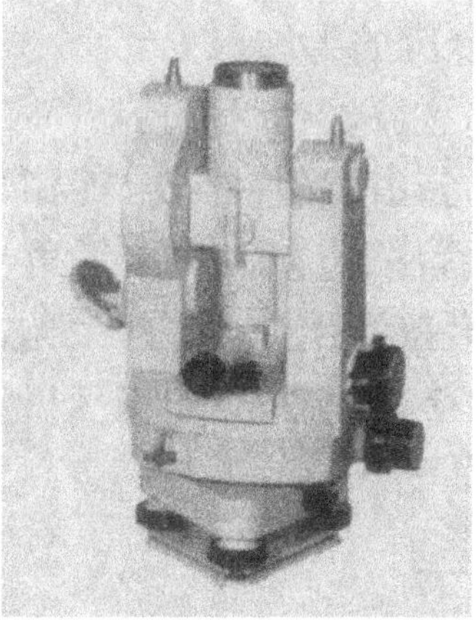

图 1.16　配有 90° 弯管目镜的经纬仪

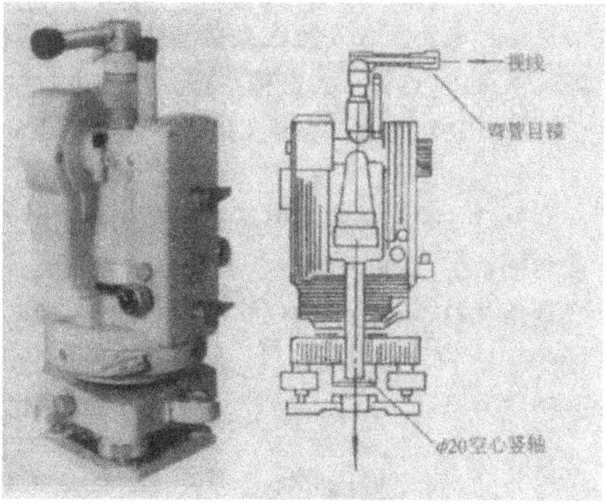

图 1.17　DJ_6-C_6 垂准经纬仪

8. 激光经纬仪

如图 1.18 所示，激光经纬仪在望远镜筒上装半导体激光器。为了测量时观测目标的方便，激光束进入发射系统前设有遮光转换开关，遮去发射的光束，即可在目镜(或通过弯管目镜)处观测目标，而不必关闭电源。和前述配有 90° 弯管目镜的经纬仪一样，施测前将物镜指向天顶方向时，水平转动仪器一周，激光点(或视线)一直指在一点上，说明激光束(或视线)方向正处于铅直。此仪器也可用作一般经纬仪使用。

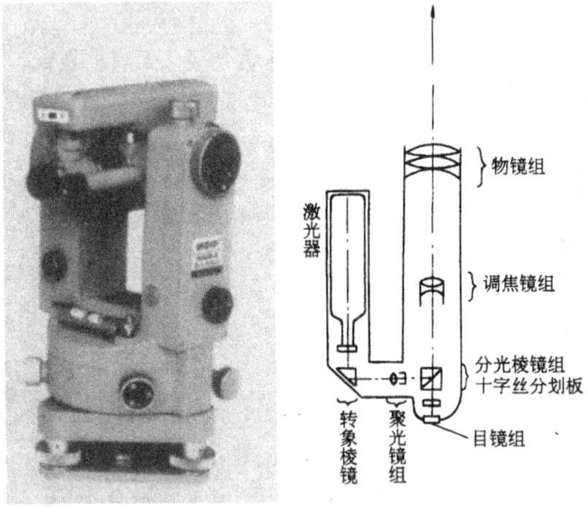

图 1.18　DJJ 型激光经纬仪

9. 激光铅直仪

此种专用仪器有水准气泡定平和自动定平两种。如图 1.19 所示为北京市建筑工程研究院研制的自动激光铅直仪。仪器用万向支架悬挂以实现自由摆动，静止时激光束正处于铅直方向。光束可达 200 m、铅直精度±20″。为了进行检校，可在仪器的正上方高处，水平设置白纸板作为接收靶，点燃激光器后，将仪器水平旋转一周，若光斑在白纸板上的轨迹为一闭合环时，说明需要调节套筒上固定激光管的校正螺钉，使其轨迹趋于一点为止。

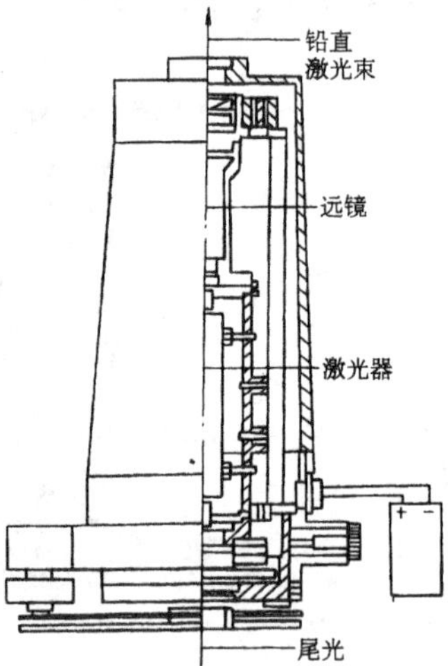

图 1.19　自动激光铅直仪

10. 自动天顶准直仪

图 1.20(a)为瑞士徕卡厂生产的 ZL 型自动天顶准直仪。安置后只要定平圆水准器，仪

器就可自动给出天顶方向，精度为±1″(±1/200 000)，但望远镜为 20 倍。若配上激光目镜，则可给出同样精度的铅直激光束。

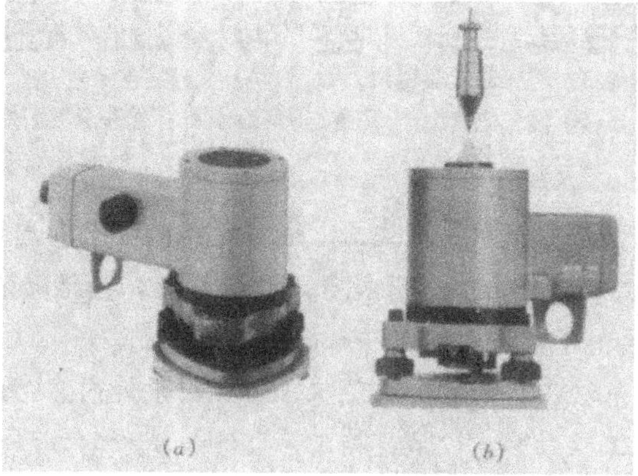

图 1.20　自动天顶—天底准直仪

11. 自动天底准直仪

图 1.20(b)为瑞士徕卡厂生产的 NL 型自动天底准直仪，它与 ZL 自动天顶准直仪外形和精度基本一样。安置仪器定平圆水准器后，通过目镜即可自动给出天底方向。此类 ZL 型与 NL 型仪器精度高，价格昂贵，适用于超高层建筑或钢结构工程施工测量。

12. 自动天顶－天底准直仪

图 1.21 为瑞士徕卡厂生产的 ZNL 型自动天顶—天底准直仪。仪器上部可由基座上取出，上下调转，如图 1.21(a)、图 1.21(b)所示。当物镜向上安置时，目镜就可观测天顶方向；当物镜向下安置时，目镜就可观测天底方向，精度均为±6″(±1/30 000)。

后三种仪器也和前几种仪器一样，在施测前水平转动一周，检查视线是否一直指在定点上，否则也应校正。另外，后三种仪器均可安装激光设备，如图 1.21(c)所示。

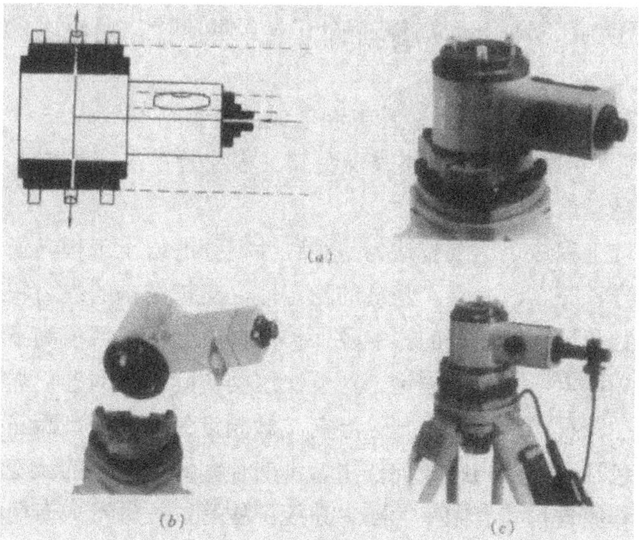

图 1.21　自动天顶—天底准直仪

第2章 基 坑 工 程

教学提示：基坑工程是为保护基坑施工、地下结构的安全和周边环境不受损害而采取的支护、基坑土体加固、地下水控制、开挖等工程的总称，包括勘察、设计、施工、监测、试验等。

教学要求：本章对基坑工程的概念及现状、特点、设计内容、设计依据、设计计算方法进行概述，介绍基坑工程勘察、设计、施工、监测、试验的方法。要求重点掌握基坑工程的概况、设计、监测方法。

2.1 基坑工程概述

2.1.1 基坑工程概念及现状

基坑工程是为保护基坑施工、地下结构的安全和周边环境不受损害而采取的支护、基坑土体加固、地下水控制、开挖等工程的总称，包括勘察、设计、施工、监测、试验等。

大多数情况下，基坑工程属于临时性工程，并没有引起岩土工程师们的足够重视，因此目前存在概念、理论体系、计算方法等诸多不统一，工程设计保守浪费、国内外基坑工程事故很多。基坑工程的重要性、技术难度日益引起人们的关注。

导致基坑工程事故的主要原因如下。

(1) 设计理论不完善。许多计算方法尚处于半经验阶段，理论计算结果尚不能很好反映工程实际情况。

(2) 设计者概念不清、方案不当、计算漏项或错误。

(3) 设计、施工人员经验不足。实践表明，工程经验在决定基坑支护设计方案和确保施工安全中起着举足轻重的作用。

实践表明，基坑工程这个历来被认为是实践性很强的岩土工程问题，发展至今天，已迫切需要理论来指导、充实、完善。基坑的稳定性、支护结构的内力和变形以及周围地层的位移对周围建筑物和地下管线等的影响及保护的计算分析，目前尚不能准确地得出定量的结果，但是，有关稳定、变形的理论，对解决这类实际工程问题仍然有非常重要的指导意义。所以，目前在工程实践中采用理论导向、量测定量和经验判断三者相结合的方法。基坑工程的理论，包括考虑应力路径的作用、土的各向异性、土的流变性、土的扰动、土与支护结构的共同作用理论、有限单元法、系统工程等，逐渐形成专门的学科——基坑工程学。

放坡大开挖，既经济又方便，适用于空旷场地；由于场地小而没有足够空间安全放坡时，就需要附加结构的基坑支护。前者是土力学的一个经典课题，后者是 20 世纪 60 年代以后岩土工程师和土力学家们面临的一个重要基础工程课题。

我国 20 世纪 70 年代以前的基坑都比较浅，如上海多、高层建筑均为 4 m 深的单层地下室。北京 70 年代地铁建设出现 20 m 深的基坑，80 年代后广东、上海、天津等城市的深基坑陆续增加，90 年代后广东省、武汉市、上海市、深圳市开始编制了基坑工程地方标准，1999 年行业标准《建筑基坑支护技术规程》(JGJ 120—1999)编制完成，《建筑地基基础设计规范》(GB 50007—2002)专有“基坑工程”一章，而《建筑边坡工程技术规范》(GB 50330—2002)是目前国内第一本较完整、系统的建筑边坡(含基坑)工程技术标准，填补了我国在该领域的空白。

2.1.2 支护结构的类型

支护结构由挡土结构、锚撑结构组成。当支护结构不能起到止水作用时，可同时设置止水帷幕或采取坑内外降水。

1. 基坑支护结构的分类

基坑支护结构可以分为以下两大类。

1) 桩、墙式支护结构

桩、墙式支护结构常采用钢板桩、钢筋混凝土板桩、柱列式灌注桩、地下连续墙等。支护桩、墙插入坑底土中一定深度(一般均插入至较坚硬土层)，上部呈悬臂或设置锚撑体系。

此类支护结构应用广泛，适用性强，易于控制支护结构的变形，尤其适用于开挖深度较大的深基坑，并能适应各种复杂的地质条件，设计计算理论较为成熟，各地区的工程经验也较多，是基坑工程中经常采用的主要形式。

2) 实体重力式支护结构

实体重力式支护结构常采用水泥土搅拌桩挡墙、高压旋喷桩挡墙、土钉墙等。此类支护结构截面尺寸较大，依靠实体墙身的重力起挡土作用，按重力式挡土墙的设计原则计算。墙身也可设计成格构式，或阶梯形等多种形式，无锚拉或内支撑系统，土方开挖施工方便，适用于小型基坑工程。土质条件较差时，基坑开挖深度不宜过大。土质条件较好时，水泥搅拌工艺使用受限制。土钉墙结构适应性较大。

2. 常用的支护结构形式

1) 挡土结构的常用形式

如图 2.1 和图 2.2 所示。

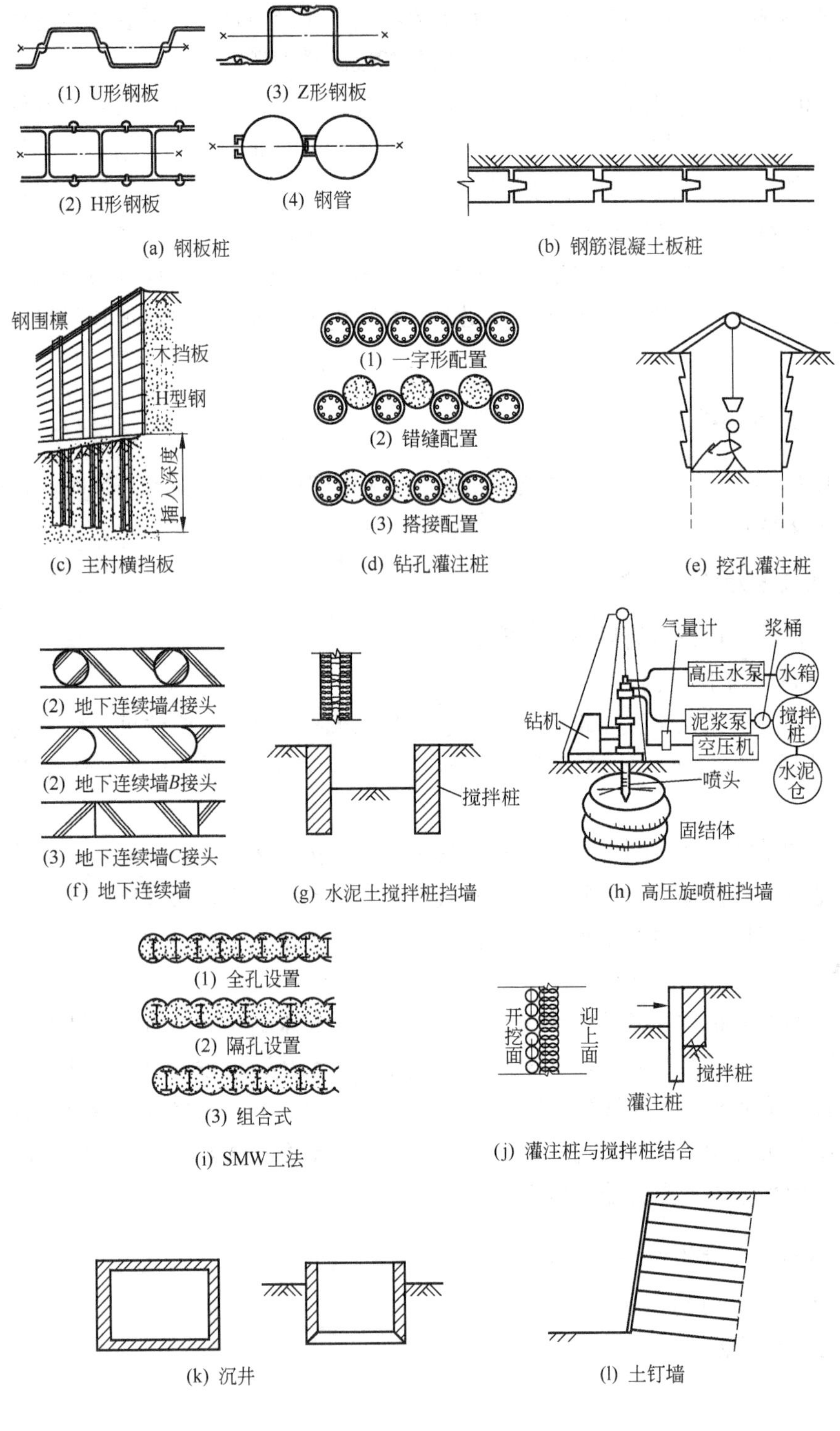
(1) U形钢板
(3) Z形钢板
(2) H形钢板
(4) 钢管
(a) 钢板桩
(b) 钢筋混凝土板桩
钢围檩
木挡板
H型钢
插入深度
(c) 主衬横挡板
(1) 一字形配置
(2) 错缝配置
(3) 搭接配置
(d) 钻孔灌注桩
(e) 挖孔灌注桩
(2) 地下连续墙A接头
(2) 地下连续墙B接头
(3) 地下连续墙C接头
(f) 地下连续墙
搅拌桩
(g) 水泥土搅拌桩挡墙
气量计
浆桶
高压水泵
水箱
钻机
泥浆泵
搅拌桩
空压机
喷头
水泥仓
固结体
(h) 高压旋喷桩挡墙
(1) 全孔设置
(2) 隔孔设置
(3) 组合式
(i) SMW工法
开挖面
迎土面
搅拌桩
灌注桩
(j) 灌注桩与搅拌桩结合
(k) 沉井
(l) 土钉墙

图 2.1　挡土结构的类型

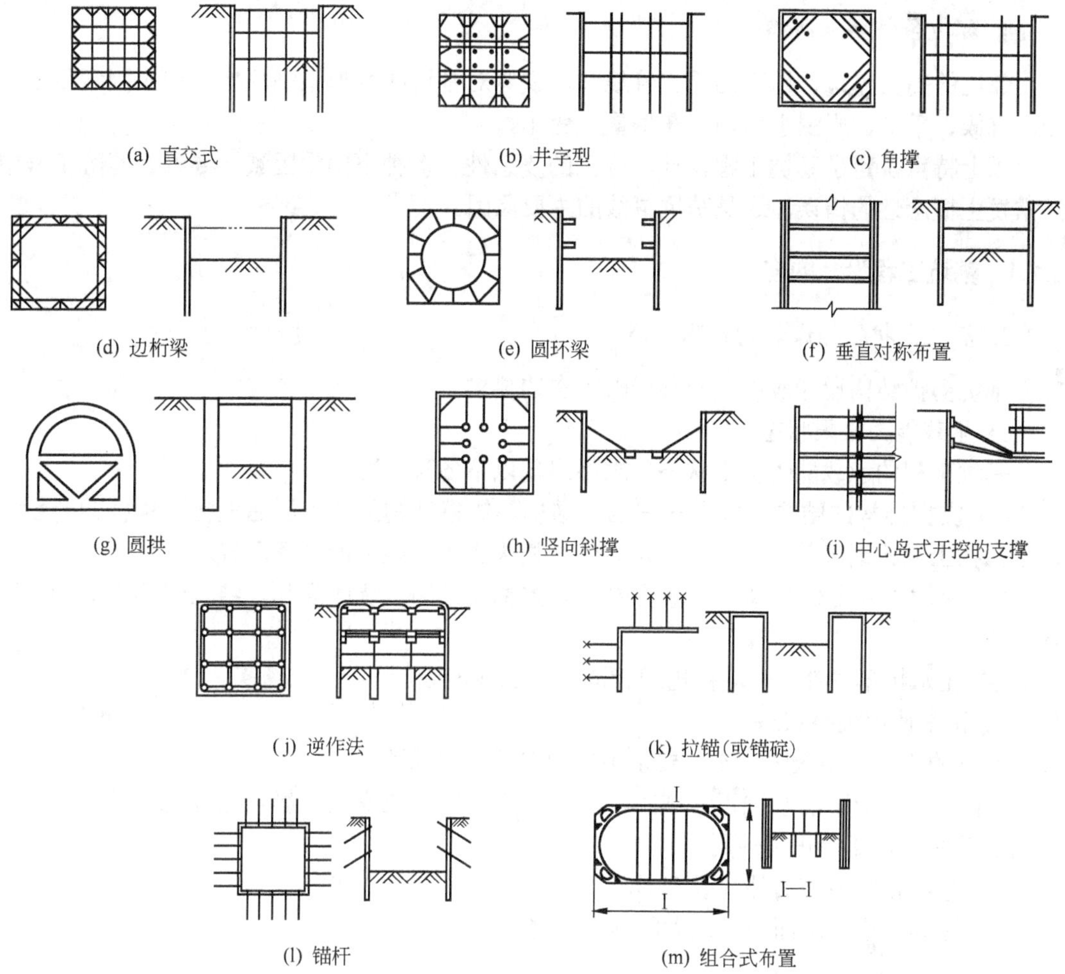

图 2.2　支撑结构的常用形式

2.1.3　基坑工程特点

1. 综合性强

基坑工程涉及工程地质、土力学、渗流理论、结构工程、施工技术和监测设计等。

2. 临时性和风险性大

一般情况下，基坑支护是临时措施，支护结构的安全储备较小，风险大。

3. 地区性

各地区基坑工程的地质条件不同，同一城市不同区域也有差异。因此，设计要因地制宜，不能简单照搬。

4. 环境条件要求严格

邻近的高大建筑、地下结构、管线和地铁等对基坑的变形限制严格，施工因素复杂多变，气候、季节、周围水体均可产生重大变化。

以上特点决定了基坑工程设计、施工的复杂性。多种不确定因素，导致在基坑工程中经常发生概念性的错误，这是基坑事故的主要原因。

2.1.4 基坑工程设计内容

1. 基坑支护结构设计的极限状态

基坑支护结构设计应满足两种极限状态的要求。

1) 承载能力极限状态

基坑工程的承载能力极限状态要求不出现以下各种状况。

(1) 支护结构的结构性破坏——挡土结构、锚撑结构折断、压屈失稳，锚杆的断裂、拔出，挡土结构地基基础承载力不足等使结构失去承载能力的破坏形式。

(2) 基坑内外土体失稳——基坑内外土体整体滑动，坑底隆起，结构倾倒或踢脚等破坏形式。

(3) 止水帷幕失效——坑内出现管涌、流土或流砂。

2) 正常使用极限状态

基坑的正常使用极限状态，要求不出现以下各种状况。

(1) 基坑变形影响基坑正常施工、工程桩产生破坏或变位；影响相邻地下结构、相邻建筑、管线、道路等正常使用。

(2) 影响正常使用的外观或变形。

(3) 因地下水抽降而导致过大的地面沉降。

2. 基坑支护结构的设计内容

(1) 支护结构体系的选型及地下水控制方式。

(2) 支护结构的强度和变形计算。

(3) 基坑内外土体稳定性计算。

(4) 基坑降水、止水帷幕设计。

(5) 基坑施工监测设计及应急措施的制定。

(6) 施工期可能出现的不利工况验算。

以上设计内容，可以分成三个部分。其一是支护结构的强度变形和基坑内外土体稳定性设计；其二是对基坑地下水的控制设计；其三是施工监测，包括对支护结构的监测和周边环境的监测。

软土地区的深基坑坑底以下土层较软，加固坑内被动区土体，可减小支护桩入土深度、基坑变形。加固范围由计算或类似工程经验确定。加固的方法常用喷射注浆、深层搅拌。深层搅拌局部加固的形式如图 2.3 所示。

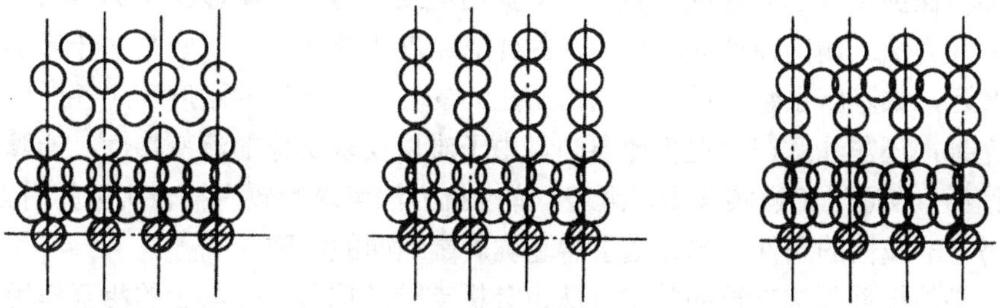

图2.3　深层搅拌局部加固的形式

2.1.5　基坑工程设计依据

基坑工程设计时，首先应掌握以下设计资料(即设计依据)。

(1) 岩土工程勘察报告。区别基坑工程的安全等级进行专门的岩土工程勘察，或与主体建筑勘察一并进行，但应满足基坑工程勘察的深度和要求。区别基坑工程的规模和地质环境条件复杂程度进行分阶段勘察和施工勘察。具体要求详见有关章节。

(2) 建筑总平面图、工程用地红线图、地下工程的建筑、结构设计图。

(3) 邻近建筑物的平面位置，基础类型及结构图、埋深及荷载，周围道路、地下设施、市政管道及通信工程管线图、基坑周围环境对基坑支护结构系统的设计要求。

在基坑工程的设计中，支护结构、降水井、观测井及止水帷幕、锚拉系统等构件，均不得超越工程用地红线范围。

2.1.6　支护结构设计计算方法综述

实体重力式支护结构按重力式挡土墙的设计原则计算，主要涉及支承挡墙自重的地基承载力及稳定验算，而稳定验算以条分法为主。

桩、墙式支护结构必须按土与支护结构共同作用的原则进行设计计算，即结构内力与支护结构的刚度、岩土体变形有关。按土与支护结构共同作用的原则进行分析是一个较难的课题，即使采用有限元法(考虑因素多，如模拟开挖过程；得到的结果也多，如可得到坑周土位移)，由于土性是复杂多变的，选择完全符合工程特点的土的计算参数是十分困难的；另外，基坑支护结构与土共同工作的条件远较一般基础工程复杂。

目前，支护结构计算的静力平衡法和等值梁法还在广泛使用于桩、墙式支护结构。这些方法都未考虑土与结构的相互作用，显然只是在特定条件下方可使用——实际应仅用于地层条件及环境条件较好的小型基坑。

用于桩、墙式支护结构的弹性抗力法，又称为侧向弹性地基反力法、地基反力法、土抗力法、竖向弹性地基梁的基床系数法等，属于承受水平荷载的弹性地基梁分析的范畴，能较好地反映基坑开挖和回筑过程各种工况和复杂情况对支护结构受力的影响，例如：施工过程中基坑开挖、支撑设置、失效或拆除、荷载变化、预加压力、墙体刚度改变、与主体结构板、墙的结合方式、内撑式挡土结构基坑两侧非对称荷载等的影响；结构与地层的相互作用及开挖过程中土体刚度变化的影响；支护结构的空间效应及支护结构与支撑系统的共同作用；反映施工过程及施工完成后的使用阶段墙体受力变化的连续性。因此对于地层软弱、环境保护要求高的基坑、多支点支护结构或空间效应明显的支护结构，宜采用侧向弹性地基反力法。侧向弹性地基反力法的计算精度主要取决于一些基本计算参数的取值是否符合实际，如基床系数、墙背和墙前土压力的分布、支撑的刚度等。各地可通过地区经验加以完善；还需注意在淤泥质地层中，由于难以反映土体的流变特性，计算墙体水平位移可能偏小，应通过工程实践予以调整。弹性抗力法可求得较为符合实际的内力及变形，但仍无法考虑非线性的条件；也无法求得基坑周围地面的沉降。

因此，必须根据基坑支护的具体方法，分析支护结构各部分与土的相互作用条件，选取适当的算法，才能比较符合实际。

影响支护结构变形和地面变形的因素复杂，目前尚无实用的理论计算方法可用于工程实践，在工程设计中主要依据设计经验和工程类比及采取控制性措施解决。

2.2　基坑工程勘察

本节针对基坑工程(属于建筑边坡工程)，介绍《建筑边坡工程技术规范》(GB 50330—2002)的主要内容。

勘察是准确认识基坑的需要，是基坑工程设计的依据，也是基坑工程事故的多发点。因此，《建筑边坡工程技术规范》(GB 50330—2002)规定建筑边坡(含基坑)应作专门的岩土工程勘察；大型的和地质环境条件复杂的边坡宜分阶段勘察；地质环境复杂的一级边坡工程应进行施工勘察。当某边坡作为主体建筑的环境时要求进行专门性的边坡勘察，往往是不现实的，此时对于二、三级边坡也可结合对主体建筑场地勘察一并进行。岩土体的变异性一般都比较大，对于复杂的岩土边坡很难在一次勘察中就将主要的岩土工程问题全部查明；而且对于一些大型边坡，设计往往也是分阶段进行的。分阶段勘察是根据国家基本建设委员会(73)建革字第 308 号文精神，并考虑与设计工作相适应和我国的长期习惯做法。当地质环境条件复杂时，岩土差异性就表现得更加突出，往往即使进行了初勘、详勘还不能准确的查明某些重要的岩土工程问题，这时进行施工勘察就很重要了。

建筑边坡的勘探范围应包括不小于岩质边坡高度或不小于 1.5 倍土质边坡高度以及可能对建(构)筑物有潜在安全影响的区域。控制性勘探孔的深度应穿过最深潜在滑动面进入稳定层不小于 5 m，并应进入坡脚地质剖面最低点和支护结构基底下不小于 3 m。

边坡工程勘察报告应包括下列内容。

(1) 在查明边坡工程地质和水文地质条件的基础上，确定边坡类别和可能的破坏形式。

(2) 提供验算边坡稳定性、变形和设计所需的计算参数值。

(3) 评价边坡的稳定性，并提出潜在的不稳定边坡的整治措施和监测方案的建议。

(4) 对需进行抗震设防的边坡应根据区划提供设防烈度或地震动参数。

(5) 提出边坡整治设计、施工注意事项的建议。

(6) 对所勘察的边坡工程是否存在滑坡(或潜在滑坡)等不良地质现象，以及开挖或构筑的适宜性做出结论。

(7) 对安全等级为一、二级的边坡工程应提出沿边坡开挖线的地质纵、横剖面图。

地质环境条件复杂、稳定性较差的边坡宜在勘察期间进行变形监测，并宜设置一定数量的水文长观孔。

岩土的抗剪强度指标应根据岩土条件和工程实际情况确定，并与稳定性分析时所采用的计算方法相配套。

边坡工程勘察前应取得以下资料。

(1) 附有坐标和地形的拟建建(构)筑物的总平面布置图。

(2) 拟建建(构)筑物的性质、结构特点及可能采取的基础形式、尺寸和埋置深度。

(3) 边坡高度、坡底高程和边坡平面尺寸。

(4) 拟建场地的整平标高和挖方、填方情况。

(5) 场地及其附近已有的勘察资料和边坡支护型式与参数。

(6) 边坡及其周边地区的场地等环境条件资料。

分阶段进行勘察的边坡，宜在搜集已有地质资料的基础上先进行工程地质测绘。测绘工作宜查明边坡的形态、坡角、结构面产状和性质等，测绘范围应包括可能对边坡稳定有影响的所有地段。

边坡工程勘察应查明下列内容。

(1) 地形地貌特征。

(2) 岩土的类型、成因、性状、覆盖层厚度、基岩面的形态和坡度、岩石风化和完整程度。

(3) 岩、土体的物理力学性能。

(4) 主要结构面(特别是软弱结构面)的类型和等级、产状、发育程度、延伸程度、闭合程度、风化程度、充填状况、充水状况、组合关系、力学属性和与临空面的关系。

(5) 气象、水文和水文地质条件。

(6) 不良地质现象的范围和性质。

(7) 坡顶邻近(含基坑周边)建(构)筑物的荷载、结构、基础形式和埋深，地下设施的分布和埋深。

边坡工程勘探宜采用钻探、坑(井)探和槽探等方法，必要时可辅以硐探和物探方法。

勘探线应垂直边坡走向布置，详勘的线、点间距可按规范表或地区经验确定，且对每一单独边坡段勘探线不宜少于两条，每条勘探线不应少于两个勘探孔。

主要岩土层和软弱层应采集试样进行物理力学性能试验，土的抗剪强度指标宜采用三轴试验获取。每层岩土主要指标的试样数量：土层不应少于六个，岩石抗压强度不应少于九个。岩体和结构面的抗剪强度宜采用现场试验确定。对有特殊要求的岩质边坡宜作岩体流变试验(岩石在静载作用下随时间推移而强度降低的现象，称流变效应)。

边坡岩土工程勘察工作中的探井、探坑和探槽等，在野外工作完成后应及时封填密实。当需要时，可选部分钻孔埋设地下水和边坡的变形监测设备，其余钻孔应及时封堵。

建筑边坡工程的气象资料收集、水文调查和水文地质勘察应满足下列要求。

(1) 收集相关气象资料、最大降雨强度和十年一遇最大降水量，研究降水对边坡稳定性的影响。

(2) 收集历史最高水位资料，调查可能影响边坡水文地质条件的工业和市政管线、江河等水源因素，以及相关水库水位调度方案资料。

(3) 查明对边坡工程产生重大影响的汇水面积、排水坡度、长度和植被等情况。

(4) 查明地下水类型和主要含水层分布情况。

(5) 查明岩体和软弱结构面中地下水情况。

(6) 调查边坡周围山洪、冲沟和河流冲淤等情况。

(7) 论证孔隙水压力变化规律和对边坡应力状态的影响。

建筑边坡勘察应提供必需的水文地质参数，在不影响逾坡安全的条件下，可进行抽水试验、渗水试验或压水试验等。

建筑边坡勘察除应进行地下水力学作用和地下水物理、化学作用的评价以外，还宜考虑雨季和暴雨的影响。

2.3 基坑工程设计

2.3.1 支护结构设计的荷载及其组合

支护结构的荷载应包括下列项目。

(1) 土压力。

(2) 水压力(静水压力、渗流压力、承压水压力)。

(3) 基坑周围的建筑物及施工荷载引起的侧向压力。

(4) 温度应力。

(5) 临水支护结构的波浪作用力和水流退落时的渗透力。

(6) 作为永久结构时的相关荷载。其中，对一般支护结构，其荷载主要是土压力、水压力。

1. 土压力与水压力

准确地确定支护结构上的荷载需要根据土的抗剪强度指标并通过土压力理论进行计算。到目前，土力学中土压力计算仍然是 1773 年的库仑土压力理论和 1857 年的朗肯土压力理论。众多的土力学工作者指出了库仑和朗肯土压力理论的许多不足之处，但至今仍未提出更完善的新理论。

土的抗剪强度指标的影响因素十分复杂，从土层天然状态下经过的应力历史，基坑开挖时的应力路径，排水条件，加载、卸载特性，剪胀、剪缩特性，在试验时直接剪切或三轴剪切，计算时采用总应力法还是有效应力法，都会对土压力值产生很大的影响。如饱和软粘土，采用水土分算或是水土合算其侧向荷载可相差 25%～35%；同时这种软土，采用不固结不排水剪或是用固结不排水剪其土压力可相差 30%～40%。

库仑和朗肯土压力理论只能计算极限平衡状态下的土压力，而在基坑支护中，当结构的变形不能使土体处于极限平衡状态时，其土压力值可相差 30%～70%。

因此，确定作用在支护结构上的荷载时，要按土与支护结构相互作用的条件确定土压力，采用符合土的排水条件和应力状态的强度指标，按基坑影响范围内的土性条件确定由水土产生的作用在支护结构上的侧向荷载。

大量工程实践结果表明，在基坑支护结构中，当结构发生一定位移时，可按古典土压理论计算主动土压力和被动土压力；当支护结构的位移有严格限制时，按静止土压力取值；

当按变形控制原则设计支护结构时，土压力可按支护结构与土相互作用原理确定，也可按地区经验确定；当土层有地下水时，无黏性土一般不考虑出现孔隙水压力，土压力采用水土分算法，总应力、有效应力抗剪强度指标相同；当土层有地下水时，黏性土土压力采用水土合算法、不固结不排水抗剪强度指标(地基 02 规范推荐使用此法，且使用在土的有效自重压力下预固结的不固结不排水三轴试验确定抗剪强度指标，并用薄壁取土器取样)，或水土分算法、固结不排水抗剪强度指标；当土层有地下水时，一般不考虑渗流作用对土压力的影响；有地区经验时，土压力的分布可按可靠的地区工程经验确定。土压力的水土分算法或是水土合算法涉及的问题比较多，难以作出简单的结论，各地也有各自不同的工程经验，目前工程界较为能够接受上述算法。

1) 静止土压力

静止土压力标准值，可按下式计算：

$$e_{0ik}=(\sum_{j=1}^{i}\gamma_j h_j+q)\ K_{0i} \tag{2-1}$$

式中：e_{0ik}——计算点处的静止土压力标准值(kN/m²)；

γ_j——计算点以上第 j 层土的重度(kN/m³)，地下水位以上取天然重度，地下水位以下取浮重度；

h_j——计算点以上第 j 层土的厚度(m)；

q——地面的均布荷载(kN/m²)；

K_{0i}——计算点处的静止土压力系数，宜由试验确定，当无试验条件时，对砂土可取 0.34～0.45，对黏性土可取 0.5～0.7。

2) 主动土压力和被动土压力

可按朗肯公式或库仑公式；坑边有超载情况下土压力的计算，以及朗肯公式、库仑公式参见土力学教材。

3) 水土分算法

按朗肯理论计算主动与被动土压力强度时，按下式计算：

$$e_{\mathrm{a}ik}=(\sum_{j=1}^{i}\gamma_j h_j+q)\ K_{\mathrm{a}i}-2c_i'\sqrt{K_{\mathrm{a}i}}+\gamma_{\mathrm{w}}z_i \tag{2-2}$$

$$e_{\mathrm{p}ik}=(\sum_{j=1}^{i}\gamma_j h_j+q)\ K_{\mathrm{p}i}+2c_i'\sqrt{K_{\mathrm{p}i}}+\gamma_{\mathrm{w}}z_i \tag{2-3}$$

式中：$e_{\mathrm{a}ik}$、$e_{\mathrm{p}ik}$——计算点处的主动、被动土压力标准值(kN/m²)，当 $e_{\mathrm{a}ik}<0$ 时 $e_{\mathrm{a}ik}=0$；

q——地面均布荷载(kN/m²)；

γ_j——计算点以上第 j 层土的重度(kN/m³)，地下水位以上取天然重度，地下水位以下取浮重度；

h_j——第 j 层土的厚度(m)；

γ_{w}——水的重度(kN/m³)；

z_i——地下水位至计算点的深度(m)；

$K_{\mathrm{a}i}$、$K_{\mathrm{p}i}$——计算点处的朗肯主动、被动土压力系数，$K_{\mathrm{a}i}=\tan^2(45°-\varphi'_i/2)$，$K_{\mathrm{p}i}=\tan^2(45°+\varphi'_i/2)$；

c'_i、φ'_i——计算点处土的有效应力抗剪强度指标(kPa、°)。

4) 水土合算法

按朗肯理论计算主动与被动土压力强度时，按下式计算：

$$e_{aik}=(\sum_{j=1}^{i}\gamma_j h_j+q)\ K_{ai}-2c_i\sqrt{K_{ai}} \tag{2-4}$$

$$e_{pik}=(\sum_{j=1}^{i}\gamma_j h_j+q)\ K_{pi}+2c_i\sqrt{K_{pi}} \tag{2-5}$$

式中：e_{aik}、e_{pik}——计算点处的主动、被动土压力标准值(kN/m²)，当 $e_{aik}<0$ 时 $e_{aik}=0$；

q——地面均布荷载(kN/m²)；

γ_j——计算点以上第 j 层土的重度(kN/m³)，地下水位以上取天然重度，地下水位以下取饱和重度；

h_j——第 j 层土的厚度(m)；

γ_w——水的重度(kN/m³)；

K_{ai}、K_{pi}——计算点处的朗肯主动、被动土压力系数，$K_{ai}=\tan^2(45°-\varphi_i/2)$，$K_{pi}=\tan^2(45°+\varphi_i/2)$；

c_i、φ_i——计算点处土的总应力抗剪强度指标(kPa、°)。

以上 3)、4)的主动土压力的分布有临界深度问题，再与地面均布荷载组合时存在不同意见，一种意见认为：令 3)或 4)=0，求主动土压力分布的临界深度，从而确定与地面均布荷载组合后的主动土压力分布；另一种意见认为：令 3)或 4)中土的主动土压力部分=0，求主动土压力分布的临界深度，然后再组合两种主动土压力，确定分布(因为上述两种意见的临界深度不等，所以两种主动土压力组合的荷载分布不同)。另外，土的土压力与地面均布荷载的土压力，理应分属于永久荷载、可变荷载，荷载设计值组合时应分别乘以分项系数 1.2、1.4，这使得第一种意见又产生另外的临界深度。所以，土的土压力与地面均布荷载的土压力采取先分别确定二者的分布、再进行标准值或设计值的组合，比较合理。

5) 渗流作用对土压力的影响

在基坑内外存在地下水位差，墙后土体的渗流作用，应通过流网分析计算，计算过程比较繁琐、绘制流网通常较困难。以下的定性分析，供设计人员参考。

从流网图可以看出，坑外高地下水位处的水流，基本上是向下竖向渗流，经桩底向上达基坑底部，由渗流而产生的渗流压力，按渗流方向产生的渗流力的作用，在基坑外侧主动区的土颗粒受渗流力的作用，使有效应力增大，而水压力减小。在基坑内侧被动区则使有效应力减小而水压力增大。其综合作用为：坑外主动区总的水、土压力值减小，这对支护结构的受力来说是有利的；坑内被动区总的水、土压力值仍为减小，这对基坑的稳定性是不利的。

【例 2.1】 基坑深 8 m，坑外地下水在地面下 1 m，坑内地下水在坑底面，坑边满布地面超载 q=10 kN/m²。地下水位以上 γ=18 kN/m³，不固结不排水抗剪强度指标 c=10 kPa、φ=8°；地下水位以下 γ_{sat}=18.5 kN/m³，不固结不排水抗剪强度指标 c=12 kPa、φ=15°。锚杆位于地面下 3 m。用等值梁法求桩的设计嵌入深度 D、M_{max}。

解 (1) 采用水土合算法的荷载。

坑外地下水位以上主动土压力：

令 $e_{aik}=(\sum_{j=1}^{i}\gamma_j h_j)\ K_{ai}-2c_i\sqrt{K_{ai}}$

$=(18\times h_0)\tan^2\ (45°-\frac{8}{2})-2\times10\tan\ (45°-\frac{8}{2})=13.6h_0-17.4=0$，得 h_0=1.3 m>1 m；

设临界深度在坑外地下水位以下 x(m)，则

$(18\times1+18.5x)\tan^2\ (45°-\frac{15}{2})-2\times12\tan\ (45°-\frac{15}{2})=10.6+10.9x-18.4=0$，$x$=0.7 m 地面下深度 z >0.7m 处土所产生的主动土压力：

$e_{aik}=(\sum_{j=1}^{i}\gamma_j h_j)\ K_{ai}-2c_i\sqrt{K_{ai}}$

$=[18\times1.0+18.5(z-1)]\tan^2\ (45°-\frac{15}{2})-2\times12\tan\ (45°-\frac{15}{2})$

$=-0.3+10.9z-18.4$

$=10.9z-18.7$ kPa

地面超载所产生的主动土压力：坑外深度 1.0m 以上，$qK_{ai}=10\tan^2\ (45°-\frac{8}{2})=7.6$kPa；坑外深度 1.0 m 下，$qK_{ai}=10\tan^2\ (45°-\frac{15}{2})=5.9$ kPa。

坑内坑底下深度 y 处被动土压力：

$e_{pik}=(\sum_{j=1}^{i}\gamma_j h_j+q)\ K_{pi}+2c_i\sqrt{K_{pi}}$

$=(18.5y)\tan^2\ (45°+\frac{15}{2})+2\times12\tan\ (45°+\frac{15}{2})$

$=31.4y+31.3$ kPa

支护结构的荷载标准值分布如图 2.10 所示。

(2) 求反弯点位置(设反弯点在坑内坑底下深度 y_0 处)

$31.4\ y_0+31.3=10.9z-18.7+5.9$，$z=y_0+8$，所以 $y_0=2.1$ m。

(3) 由简支梁得锚杆水平力标准值 H_{a1k}、简支梁另一支座反力标准值 P_{d1k} 如下。

$(2.1+8-3)H_{a1k}+1/2\times(31.4\times2.1)\times2.1\times1/3\times2.1+31.3\times2.1\times1/2\times2.1$
$=1/2\times(10.9\times2.1+68.5)\times(2.1+8-1-0.7)\times1/3\times(2.1+8-1-0.7)+7.6\times1\times$
$(8-0.5+2.1)+5.9\times(7+2.1)\times1/2\times(7+2.1)$

$7.1H_{a1k}+117.5=1074.7+73.0+244.3$

$H_{a1k}=179.5$ kN/m

$P_{d1k}=1/2\times(10.9\times2.1+68.5)\times(2.1+8-1-0.7)+7.6\times1+5.9\times(7+2.1)-1/2\times(31.4\times2.1)$
$\times2.1-31.3\times2.1-186.0$
$=383.8+7.6+53.7-69.2-179.5-65.7=130.7$ kN/m

(4) 求桩的设计嵌入深度 D。

设反弯点距挡土桩底 t_n，$t_n=y-2.1$；参照“等值梁法计算简图”及“等值梁法计算单支

点支护桩简图”：挡土桩前土压力合力作用点距挡土桩底 $b=t_n/3$，则

$$[(31.4y+31.3)-(10.9y+68.5)]\ t_n/2\times t_n/3=P_{d1k}\ t_n$$

$$20.5t_n^2+5.8t_n-942.0=0$$

$$t_n=6.6\ \text{m}$$

$$D=\xi D_{min}=1.3\times(2.1+6.6)=11.3\ \text{m}$$

(5) 求桩的设计弯矩 M_{max}。

反弯点位置不变，荷载采用设计值。

求锚杆水平力设计值 H_{a1}：

$(2.1+8-3)H_{a1}+1/2\times(31.4\times2.1)\times1.2\times2.1\times1/3\times2.1+31.3\times2.1\times1/2\times2.1\times1.2$
$=1/2\times(10.9\times2.1+68.5)\ \times1.2\times(2.1+8-1-0.7)\times1/3\times(2.1+8-1-0.7)+7.6\times1.4\times1\times$
$(8-0.5+2.1)+5.9\times1.4\times(7+2.1)\times1/2\times(7+2.1)$

$7.1\ H_{a1}+117.5\times1.2=1074.7\times1.2+73.0\times1.4+244.3\times1.4$

$H_{a1}=224.3\text{kN/m}$

设剪力为 0 的点距地面 x_1(m)，$8>x_1>1.7$：

$H_{a1}=1/2\times(10.9\ x_1-18.7)\ \times1.2\times(x_1-1-0.7)+7.6\times1.4\times1+5.9\times1.4\times(x_1-1)$

$6.54\ x_1^2-14.08\ x_1-210.62=0$

$x_1=6.9$ m

$M_{max}=H_{a1}\times(x_1-3)-1/2\times(10.9\ x_1-18.7)\ \times1.2\times(x_1-1-0.7)\times1/3\times(x_1-1-0.7)-$
$\quad 7.6\times1.4\times1\times(x_1-0.5)-5.9\times1.4\times(x_1-1)\times1/2(x_1-1)$
$\quad =874.8-305.6-68.1-143.8=357.3(\text{kN}\cdot\text{m/m})$

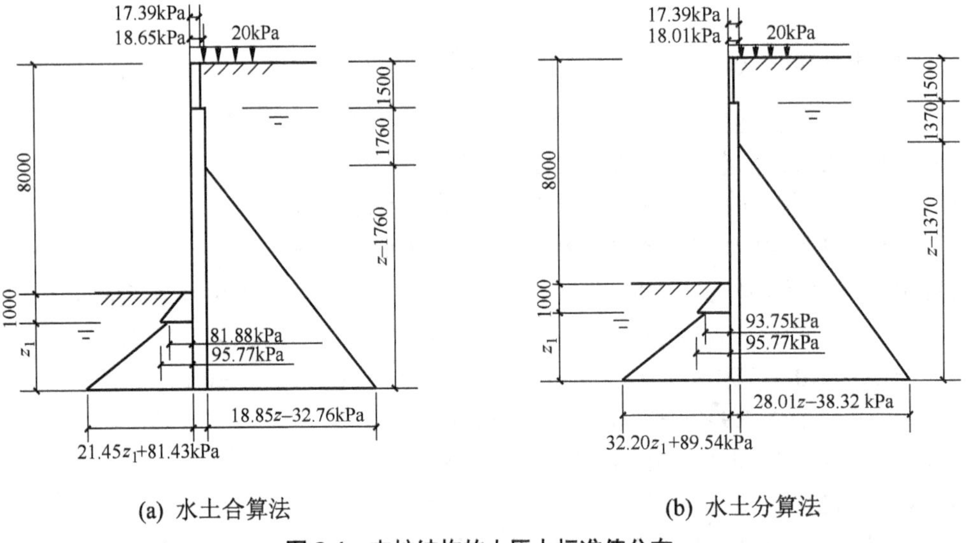

图 2.4　支护结构的土压力标准值分布

2. 支护结构设计的荷载组合

支护结构设计的荷载组合，应按照《建筑结构荷载规范》与《建筑结构可靠度设计统一标准》，并结合支护结构受力特点进行。在《建筑边坡工程技术规范》(GB 50330—2002)、

《建筑地基基础设计规范》(GB 50007—2002)、《建筑基坑支护技术规程》(JGJ 120—1999)中，支护结构设计的荷载组合并不统一。以下(1)～(6)为《建筑边坡工程技术规范》(GB 50330—2002)对支护结构设计的规定：

(1) 按地基承载力确定挡土结构基础底面积及其埋深时，荷载效应组合应采用正常使用极限状态的标准组合，相应的抗力应采用地基承载力特征值。

(2) 支护结构的稳定性和锚杆锚固体与地层的锚固长度计算时，荷载效应组合应采用承载能力极限状态的基本组合，但其荷载分项系数均取 1.0，组合系数按现行国家标准的规定采用。

(3) 在确定支护结构截面尺寸、内力及配筋时，荷载效应组合应采用承载能力极限状态的基本组合，并采用现行国家标准规定的荷载分项系数和组合值系数；支护结构的重要性系数 γ_0 按有关规范的规定采用，安全等级为一级的取 1.1，二、三级的取 1.0。支护结构的安全等级，参照 GB 50330—2002 关于边坡的安全等级划分(编者注)。

(4) 计算锚杆变形和支护结构水平位移与垂直位移时，荷载效应组合应采用正常使用极限状态的准永久组合。

(5) 在支护结构抗裂计算时，荷载效应组合应采用正常使用极限状态的标准组合，并考虑长期作用影响。

(6) 抗震设计(支护结构不进行，编者注)的荷载组合和临时性边坡(使用时间不超过两年；以上(1)～(5)针对使用时间超过两年的永久性边坡，编者注)的荷载组合应按现行有关标准执行。

GB 50007—2002 关于支护结构设计荷载组合的不同之处：支护结构构件截面设计，按由永久荷载效应控制的基本组合简化规则确定，即

$$S=1.35S_k \tag{2-6}$$

式中：S——荷载效应基本组合的设计值；

1.35——综合荷载分项系数；

S_k——荷载效应的标准组合值。

JGJ 120—1999 关于支护结构设计的荷载组合：结构内力(包括截面弯矩设计值、截面剪力设计值)及支点力的设计值，分别为其计算值乘 $1.25\gamma_0$。其中“计算值”为荷载效应的标准组合值，即荷载用标准值计算支护结构截面弯矩计算值、截面剪力计算值及支点力计算值；“1.25”为与当时《混凝土结构设计规范》配套的荷载综合分项系数。

2.3.2　桩墙式支护结构的内力、变形及配筋计算

桩墙式支护结构设计，应按基坑开挖过程的不同深度、基础底板施工完成后逐步拆除支撑的工况设计。

桩墙式支护结构的设计计算包括以下内容。

(1) 支护桩插入深度的确定。

(2) 支护结构体系的内力分析和结构强度设计。

(3) 基坑内外土体的稳定性验算。

(4) 基坑降水设计和渗流稳定验算。

(5) 基坑周围地面变形的控制措施。

(6) 施工监测设计。

基坑支护体系的设计是一项综合性很强的设计，应做到设计要求明确，施工工况合理，决不能出现漏项的情况。

桩墙式支护结构可能出现倾覆、滑移、踢脚等破坏现象，也产生很大的内力和变位，其内力与变形计算常用的方法有：极限平衡法和弹性抗力法两种。

1. 极限平衡法

极限平衡法假设基坑外侧土体处于主动极限平衡状态，基坑内侧土体处于被动极限平衡状态，桩在水、土压力等侧向荷载作用下满足平衡条件。常用的有：静力平衡法和等值梁法。静力平衡法和等值梁法分别适用于特定条件；另外，静力平衡法和等值梁法计算支护结构内力时假设：(1) 施工自上而下；(2) 上部锚杆内力在开挖下部土时不变；(3) 立柱在锚杆处为不动点。

1) 静力平衡法计算悬臂式支护结构

悬臂式支护桩主要靠插入土内深度形成嵌固端，以平衡上部土压力、水压力及地面荷载形成的侧压力。

静力平衡法假设支护桩在侧向荷载作用下可以产生向坑内移动的足够的位移，使基坑内外两侧的土体达到极限平衡状态。悬臂桩在主动土压力作用下，绕支护桩上某一点转动，形成在基坑开挖深度范围外侧的主动区及在插入深度区内的被动区，如图 2.5 所示。

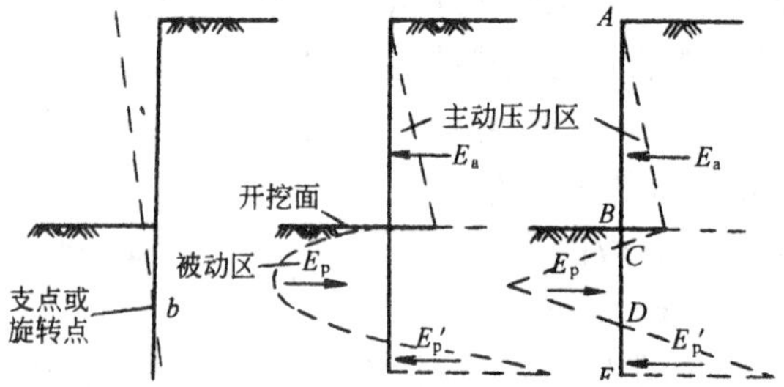

(a) 支护桩的变位示意图　(b) 桩两侧的主动区和被动区　(c) 土压力的计算简图

图 2.5　悬臂式支护桩的土压力分布图

对上述计算图形，H.Blum 建议以图 2.6 的图形代替。在插入深度达到旋转点以下部分的作用以一个单力 R_c 代替，在满足绕桩脚 C 点 $\sum H=0$，$\sum M_c=0$ 的条件，求得悬臂桩所需的极限嵌固深度。

支护桩的设计长度 L 按下式计算：

$$L=h+x+Kt \tag{2-7}$$

式中：h——基坑深度；

x——坑底至桩上土压力为零点的距离；

K——经验系数，H.Blum 建议 $K=1.2$。

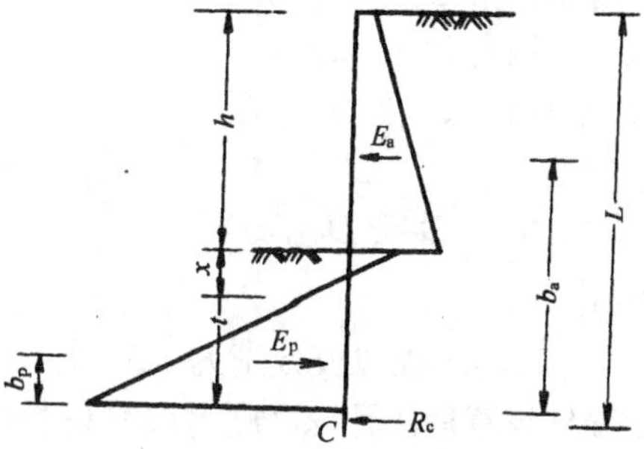

图 2.6　悬臂支护桩在无粘性土中的土压力分布图

由图 2.6 所示的计算简图即可求得桩身各截面的内力，最大弯矩的位置在基坑底面以下，可根据剪力为零的条件确定。

2) 静力平衡法计算锚撑挡土结构

挡土结构入土深度较小或坡脚土体较软弱时，可视挡土结构下端为自由端，用静力平衡法计算插入深度、内力(如图 2.7 所示)。

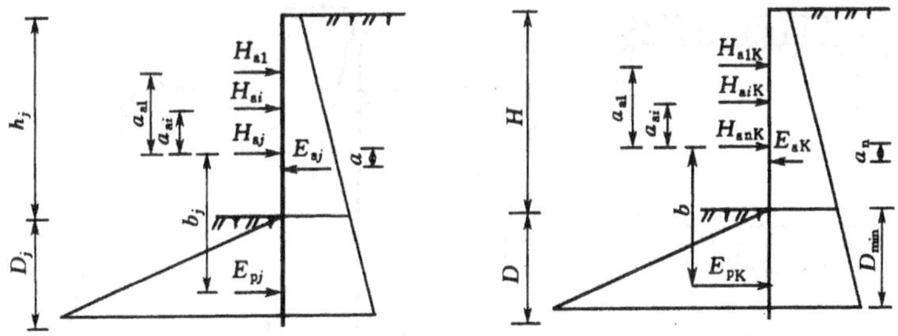

(a) 第 j 层锚杆水平分力　　　　　　(b) 立柱嵌入深度

图 2.7　静力平衡法计算简图

锚杆水平分力可按下式计算：

$$H_{aj} = E_{aj} - E_{pj} - \sum_{i=1}^{j-1} H_{ai} \tag{2-8}$$

式中：H_{aj}——第 j 层锚杆水平分力设计值(kN)；

H_{ai}——第 i 层锚杆水平分力设计值(kN)；

E_{aj}——挡墙后主动土压力合力设计值(kN)；

E_{pj}——坡脚地面以下挡墙前被动土压力合力设计值(立柱在坡脚地面以下岩土层内的被动侧向压力) (kN)；

最小入土深度 D_{min} 可按下式计算确定：

$$E_{pK} b - E_{aK} - \sum_{i=1}^{n} H_{aiK} a_{ai} = 0 \tag{2-9}$$

式中：E_{aK}——挡墙后主动土压力合力标准值(kN)；

E_{pK}——挡墙前被动土压力合力标准值(kN)；

H_{aiK}——第 i 层锚杆水平合力标准值(kN)；

a_n——E_{aK} 作用点到 H_{anK} 作用点的距离(m)；

b——E_{pK} 作用点到 H_{anK} 作用点的距离(m)；

a_n——H_{aiK} 作用点到 H_{anK} 作用点的距离(m)。

立柱入土深度可按下式计算：

$$D=\xi D_{min} \tag{2-10}$$

式中：D——立柱入土深度(m)；

ξ——增大系数，对一、二、三级边坡分别为 1.5、1.4、1.3；

D_{min}——挡墙最低一排锚杆设置后，开挖高度为边坡高度时立柱的最小入土深度(m)。

立柱的内力可根据锚固力和作用于支护结构上侧压力按常规方法计算。

3) 等值梁法计算锚撑挡土结构

挡土结构入土深度较大或为岩层或坡脚土体较坚硬时，可视立柱下端为固定端，用等值梁法计算插入深度、内力。

对单支点支护桩，如图 2.8(d)所示，在 BC 段中弯矩图的反弯点 D 处切断，并在 D 处设置支点形成 AD 梁，则 AD 梁的弯矩将保持不变。因此 AD 梁即为 AC 梁上 AD 段的等值梁。

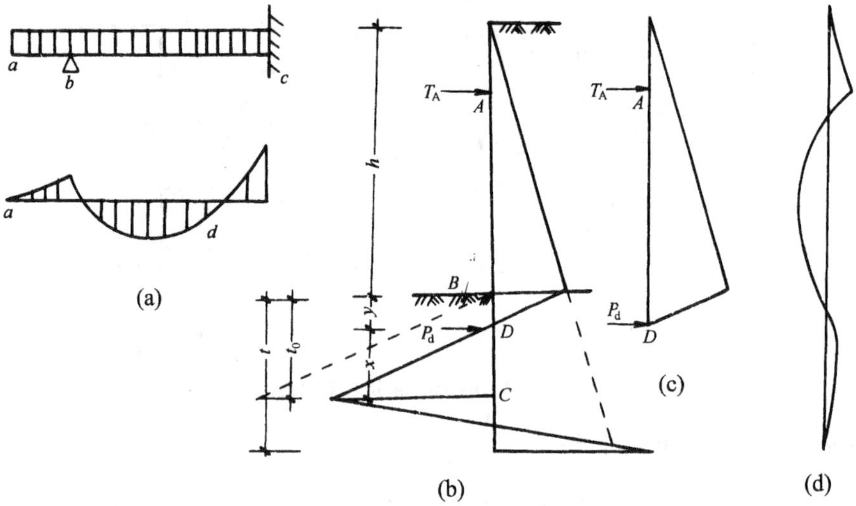

(a) 等值梁原理 (b) 桩上土压力分布 (c) 等值梁示意图 (d) 弯矩图示意

图 2.8 等值梁法计算单支点支护桩简图

反弯点的位置通常与基坑底面下土压力等于零的位置相近，因此应用等值梁法计算时常以土压力为零的位置代替，如图 2.8(b)、图 2.8(c)所示。

等值梁法计算单支点支护桩的步骤如下。

如图 2.8(b)、图 2.8 (c)所示，先求得土压力为零点的 D 点的位置，得等值梁 AD，求得简支梁 AD 的支座反力 T_A 及 P_d。

将 DC 段视为一简支梁，下部嵌固作用以一个单力 R_c 代替，由图 2.8(b)按 P_d 对 C 点的力矩等于 DC 段上作用的土压力对 C 点的力矩的条件求得 x 值，临界插入深度 t_0 即可求得。

对多支点支护桩的等值梁法计算(如图 2.9 所示)，原理同等值梁法计算单支点支护桩。

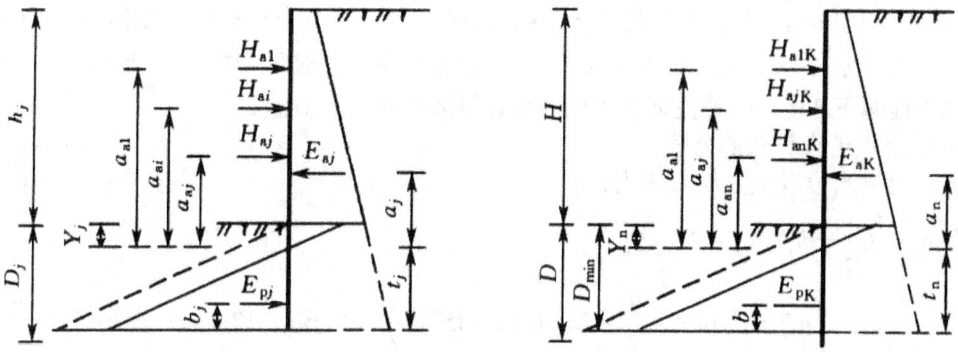

(a) 第 j 层锚杆水平分力　　　　(b) 立柱嵌入深度

图 2.9 等值梁法计算简图

坡脚地面以下立柱反弯点到坡脚地面的距离 Y_j 可按下式计算：

$$e_{aK}-e_{pK}=0 \tag{2-11}$$

式中：e_{aK}——挡墙后主动土压力标准值(kN/m)；

e_{pK}——挡墙前被动土压力标准值(kN/m)。

第 j 层锚杆的水平分力可按下式计算：

$$H_{aj}=\frac{E_{aj}a_j-\sum_{i=1}^{j-1}H_{ai}a_{ai}}{a_{aj}} \tag{2-12}$$

式中：a_j——E_{aj} 作用点到反弯点的距离(m)；

a_{aj}——H_{aj} 作用点到反弯点的距离(m)；

a_{ai}——H_{ai} 作用点到反弯点的距离(m)。

以上第 j 层锚杆的水平分力 H_{aj}，由 j=1，2，3，…，j–1 等逐步计算而得(相应求 j–1 次 Y_j)；当求 H_{aj} 时假设 1～j–1 层锚杆的水平分力不变。

j=n 时，Y_j=Y_n，等值梁在反弯点处的支点力为 $E_{aK}-\sum_{i=1}^{n}H_{aiK}$。与单支点支护桩求临界插入深度 t_0 相同的原理，可求立柱的最小入土深度 D_{min}：

$$D_{min}=Y_n+t_n \tag{2-13}$$

$$t_n=\frac{E_{pK}b}{E_{aK}-\sum_{i=1}^{n}H_{aiK}} \tag{2-14}$$

式中：b——E_{pK} 作用点到反弯点的距离(m)。

立柱设计嵌入深度可按式(2-10)计算。

立柱的内力可根据锚固力和作用于支护结构上的侧压力按常规方法计算。

计算挡墙后侧向压力时，在坡脚地面以上部分计算宽度应取立柱间的水平间距，在坡脚地面以下部分计算宽度对桩应取 0.9(1.5D+0.5)(其中 D 为桩直径)。挡墙前坡脚地面以下被动压力，应考虑墙前岩土层稳定性、地面是否有限等情况，按当地经验折减使用。

【例 2.2】 基坑深 8 m，坑外地下水在地面下 1 m，坑内地下水在坑底面，坑边满布地面超载 q=10 kN/m²。地下水位以上 γ =18 kN/m³，不固结不排水抗剪强度指标 c=10 kPa，φ=8°；地下水位以下 γ_{sat} =18.5 kN/m³，不固结不排水抗剪强度指标 c=12 kPa，φ=15°。锚杆位于地面下 3 m。用等值梁法求桩的设计嵌入深度 D、M_{max}。

解 (1) 采用水土合算法的荷载。

坑外地下水位以上主动土压力：

令 $e_{aik}=(\sum_{j=1}^{i}\gamma_j h_j)\ K_{ai}-2c_i\sqrt{K_{ai}}$

$=(18\times h_0)\tan^2\ (45°-\frac{8}{2})-2\times 10\tan\ (45°-\frac{8}{2})=13.6h_0-17.4=0$，得 h_0=1.3 m>1 m；

设临界深度在坑外地下水位以下 x(m)，则

$(18\times 1+18.5x)\tan^2\ (45°-\frac{15}{2})-2\times 12\tan\ (45°-\frac{15}{2})=10.6+10.9x-18.4=0$，$x$=0.7 m

地面下深度 z >0.7m 处土所产生的主动土压力：

$e_{aik}=(\sum_{j=1}^{i}\gamma_j h_j)\ K_{ai}-2c_i\sqrt{K_{ai}}$

$=[18\times 1.0+18.5(z-1)]\tan^2\ (45°-\frac{15}{2})-2\times 12\tan\ (45°-\frac{15}{2})$

$=-0.3+10.9z-18.4$

$=10.9z-18.7$ kPa

地面超载所产生的主动土压力：坑外深度 1.0 m 以上，$qK_{ai}=10\tan^2\ (45°-\frac{8}{2})$ =7.6 kPa；坑外深度 1.0 m 下，$qK_{ai}=10\tan^2\ (45°-\frac{15}{2})$=5.9 kPa。

坑内坑底下深度 y 处被动土压力：

$e_{pik}=(\sum_{j=1}^{i}\gamma_j h_j+q)\ K_{pi}+2c_i\sqrt{K_{pi}}$

$=(18.5y)\tan^2\ (45°+\frac{15}{2})+2\times 12\tan\ (45°+\frac{15}{2})$

$=31.4y+31.3$ kPa

支护结构的荷载标准值分布如图 2.10 所示。

(2) 求反弯点位置(设反弯点在坑内坑底下深度 y_0 处)。

$31.4y_0+31.3=10.9z-18.7+5.9$，$z=y_0+8$，所以 y_0=2.1 m。

(3) 由简支梁得锚杆水平力标准值 H_{a1k}、简支梁另一支座反力标准值 P_{d1k}：

$(2.1+8-3)H_{a1k}+1/2\times(31.4\times 2.1+31.3)\times 2.1\times 1/3\times 2.1$

$=1/2\times(10.9\times 2.1+68.5)\times(2.1+8-1-0.7)\times 1/3\times(2.1+8-1-0.7)+7.6\times 1\times(8-0.5+2.1)$
$+5.9\times(7+2.1)\times 1/2\times(7+2.1)$

$7.1H_{a1k}+71.5=1074.7+73.0+244.3$

$H_{a1k}=186.0$ kN/m

$P_{d1k}=1/2\times(10.9\times 2.1+68.5)\times(2.1+8-1-0.7)+7.6\times 1+5.9\times(7+2.1)-1/2\times$
$(31.4\times 2.1+31.3)\times 2.1-186.0$

$=383.8+7.6+53.7-102.1-186.0=157.0$ kN/m

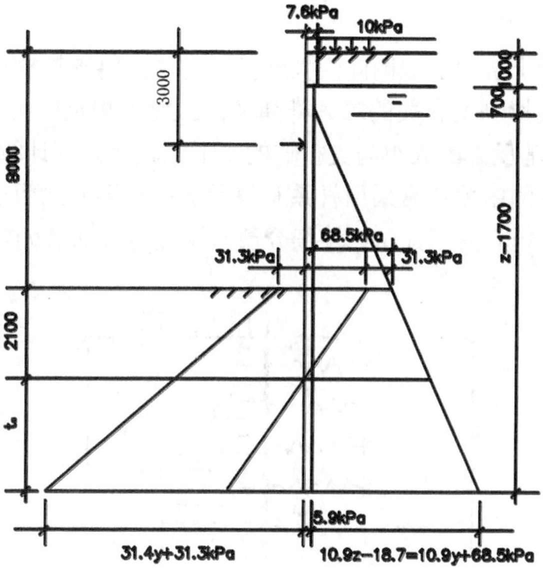

图 2.10　支护结构的荷载标准值分布

(4) 求桩的设计嵌入深度 D。

设反弯点距挡土桩底 t_n，t_n=y−2.1；参照“等值梁法计算简图”及“等值梁法计算单支点支护桩简图”：挡土桩前土压力合力作用点距挡土桩底 b= t_n /3，则

$[(31.4y+31.3)-(10.9y+68.5)]\ t_n/2\times t_n/3= P_{\rm d1k}\ t_n$

$20.5t_n^2+5.8t_n-942.0=0$

t_n=6.6m

$D=\xi D_{\min}=1.3\times(2.1+6.6)=11.3$m

(5) 求桩的设计弯矩 $M_{\max}$。

反弯点位置不变，荷载采用设计值。

求锚杆水平力设计值 $H_{\rm a1}$：

$(2.1+8-3)H_{\rm a1}+1/2\times(31.4\times2.1+31.3)\ \times1.2\times2.1\times1/3\times2.1$

$=1/2\times(10.9\times2.1+68.5)\ \times1.2\times(2.1+8-1-0.7)\times1/3\times(2.1+8-1-0.7)+7.6\times1.4\times1\times(8-0.5+2.1)+5.9\times1.4\times(7+2.1)\times1/2\times(7+2.1)$

$7.1\ H_{\rm a1}+71.5\times1.2=1074.7\times1.2+73.0\times1.4+244.3\times1.4$

$H_{\rm a1}$ =232.1 kN/m

设剪力为 0 的点距地面 x_1(m)，8>x_1>1.7：

$H_{\rm a1}=1/2\times(10.9\ x_1-18.7)\ \times1.2\times(x_1-1-0.7)+7.6\times1.4\times1+5.9\times1.4\times(x_1-1)$

$6.54\ x_1^2-14.08\ x_1-210.62=0$

x_1=6.9 m

$M_{\max}=H_{\rm a1}\times(x_1-3)-1/2\times(10.9x_1-18.7)\times1.2\times(x_1-1-0.7)\times1/3\times(x_1-1-0.7)-7.6\times1.4\times1\times(x_1-0.5)-5.9\times1.4\times(x_1-1)\times1/2(x_1-1)$

$=905.2-305.6-68.1-143.8=387.7$(kN · m/m)

2. 弹性抗力法

弹性抗力法也称为土抗力法或侧向弹性地基反力法，将支护桩作为竖直放置的弹性地基梁，支撑简化为与支撑刚度有关的二力杆弹簧；土对支护桩的抗力(地基反力)用弹簧来模拟(文克尔假定)，地基反力的大小与支护桩的变形成正比。其计算简图如图 2.11 所示。弹性抗力法计算支护桩的内力通常采用杆系有限元法；有限元法用于支护桩分析主要有两类：求解弹性地基梁的杆系有限元法、连续介质有限元法，后者为较新方法。

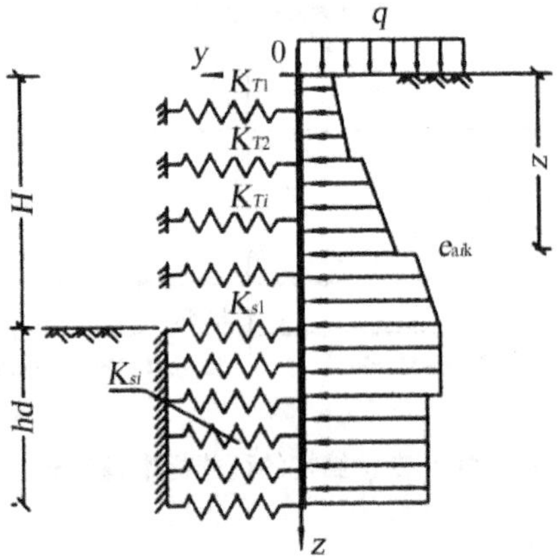

图 2.11　弹性抗力法计算简图

将桩作为一个竖向的弹性地基梁来考虑，即假定桩侧土为 Winkler 离散线性弹簧。据此可导出桩在水平力及桩端弯矩作用下的基本挠曲方程

$$EI\frac{d^4y}{dz^4}+\bar{p}(z,y)-\bar{p}(z)=0 \tag{2-15}$$

任意深度桩侧土反力与该点的水平位移成正比，表示为

$$\bar{p}(z,y)=k(z)yb_0 \tag{2-16}$$

式中：$k(z)$为地基土水平抗力系数，根据工程实践，当前一些地区基坑规范(规程)和行业标准建议，地基水平抗力系数采用 m 法为较为切合实际，即 $k(z)=mz$。

所以，式(2-15)变为

$$EI\frac{d^4y}{dz^4}+mb_0zy-\bar{p}(z)=0 \tag{2-17}$$

对于如图 2.11 所示的支护结构的计算模式，上述微分方程将有下面两种具体形式。

(1) 在基坑开挖面以上($0\leqslant z\leqslant H$)：

$$EI\frac{d^4y}{dz^4}-e_{aik}b_s=0 \tag{2-18}$$

(2) 在基坑开挖面以下($z\geqslant H$)：

$$EI\frac{d^4y}{dz^4}+mb_0(z-H)\,y-e_{aik}b_s=0 \tag{2-19}$$

式中：z——支护结构顶至计算点的距离(m)；

b_s——载荷计算宽度(m)，地下连续墙和水泥土墙取单位宽度，排桩取桩中心距；

y——计算点水平位移(m)。

弹性地基杆系有限元法一般步骤如下。

(1) 将桩、墙沿竖向划分为 n 个单元，则有 $n+1$ 个节点个数。

(2) 计算桩、墙单元的刚度矩阵 $[K_E]^e$，并组装梁的总刚度矩阵 $[K_E]$。

(3) 计算支撑(或拉锚)刚度矩阵 $[K_T]$。

(4) 计算地基刚度矩阵 $[K_S]$。

(5) 组装支护结构总刚度矩阵 $[K]$。

(6) 计算总的荷载向量 $\{F\}$。

(7) 高斯法解总平衡方程，得位移向量 $\{U\}$。

(8) 将 $\{U\}$ 回代总平衡方程，求出各节点处桩、墙内力及支撑力(或拉锚力)。

1) 结构离散化

离散化是将结构划分为有限个单元，如图 2.12 所示。单元划分时应考虑土层分布、地下水位、支撑(拉锚)位置、基坑深度等因素，即通常是以土层变化处、锚撑处、基坑底面处以及外荷载作用为节点，将梁划分成若干单元，各单元相互间仅在边界上的节点处相连接。

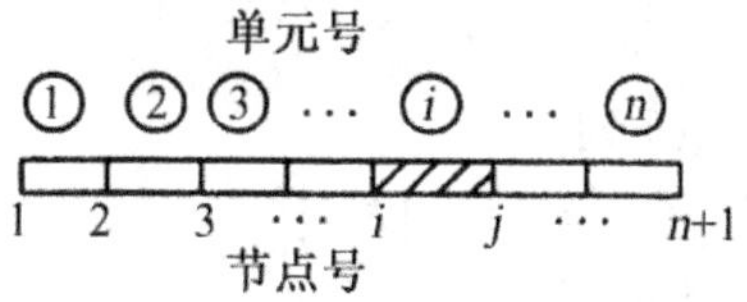

图 2.12　单元划分示意图

2) 桩、墙的单元刚度矩阵 $[K_E]^e$

如图 2.13 所示的支护结构的任意梁单元 e，其节点为 i、j。由于荷载作用在平面 zy 内，所以梁单元处于平面弯曲状态。各节点的力为剪力 Q 和弯矩 M，节点位移为沿 y 轴方向的线位移 y 和在 zy 平面内的转角 θ。图中所示的节点力 Q、节点位移的方向为正，M 顺时针为正。

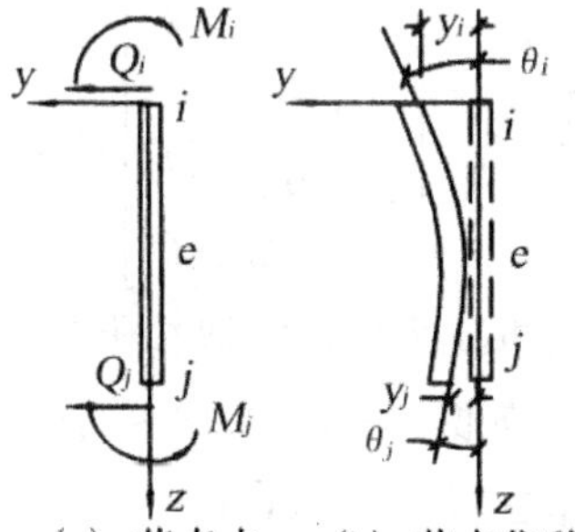

(a) 节点力　(b) 节点位移

图 2.13　单元分析示意图

单元节点力向量和节点位移向量为：

$$\{F\}^e=\left[Q_i,\ M_i,\ Q_j,\ M_j\right]^{\mathrm{T}} \tag{2-20}$$

$$\{\delta\}^e=\left[y_i,\ \theta_i,\ y_j,\ \theta_j\right]^{\mathrm{T}} \tag{2-21}$$

由位移法知：

$$[K_{\mathrm{E}}]^e\{\delta\}^e=\{F\}^e \tag{2-22}$$

$$[K_{\mathrm{E}}]^e=\frac{E^e I^e}{l^{e^3}}\begin{bmatrix} 12 & & & \\ 6l^e & 4l^{e^2} & & \\ -12 & -6l^e & 12 & \\ 6l^e & 2l^{e^2} & -6l^e & 4l^{e^2} \end{bmatrix} \tag{2-23}$$

式中：E^e、I^e、l^e分别为单元 e 的弹性模量、截面惯性矩和长度。

令：

$$[K_{\mathrm{E}}]^e=\frac{E^e I^e}{l^{e^3}}\begin{bmatrix} [K_{11}]^e & [K_{12}]^e \\ [K_{21}]^e & [K_{22}]^e \end{bmatrix}$$

组装梁的总刚度矩阵$[K_{\mathrm{E}}]$，总刚度矩阵中的子块为相关单元的单元刚度矩阵中的相应子块的叠加。

$$[K_{\mathrm{E}}]^e=\begin{bmatrix} [K_{11}]^1 & [K_{12}]^1 & & & & 0 \\ [K_{21}]^1 & [K_{22}]^1+[K_{11}]^2 & [K_{12}]^2 & & & \\ & [K_{21}]^2 & [K_{22}]^2 & & & \\ & & & \mathrm{L} & & \\ & & & & [K_{22}]^{n-1}+[K_{11}]^n & [K_{12}]^n \\ 0 & & & & [K_{21}]^n & [K_{22}]^n \end{bmatrix} \tag{2-24}$$

3) 计算支撑(或拉锚)刚度矩阵$[K_{\mathrm{T}}]$

(1) 内支撑刚度系数。内支撑刚度系数根据支撑体系的平面框架结构与排桩、地下连续墙共同作用确定。当基坑近似矩形、周边支护结构荷载相同、支撑体系采用等距离对撑及角撑布置时，水平刚度系数可按下式计算：

$$K_{\mathrm{T}}=\frac{2\eta E_{\mathrm{z}}A_{\mathrm{z}}}{LS}\left[\frac{1}{1+\dfrac{\eta E_{\mathrm{z}}A_{\mathrm{z}}x^2}{12LSE_{\mathrm{j}}I_{\mathrm{j}}}}\right]\sin\theta_{\mathrm{T}} \tag{2-25}$$

式中：η——与支撑松弛有关的折减系数，它取决于施工误差、圈梁的变形以及混凝土蠕变引起的内支撑梁刚度的降低，一般取 0.5～1；

E_{Z}——支撑构件材料的弹性模量(kN/m²)；

A_{Z}——支撑构件断面面积(m²)；

L——支撑构件的受压计算长度(m)；

S——支撑的水平间距(m)；

E_j——腰梁材料的弹性模量(kN/m²)；

I_j——腰梁截面惯性矩(m⁴)；

x——计算点至支撑点的距离(m)，$0 \leqslant x \leqslant S/2$；

θ_T——当支撑垂直于墙面(桩面)布置时，角撑与腰梁之间的夹角，当支撑为对角支撑时，取 90°。

上述公式是采用手算来计算内支撑水平刚度系数的方法。但是，对于内支撑结构布置形式复杂的情况，比较有效的方法是将整个内支撑当成一个平面框架体系，在其周边作用一个单位荷载，运用有限单元法计算腰梁各点的法向位移，各点位移的倒数就是要求的该点的水平刚度系数。

(2) 锚杆的水平刚度系数。锚杆的水平刚度系数应根据锚杆基本试验确定；当无试验资料时，可按下式估算：

$$K_T = \frac{3A_sE_sE_cA_c}{(3l_fE_cA_c + E_sA_sl_a)\cos\alpha_T} \tag{2-26}$$

式中：A_s——杆体截面面积(m²)；

E_s——杆体弹性模量(kN/m²)，可查表；

E_c——锚固体组合弹性模量(kN/m²)；

A_c——锚固体截面面积(m²)；

l_a——锚固体锚固段长度(m)；

l_f——锚杆自由段长度(m)；

α_T——锚固体水平夹角(°)。

锚固体组合弹性模量：

$$E_c = \frac{A_sE_s + E_m(A_c - A_s)}{A_c} \tag{2-27}$$

式中：E_m——锚固体中浆体弹性模量(kN/m²)。

支撑(或拉锚)刚度矩阵$[K_T]$为

$$[K_T] = \begin{bmatrix} K_{T1} & & & 0 \\ & K_{T2} & & \\ & & L & \\ 0 & & & K_{Tn1} \end{bmatrix} \tag{2-28}$$

式中：$n1$——支撑(或拉锚)的层数。

4) 计算地基刚度矩阵$[K_S]$

地基土的弹性支点刚度可按下式计算：

$$K_s = mb_0(z - H) \tag{2-29}$$

地基刚度矩阵则为

$$[K_S] = \begin{bmatrix} K_{S1} & & & 0 \\ & K_{S2} & & \\ & & L & \\ 0 & & & K_{Sn2} \end{bmatrix} \tag{2-30}$$

式中：$n2$——地基土弹簧支点数。

5) 地基土与支护结构的刚度矩阵的集成

根据节点变形协调条件，梁单元的位移应等于该节点处的地基变形或支撑(或拉锚)结构的变形。对于地基土和支撑(或拉锚)结构，假定他们不发生转角。则若将$[K_T]$、$[K_S]$扩展成与$[K_E]$同阶的矩阵，使相应于转角项充零，就能将他们进行叠加得地基土与支护结构的刚度矩阵[K]。

地基土与支护结构的总体平衡方程为

$$[K]\{U\}=\{P\} \tag{2-31}$$

式中：[K]——$[K]=[K_E]+[K_T]+[K_S]$；

{U}——总位移向量；

$$\{U\}=[y_1,\theta_1,y_2,\theta_2,\cdots,y_n,\ \theta_n,y_{n+1},\ \theta_{n+1}]^T。\tag{2-32}$$

{P}——总荷载向量。

6) 总荷载向量{P}计算

如图 2.14 所示，作用在支挡结构上的荷载为均布荷载(土压力)。将其化为节点上的等效荷载向量为

$$[F]^e=\left[\frac{l^e}{20}(10q_1+3q_2)\ ,-\frac{l^{e^2}}{60}(5q_1+2q_2)\ ,\frac{l^e}{20}(10q_1+7q_2)\ ,-\frac{l^{e^2}}{60}(5q_1+2q_2)\right]^T \tag{2-33}$$

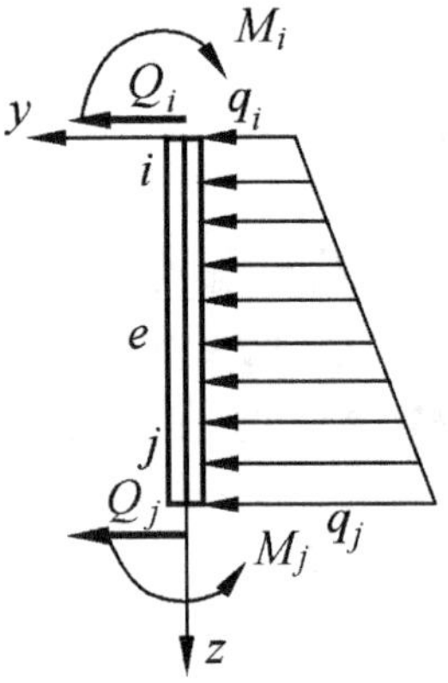

图 2.14　单元荷载示意图

令

$$\{F\}^e=[\{F_1\}^e,\ \{F_2\}^e]^T$$

则　$\{P\}=[\{F_1\}^1,\ \{F_2\}^1+\{F_1\}^2,\ \{F_2\}^2+\{F_1\}^3,\ \cdots,\ \{F_1\}^{n+1}+\{F_2\}^{n+1}]^T$　(2-34)

对于支撑(或拉锚)的预应力，应按集中荷载叠加到上述总荷载向量中去。

7) 解方程求位移

增加边界条件：在墙桩、顶处剪力和弯矩为零，采用高斯法，解式(2-31)，得{U}。

上述求解出的位移{U}是当前开挖工况下的变形，它应作为下一工况计算的初始值。

8) 求各节点的桩、墙内力、支撑(或拉锚)支点力和被动侧地基土反力

(1) 将位移回代方程可计算出桩、墙的弯矩和剪力，或在完成下述(2)、(3)后，根据静力平衡法进行计算。

(2) 支撑(或拉锚)支点力计算。第 j 层支撑(或拉锚)处支点力的计算公式为

$$T_i=K_{ti}(y_{ti}-y_{t0i}) \tag{2-35}$$

式中：y_{ti}——第 i 层支撑处的水平位移值(m)；

y_{ti}——第 i 层支撑处在支撑设置前的水平位移值(m)。

(3) 被动侧地基土反力。被动侧地基土反力：

$$P_{si}=K_{si}y_{si} \tag{2-36}$$

式中：y_{si}——计算单元 i 的土体位移(m)。

3. 钢筋混凝土护坡桩配筋计算

钢筋混凝土护坡桩配筋计算方法有多种，如等刚度法、按钢筋混凝土受弯构件计算、99 规程方法等。等刚度法即把圆截面桩按抗弯刚度相等转化为正方形截面，然后把正方形截面受拉钢筋配在圆截面桩受拉侧，而圆截面桩配构造钢筋；沿周边均匀配置纵向钢筋的圆形截面和矩形截面的排桩和地下连续墙，其正截面受弯承载力可按现行国家标准《混凝土结构设计规范》(GB 50010—2002)的有关规定进行计算，并应符合有关构造要求；沿截面受拉区和受压区周边配置局部均匀纵向钢筋或集中纵向钢筋的圆形截面钢筋混凝土桩，其正截面受弯承载力可按 99 规程方法计算。以下介绍后两种方法。

1) 按钢筋混凝土受弯构件计算

当截面内纵向钢筋数量不少于 6 根时，钢筋混凝土受弯构件配筋计算公式为

$$\alpha\alpha_1 f_c A\left(1-\frac{\sin 2\pi\alpha}{2\pi\alpha}\right)+(\alpha-\alpha_t)+(\alpha-\alpha_t)\,f_y A_s=0 \tag{2-37}$$

$$\frac{2}{3}\alpha_1 f_c A r\frac{\sin^3\pi\alpha}{\pi}+f_y A_s r_s\frac{\sin\pi\alpha+\sin\pi\alpha_t}{\pi}=M \tag{2-38}$$

式中：A——圆形截面积；

A_s——全部纵向钢筋的截面面积；

r——圆形截面的半径；

r_s——纵向钢筋重心所在圆周的半径；

f_c——轴心抗压强度设计值；

f_y——钢筋抗拉强度设计值；

α——对应于受压区混凝土截面面积的圆心角(rad)与 2π 的比值；

α_t——纵向受拉钢筋截面面积与全部纵向钢筋截面面积的比值，α_t=1.25－2α，当 α_t>0.625 时，取 α_t=0；

α_1——混凝土构件受压区应力图的应力值取为轴心抗压强度设计值 f_c 乘以系数 α_1，当混凝土强度等级不超过 C50 时 α_1=1，当混凝土强度等级为 C80 时 α_1=0.94，其间按线性内插法确定；

M——护坡桩弯矩设计值。

以上方程组可通过试算求解；另外可按以下方法计算(α_1=1)：按经验估算 A_s→求系数 $K=f_yA_s/f_cA$→由第二式或查表 2-1 求 α→把 α 带入第一式左边求承载力(记为 M_c)，若 M_c 小于弯矩设计值，则重设 A_s，重复以上步骤，直至 M_c 大于弯矩设计值，则得护坡桩配筋 A_s。

表 2-1　α 值

K	α	αt	K	α	αt	K	α	αt	K	α	αt
0.01	0.113	1.204	0.26	0.272	0.706	0.51	0.311	0.628	0.76	0.332	0.586
0.02	0.139	0.972	0.27	0.274	0.702	0.52	0.312	0.626	0.77	0.333	0.584
0.03	0.156	0.938	0.28	0.276	0.698	0.53	0.313	0.624	0.78	0.334	0.582
0.04	0.169	0.912	0.29	0.278	0.694	0.54	0.314	0.622	0.79	0.334	0.580
0.05	0.180	0.890	0.30	0.280	0.690	0.55	0.315	0.620	0.80	0.335	0.578
0.06	0.189	0.872	0.31	0.282	0.686	0.56	0.316	0.618	0.81	0.336	0.578
0.07	0.197	0.856	0.32	0.284	0.682	0.57	0.317	0.616	0.82	0.336	0.576
0.08	0.204	0.842	0.33	0.286	0.678	0.5 8	0.318	0.614	0.83	0.337	0.576
0.09	0.210	0.830	0.34	0.288	0.674	0.59	0.319	0.612	0.84	0.337	0.574
0.10	0.216	0.818	0.35	0.289	0.672	0.60	0.320	0.610	0.85	0.338	0.572
0.11	0.222	0.806	0.36	0.291	0.668	0.61	0.321	0.608	0.86	0.339	0.572
0.12	0.226	0.798	0.37	0.293	0.664	0.62	0.322	0.606	0.87	0.339	0.570
0.13	0.231	0.788	0.38	0.294	0.662	0.63	0.323	0.604	0.88	0.340	0.570
0.14	0.235	0.780	0.39	0.296	0.658	0.64	0.323	0.604	0.89	0.340	0.568
0.15	0.239	0.772	0.40	0.297	0.656	0.65	0.324	0.602	0.90	0.341	0.568
0.16	0.243	0.764	0.41	0.298	0.654	0.66	0.325	0.600	0.91	0.341	0.566
0.17	0.247	0.756	0.42	0.300	0.650	0.67	0.326	0.598	0.92	0.342	0.566
0.18	0.250	0.750	0.43	0.301	0.648	0.68	0.327	0.596	0.93	0.342	0.566
0.19	0.253	0.744	0.44	0.303	0.644	0.69	0.327	0.596	0.94	0.343	0.564
0.20	0.256	0.738	0.45	0.304	0.642	0.70	0.328	0.594	0.95	0.343	0.564
0.21	0.259	0.732	0.46	0.305	0.640	0.71	0.329	0.592	0.96	0.344	0.562
0.22	0.262	0.726	0.47	0.306	0.638	0.72	0.330	0.590	0.97	0.344	0.562
0.23	0.264	0.722	0.48	0.307	0.636	0.73	0.330	0.590	0.98	0.345	0.560
0.24	0.267	0.716	0.49	0.309	0.632	0.74	0.331	0.588	0.99	0.345	0.560
0.25	0.269	0.712	0.50	0.310	0.630	0.75	0.332	0.586	1.00	0.346	0.558

2) 钢筋混凝土护坡桩配筋计算 99 规程方法简介

截面受拉区内纵向钢筋不少于三根的圆形截面的情况，沿截面受拉区和受压区周边配置局部均匀纵向钢筋或集中纵向钢筋的圆形截面钢筋混凝土桩(如图 2.15 所示)，其正截面受弯承载力可按 99 规程以下公式计算。

$$\alpha f_{cm}A(1-\frac{\sin 2\pi\alpha}{2\pi\alpha})+f_y(A'_{sr}+A'_{sc}-A_{sr}-A_{sc})=0 \qquad (2-39)$$

$$M\leqslant\frac{2}{3}f_{cm}Ar\frac{\sin^3\pi\alpha}{\pi}+f_yA_{sr}r_s\frac{\sin\pi\alpha_s}{\pi\alpha_s}+f_yA_{sc}y_{sc}+f_yA'_{sr}r_s\frac{\sin\pi\alpha'_s}{\pi\alpha'_s}+f_yA'_{sc}y'_{sc} \qquad (2-40)$$

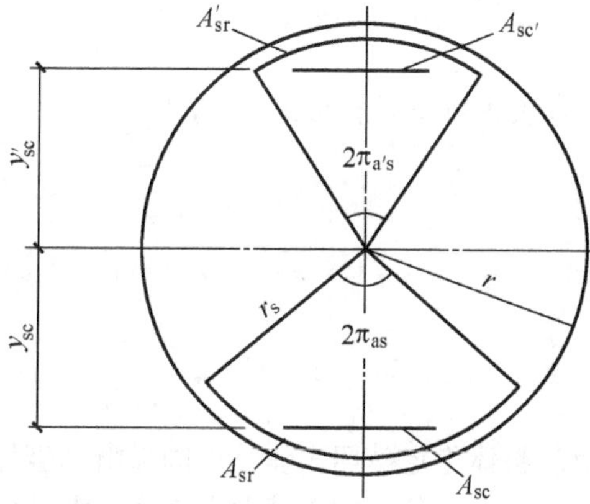

图 2.15 配置局部均匀配筋和集中配筋的圆形截面

式中：α ——对应于受压区混凝土截面面积的圆心角(rad)与 2π 的比值，应满足下列要求：

$\cos\pi\alpha \geqslant 1-(1+\frac{r_s}{r}\cos\pi\alpha_s)\xi_b$；另外应满足 $\alpha \geqslant 1/3.5$，否则第二式应按下式计算：

$$M \leqslant f_y A_{sr}(0.78r + r_s\frac{\sin\pi\alpha_s}{\pi\alpha_s}) + f_y A_{sc}(0.78r + y_{sc}) \tag{2-41}$$

ξ_b ——矩形截面的相对界限受压区高度，应按《混凝土结构设计规范》规定确定；

r_s——纵向钢筋所在圆周的半径；

r——圆形截面的半径；

α_s ——对应于周边均匀受拉钢筋的圆心角(rad)与 2π 的比值；α_s 值宜在 1/6～1/3 之间选取，通常可取定值 0.25；

α'_s——对应于周边均匀受压钢筋的圆心角(rad)与 2π 的比值，宜取 $\alpha'_s \leqslant 0.5\alpha$；

A——构件截面面积；

A_{sr}、A'_{sr}——均匀配置在圆心角 $2\pi\alpha_s$、$2\pi\alpha'_s$ 内沿周边的纵向受拉、受压钢筋截面面积；

A_{sc}、A'_{sc}——集中配置在圆心角 $2\pi\alpha_s$、$2\pi\alpha'_s$ 的混凝土弓形面积范围内的纵向受拉、受压钢筋截面面积；

y_{sc}、y'_{sc}——纵向受拉、受压钢筋截面面积 A_{sr}、A'_{sr} 的重心至圆心的距离；

f_y——普通钢筋的抗拉强度设计值；

f_{cm}——混凝土弯曲抗压强度设计值；

沿圆形截面受拉区和受压区周边实际配置均匀纵向钢筋的圆心角应分别取为 $2\frac{n-1}{n}\pi\alpha_s$ 和 $2\frac{m-1}{m}\pi\alpha'_s$，$n$、$m$ 为受拉区、受压区配置纵向钢筋的根数。

配置在圆形截面受拉区的纵向钢筋的最小配筋率(按全截面面积计算)不宜小于 0.2%。在不配置纵向受力钢筋的圆周范围内应设置周边纵向构造钢筋，纵向构造钢筋直径不应小于纵向受力钢筋直径的 1/2，且不应小于 10 mm；纵向构造钢筋的环向间距不应大于圆截面的半径和 250mm 两者的较小值，且不得少于 1 根。

2.3.3 基坑的稳定性分析

基坑工程的稳定性主要表现为以下几种形式：

(1) 整体稳定性；

(2) 倾覆及滑移稳定性；

(3) 基坑底隆起稳定性；

(4) 渗流稳定性。

1. 整体稳定性验算

大量工程实践经验表明，整体稳定破坏大体是以圆弧滑动破坏面的形式出现，条分法是整体稳定分析最常使用的方法。最危险的滑动面上诸力对滑动中心所产生的抗滑力矩与滑动力矩应符合下式要求：

$$M_R/M_S \geqslant 1.2 \tag{2-42}$$

式中：M_R——抗滑力矩；

M_S——滑动力矩。

对无支护结构的基坑，验算方法见土力学教材。对有支护结构的基坑，需计算圆弧切桩与圆弧通过桩尖时的基坑整体稳定性，圆弧切桩时需考虑切桩阻力产生的抗滑作用，即每延米中桩产生的抗滑力矩 M_p(如图 2.16 所示)，可按下式计算。

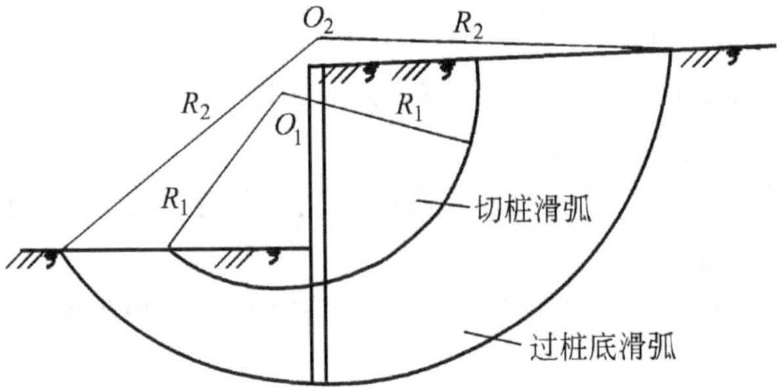

图 2.16　有支护结构的基坑整体稳定性验算

$$M_p = R\cos\alpha_i\sqrt{\frac{2M_c\gamma h_i(K_p - K_a)}{d + \Delta d}} \tag{2-43}$$

式中：M_p——每延米中的桩产生的抗滑力矩(kN • m/m)；

α_i——桩与滑弧切点至圆心连线与垂线的夹角；

M_c——每根桩身的抗弯弯矩(kN • m/单桩)；

h_i——切桩滑弧面至坡面的深度(m)；

γ——h_i 范围内土的重度(kN/m^3)；

K_p、K_a——土的被动与主动土压力系数；

d——桩径(m)；

Δd——两桩间的净距(m)。

对于地下连续墙、重力式支护结构 $d+\Delta d=1.0\text{m}$。

当滑动弧面切于锚杆时，应计入弧外锚杆抗拉力对圆心产生的抗滑力矩。

2. 倾覆及滑移稳定性验算

重力式支护结构的倾覆和滑移稳定性验算的计算简图如图 2.17 所示。

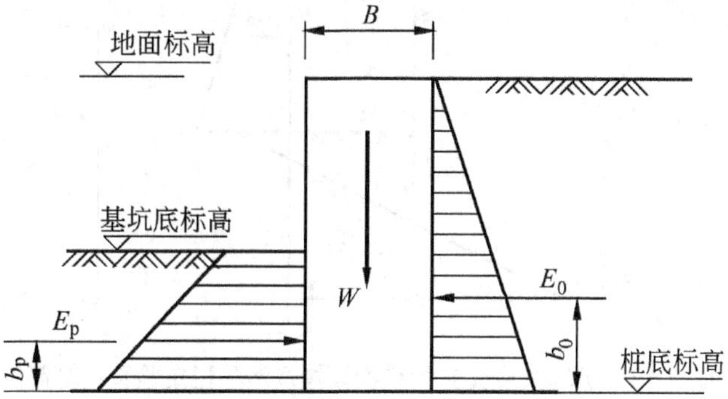

图 2.17　重力式支护结构倾覆及滑移稳定验算计算简图

抗倾覆稳定性按下式验算：

$$K_a=\frac{E_pb_p+WB/2}{E_ab_a} \tag{2-44}$$

式中：K_a——抗倾覆安全系数，$K_a\geqslant 1.3$；

b_a——主动土压力合力点至墙底的距离(m)；

b_p——被动土压力合力点至墙底的距离(m)；

W——重力式支护体的重力(kN/m)；

B——重力式支护体的宽度(m)；

E_a——主动土压力(kN/m)；

E_p——被动土压力(kN/m)。

抗滑移稳定性按下式验算：

$$K_h=\frac{W_p+W_\mu}{E_a} \tag{2-45}$$

式中：K_h——抗滑移安全系数，$K_h\geqslant 1.2$；

μ——墙底与土之间的摩擦系数，当无试验资料时，可取：对淤泥质土 $\mu=0.2\sim0.50$，黏性土 $\mu=0.25\sim0.4$，砂土 $\mu=0.4\sim0.50$。

桩墙式悬臂支护结构的水平推移和抗整体倾覆稳定验算应满足下列条件，如图 2.18 所示。

$$\frac{E_pb_p}{E_ab_a}\geqslant 1.3 \tag{2-46}$$

$$\frac{E_p}{E_a}\geqslant 1.2 \tag{2-47}$$

式中：E_p、b_p——分别为被动侧土压力的合力及合力对支护结构底端的力臂；

E_a、b_a——分别为主动侧土压力的合力及合力对支护结构底端的力臂。

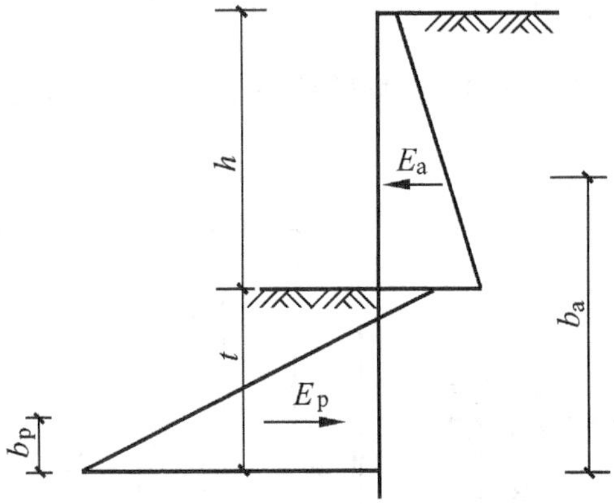

图 2.18　桩墙式悬臂支护结构倾覆及滑移稳定验算计算简图

桩墙式锚撑支护结构的水平推移和抗整体倾覆稳定验算应满足下列条件，如图 2.19 所示。

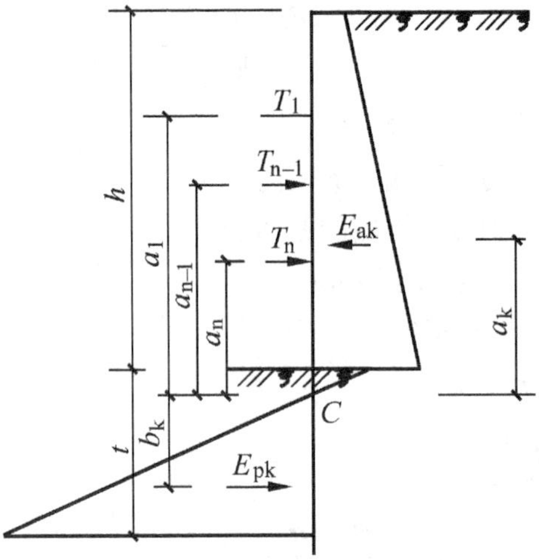

图 2.19　桩墙式锚撑支护结构倾覆及滑移稳定验算计算简图

$$\frac{E_{pk}b_k + \Sigma T_i a_i}{E_{ak}a_k} \geqslant 1.3 \tag{2-48}$$

$$\frac{E_{pk} + \Sigma T_i}{E_{ak}} \geqslant 1.2 \tag{2-49}$$

式中：E_{pk}、b_k——分别为被动侧土压力的合力及合力对支护结构底端的力臂；

E_{ak}、a_k——分别为主动侧土压力的合力及合力对支护结构底端的力臂；

T_i、a_i——第 i 层锚撑的支点力及其对转动轴的力臂。

3. 基坑底隆起稳定性验算

对饱和软黏土，抗隆起稳定性的验算是基坑设计的一个主要内容。基坑底土隆起，将会导致支护桩后地面下沉，影响环境安全和正常使用。隆起稳定性验算的方法很多。可按地基规范推荐的以下条件进行验算(如图 2.20 所示)：

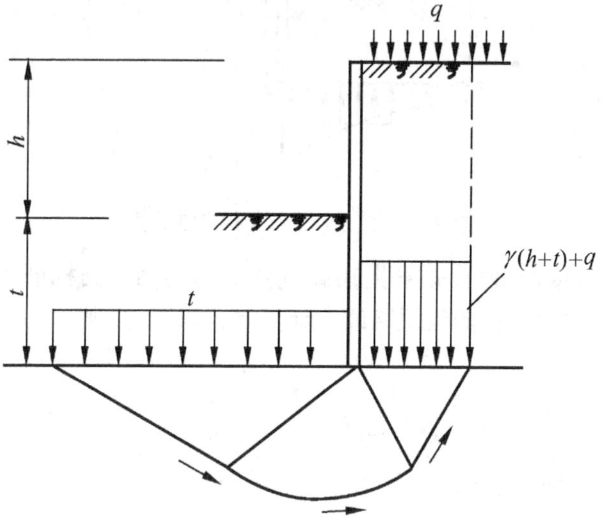

图 2.20 基坑底隆起稳定性验算

$$\frac{N_c\tau_0+\gamma t}{\gamma(h+t)+q}\geqslant 1.6 \tag{2-50}$$

式中：N_c——承载力系数，条形基础时 N_c =5.14；

τ_0——抗剪强度，由十字板试验或三轴不固结不排水试验确定(kPa)；

γ——土的重度(kN/m³)；

t——支护结构入土深度(m)；

h——基坑开挖深度(m)；

q——地面荷载(kPa)。

以上公式依据 Terzaghi 地基承载力公式而来：$p_u=\gamma tN_q+cN_c+1/2\gamma bN_\gamma$，$\varphi$=0 时，$N_c$=5.14，$N_q$=1，$N_\gamma$=0。

4. 渗流稳定性验算

当渗流力(或动水压力)大于土的浮重度时，土粒则处于流动状态，即流土(或流砂)。当坑底土上部为不透水层，坑底下部某深度处有承压水层时，应进行承压水对坑底土产生突涌稳定性验算，如图 2.22 所示。

1) 流土(或流砂)稳定性验算

渗流力(或动水压力)可由流网计算，也可按以下简化方法计算，如图 2.21 所示。

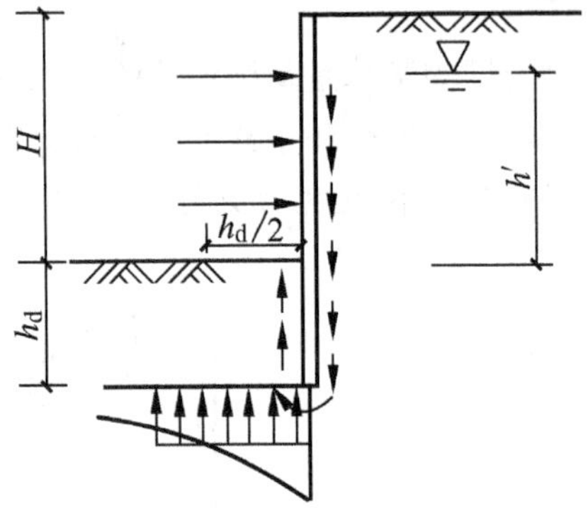

图 2.21　流土(或流砂)稳定性验算

试验证明，流土(或流砂)首先发生在离坑壁大约为挡土结构嵌入深度一半的范围内($h_d/2$)，近似地按紧贴挡土结构的最短路线来计算最大渗流力，则渗流力(或动水压力)j(可另外考虑安全系数)为

$$j = \frac{h'}{h' + 2h_d}\gamma_w \tag{2-51}$$

式中：h'——坑内外水头差(m)；

h_d——挡土结构入土深度(m)；

γ_w——水的重度(kN/m^3)。

上式表明了要避免发生流土(或流砂)的挡土结构最小嵌入深度。

2) 突涌稳定性验算

按下式验算，如图 2.22 所示。

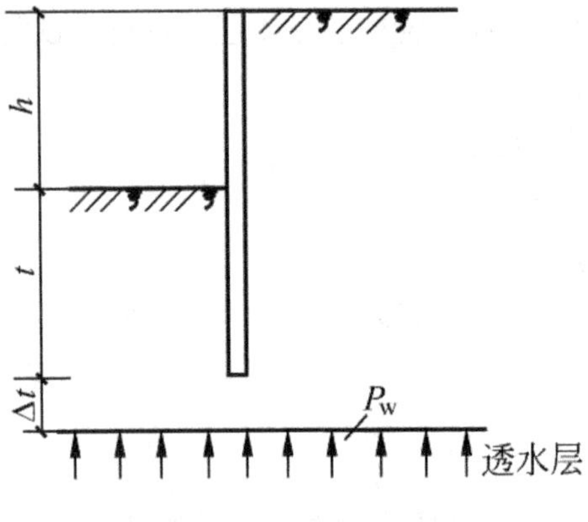

图 2.22　突涌稳定性验算

$$\frac{\gamma_m(t + \Delta t)}{P_w} \geqslant 1.1 \tag{2-52}$$

式中：γ_m——透水层以上土的饱和重度(kN/m^3)；

$t+\Delta t$——透水层顶面距基坑底面的深度(m)；

P_w——含水层水压力(kPa)。

2.3.4 内支撑的内力与截面计算

帽梁或腰梁与内支撑构成多次超静定的水平框架结构，即使局部构件失效，也不致影响整个支撑结构的稳定。

支撑结构常用钢或钢筋混凝土结构，有的地区采用定型钢支撑，连接可靠，装拆方便，工效高，可重复使用，降低了工程造价。通常应优先采用钢结构支撑，对于形状比较复杂或环境保护要求较高的基坑，宜采用现浇混凝土结构支撑。

内支撑结构的常用形式有平面支撑体系和竖向斜撑体系。一般情况下应优先采用平面支撑体系，对于开挖深度不大、基坑平面尺度较大或形状比较复杂的基坑也可以采用竖向斜撑体系。一般情况下，平面支撑体系应由腰梁、水平支撑和立柱三部分构件组成。竖向斜撑体系通常由斜撑、腰梁和斜撑基础等构件组成；当斜撑长度大于15m时，宜在斜撑中部设置立柱。

1. 作用在支撑系统上的荷载及内力分析

1) 荷载

作用在支撑结构上的水平力应包括由水、土压力和坑外地面荷载引起的支护桩对腰梁的侧压力。作用在支撑结构上的竖向荷载应包括结构自重和支撑上可能产生的施工活荷载。

2) 内力分析方法

平面支撑体系，多数情况下，可由腰梁和由支撑形成一个平面闭合框架，作用在平面闭合框架上的荷载，即为支护桩的支撑反力。支撑构件的计算长度，可取支撑构件的中心距。

分段拼装的钢结构支撑、拼装节点按铰结考虑。现浇钢筋混凝土结构支撑，其构造连接满足刚结要求时，可按刚节点考虑。

(1) 形状比较规则的基坑，并采用相互正交体系时，可采取以下简化计算方法：

在水平荷载作用下，现浇混凝土腰梁的内力与变形可按多跨连续梁计算。计算跨度取相邻支撑之间的距离；钢结构腰梁宜按简支梁计算，计算跨度取相邻支撑中心距；当水平支撑与腰梁斜交时，应计算支撑轴力在腰梁长度方向所引起的轴向力。

支撑轴向力按支护桩沿腰梁长度方向分布的水平反力乘以支撑中心距；当支撑与腰梁斜交时，水平反力取沿支撑长度方向的投影。

(2) 平面形状较为复杂平面支撑体系，宜按平面框架模型计算。

2. 支撑系统构件截面设计

1) 腰梁

腰梁的截面承载力计算，一般情况下可按水平方向的受弯构件计算。当腰梁与水平支撑斜交，或腰梁作为边桁架的弦杆时，还应按偏心受压构件进行验算，此时腰梁的受压计算长度可取相邻支撑点的中心距。

现浇混凝土腰梁的支座弯矩，可乘以0.8～0.9的调幅系数，但跨中弯矩需相应增加。

2) 支撑

支撑截面设计应按偏心受压构件计算。支撑的受压计算长度：在竖向平面内取相邻立柱的中心距；在水平面内取与支撑相交的相邻横向水平支撑的中心距；斜角撑和八字撑的受压计算长度均取支撑全长；对于钢支撑，当纵横向支撑不在同一标高时，取与之相交的相邻横向水平支撑中心距的 1.5～2.0 倍。支撑结构内力分析未计温度变化或支撑预加压力的影响时，截面验算的轴向力宜分别乘以 1.1～1.2 的增大系数。

3) 立柱

立柱的截面设计应按偏心受压构件计算，开挖面以下立柱的竖向承载力可按单桩竖向和水平承载力验算。

立柱受压计算长度取竖向相邻水平支撑的中心距，最下一层支撑以下的立柱计算长度取该层支撑中心线至开挖面以下 5 倍立柱直径(或边长)处之间的距离。

立柱的偏心弯矩包括：竖向荷载对立柱截面形心的偏心距；使水平支撑纵向稳定所需的横向作用力对立柱计算截面的弯矩，此项横向作用力可取支撑轴向力的 1/50；作用于立柱的单向土压力对验算截面的弯矩。

4) 竖向斜撑

竖向斜撑体系应验算以下内容。

(1) 预留土坡的稳定性验算。

(2) 斜撑截面承载力，近似按轴心受压构件验算，受压计算长度(不设立柱时)取支撑全长。

(3) 围檩截面承载力验算，同水平支撑体系的围檩验算方法。

(4) 斜撑基础验算，按天然地基上的浅基础的设计方法验算其竖向承载力。

(5) 基础压杆可近似按轴心受压构件验算截面承载力。

2.3.5　锚杆设计

锚杆是在岩土层中钻孔，再在孔中安放钢拉杆，并在拉杆尾部一定长度范围内注浆，形成锚固体，形成抗拔锚杆，如图 2.23 所示。深基坑支护工程中，为增强锚杆的锚固作用减少变形，通常采用预应力土层锚杆，土层锚杆的施工长度可达 30m 以上，在黏性土中最大锚固力已可达 1 000kN。锚固体可以是扩大端。锚杆通过腰梁对支护桩施加拉力。在基坑工程中采用锚杆，其使用期限不超过两年，属于临时性锚杆工程。

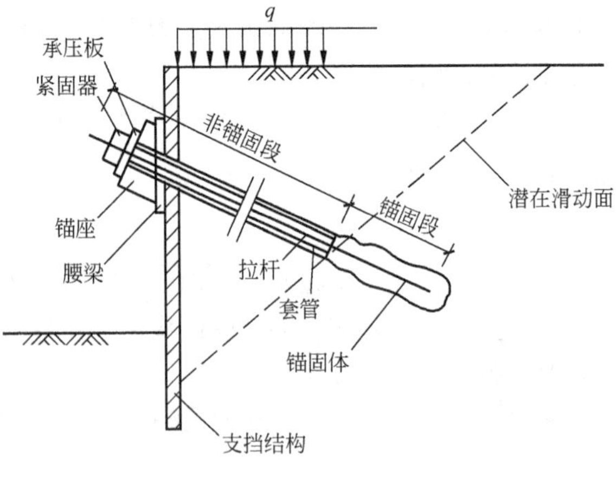

图 2.23　锚杆

锚杆设计内容包括以下几个方面。

(1) 调查研究，掌握设计资料，作出可行性判断。

(2) 确定锚杆设计轴向力，锚杆的抗力安全系数及极限承载力。

(3) 确定锚杆布置和安设角度。

(4) 确定锚杆施工工艺并进行锚固体设计(长度、直径、形状等)，确定锚杆结构和杆件断面。

(5) 计算自由段长度和锚固段长度。

(6) 外锚头及腰梁设计，确定锚杆锁定荷载值、张拉荷载值。

(7) 必要时应进行整体稳定性验算。

(8) 浆体强度设计并提出施工技术要求。

(9) 对试验和监测的要求。

1. 锚杆的可行性

根据场地的工程地质及水文地质条件判断是否适宜采用锚杆支护结构，尤其是锚杆对周围环境及邻近场地后期开发使用的影响。土层锚杆宜在土质较好的条件下使用，在未经处理的下列土层中不宜采用：(1) 有机质土层；(2) 液限ω_L>50%的土层；(3) 相对密实度D_r<0.3的土层。

2. 锚杆布置

(1) 锚固体的上覆土层的厚度不宜小于4m，锚固区离现有建筑物的距离不小于5～6m。

(2) 锚杆锚固体上下排间距不宜小于2.5m，水平方向间距不宜小于2m，以避免群锚效应。

(3) 锚杆倾角宜10°～35°。

3. 锚杆钢筋截面积

锚杆钢筋截面积应满足下式的要求：

$$A_s \geqslant \frac{\gamma_0 N_a}{\xi_2 f_y} \tag{2-53}$$

式中：A_s——锚杆钢筋截面面积(m^2)；

ξ_2——锚筋抗拉工作条件系数，临时性锚杆取0.92；

γ_0——边坡工程重要性系数，一般取1.0；

f_y——锚筋抗拉强度设计值(kPa)；

N_a——锚杆轴向拉力设计值(kN)，$N_a=\gamma_Q H_{tk}/\cos\alpha$；

γ_Q——荷载分项系数，可取1.3，当可变荷载较大时按现行规范确定；

H_{tk}——锚杆所受水平拉力标准值(kN)；

α——锚杆倾角(°)。

4. 锚杆锚固段长度

取式(2-54)、式(2-55)的大值，且介于4～10m。

$$l_a \geqslant \frac{H_{tk}}{\xi_1 \pi D f_{rb} \cos\alpha} \tag{2-54}$$

$$l_a \geqslant \frac{\gamma_0 N_a}{\xi_3 n \pi d f_b} \tag{2-55}$$

式中：l_a——锚固段长度(m)；

D——锚固体直径(m)；

f_{rb}——地层与锚固体黏结强度特征值(kPa)，应通过试验确定，当无试验资料时可按规范表取值；

ξ_1——锚固体与地层黏结工作条件系数，对临时性锚杆取 1.33；

d——锚筋直径(m)；

n——锚筋根数(根)；

f_b——钢筋与锚固砂浆间的黏结强度设计值(kPa)，应由试验确定，当缺乏试验资料时可按规范表取值；

ξ_3——钢筋与砂浆黏结强度工作条件系数，对临时性锚杆取 0.72。

式(2-54)为锚固体与土层的锚固力，式(2-55)为锚筋与锚固体材料的锚固力。所以锚杆锚固段长度一般由式(2-54)决定。

5. 锚杆自由段长度

计至潜在滑裂面(45°+φ/2)，且≥5m。

日本有关锚固工法认为当锚固段过长时，随着应力不断增加从靠近边坡面处锚固端开始，灌浆体与地层界面的黏结逐渐软化或脱开，此时可发生裂缝沿界面向深部发展现象。随着锚固效应弱化，锚杆抗拔力并不与锚固长度增加成正比，采用过长的锚固长度，并不能提高锚固力；锚固段长度设计过短时，由于实际施工期锚固区地层局部强度可能降低，或岩体中存在不利组合结构面时，锚固段被拔出的危险性增大。

6. 锚杆的稳定性验算

锚杆的稳定性验算包括整体稳定性验算、锚杆深部破裂稳定性验算，如图 2.24 所示。前者见本章“基坑的稳定性分析”。锚杆深部破裂稳定性验算常用 Kranz 法(德国 1953 年)，如图 2.25 所示。

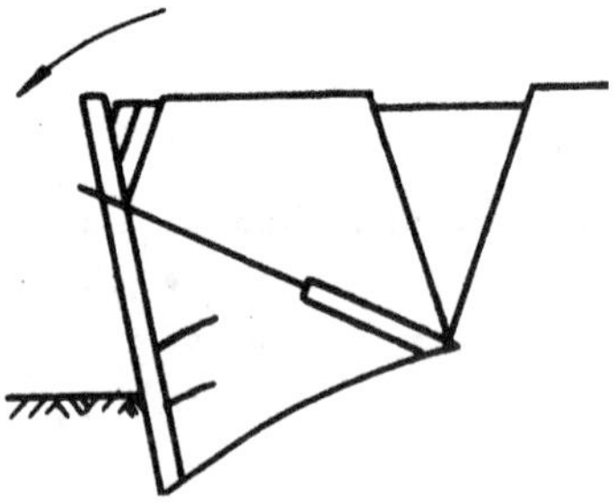

图 2.24　锚杆深部破裂

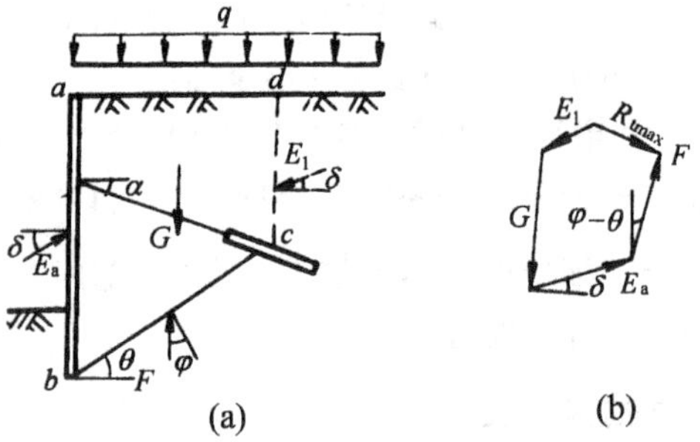

图 2.25　单层锚杆深部破裂稳定性验算的 Kranz 法

图 2.25 中：bc 为深部破裂线(b 取挡土结构底端，c 为锚固体中点)；cd 称假想墙(cd 铅直)，δ、φ 为摩擦角；滑动土体的作用力有 G(自重)、E_1(主动土压力)、E_a(主动土压力)、F(反力)、锚固体(及其周围土)对滑动土体的作用力 R_{tmax}。由滑动土体的极限平衡可得 R_{tmax}。单层锚杆深部破裂不发生的条件为：

$$K_s = \frac{R_{tmax}}{N_t} \geqslant 1.5 \tag{2-56}$$

式中：R_{tmax}——锚固体所能承受的最大拉力(kN)；

N_t——锚杆设计轴向拉力(kN)。

多层锚杆深部破裂的滑动面由挡土结构底端与锚固体中点连线确定，因而会有相应多个滑动面，如图 2.26 所示的两层锚杆情况；而对每一个相应的滑动土体，均可以同单层锚杆深部破裂不发生的条件一样验算。

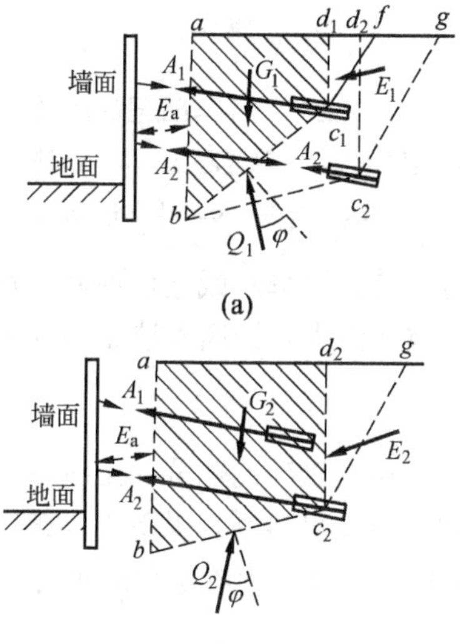

图 2.26　两层锚杆深部破裂的两个滑动面

2.3.6　土钉墙设计

土钉墙支护技术的发展始于 20 世纪 70 年代，其设计思想是在充分考虑结构体本身的自承能力的前提下进行支护设计，因而有节约投资、施工占地少、进度快、安全可靠等优点，在深基坑开挖支护工程中得到较为广泛的应用。目前，我国土钉墙支护的深基坑深度已达 18m。

1. 土钉墙的构造

土钉墙一般由土钉、面层、泄排水系统等三部分组成。

常用的土钉有钻孔注浆土钉、击入式土钉。前者先钻孔，然后置入变形钢筋，最后沿全长注浆；后者多用角钢、圆钢或钢管，击入方式一般有：振动冲击、液压锤击、高压喷射和气动射击。

面层由喷射混凝土、纵横主筋、网筋构成。喷射混凝土面层的厚度一般大于 80mm，网筋直径一般为 6～10mm，间距多为 150～300mm，坡面上下的网筋搭接，纵横主筋一般采用 16 mm 螺纹钢，间距与土钉间距相同。钢筋网可为单层或双层。土钉墙顶应作砂浆或混凝土抹面护顶。

土钉通过与承压板或加强钢筋螺栓连接或焊接连接把压力传到面层，如图 2.27 所示。

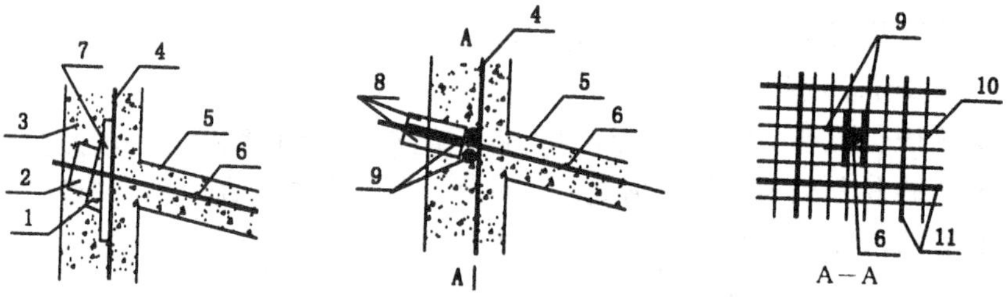

(a)　(b)　(c)

图 2.27　土钉与面层的连接

1—垫块　2—螺母　3—喷射混凝土　4—钢筋网　5—土钉钻孔
6—土钉钢筋　7—钢垫板　8—锁定筋　9—井字形钢筋　10—网筋　11—纵横主筋

地下水位高于基坑底面时，应采取降水或截水措施。坡顶和坡脚应设排水措施，坡面可根据具体情况设置泄水孔。坡面泄水孔为插入坡面的内填滤水材料的带孔塑料管。

2. 土钉墙的承载力验算

土钉墙的承载力验算，一般包括以下两部分。土钉墙的研究在国内起步较晚，其设计在理论上尚无一套完整严格的分析计算体系，以下引自国家规程的经验公式被工程实践证明：设计内容全面、可行，即以下两部分内容验算满足时，隆起、滑移、倾覆自然满足(详见有关文献)。

1) 土钉抗拉承载力验算

单根土钉抗拉承载力计算应符合下式要求：

$$1.25\gamma_0 T_{jk} \leqslant T_{uj} \tag{2-57}$$

式中：1.25——荷载综合分项系数；

γ_0——基坑重要性系数，查规程 JGJ 120—1999 表；

T_{jk}——第 j 根土钉受拉荷载标准值，$T_{jk}=\xi\, e_{ajk} s_{xj} s_{zj}/\cos\alpha_j$；

ξ——斜面土钉墙荷载折减系数，

$$\xi=\tan\frac{\beta-\varphi_k}{2}\left[\frac{1}{\tan\dfrac{\beta+\varphi_k}{2}}-\frac{1}{\tan\beta}\right]/\tan^2(45^\circ-\frac{\varphi}{2})\text{；}$$

β——土钉墙坡面与水平面的夹角；

e_{ajk}——第 j 个土钉位置处的基坑水平荷载标准值；

s_{xj}、s_{zj}——第 j 根土钉与相邻土钉的平均水平、垂直间距；

a_j——第 j 根土钉与水平面的夹角。

T_{uj}——第 j 根土钉抗拉承载力设计值，对于基坑侧壁安全等级为二级的土钉抗拉承载力设计值应按试验确定，基坑侧壁安全等级为三级时可按下式计算，如图 2.28 所示。

$$T_{uj}=\frac{1}{\gamma_s}\pi d_{nj}\Sigma q_{sik}l_i\text{；}$$

γ_s——土钉抗拉抗力分项系数，取 1.3；

d_{nj}——第 j 根土钉锚固体直径；

q_{sik}——土钉穿越第 i 层土土体与锚固体极限摩阻力标准值，应由现场试验确定，如无试验资料，可查规程 JGJ 120—1999 表；

l_i——第 i 根土钉在直线破裂面外穿越第 i 稳定土体内的长度，破裂面与水平面的夹角为 $\frac{\beta+\varphi_k}{2}$。

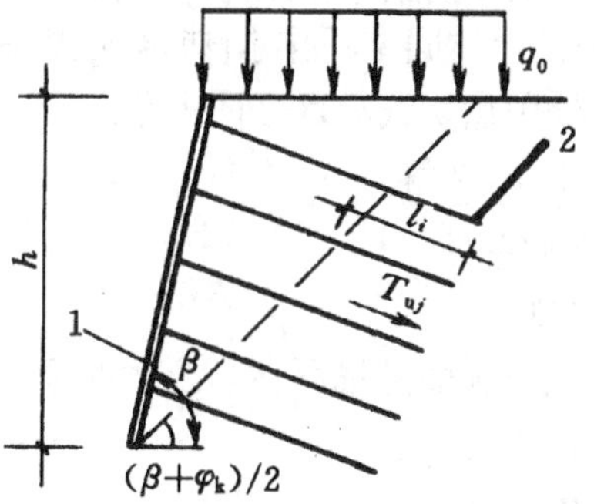

图 2.28　土钉抗拉承载力计算简图

2) 土钉墙整体稳定性验算

土钉墙应根据施工期间不同开挖深度及基坑底面以下可能滑动面，采用圆弧滑动简单条分法，如图 2.29 所示，按下式进行整体稳定性验算。

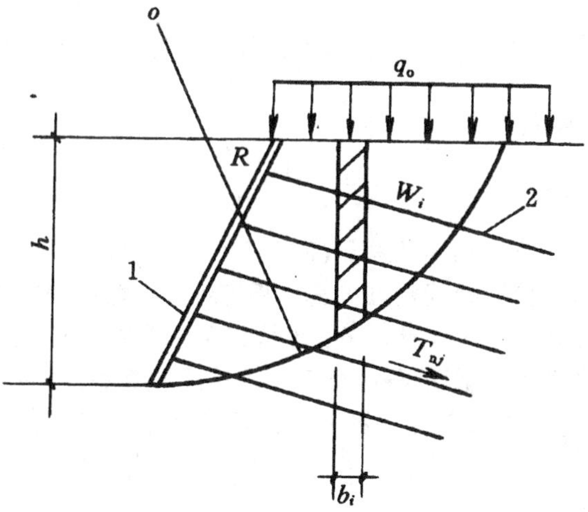

图 2.29　土钉墙整体稳定性验算简图

1—喷射混凝土面层　2—土钉

$$\sum_{i=1}^{n}c_{ik}L_i s+s\sum_{i=1}^{n}(\omega_i+q_0b_i)\cos\theta_i tg\varphi_{ik}+\sum_{j=1}^{m}T_{nj}\times\left[\cos(\alpha_j+\theta_j)+\frac{1}{2}\sin(\alpha_j+\theta_j)\tan\varphi_{ik}\right] \quad (2\text{-}58)$$

$$-s\gamma_k\gamma_0\sum_{i=1}^{n}(\omega_i+q_0b_i)\sin\theta_i\geqslant 0$$

式中：n——滑动体分条数；

m——滑动体内土钉数；

γ_k——整体滑动分项系数，可取 1.3；

γ_0——基坑重要性系数，查规程 JGJ 120—1999 表；

w_i——第 i 分条土重，滑裂面位于黏性土或粉土中时，按上覆土层的饱和土重度计算；滑裂面位于砂土或碎石类土中时，按上覆土层的浮重度计算；

b_i——第 i 分条宽度；

c_{ik}——第 i 分条滑裂面处土体固结不排水(快)剪粘聚力标准值；

φ_{ik}——第 i 分条滑裂面处土体固结不排水(快)剪内摩擦角标准值；

θ_i——第 i 分条滑裂面处中点切线与水平面夹角；

α_j——土钉与水平面之间的夹角；

L_i——第 i 分条滑裂面处弧长；

s——计算滑动体单元厚度；

T_{nj}——第 j 根土钉在圆弧滑裂面外锚固体与土体的极限抗拉力，可按下式计算：

$$T_{nj}=\pi d_{nj}\sum q_{sik}l_{ni}\ ;$$

d_{nj}——第 j 根土钉锚固体直径；

q_{sik}——土钉穿越第 i 层土土体与锚固体极限摩阻力标准值，应由现场试验确定，如无试验资料，可查规程 JGJ 120—1999 表；

l_{ni}——第 i 根土钉在圆弧滑裂面外穿越第 i 稳定土体内的长度。

式(2-58)由式(2-42)抗滑力矩与滑动力矩之比变化而来，1.3 为安全系数。式中 $(\omega_i+q_0b_i)\cos\theta_i\tan\varphi_{ik}$ 为由 $(\omega_i+q_0b_i)$ 产生的摩阻力，$T_{nj}\times\left[\cos(\alpha_j+\theta_j)\right]$ 为土钉沿第 i 分条土滑裂面向斜上方的拉力，$T_{nj}\times\left[\frac{1}{2}\sin(\alpha_j+\theta_j)\tan\varphi_{ik}\right]$ 为 T_{nj} 产生的摩阻力(其中 1/2 为抗拉力极限值与标准值的变换系数)。

2.3.7 重力式水泥土挡墙设计

本节依据《建筑基坑支护技术规程》(JGJ 120—1999)编写。重力式水泥土挡墙设计的验算项目包括：抗倾覆、抗渗透稳定性、整体稳定性、正截面受拉承载力、正截面受压承载力，这些验算项目体现在以下设计内容：嵌固深度、墙体厚度、正截面承载力。一般地，抗倾覆满足，则满足抗滑移；满足整体稳定，则抗隆起满足；但特殊条件下(如各土层性质变化较大)，则抗滑移、抗隆起需单独验算。墙底地基承载力在抗隆起、整体稳定满足时自然满足。以上相关验算项目之间关系的详见有关参考文献。

1. 嵌固深度

1) 整体稳定条件

水泥土墙嵌固深度计算值宜按整体稳定条件采用圆弧滑动简单条分法确定，如图 2.30 所示。

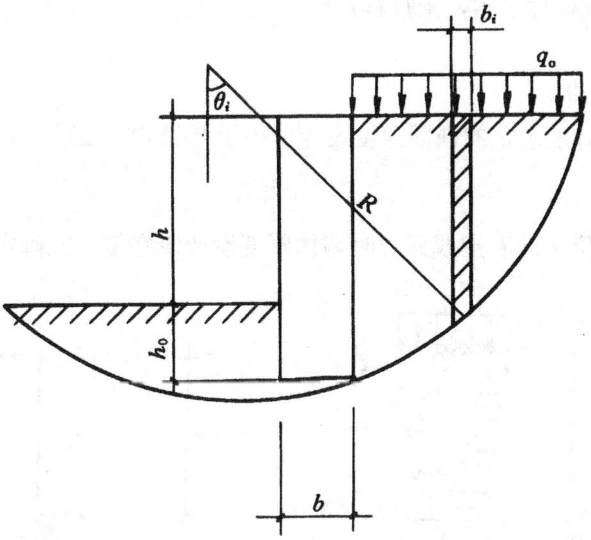

图 2.30　水泥土墙嵌固深度计算简图

$$\sum c_{ik} l_i + \sum (q_0 b_i + w_i) \cos\theta_i \tan\varphi_{ik} - \gamma_k \sum (q_0 b_i + w_i) \sin\theta_i \geqslant 0 \quad (2\text{-}59)$$

式中：c_{ik}、φ_{ik}——最危险滑动面上第 i 土条滑动面上土的固结不排水(快)剪粘聚力、内摩擦角标准值；

l_i——第 i 土条的弧长；

b_i——第 i 土条的宽度；

γ_k——整体稳定分项系数，应根据经验确定，当无经验时可取 1.3；

w_i——作用于滑裂面上第 i 土条的重量，按上覆土层的天然土重计算；

θ_i——第 i 土条弧线中点切线与水平线夹角。

当嵌固深度下部存在软弱土层时，应继续检验软下卧层整体稳定性，即验算滑动面通过软下卧层的整体稳定性和软下卧层承载力；而前者方法同上，后者详见土力学教材。

对均质粘性土及地下水位以上的粉土或砂土，嵌固深度可按以下经验式确定：

$$h_0 = n_0 h \quad (2\text{-}60)$$

式中：h_0——嵌固深度；

n_0——嵌固深度系数，当 γ_k=1.3 时，可根据三轴试验(当有可靠经验时，可采用直接剪切试验)确定的土层固结不排水(快)剪内摩擦角 φ_k 及粘聚力系数 δ 查规程表，$\delta = \dfrac{c_k}{\gamma h}$；

γ——土的天然重度。

嵌固深度设计值可按下式确定：

$$h_d = 1.1 h_0 \quad (2\text{-}61)$$

2) 当基坑底为碎石土及砂土、基坑内排水且作用有渗透水压力时，水泥土墙嵌固深度设计值 h_d 应按照抗渗透稳定条件验算(推导过程略)：

$$h_d \geqslant 1.2\gamma_0 (h - h_{wa}) \quad (2\text{-}62)$$

式中：γ_0—— 基坑重要性系数，查规程；

h——坑深；

h_{wa}——地下水埋深。

当按上述 1)、2)方法确定的嵌固深度设计值小于 0.4h 时，宜取 0.4h。

2. 墙体厚度

当水泥土墙底部位于碎石土或砂土时墙体厚度设计值宜按下式确定，如图 2.31 所示。

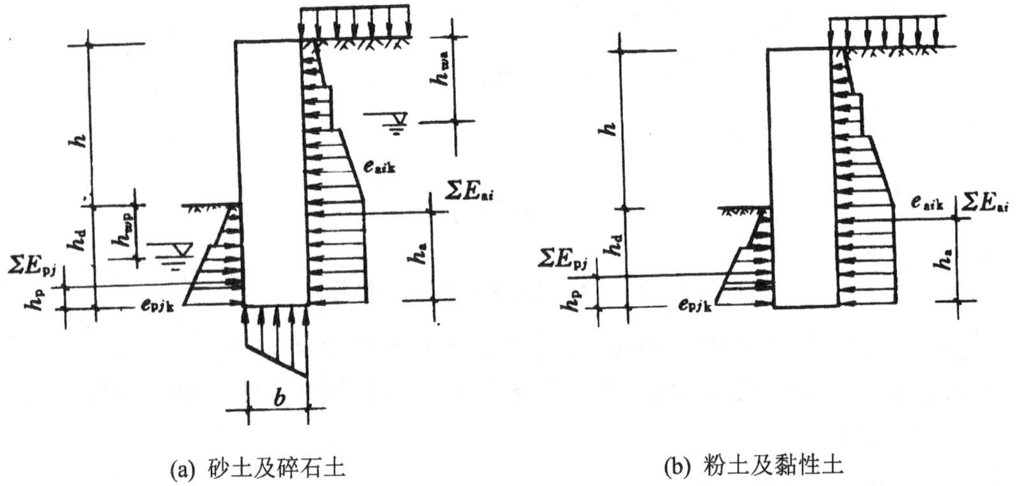

图 2.31 水泥土墙厚度计算简图

$$b \geq \sqrt{\frac{10\times(1.2\gamma_0 h_a \sum E_{ai} - h_p \sum E_{pj})}{5\gamma_{cs}(h+h_d) - 2\gamma_0\gamma_w(2h+3h_d-h_{wp}-2h_{wa})}} \tag{2-63}$$

当水泥土墙底部位于粘性土或粉土时墙体厚度设计值宜按下式确定：

$$b \geq \sqrt{\frac{2(1.2\gamma_0 h_a \sum E_{ai} - h_p \sum E_{pj})}{\gamma_{cs}(h+h_d)}} \tag{2-64}$$

式中：$\sum E_{ai}$ ——水泥土墙底以上基坑外侧水平荷载标准值合力之和；

h_a——合力 $\sum E_{ai}$ 作用点至水泥土墙底的距离；

$\sum E_{pj}$ ——水泥土墙底以上基坑内侧水平抗力标准值的合力之和；

h_p——合力 $\sum E_{pj}$ 作用点至水泥土墙底的距离；

γ_{cs} ——水泥土墙体平均重度；

γ_w ——水的重度；

h_{wa}——基坑外侧水位深度；

h_{wp}——基坑内侧水位深度。

前者为抗倾覆稳定条件，后者为经验公式。当按上述规定确定的水泥土墙厚度小于 0.4h 时宜取 0.4h。

3. 正截面承载力

1) 压应力验算

$$1.25\gamma_0\gamma_{cs}z+\frac{M}{W}\leqslant f_{cs} \tag{2-65}$$

式中：1.25——荷载综合分项系数；

γ_0——基坑重要性系数，查规程；

γ_{cs}——水泥土墙体平均重度；

z——由墙顶至计算截面的深度；

M——单位长度水泥土墙截面弯矩设计值，按弹性支点法或静力平衡法计算；

W——水泥土墙截面模量；

f_{cs}——水泥土开挖龄期抗压强度设计值，用钻芯取样单轴抗压试验测得。

2) 拉应力验算

$$\frac{M}{W}-\gamma_{cs}z\leqslant 0.06f_{cs} \tag{2-67}$$

上式中符号意义同上；其中，自重荷载分项系数、基坑重要性系数取 1，水泥土抗拉强度设计值等于 0.06 抗压强度设计值。

2.3.8　地下水控制

基坑工程的地下水控制通常采用两种方法：基坑降水；基坑止水。基坑降水包括明排水法和井点降水法。基坑止水是用地下连续墙及喷射注浆、深层搅拌或注浆形成截水墙或底板，阻止地下水流入基坑；基坑止水往往还需要在基坑内降水。

竖向止水帷幕穿过透水层进入不透水层或弱透水层 1～2m。当坑底土体中存在承压水时，可在坑底设置水平止水帷幕；但一般可在承压水层中设置减压井以降低承压水头(当承压水头高、水量大时可设置水平止水帷幕、设置减压井组合)。

深层搅拌桩墙可在支护桩墙外侧设单排或双排(双排桩可减少搭接失效的可能性)，是目前最常用的止水帷幕做法，适用于软土地区。高压喷射注浆的水泥浆压力在 10～20MPa，可采用旋喷、定喷、摆喷等形式，如图 2.32 所示，适用于砂类土、粉土、黏性土(卵砾石土层效果较差)，造价较高。

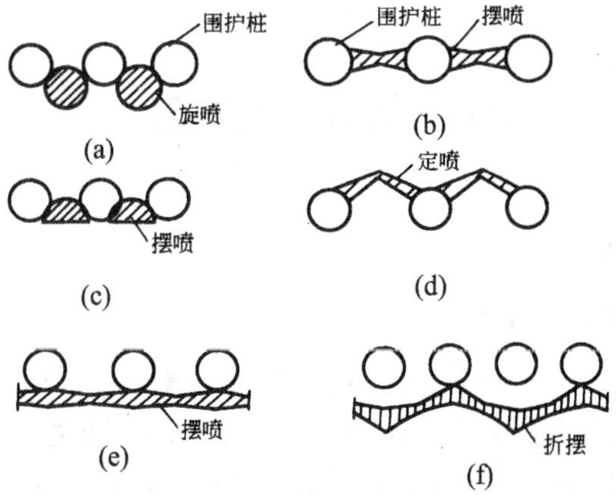

图 2.32　高压喷射注浆止水帷幕形式

2.3.9　地面变形控制

基坑开挖、降水引起地面变形，具体表现为地层移动、地面沉降，变形原因可归结为桩墙体的水平位移、坑底土隆起、地下水位下降。地面变形对周围环境带来影响，必须采取有效措施加以防治。目前，在城市中建筑密集地区，对基坑变形控制的要求越来越严格，成为基坑设计中的重要组成部分。

基坑变形计算比较复杂，尚难以反映实际情况。因此目前主要通过采取一些必要的设计与施工措施，以达到有效地控制变形的目的。

1. 设计措施

(1) 支护结构体系的平面形状采用使围护结构整体均衡受力的形式，在墙后地面和墙面易出现裂缝的阳角部位采取加强措施。

(2) 在软土地区支护体系的插入深度除满足稳定要求外，当有较好下卧土层时，支护桩的根部宜插入好土层。

(3) 当坑底土层比较软弱时，可对被动区土体进行加固。被动区土体加固应在基坑开挖前进行，并应有充分的养护期。

(4) 钢管或型钢作支撑应施加预应力，预应力水平可取设计支撑轴力的30%～50%。

(5) 当基坑变形不能满足坑外周边环境控制要求时，应对被影响的建筑物、构筑物和各类管线采取防范的措施，如土体加固、结构托换、架空管线等。

(6) 在地下水位高的地区，支护体系必须有良好的止水系统，当有渗漏发生时，必须及时采取有效的堵漏措施。

2. 施工措施

(1) 加快施工速度、缩短基坑暴露时间(指开挖至设计标高到底板浇注完成的时间)。

(2) 密切注意坡高大、雨期施工、排水不畅、坡顶堆载、坡脚扰动等不利因素的影响。

(3) 防止降雨或施工用水通过地面或多或少的微裂缝渗入土体，降低土体的强度和增加土压力。

当出现基坑变形过大时，可采取下列应急措施：底板分块施工、增设斜支撑、墙后卸土、坑内被动区压重(草袋土等)、坑内充水等。

2.4　基坑工程施工

2.4.1　桩墙式支护结构的施工

1. 桩墙式支护结构的构造要求

(1) 现浇钢筋混凝土支护结构的混凝土强度等级不得低于C20。

(2) 桩墙式支护结构的顶部应设圈梁，如图2.33所示，其宽度应大于桩、墙的厚度。桩、墙顶嵌入圈梁的深度不宜小于50mm；桩、墙内竖向钢筋锚入圈梁内的长度宜按受拉锚固要求确定。

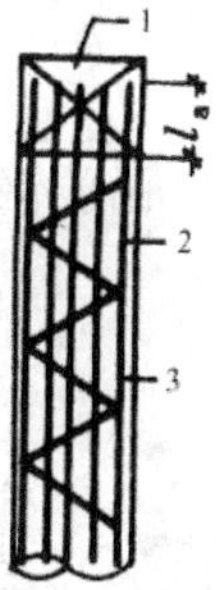

图 2.33　灌注桩顶部圈梁的设置

1—顶部圈梁　2—灌注桩　3—灌注桩竖向钢筋

(3) 支撑和腰梁，如图 2.34 所示的纵向钢筋直径不宜小于 16mm；箍筋直径不应小于 8mm。

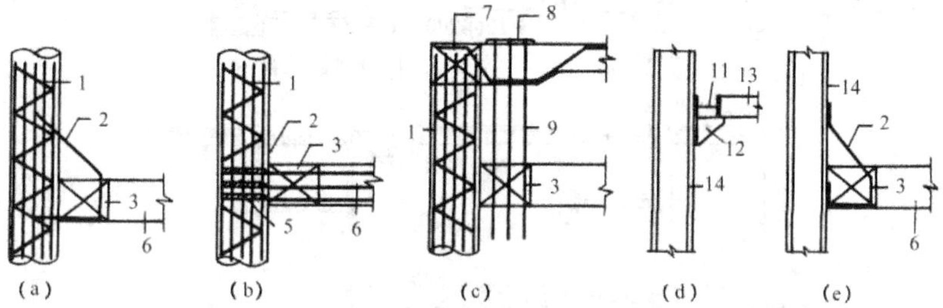

图 2.34　腰梁的设置

1—灌注桩竖向钢筋　2—拉吊筋　3—腰梁　4—环形钢板　5—小牛腿
6—支撑　7—顶部圈梁　8—钢板　9—拉吊筋　10—混凝土支撑主筋
11—钢腰梁　12—钢牛腿　13—支撑　14—型钢柱挡土结构

2. 灌注桩挡土结构施工概述

灌注桩挡土结构主要有钻(冲)孔灌注桩、人工挖孔灌注桩，布置形式可分为密排、疏排、双排，如图 2.35 所示，疏排桩、双排桩可与止水帷幕结合使用。用做挡土结构的灌注桩直径一般为 500～1 200mm，桩间距(中心距)一般为 1.5～2 倍的桩径。桩间土可采用砂浆抹面、注浆保护。灌注桩施工方法详见有关书籍。

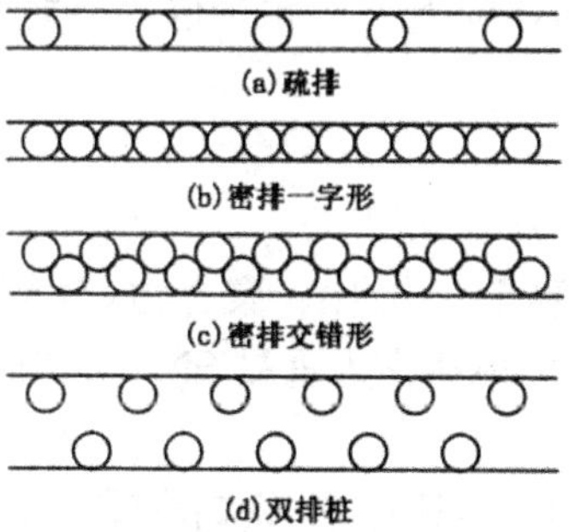

图 2.35　灌注桩挡土结构布置形式

3. 地下连续墙施工

1) 地下连续墙施工工艺过程

修筑导墙→挖槽→吊放接头管(箱)、吊放钢筋笼→浇注混凝土。

2) 导墙的形式与作用

导墙的形式如图 2.36 所示。

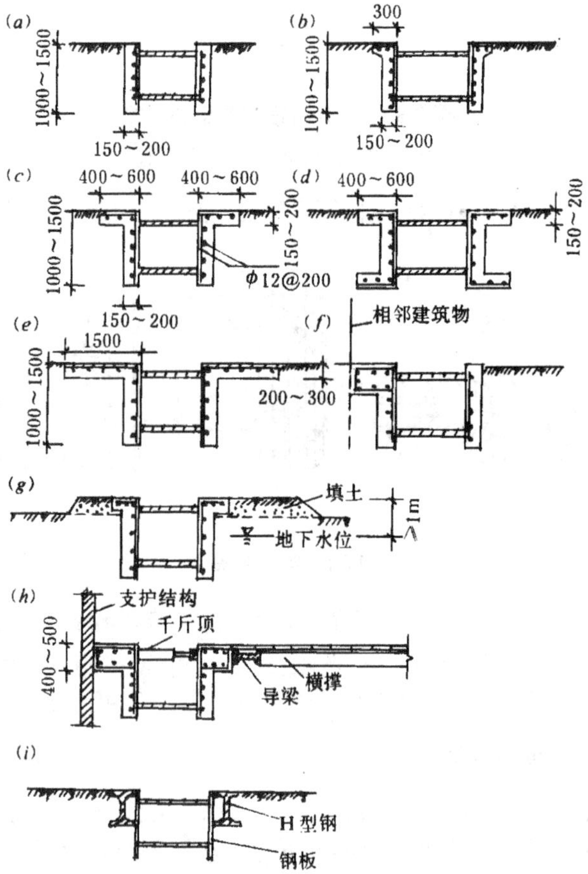

图 2.36　导墙的形式

导墙的作用：护槽口，为槽定位(标高、水平位置、垂直)，支撑(机械、钢筋笼等)，存放泥浆(可保持泥浆面高度)。

3) 泥浆

泥浆的作用：护壁，携碴，冷却润滑。

泥浆的成分：膨润土(特殊黏土，有售)、聚合物、分散剂(抑制泥水分离)、增黏剂(常用羟甲基纤维素，化学糨糊)、加重剂(常用重晶石)、防漏剂(堵住砂土槽壁大孔，如锯末、稻草沫等)。

泥浆质量的控制指标：比重(比重计)、黏度(黏度计)、含砂量(泥浆含砂量测定仪)、失水量和泥皮厚度(泥浆渗透失水，同时在槽壁形成泥皮，薄而密实的泥皮有利于槽壁稳定，用过滤试验测定)、pH 值(一般为 8～9 时泥浆不分层)、稳定性(静置前后比重差)、静切力(外力使静止泥浆开始流动后阻止其流动的阻力，静切力大时泥浆质量好)、胶体率(静置后泥浆部分体积与总体积之比)。

泥浆的处理：土碴的分离处理——沉淀池(考虑泥浆循环、再生、舍弃等工艺要求)、振动筛与旋流器(离心作用分离)。

4) 挖槽

目前，在地下连续墙施工中国内外常用的挖槽机械，按其工作机理分为挖斗式、冲击式和回转式三大类，而每一类中又分为多种，如图 2.37、图 2.38 所示。

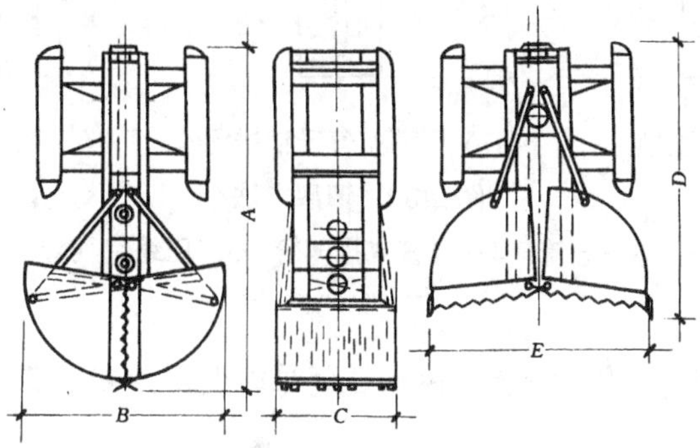

图 2.37　蚌式抓斗

(*A*、*B*、*C*、*D*、*E* 因墙厚而异)

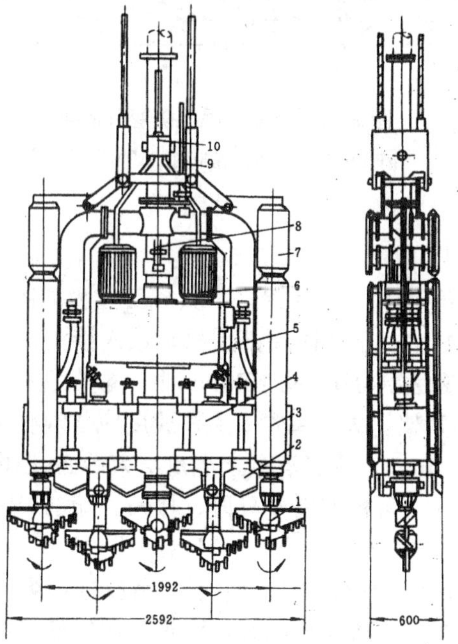

图 2.38　多头钻的钻头

1—钻头　2—侧刀　3—导板　4—齿轮箱　5—减速箱

6—潜水电动机　7—纠偏装置　8—高压进气管　9—泥浆管　10—电缆结头

5) 清底

常用方法如图 2.39 所示。

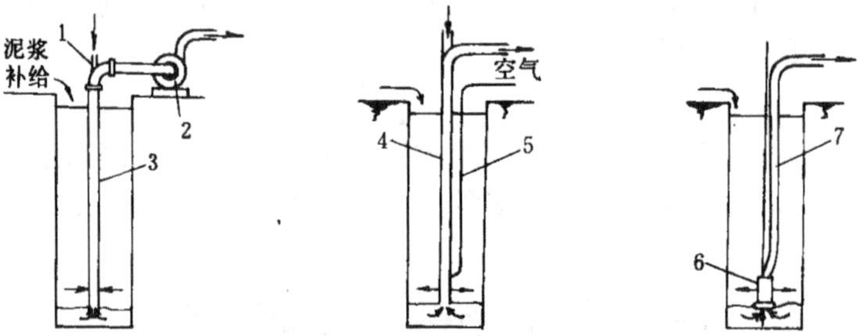

(a) 砂石吸力泵排泥　(b) 压缩空气升液排泥　(c) 潜水泥浆泵排泥

图 2.39　清底方法

1—接合器　2—砂石吸力泵　3—导管　4—导管或排泥管　5—压缩空气管　6—潜水泥浆泵　7—软管

6) 钢筋笼吊放

采取在钢筋笼内放桁架的方法防止钢筋笼起吊时变形，如图 2.40 所示。

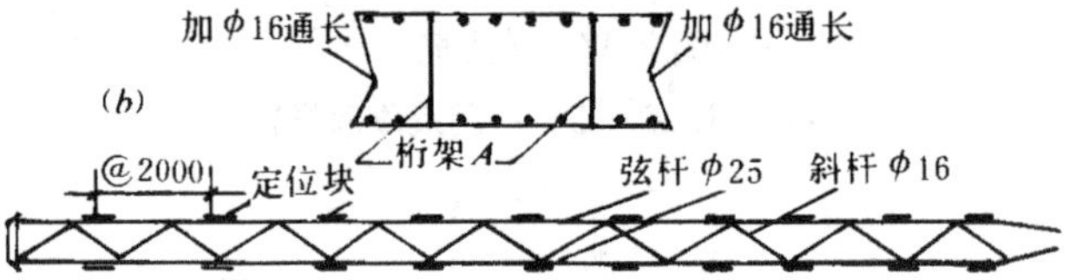

图 2.40　钢筋笼吊放防变形桁架

(a) 横剖面　(b) 纵向桁架的纵剖面

7) 单元墙段的接头

常用的施工接头有以下几种。

(1) 接头管(亦称锁口管)接头，应用最多。其施工过程如图 2.41 所示。

一个单元槽段土方挖好后，于槽段端部用吊车放入接头管，然后吊放钢筋笼并浇筑混凝土，待浇筑的混凝土强度达到 0.05～0.20MPa 时(一般在混凝土浇筑后 3～5h，视气温而定)，开始用吊车或液压顶升架提拔接头管，上拔速度应与混凝土浇筑速度、混凝土强度增长速度相适应，一般为 2～4m/h，应在混凝土浇筑结束后 8h 以内将接头管全部拔出。接头管直径一般比墙厚小 50mm，可根据需要分段、接长。端部半圆形可以增强整体性和防水能力。

(2) 接头箱接头。一个单元槽段挖土结束后，吊放接头箱，再吊放钢筋笼。钢筋笼端部的水平钢筋可插入接头箱内。接头箱的开口面被焊在钢筋笼端部的钢板封住，因而浇筑的混凝土不能进入接头箱。混凝土初凝后，与接头管一样逐步吊出接头箱。其施工过程如图 2.42 所示。

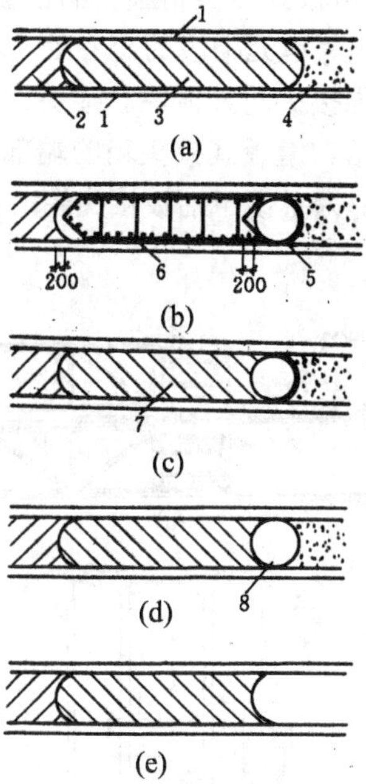

图 2.41　接头管接头的施工过程

(a) 开挖槽段　(b) 吊放接头管和钢筋笼　(c) 浇筑混凝土　(d) 拔出接头管　(e) 形成接头

1—导墙　2—已浇筑混凝土的单元槽段　3—开挖的槽段　4—未开挖的槽段

5—接头管　6—钢筋笼　7—正浇注混凝土的单元槽段　8—接头管拔出后形成的圆孔

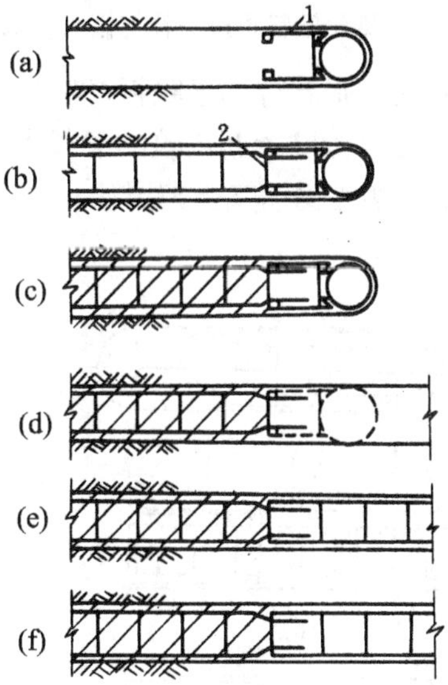

图 2.42　接头箱接头的施工过程

(a) 插入接头箱　(b) 吊放钢筋笼　(c) 浇筑混凝土　(d) 吊出接头箱

(e) 吊放后一个槽段的钢筋笼　(f) 浇筑后一个槽段的混凝土形成整体接头

1—接头箱　2—焊在钢筋笼端部的钢板

图 2.43 所示用 U 形接头管与滑板式接头箱施工的钢板接头，是另一种整体式接头的做法。这种整体式钢板接头是在两相邻单元槽段的交界处，利用 U 形接头管放入开有方孔且焊有封头钢板的接头钢板，以增强接头的整体性。接头钢板上开有大量方孔，其目的是为增强接头钢板与混凝土之间的黏结。滑板式接头箱的端部设有充气的锦纶塑料管，用来密封止浆，防止新浇筑混凝土浸透。为了便于抽拔接头箱，在接头箱与封头钢板和 U 形接头管接触处皆设有聚四氟乙烯滑板。

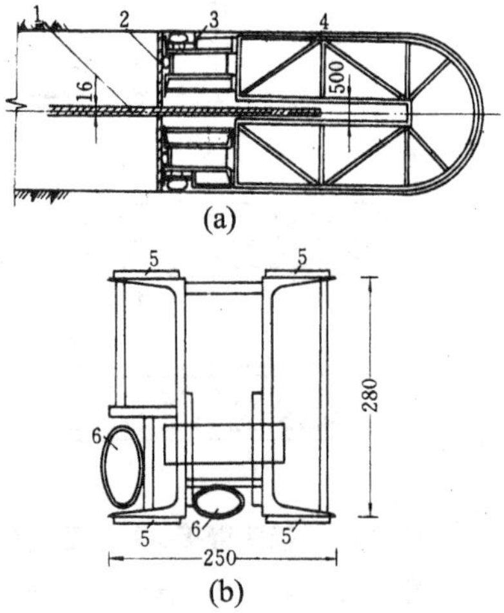

图 2.43　U 形接头管与滑板式接头箱

1—接头钢板　2—封头钢板　3—滑板式接头箱　4—U 形接头管
5—聚四氟乙烯滑板　6—锦纶塑料管接头管与接头箱长度一定

(3) 隔板式接头。隔板式接头按隔板的形状分为平隔板、榫形隔板和 V 形隔板(如图 2.44 所示)。由于隔板与槽壁之间难免有缝隙，为防止新浇筑的混凝土渗入，要在钢筋笼的两边铺贴维尼龙等化纤布。化纤布可把单元槽段钢筋笼全部罩住，也可以只有 2～3m 宽。要注意吊入钢筋笼时不要损坏化纤布。

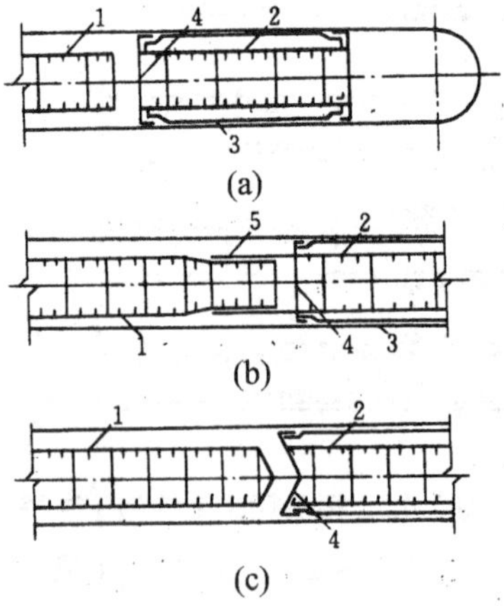

图 2.44　隔板式接头

带有接头钢筋的榫形隔板式接头，能使各单元墙段形成一个整体，是一种较好的接头方式。但插入钢筋笼较困难，且接头处混凝土的流动亦受到阻碍，施工时要特别加以注意。

8) 结构接头

地下连续墙与内部结构的楼板、柱、梁、底板等连接的结构接头，常用的有下列几种：

(1) 预埋连接钢筋法。此法应用最多，如图 2.45 所示。连接钢筋弯折后预埋在地下连续墙内，待内部土体开挖后露出墙体时，凿开预埋连接钢筋处的墙面，将露出的预埋连接钢筋弯成设计形状、连接。考虑到连接处往往是结构的薄弱处，设计时一般使连接筋有 20% 的富余。

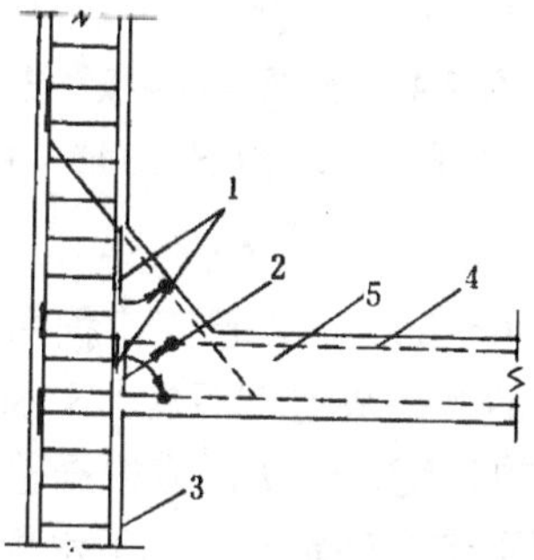

图 2.45 预埋连接钢筋法

1—预埋的连接钢筋 2—焊接处 3—地下连续墙 4—后浇结构中受力钢筋 5—后浇结构

(2) 预埋连接钢板法。这是一种钢筋间接连接的接头方式，如图 2.46 所示。预埋连接钢板放入并与钢筋笼固定。浇筑混凝土后凿开墙面使预埋连接钢板外露，用焊接方式将后浇结构中的受力钢筋与预埋连接钢板焊接。

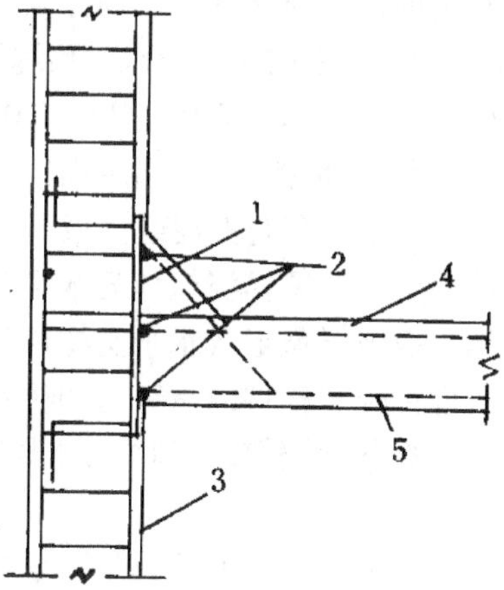

图 2.46 预埋连接钢板法

1—预埋连接钢板 2—焊接处 3—地下连续墙 4—后浇结构 5—后浇结构中的受力钢筋

(3) 预埋剪力连接件法。剪力连接件的形式有多种，如图 2.47 所示。剪力连接件先预埋在地下连续墙内，然后弯折出来与后浇结构连接。

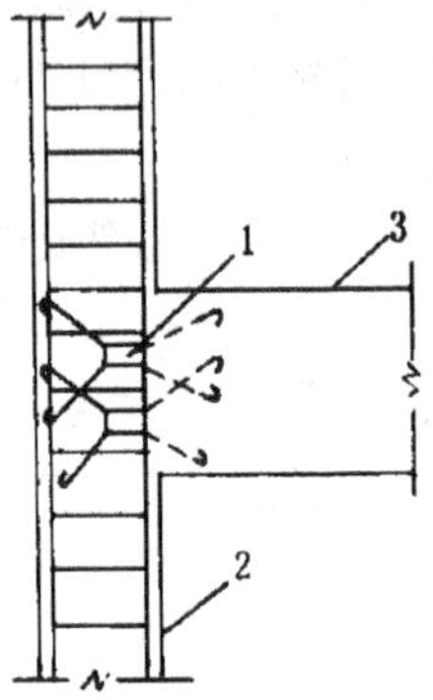

图 2.47　预埋剪力连接件法

1—预埋剪力连接件　2—地下连续墙　3—后浇结构

9) 地下连续墙的规范要求

地下连续墙的常用厚度为 600～800mm，已建工程中最大厚度 1 200mm。墙厚除满足设计要求外，还需结合成槽机械的规格决定，不宜小于 600mm。

地下连续墙单元墙段(槽段)的长度、形状，应根据整体平面布置、受力特性、槽壁稳定性、环境条件和施工要求等因素综合确定。当地下水位变动频繁或槽壁孔可能发生坍塌时，应进行成槽试验及槽壁的稳定性验算。地下连续墙受力钢筋应采用Ⅱ级钢筋，直径不宜小于 20mm；构造钢筋可采用Ⅰ级或Ⅱ级钢筋，直径不宜小于 14mm；竖向钢筋的净距不宜小于 75mm；构造钢筋的间距不应大于 300mm。单元槽段的钢筋笼宜装配成一个整体；必须分段时，宜采用焊接或机械连接，应在结构内力较小处布置接头位置，接头应相互错开。地下连续墙钢筋的保护层厚度，对临时性支护结构不宜小于 50mm，对永久性支护结构不宜小于 70mm。竖向受力钢筋应有一半以上通长配置。当地下连续墙与主体结构连接时，预埋在墙内的受力钢筋、连接螺栓或连接钢板，均应满足受力计算要求，锚固长度满足现行《混凝土结构设计规范》(GB 50010—2002)要求，预埋钢筋应采用Ⅰ级钢筋，直径不宜大于 20mm。地下连续墙墙体混凝土的抗渗等级不得小于 0.6MPa，二层以上地下室不宜小于 0.8MPa。当墙段之间的接缝不设止水带时，应选用锁口圆弧形、槽形或 V 形等可靠的防渗止水接头，接头面应严格清刷，不得存有夹泥或沉渣。

地下室逆作法施工时，楼盖、梁和板整体浇筑作为水平支撑体系，应符合承载力、刚度及抗裂要求。在出土口处先施工板下梁系形成水平支撑体时，应按平面框架方法计算内力和变形，其肋梁应按偏心受压杆件验算构件的承载力和稳定性。肋梁应留出插筋以与混凝土墙体的竖筋连接。当采用梁、板分次浇筑施工时，肋梁上应留出箍筋以便与后浇的混凝土楼板结合形成整体。

地下连续墙与地下结构梁、板的连接，应通过墙体的预埋构件；与底板应采用整体连接；接头钢筋应采用焊接或机械连接。宜在墙内侧设置钢筋混凝土内衬墙，满足地下室使用要求。

地下主体结构的梁、板当施工期间有超载时(如走车、堆土等)，应考虑其影响。在兼作施工平台和栈桥时，其构件的强度和刚度应按正常使用和施工两种工况分别进行验算。立柱和立柱桩的荷载应包括施工平台或栈桥所受的施工荷载。竖向立柱的沉降，应满足主体结构的受力和变形要求。

4. 逆作法施工

逆作法又称逆筑法。

1) 逆作法的工艺原理与优缺点

逆作法是施工高层建筑多层地下室和其他多层地下结构的有效方法。国外如美、日、德、法等国家，在多层地下结构施工中已广泛应用，收到较好的效果。如美国 75 层、高 203m 的芝加哥水塔广场大厦的 4 层地下室，就是用 18m 深的地下连续墙和 144 根大直径钻孔灌桩做中间支承柱，以逆作法进行施工的。我国上海高 116m 的电信大楼的 3 层地下室等，都成功地应用了逆作法。

传统的施工多层地下室的方法是开敞式施工，即大开口放坡开挖，或用支护结构围护后垂直开挖，挖至设计标高后浇筑钢筋混凝土底板，再由下而上逐层施工各层地下室结构，待地下结构完成后再进行地上结构施工。

逆作法的工艺原理如图 2.48 所示：先沿建筑物地下室轴线(地下连续墙也是地下室结构承重墙)或周围(地下连续墙等只用作支护结构)施工地下连续墙或其他支护结构，同时在建筑物内部的有关位置(柱子或隔墙相交处等，根据需要计算确定)浇筑或打下中间支承柱，作为施工期间于底板封底之前承受上部结构自重和施工荷载的支撑；然后施工地面一层的梁板楼面结构，作为地下连续墙刚度很大的支撑，随后逐层向下开挖土方和浇筑各层地下结构，直至底板封底；与此同时，由于地面一层的楼面结构已完成，为上部结构施工创造了条件，所以可以同时向上逐层进行地上结构的施工。如此地面上、下同时进行施工，直至工程结束。但是在地下室浇筑钢筋混凝土底板之前，地面上的上部结构允许施工的层数要经计算确定。

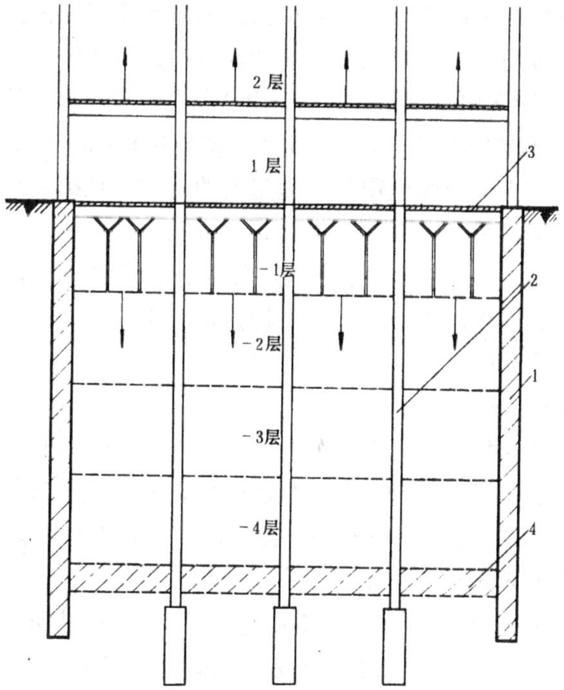

图 2.48 逆作法的工艺原理

1—地下连续墙 2—中间支承柱 3—地面层楼面结构 4—底板

逆作法施工，还可以使地面一层楼面结构敞开，上部结构不与地下结构同时进行施工，只是地下结构自上而下逐层施工。

与传统施工方法比较，用逆作法施工多层地下室有下述优点：

(1) 缩短工程施工的总工期。带多层地下室的高层建筑，如采用传统方法施工，其总工期为地下结构工期加地上结构工期，再加装修等所占之工期。而用逆作法施工，一般情况下只有−1层占绝对工期，其他各层地下室可与地上结构同时施工，不占绝对工期，因此可以缩短工程的总工期。如日本读卖新闻社大楼，地上9层、地下6层，用逆作法施工，总工期22个月，比传统施工方法缩短工期6个月。地下结构层数愈多，用逆作法施工则工期缩短愈显著。

(2) 基坑变形小，相邻建筑物等沉降少。采用逆作法施工，是利用逐层浇筑的地下室结构作为周围支护结构地下连续墙的内部支撑。由于地下室结构与临时支撑相比刚度大得多，所以地下连续墙在侧压力作用下的变形就小得多。

(3) 使底板设计趋向合理。钢筋混凝土底板要满足抗浮要求。用传统方法施工时，底板浇筑后支点少，跨度大，上浮力产生的弯矩值大，有时为了满足施工时抗浮要求而需加大底板的厚度，或增强底板的配筋。而当地下和地上结构施工结束，上部荷载传下后，为满足抗浮要求而加厚的混凝土，反过来又作为自重荷载作用于底板上，因而使底板设计不尽合理。用逆作法施工，在施工时底板的支点增多，跨度减小，较易满足抗浮要求，甚至可减少底板配筋，使底板的结构设计趋向合理。

(4) 可节省支护结构的支撑。深度较大的多层地下室，如用传统方法施工，为减少支护结构的变形须设置强大的内部支撑或外部拉锚，不但须要消耗大量钢材，施工费用亦相当可观。如上海电信大楼的深11m、地下3层的地下室，用传统方法施工，为保证支护结构的稳定，约需临时钢围檩和钢支撑1350t。而用逆作法施工，土方开挖后是利用地下室结构本身来支撑作为支护结构的地下连续墙，可省去支护结构的临时支撑。

逆作法是自上而下施工，上面已覆盖，施工条件较差，且须采用一些特殊施工技术，保证施工质量的要求更加严格。

半逆作法由上而下施工地下室各层梁施工，形成水平框架支撑，地下室封底后再向上逐层浇注楼板。中心岛半逆作法先远离支护结构挖槽、正常施工基坑中部地下结构，然后逆作法施工基坑边部地下结构。

2) 逆作法的特殊施工技术

(1) 中间支承柱施工。中间支承柱的作用，是在逆作法施工期间，于地下室底板未浇筑之前与地下连续墙一起承受地下和地上各层的结构自重和施工荷载；在地下室底板浇筑后，与底板连接成整体，做为地下室结构的一部分，将上部结构及承受的荷载传递给地基。

中间支承柱的位置和数量，要根据地下室的结构布置和制定的施工方案详细考虑后经计算确定，一般布置在柱子位置或纵、横墙相交处。中间支承柱所承受的最大荷载，是地下室已修筑至最下一层、而地面上已修筑至规定的最高层数时的荷载。由于底板以下的中间支承柱要与底板结合成整体，多做成灌注桩形式，其长度亦不能太长，否则使底板的受力与设计的计算假定不一致。亦有的采用预制桩(钢管桩等)作为中间支承柱。采用灌注桩时，底板以上的中间支承柱的柱身，多为钢管混凝土柱或 H 型钢柱，断面小而承载能力大，而且也便于与地下室的梁、柱、墙、板等连接。

在泥浆护壁下用反循环或正循环潜水电钻钻孔施工中间支承柱的工艺过程如图 2.49 所示。钻孔后吊放钢管，钢管的位置要十分准确，否则与上部柱子不在同一垂线上对受力不利，因此钢管吊放后要用定位装置调整其位置。钢管的壁厚按其承受的荷载计算确定。利用导管浇筑混凝土，钢管的内径要比导管接头处的直径大 50～100mm。而用钢管内的导管浇筑混凝土时，超压力不可能将混凝土压上很高，所以钢管底端埋人混凝土不可能很深，一般为 1m 左右，为使钢管下部与现浇混凝土柱能较好的结合，可在钢管下端加焊竖向分布的钢筋。混凝土柱的顶端一般高出底板面 30 mm，高出部分在浇筑底板时将其凿除，以保证底板与中间支承柱联成一体。混凝土浇筑完毕吊出导管。由于钢管外面不浇筑混凝土，钻孔上段中的泥浆需进行固化处理，以便在清除开挖的土方时，防止泥浆到处流淌，恶化施工环境。泥浆的固化处理方法，是在泥浆中掺入水泥形成自凝泥浆，使其自凝固化。水泥掺量约 10%，可直接投入钻孔内，用空气压缩机通过软管进行压缩空气吹拌，使水泥与泥浆很好地拌合。

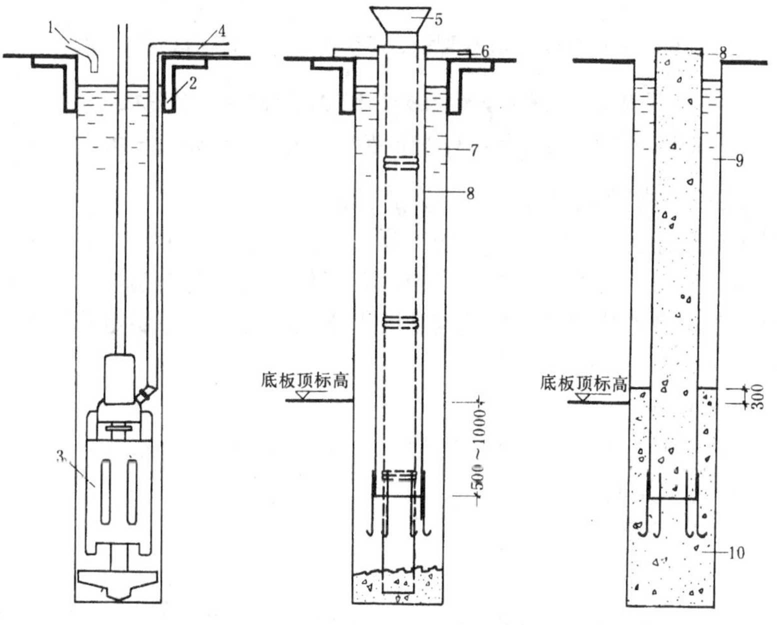

(a) 泥浆反循环钻孔　(b) 吊放钢管、浇筑混凝土　(c) 形成自凝泥浆

图 2.49　泥浆护壁用反循环钻孔灌注桩施工方法浇筑中间支承柱

1—补浆管　2—护筒　3—潜水电钻　4—排浆管　5—混凝土导管

6—定位装置　7—泥浆　8—钢管　9—自凝泥浆　10—混凝土桩

中间支承柱用套管式灌注桩成孔方法施工如图 2.50 所示。它是边下套管、边用抓斗挖孔。由于有钢套管护壁，可用串筒浇筑混凝土，亦可用导管法浇筑，要边浇筑混凝土边上拔钢套管。混凝土柱浇至底板标高处，套管与 H 形钢间的空隙用砂或土填满，以增加上部钢柱的稳定性。

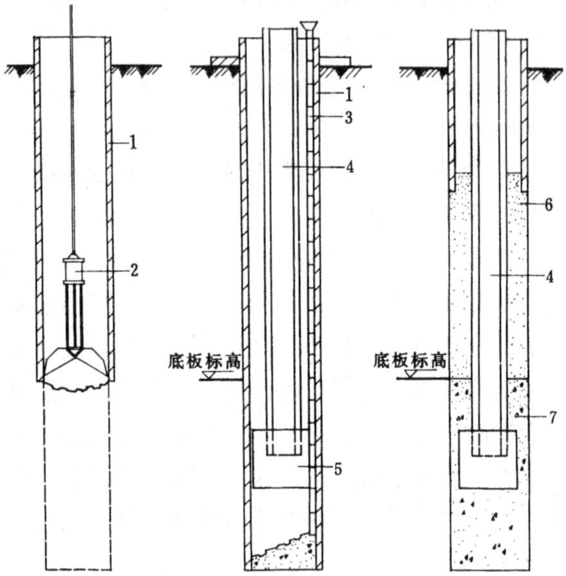

(a) 成孔　(b) 吊放 H 型钢、浇筑混凝土　(c) 抽套管、填砂

图 2.50　大直径套管灌注桩施工方法浇筑中间支承柱

1—套管　2—抓斗　3—混凝土导管　4—H 形钢　5—扩大的桩头　6—填砂　7—混凝土桩

中间支承柱还有用挖孔桩施工方法进行施工的。

在施工期间要注意观察中间支承柱的沉降和升抬的数值。由于上部结构的不断加荷，引起中间支承柱的沉降；而基础土方的开挖，其卸载作用又会引起坑底土体的回弹，使中间支承柱升抬。要求事先精确地计算确定中间支承柱最终是沉降还是升抬以及沉降或升抬的数值，目前还有一定的困难。

3) 地下室结构浇筑

地下室结构是由上而下分层浇筑的。地下室结构的浇筑方法有以下两种。

(1) 利用土模浇筑梁板

梁、板如图 2.51 所示。

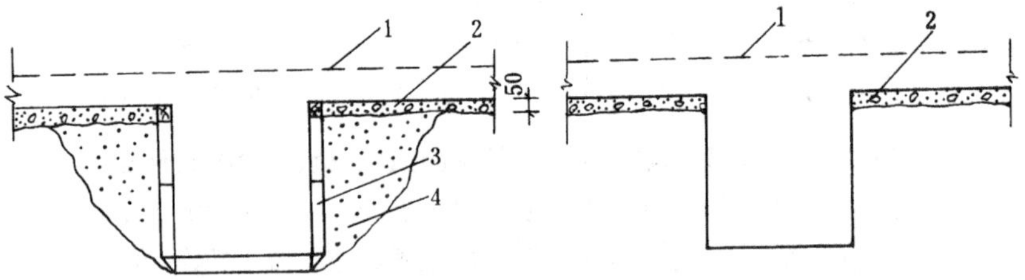

(a) 用钢模板组成梁模　　(b) 模用土胎膜

图 2.51　逆作法施工时的梁、板模板

1—楼板面　2—素混凝土层与隔离层　3—钢模板　4—填土

对于地面梁板或地下各层梁板，挖至其设计标高后，将土面整平夯实，浇筑一层厚约50mm 的素混凝土(土质好抹一层砂浆亦可)，然后刷一层隔离层，即成楼板模板。对于梁模板，如土质好可用土胎模，按梁断面挖出槽穴即可，如土质较差可用模板搭设梁模板。

柱头模板如图 2.52 所示。施工时先把柱头处的土挖出至梁底以下约 500 mm 处，设置柱子的施工缝模板，为使下部柱子易于浇筑，该模板宜呈斜面安装，柱子钢筋通穿模板向下伸出接头长度，在施工缝模板上面组立柱头模板与梁模板相连接。如土质好柱头可用土胎膜，否则就用模板搭设。下部柱子挖出后搭设模板进行浇筑。

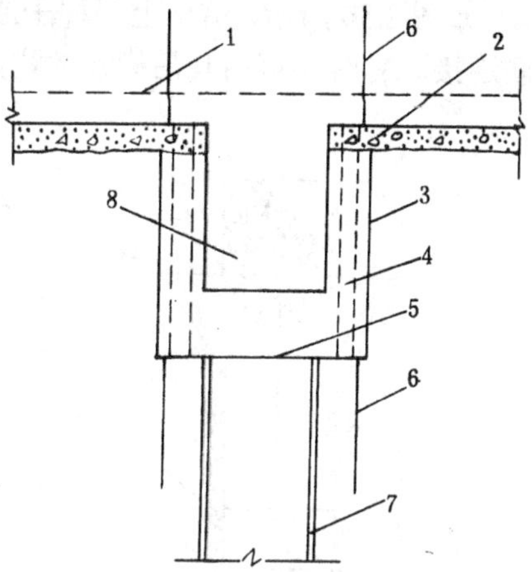

图 2.52 柱头模板与施工缝

1—楼板面 2—素混凝土层与隔离层 3—柱头模板
4—预留浇筑孔 5—施工缝 6—柱筋 7—H 形钢 8—梁

施工缝处的浇筑方法，国内外常用的方法有三种，即直接法、充填法和注浆法，如图 2.53 所示。直接法即在施工缝下部继续浇筑混凝土时，仍然浇筑相同的混凝土，有时添加一些铝粉以减少收缩。为浇筑密实可作出一假牛腿，混凝土硬化后可凿去。充填法即在施工缝处留出充填接缝，待混凝土面处理后，再于接缝处充填膨胀混凝土或无浮浆混凝土。注浆法即在施工缝处留出缝隙，待后浇混凝土硬化后用压力压入水泥浆充填。在上述三种方法中，直接法施工最简单，成本亦最低。施工时可对接缝处混凝土进行二次振捣，以进一步排除混凝土中的气泡，确保混凝土密实和减少收缩。

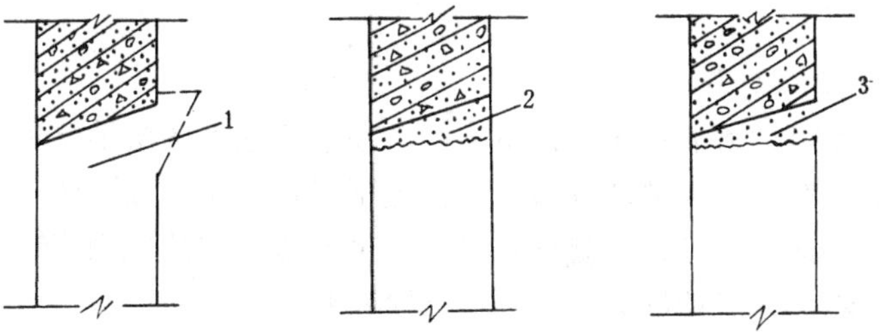

(a) 直接法　(b) 充填法　(c) 注浆法

图 2.53 施工缝处的浇筑方法

1—浇筑混凝土 2—充填无浮浆混凝土 3—压入水泥浆

(2) 利用支模方式浇筑梁板。用此法施工时，先挖去地下结构一层高的土层，然后按常规方法搭设梁板模板，浇筑梁板混凝土，再向下延伸竖向结构(柱或墙板)。为此，须解决两个问题，一个是设法减少梁板支撑的沉降和结构的变形；另一个是解决竖向构件的上、下连接和混凝土浇筑。

为了减少楼板支撑的沉降和结构变形，施工时需对土层采取措施进行临时加固。加固的方法：可以浇筑一层素混凝土，以提高土层的承载能力和减少沉降，待墙、梁浇筑完毕，开挖下层土方时随土一同挖去，这就要额外耗费一些混凝土；另一种加固方法是铺设砂垫层，上铺枕木以扩大支承面积，如图 2.54 所示。这样上层柱子或墙板的钢筋可插入砂垫层，以便与下层后浇筑结构的钢筋连接。有时还可用其吊模板的措施来解决模板的支撑问题。

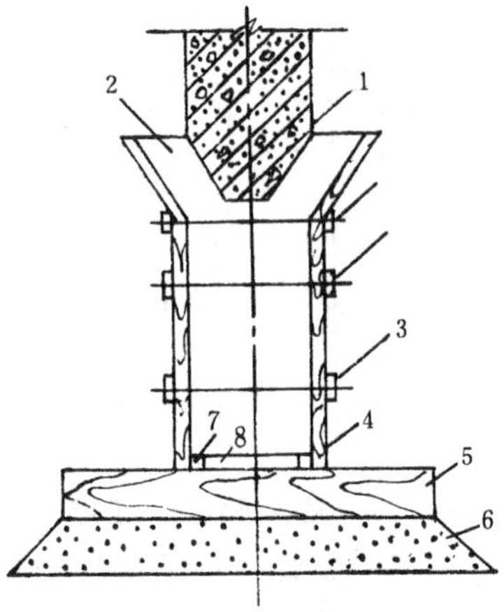

图 2.54　墙板浇筑时的模板

1—上层墙　2—浇筑入仓口　3—螺栓　4—模板

5—枕木　6—砂垫层　7—插筋用木条　8—钢模板

由于逆作法混凝土是从顶部的侧面入仓，为便于浇筑和保证连接处的密实性，除对竖向钢筋间距适当调整外，构件顶部的模板须做成喇叭形。由于上、下层构件的结合面在上层构件的底部，再加上地面土的沉降和刚浇筑混凝土的收缩，在结合面处易出现缝隙。为此，宜在结合面处的模板上预留若干压浆孔，以便用压力灌浆消除缝隙，保证构件连接处的密实性。

4) 垂直运输孔洞的留设

逆作法施工是在顶部楼盖封闭条件下进行，在进行地下各层地下室结构施工时，须进行施工设备、土方、模板、钢筋、混凝土等的上下运输，所以须预留一个或几个上下贯通的垂直运输通道。为此，在设计时就要在适当部位预留一些从地面直通地下室底层的施工孔洞。亦可利用楼梯间或无楼板处做为垂直运输孔洞。

此外，还应保证逆作法施工期间的通风、照明、安全等满足施工要求。

2.4.2　重力式水泥土挡墙的施工

对于基坑开挖深度较浅，一般小于 7m 时，可用此支护结构，它既可挡土又可挡水，常用于沿海和南方地区。常用的水泥土挡墙支护结构的布置形式如图 2.55 所示。可以通过在未结硬的墙体中插入钢管、钢筋、型钢、木棒、竹筋等方法来提高水泥土挡墙支护结构的刚度(抗弯强度)，有时也可用砂、碎石等置换格栅式结构中的土，以增加结构的稳定性。

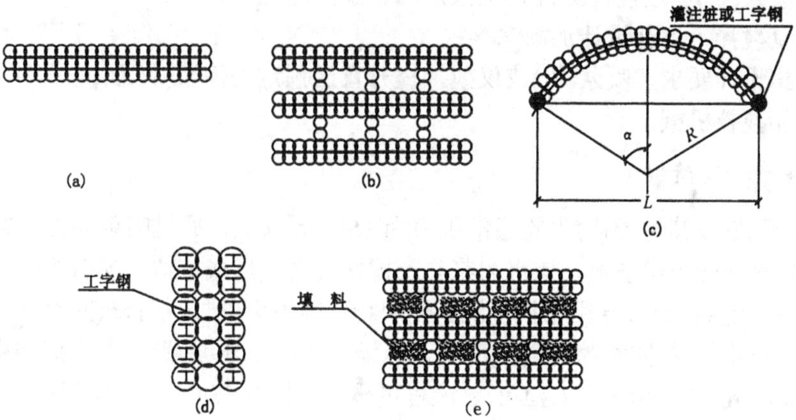

图 2.55 水泥土挡墙支护结构的常用布置形式

(a) 壁式 (b) 格栅式 (c) 拱式 (d) 设置型钢式 (e) 填料式

1. 水泥土搅拌桩

水泥土搅拌法是利用水泥为固化剂，通过特制的机械(型号有多种，SJB 系列深层搅拌机如图 2.56 所示，另配套灰浆泵、桩架等)，在地基深处就地将原位土和固化剂(浆液或粉体)强制搅拌，形成水泥土桩。水泥土搅拌桩施工分为湿法(喷浆)和干法(喷粉)。

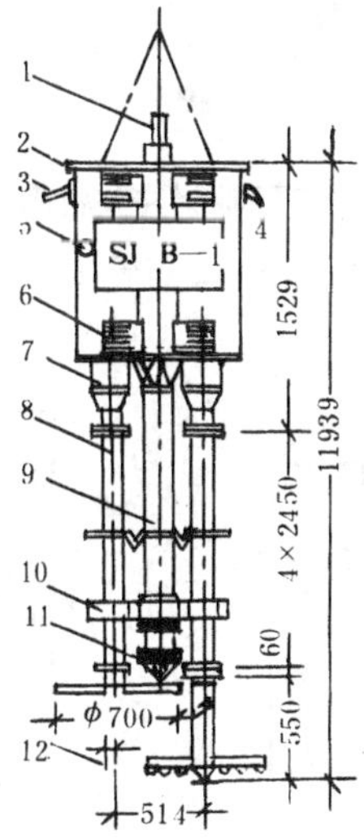

图 2.56 SJB 系列深层搅拌机

1—输浆管 2—外壳 3—出水口 4—进水口 5—电动机 6—导向滑块
7—减速器 8—搅拌轴 9—中心管 10—横向系统 11—球形阀 12—搅拌头

水泥土搅拌桩施工步骤由于湿法和干法的施工设备不同而略有差异。其主要步骤应为

(1) 搅拌机械就位、调平；

(2) 预搅下沉至设计加固深度；

(3) 边喷浆(粉)、边搅拌提升直至预定的停浆(灰)面；

(4) 重复搅拌下沉至设计加固深度；

(5) 根据设计要求，喷浆(粉)或仅搅拌提升直至预定的停浆(灰)面；

(6) 关闭搅拌机械。

2. 高压喷射注浆桩

高压水泥浆(或其他硬化剂)的通常压力为 15MPa 以上，通过喷射头上一或两个直径约 2mm 的横向喷嘴向土中喷射，使水泥浆与土搅拌混合，形成桩体。喷射头借助喷射管喷射或振动贯入，或随普通或专用钻机下沉。使用特殊喷射管的二重管法(同时喷射高压浆液和压缩空气)、三重管法(同时喷射高压清水、压缩空气、低压浆液)，影响范围更大，直径分别可达 1 000mm、2 000mm。施工工艺流程可概括如图 2.57 所示。单管法、二重管法的喷射管如图 2.58 所示。

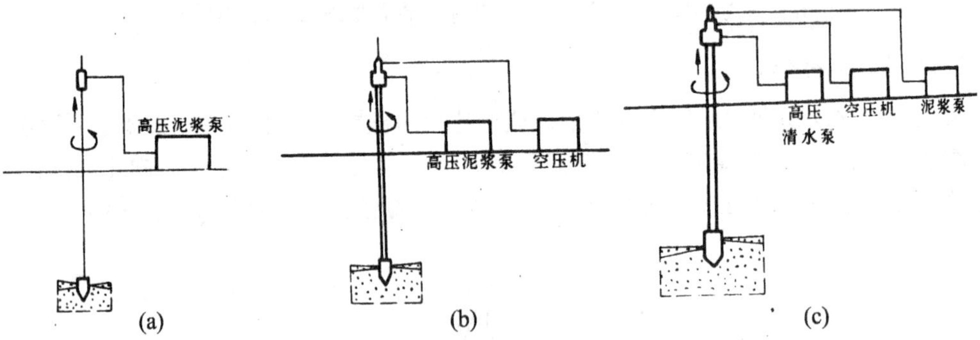

图 2.57　高压喷射注浆桩施工工艺流程

(a) 单管法　(b) 二重管法　(c) 三重管法

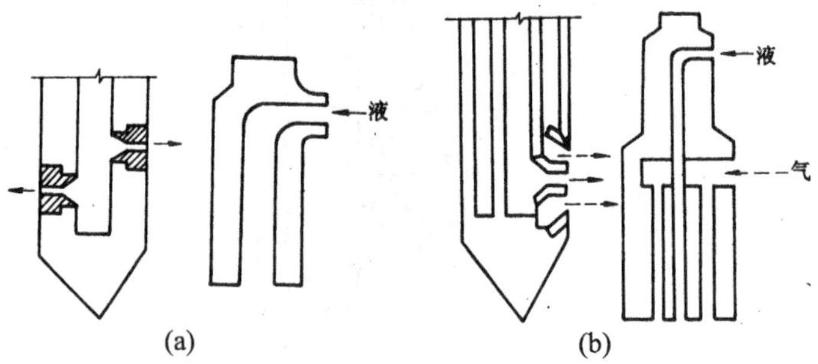

图 2.58　单管法、二重管法的喷射管

(a) 单管法　(b) 二重管法

3. 水泥土墙的规范要求

水泥土墙采用格栅布置时，水泥土的置换率对于淤泥不宜小于0.8，淤泥质土不宜小于0.7，一般黏性土及砂土不宜小于0.6；格栅长宽比不宜大于2。水泥土桩与桩之间的搭接宽度应根据挡土及截水要求确定，考虑截水作用时，桩的有效搭接宽度不宜小于150mm；当不考虑截水作用时，搭接宽度不宜小于100mm。当变形不能满足要求时，宜采用基坑内侧土体加固或水泥土墙插筋加混凝土面板及加大嵌固深度等措施。

水泥土墙应采取切割搭接法施工。应在前桩水泥土尚未固化时进行后序搭接桩施工。施工开始和结束的头尾搭接处，应采取加强措施(如重复喷浆搅拌)，消除搭接沟缝。

深层搅拌水泥土墙施工前，应进行成桩工艺及水泥掺入量或水泥浆的配合比试验，以确定相应的水泥掺入比或水泥浆水灰比，浆喷深层搅拌的水泥掺入量宜为被加固土重度的15%～18%；粉喷深层搅拌的水泥掺入量宜为被加固土重度的13%～16%。

高压喷射注浆施工前，应通过试喷试验，确定不同土层旋喷固结体的最小直径、高压喷射施工技术参数等。高压喷射水泥水灰比宜为1.0～1.5。

深层搅拌桩和高压喷射桩水泥土墙的桩位偏差不应大于 50mm，垂直度偏差不宜大于0.5%。

当设置插筋时桩身插筋应在桩顶搅拌完成后及时进行。插筋材料、插入长度和出露长度等均应按计算和构造要求确定。

高压喷射注浆应按试喷确定的技术参数施工，切割搭接宽度应符合下列规定：旋喷固结体不宜小于150mm；摆喷固结体不宜小于150mm；定喷固结体不宜小于200mm。

水泥土桩应在施工后一周内进行开挖检查或采用钻孔取芯等手段检查成桩质量，若不符合设计要求应及时调整施工工艺。

水泥土墙应在设计开挖龄期采用钻芯法检测墙身完整性，钻芯数量不宜少于总桩数的2%，且不应少于5根；并应根据设计要求取样进行单轴抗压强度试验。

2.4.3 土钉墙的施工

1. 土钉墙构造的规范要求

(1) 土钉墙墙面坡度不宜大于1∶0.1；

(2) 土钉必须和面层有效连接，应设置承压板或加强钢筋等构造措施，承压板或加强钢筋应与土钉螺栓连接或钢筋焊接连接；

(3) 土钉的长度宜为开挖深度的0.5～1.2倍，间距宜为1～2m，与水平面夹角宜为5°～20°；

(4) 土钉钢筋宜采用Ⅰ、Ⅱ级钢筋，钢筋直径宜为16～32mm，钻孔直径宜为70～120mm；

(5) 注浆材料宜采用水泥浆或水泥砂浆，其强度等级不宜低于M10；

(6) 喷射混凝土面层宜配置钢筋网，钢筋直径宜为6～10mm，间距宜为150～300mm；喷射混凝土强度等级不宜低于C20，面层厚度不宜小于80mm；

(7) 坡面上下段钢筋网搭接长度应大于300mm。

(8) 当地下水位高于基坑底面时，应采取降水或截水措施；土钉墙墙顶应采用砂浆或混凝土护面，坡顶和坡脚应设排水措施，坡面上可根据具体情况设置泄水孔。

2. 施工与检测的规范要求

(1) 上层土钉注浆体及喷射混凝土面层达到设计强度的 70%后方可开挖下层土方及下层土钉施工。

(2) 基坑开挖和土钉墙施工应按设计要求自上而下分段分层进行。在机械开挖后，应辅以人工修整坡面，坡面平整度的允许偏差宜为±20mm，在坡面喷射混凝土支护前，应清除坡面虚土。

(3) 土钉墙施工可按下列顺序进行。

① 应按设计要求开挖工作面，修整边坡，埋设喷射混凝土厚度控制标志。

② 喷射第一层混凝土。

③ 钻孔安设土钉、注浆，安设连接件。

④ 绑扎钢筋网，喷射第二层混凝土。

⑤ 设置坡顶、坡面和坡脚的排水系统。

(4) 土钉成孔施工宜符合下列规定。

① 孔深允许偏差　±50mm。

② 孔径允许偏差　±5mm。

③ 孔距允许偏差　±100mm。

④ 成孔倾角偏差　±5%。

(5) 喷射混凝土作业应符合下列规定。

① 喷射作业应分段进行，同一分段内喷射顺序应自下而上，一次喷射厚度不宜小于 40mm。

② 喷射混凝土时，喷头与受喷面应保持垂直，距离宜为 0.6～1.0m。

③ 喷射混凝土终凝 2h 后，应喷水养护，养护时间根据气温确定，宜为 3～7。

(6) 喷射混凝土面层中的钢筋网铺设应符合下列规定。

① 钢筋网应在喷射一层混凝土后铺设，钢筋保护层厚度不宜小于 20mm。

② 采用双层钢筋网时，第二层钢筋网应在第一层钢筋网被混凝土覆盖后铺设。

③ 钢筋网与土钉应连接牢固。

(7) 土钉注浆材料应符合下列规定。

① 注浆材料宜选用水泥浆或水泥砂浆；水泥浆的水灰比宜为 0.5，水泥砂浆配合比宜为 1∶1～1∶2(质量比)，水灰比宜为 0.38～0.45。

② 水泥浆、水泥砂浆应拌合均匀，随拌随用，一次拌合的水泥浆、水泥砂浆应在初凝前用完。

(8) 注浆作业应符合以下规定。

① 注浆前应将孔内残留或松动的杂土清除干净；注浆开始或中途停止超过 30min 时，应用水或稀水泥浆润滑注浆泵及其管路。

② 注浆时，注浆管应插至距孔底 250～500mm 处，孔口部位宜设置止浆塞及排气管；

③ 土钉钢筋应设定位支架。

(9) 土钉墙应按下列规定进行质量检测。

① 土钉采用抗拉试验检测承载力，同一条件下，试验数量不宜少于土钉总数的 1%，且不应少于 3 根。

② 墙面喷射混凝土厚度应采用钻孔检测，钻孔数宜每 100m^2 墙面积一组，每组不应少于 3 点。

3. 其他技术要点

1) 施工前的准备

在进行土钉墙施工前，应充分核对设计文件、土层条件和环境条件，在确保施工安全的情况下，编制施工组织设计。要认真检查原材料、机具的型号、品种、规格及土钉各部件的质量、主要技术性能是否符合设计和规范要求。平整好场地道路，搭设好钻机平台。作好土钉所用砂浆的配合比及强度试验，构件焊接强度试验，验证能否满足设计要求。

2) 钻孔

根据不同的土质情况采用不同的成孔作业法进行施工。对于一般土层，孔深小于等于 15m 时，可选用洛阳铲或螺旋钻施工；孔深大于 15m 时，宜选用土锚专用钻机和地质钻机施工。对饱和土易塌孔的地层，宜采用跟管钻进工艺。掌握好钻机钻进速度，保证孔内干净、圆直，孔径符合设计要求。

钻孔时如发现水量较大，要预留导水孔。

3) 土钉制作和安放

拉杆要求顺直，应除油、除锈并作好防腐处理，按要求设置好定位架。拉杆插入时，应防止扭压、弯曲，拉杆安放后不得随意敲击和悬挂重物。

4) 注浆

对孔隙比大的回填土、砂砾土层，注浆压力一般要达到 0.6MPa 以上。

5) 喷射混凝土

喷射混凝土施工的设备主要包括：混凝土喷射机、空压机、搅拌机和供水设施等。混凝土喷射机生产能力(干混合料)为 3～5m^3/h，输送距离(干混合料)水平不小于 100 m，垂直不小于 30m。空压机应满足喷射机工作风压和耗风量的要求，一般不小于 9 m^3。混合料的搅拌宜采用强制搅拌式搅拌机。输料管应能承受 0.8MPa 以上的压力，并应有良好的耐磨性能。供水设施应保持喷头处的水压大于 0.2MPa。

根据混凝土搅拌和输送工艺的不同，喷射混凝土分为干式和湿式两种。干式喷射是用混凝土喷射机压送干拌合料，在喷嘴处与水混合后喷出。湿式喷射：湿式喷射是用泵式喷射机，将已加水拌合好的混凝土拌合物压送到喷嘴处，然后在喷嘴处加入速凝剂，在压缩空气助推下喷出。

喷射作业前要对机械设备，风、水管路和电线进行全面的检查并试运转，清理受喷面，埋设好控制混凝土厚度的标志。喷射作业开始时，应先送风，后开机，再给料，料喷完后再关风。喷射时，喷头应与受喷面垂直，并保持 0.6～1.0m 的距离。喷射混凝土的回弹率不大于 15%。

6) 土钉的张拉与锁定

张拉前应对张拉设备进行标定。土钉注浆固结体和承压面混凝土强度均大于 15MPa 时方可张拉。锚杆张拉应按规范要求逐级加荷，并按规定的锁定荷载进行锁定。

2.4.4　锚杆的施工

1. 工艺流程

施工准备→钻孔→安放拉杆→插入注浆管、灌浆→养护→上腰梁及锚头→张拉锁定。

2. 施工准备

勘察、原材料(含锚杆各部件、砂浆的配合比及强度试验、锚杆焊接的强度试验)、机具准备。

锚杆的拉杆常用粗钢筋、钢绞线。粗钢筋的非锚固段要涂防锈漆，并包扎沥青玻璃布。钢绞线的锚固段需用溶剂或蒸汽清除油脂。拉杆由吊车辅助放入孔内。

3. 钻孔

锚杆钻机有许多类型，一般是向下倾斜。

螺旋式钻机适用于无地下水的黏性土、较密实的砂土，如图 2.59 所示。拉杆可通过两种方式放入：成孔后退出钻杆，插入拉杆；拉杆随空心钻杆到达孔底，边灌浆边退钻杆，而拉杆留在孔内。

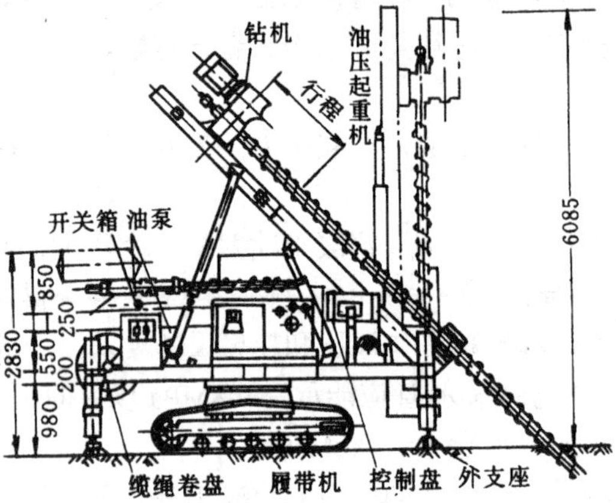

图 2.59　TK 式履带钻机

在复杂的地质条件如涌水的松散层中钻孔时，要采用回转式钻机并须用套管保护，钻机回转机构带动钻杆给孔底钻头以一定的钻速和压力，被切削的渣土通过循环水流排出孔外。套管在灌浆后拔出。

如遇卵石、孤石等应采用冲击回转式钻机。

4. 灌浆

通过灌浆管用压浆泵或泥浆泵，压力 0.3～4MPa。水泥砂浆浆体的灰砂比宜 0.8～1.5，水灰比宜 0.38～0.5。浆体强度应符合设计，并由试块检验。灌浆管为钢管或胶管，随拉杆入孔，随着灌浆拔出孔外。

5. 张拉锁定

锚杆张拉在锚固体强度大于 20MPa 并达到设计强度的 80%后进行。边坡规范要求超张拉：1.05～1.1 设计预应力值→设计预应力值。锁定由锚具实现。外锚头涂防腐材料或外包混凝土。

2.4.5　内支撑的施工

支撑在坑内土面挖槽安装。当要在支撑顶面开行挖土机械时，支撑顶面低于坑内土面 25cm 左右，并架设通道板。

一般在混凝土强度达到 80%设计强度后，开挖支撑以下的土方。

支撑穿越工程结构时，应设止水结构。

钢支撑施加预压力时，应注意对相临支撑的影响。支撑长度超过 30m，一般要在支撑两端同时加压。预压力宜为 30%～60%支撑轴力。

支撑的拆除，可用大锤、机械，甚至爆破。

2.5　基坑工程监测

2.5.1　概述

1. 基坑工程监测的目的、必要性

检验实际与理论(或预测)的符合性，判断工程的安全性；优化设计(包括参数、理论)，指导后续工程。

2. 基坑工程监测项目与方法概述

见表 2-2。

表 2-2　基坑工程监测项目与方法概述

监测对象		监测项目	监测方法	备注
支护结构	挡　墙	侧压力、弯曲应力、变形	土压力计、孔隙水压力计、测斜仪、应变计，钢筋计，水准仪等	验证计算的荷载、内力、变形
	支撑(锚杆)	轴力、弯曲应力	应变计、钢筋计，传感器	验证计算的内力
	围檩	轴力、弯曲应力	应变计、钢筋计，传感器	验证计算的内力
	立柱	沉降、抬起	水准仪	观测坑底隆起的项目之一
周围环境及其他	基坑周围地面	沉降、隆起、裂缝	水准仪、经纬仪，测斜仪	观测基坑周围地面变形
	邻近建(构)筑物	沉降、抬起、位移、裂缝等	水准仪、经纬仪等	通常的观测
	地下管线等	沉降、抬起、位移	水准仪、经纬仪，测斜仪	观测地下管线变形
	基坑底面	沉降、隆起	水准仪	观测坑底隆起的项目之一
	深部土层	位移	测斜仪	观测深部土层位移
	地下水	水位变化、孔隙水压	水位观测仪、孔隙水压力计	观测降水，回灌等效果

2.5.2　支撑轴力量测

支撑轴力量测常用应力或应变传感器、钢筋计、电阻应变片，如图 2.60 所示。

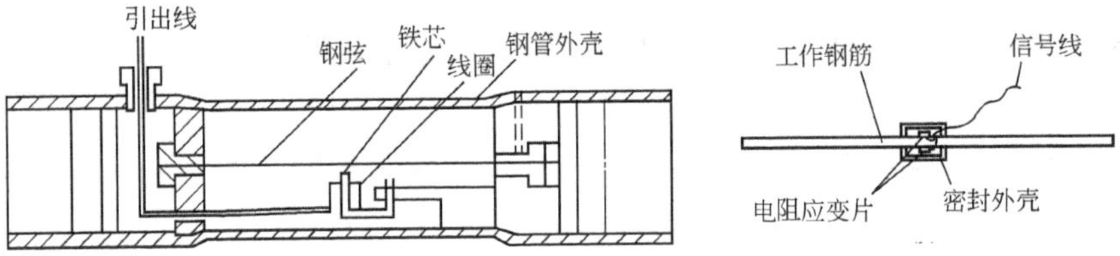

(a) 振弦式　　(b) 电阻应变式

图 2.60　钢筋计构造示意图

振弦式钢筋计的工作原理是：当钢筋计受轴向力时，引起弹性钢弦的张力变化，改变钢弦的振动频率，通过频率仪测得钢弦的频率变化即可测出钢筋所受作用力的大小，换算而得混凝土结构所受的力。振弦式钢筋计与测力钢筋轴心对焊。

电阻应变式钢筋计的工作原理是：利用钢筋受力后产生变形，粘贴在钢筋上的电阻产生应变，从而通过测出应变值得出钢筋所受作用力大小。电阻应变式钢筋计与测力钢筋平行地绑扎或点焊在箍筋上。

2.5.3　土压力量测

目前使用较多的是钢弦式双膜土压力计，如图 2.61 所示。土压力计又称土压力盒。

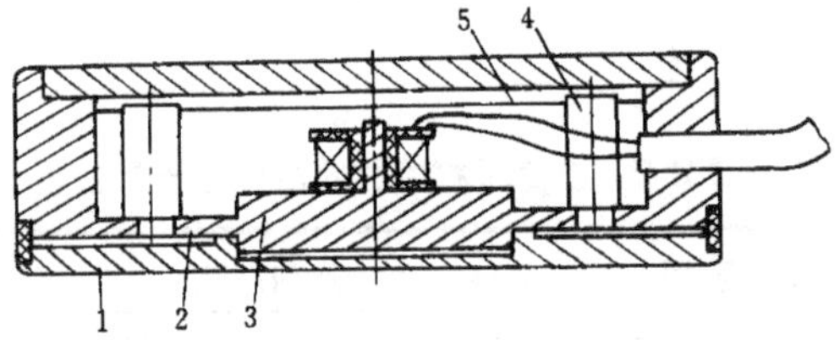

图 2.61　钢弦式双膜土压力计的构造

1—刚性板　2—弹性薄板　3—传力轴　4—弦夹　5—钢弦

钢弦式双膜土压力计的工作原理：当表面刚性板受到土压力作用后，通过传力轴将作用力传至弹性薄板，使之产生挠曲变形，同时也使嵌固在弹性薄板上的两根钢弦柱偏转，使钢弦应力发生变化，钢弦的自振频率也相应变化，利用钢弦频率仪中的激励装置使钢弦起振并接收其振荡频率，使用预先标定的压力-频率曲线，即可换算出土压力值。

土压力盒埋设于钻孔中，接触面与土体接触，孔中空隙用与周围土体性质基本一致的浆液填实。

2.5.4　孔隙水压力量测

测量孔隙水压力用的孔隙水压力计，其形式、工作原理与土压力计相似，只是前者多了一块透水石，使用较多的亦为钢弦式孔隙水压力计，如图 2.62 所示。

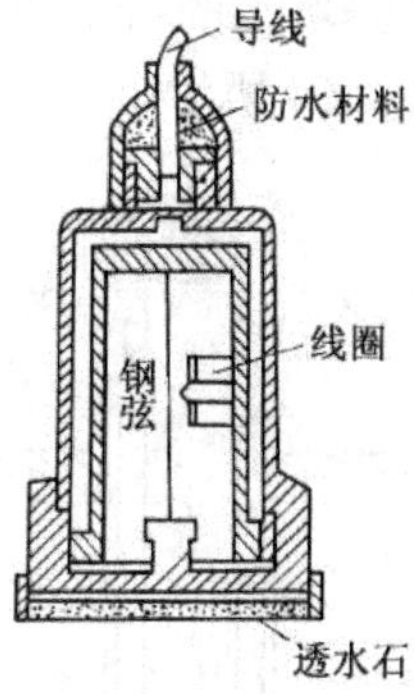

图 2.62　钢弦式孔隙水压力计构造

孔隙水压力计在钻孔中埋设。钻孔至要求深度后，先在孔底填入部分干净的砂，将测头放入，再在测头周围填砂，最后用黏土将上部钻孔封闭。

2.5.5　位移量测

1. 水准仪、经纬仪

水准仪用于测量地面、地层内各点及构筑物施工前后的标高变化。经纬仪用于测量地面及构筑物施工控制点的水平位移。

2. 深层沉降观测标、回弹标

为精确地直接在地表测得不同深度土层的压缩量或膨胀量，须在这些地层埋设深层沉降观测标(简称深标)，并引出地面。深标由电标杆、保护管、扶正器、标头、标底等组成，如图 2.63 所示。其测定原理：被观测地层的压缩或膨胀引起标底的上下运动，从而推动标杆在保护管内自由滑动，通过观测标头的上下位移量可知被观测层的竖向位移量。

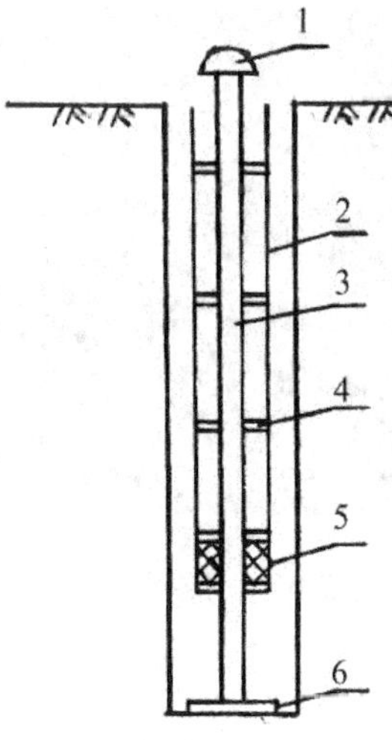

图 2.63　深标结构示意图

1—标头　2—108 保护管　3—50 标杆　4—扶正器　5—塞线　6—标底

为了测定基坑开挖后由于卸除了基坑土的自重而产生的基底土的隆起量，要用到回弹标进行观测。测杆式回弹标结构如图 2.64 所示。

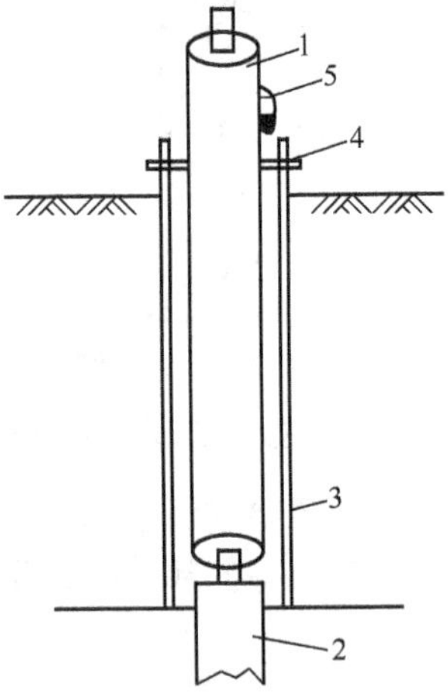

图 2.64　测杆式回弹标示意图

1—测杆　2—回弹标志　3—钻孔套管　4—固定螺丝　5—水准泡

测杆式回弹标的埋设和观测步骤：钻孔至预计坑底标高→将标志头放入孔内，压入坑底下 10～20cm→将测杆放入孔内，并使其底面与标志头顶部紧密接触，上部的水准气泡居中→用三个定位螺丝将测杆固定在套管上→在测杆上竖立铟钢尺，用水准仪观测高程。

3. 电测分层沉降仪

电测分层沉降仪通常需在土体中埋设一根竖管(波纹管或硬塑料管)，隔一定深度设置一个沉降环。电测探头能测得沉降环随土体的沉降，如图 2.65 所示。

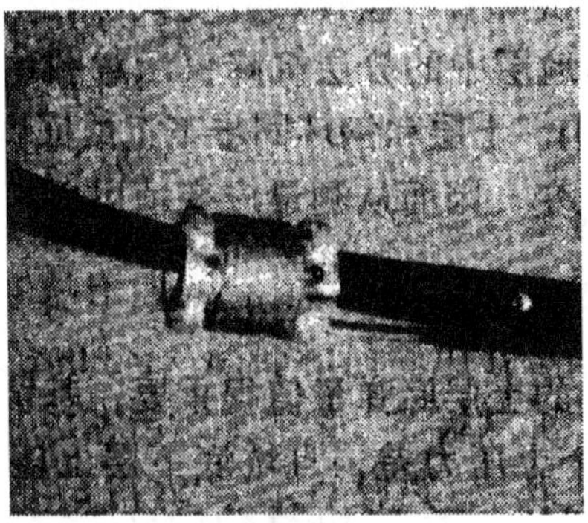

图 2.65　分层沉降仪

4. 测斜仪

测斜仪量测仪器轴线与铅垂线之间夹角的变化量，进而计算土层各点的水平位移。常见的测斜仪有电阻应变片式、滑线电阻式、差动变压器式、伺服式及伺服加速度计式等。电阻应变片式测斜仪的构造如图 2.66 所示。

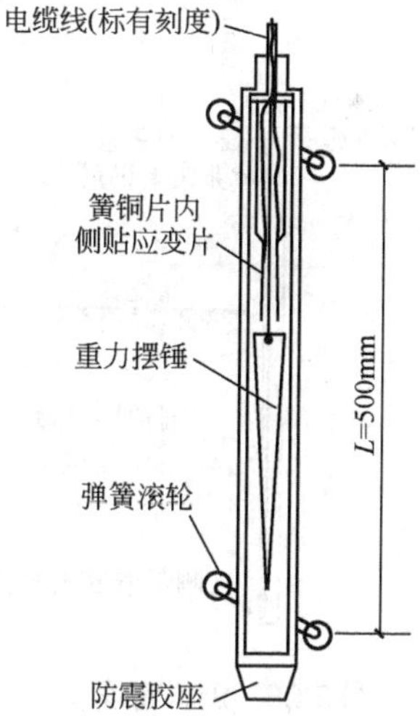

图 2.66　电阻应变片式测斜仪的构造

弹簧铜片上端固定，下端靠摆线，簧片上应变片测出簧片弯曲变形、测斜仪倾角，换算为测斜仪两对滚轮间(500mm)的相对位移，进而计算土层各点的水平位移。原理如图 2.67 所示。设测头上下两组滑轮间标距 L，测头敏感元件测得的测头与垂线间的夹角为α，则两测点相应的水平位移为$L\sin\alpha$，用测头连续量测的总位移为$\sum L\sin\alpha$。

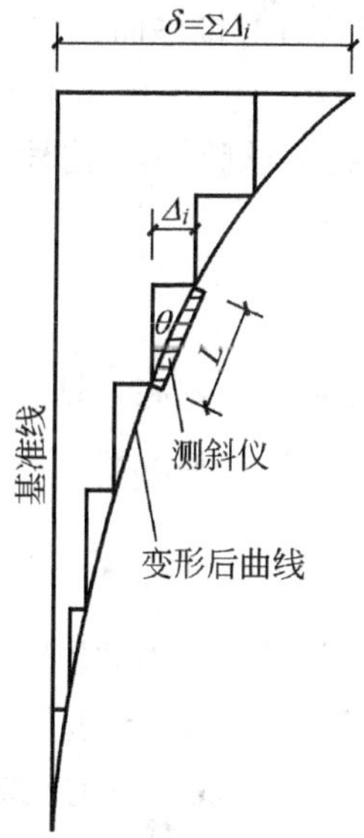

图 2.67　测斜原理

测斜仪在测斜管中工作，而测斜管埋在土体或挡土结构中，如图 2.68 所示。测斜管应垂直，一对定向槽应与基坑边线垂直。

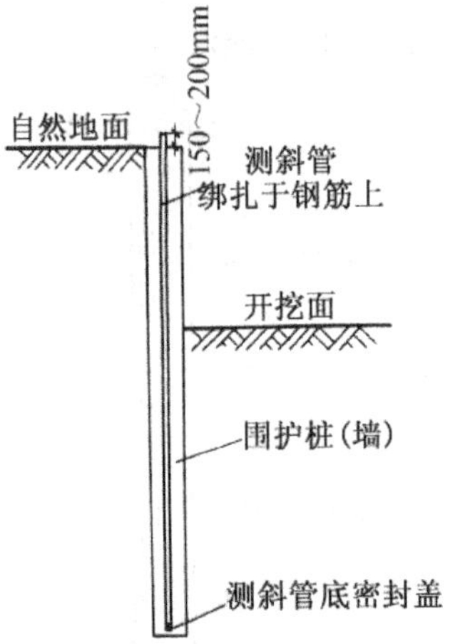

图 2.68　测斜管埋设

2.6　基坑工程试验

2.6.1　锚杆试验

常用的锚杆试验有基本试验(测锚固体与岩土层粘结强度)、验收试验(检验施工是否符合设计)、蠕变试验(测量软土中锚杆随时间推移而应力下降、变形加大的量值)，其他锚杆试验尚有：群锚效应试验(锚杆间距很小——小于 10D 或 1m 时做，D—钻孔直径)、抗震耐力试验、常规性试验(如材料强度、锚头试验等)。锚杆试验在锚固体灌浆强度达到设计强度的 90%后进行。本书介绍前三种试验。

1. 基本试验

基本试验主要目的是确定锚固体与岩土层间粘结强度特征值、锚杆设计参数和施工工艺；在以下情况必须做：采用新工艺、新材料或新技术的锚杆，无锚固工程经验的岩土层内的锚杆，一级边坡工程的锚杆。

1) 试验设备

试验设备主要有加载装置、量测装置及反力装置三部分。

加载装置一般采用穿心式液压千斤顶，如粗钢筋用 YC-60 千斤顶，单根钢绞线和 7ϕ5 钢丝束张拉用 YC20D 千斤顶、以及 YCDl20、YCQ100 型千斤顶等。油泵可采用 A6-400 型高压油泵以及与 YCQ 配套用双油路 2B4/500 型电动超高压油泵等。千斤顶与高压油泵在锚杆外端施加拉力。千斤顶或油泵的容量应为计划最大设计荷载的 120%以上，并以能确保足够的行程者为佳。

千斤顶的反力设置在横梁上，钢梁支点设在山坡面上或为拉拔试验专用的挡墙上。

拉力量测一般可用连接于油泵的压力表或用荷载盒(自动控制油压的装置)量测；变位量测可用电测位移计、百分表、挠度计等。由于土锚的变位量测有时会相当大，用百分表需多次替换，故应选择使用行程较大者。试验时必须确认变位量测装置在不受拉力影响范围。由于试验时所加的拉力很大，要考虑材料不均、压力计误差等不确定因素而造成拉杆断裂，预先做好防备或安全的措施。

2) 试验标准

(1) 锚杆基本试验的地质条件、锚杆材料和施工工艺等应与工程锚杆一致。

(2) 基本试验时最大的试验荷载不宜超过锚杆杆体承载力准值的 0.9 倍。

(3) 试验锚杆的锚固长度和锚杆根数应符合下列规定。

当进行确定锚固体与岩土层间粘结强度特征值、验证杆体与砂浆间粘结强度设计值的试验时，为使锚固体与地层间首先破坏，可采取增加锚杆钢筋用量(锚固段长度取设计锚固段长度或减短锚固长度，锚固长度取设计锚固长度的 0.4～0.6 倍，硬质岩取小值的措施；

当进行确定锚固段变形参数和应力分布的试验时，锚固段长度应取设计锚固长度；

每种试验锚杆数量均不应少于 3 根。

(4) 锚杆基本试验应采用循环加、卸荷法，并应符合下列规定。

每级荷载施加或卸除完毕后，应立即测读变形量。

在每次加、卸荷时间内应测读锚头位移 2 次，连续 2 次测读的变形量：岩石锚杆均小于 0.01mm，砂质土、硬黏性土中锚杆小于 0.1mm 时，可施加下一基荷载。

加卸荷等级与位移观测间隔时间宜按表 2-3 确定。

表 2-3　锚杆基本试验加循环卸荷等级与位移观测间隔时间

加荷标准循环数	预估破坏荷载的百分数(%)												
	每级加载量						累计加载量	每级卸载量					
第一循环	10	20	20				50				20	20	10
第二循环	10	20	20	20			70			20	20	20	10
第三循环	10	20	20	20	20		90		20	20	20	20	10
第四循环	10	20	20	20	20	10	100	10	20	20	20	20	10
观测时间(min)	5	5	5	5	5	5		5	5	5	5	5	5

(5) 试验中出现下列情况之一时可视为破坏，应终止加载：

锚头位移不收敛，锚固体从岩土层中拔出或锚杆从锚固体中拔出；

锚头总位移量超过设计允许值；

土层锚杆试验中后一级荷载产生的锚头位移增量，超过上一级荷载位移增量的 2 倍。

(6) 试验完成后，应根据试验数据绘制荷载-位移(Q-s)曲线、荷载-弹性位移(Q-s_e)曲线和荷载-塑性位移(Q-s_p)曲线。

(7) 锚杆弹性变形不应小于自由段长度变形计算值的 80%，且不应大于自出段长度与 1/2 锚固段长度之和的弹性变形计算值。

(8) 锚杆极限承载力基本值取破坏荷载前一级的荷载值；在最大试验荷载作用下未达到(5)规定的破坏标准时，锚杆极限承载力取最大荷载值为基本值。

(9) 当锚杆试验数量为 3 根，各根极限承载力值的最大差值小于 30%时，取最小值作为锚杆的极限承载力标准值；若最大差值超过 30%，应增加试验数量，按 95%的保证概率计算锚杆极限承载力标准值。

锚固体与地层间极限粘结强度标准值除以 2.2～2.7(对硬质岩取大值，对软岩、极软岩和土取小值)；当试验的锚固长度与设计长度相同时取小值，反之取大值)为粘结强度特征值。

(10) 基本试验的钻孔，应钻取芯样进行岩石力学性能试验。

2. 验收试验

验收试验设备与基本试验相同。验收试验标准如下。

(1) 验收试验锚杆的数量取每种类型锚杆总数的 5%(自由段位于 I、II 或 III 类岩石内时取总数的 3%)，且均不得少于 5 根。

(2) 验收试验的锚杆应随机抽样。质监、监理、业主或设计单位对质量有疑问的锚杆也应抽样做验收试验。

(3) 试验荷载值对临时性锚杆为 $0.95\xi_2 A_s f_y$(符号含义见锚杆设计部分)。

(4) 前三级荷载可按试验荷载值的 20%施加，以后按 10%施加，达到试验荷载值后观测 10min，然后卸荷到试验荷载值的 0.1 倍并测出锚头位移。加载时的测读时间见表 2-3。

(5) 锚杆试验完成后应绘制锚杆荷载-位移(Q-s)曲线。

(6) 满足下列条件时，试验的锚杆为合格：

① 加载到设计荷载后变形稳定。

② 符合基本试验锚杆弹性变形标准。

(7) 当验收锚杆不合格时应按锚杆总数的 30%重新抽检；若再有锚杆不合格时应全数进行检验。

(8) 锚杆总变形量应满足设计允许值，且应与地区经验基本一致。

3. 蠕变试验概述

为了判明永久性锚杆拉紧力的下降，蠕变可能来自锚固体与地基之间的蠕变特性，也可能来自锚杆区间的压密收缩，应在设计荷载下长期量测张拉力与变位量，以便于决定什么时候需要做再拉紧。

对于设置在岩层和粗粒土里的锚杆，没有蠕变问题。但对于设置在软土里的锚杆，必需做蠕变试验，判定可能发生的蠕变变形是否在容许范围内。

蠕变试验需用能自动调整压力的油泵系统，使用于锚杆上的荷载保持恒量，不因变形而降低，然后按一定时间间隔(1/2/3/4/5/10/15/20/25/30/45/60min)精确测读 1 小时变形值，在半对数座标纸上绘制蠕变时间关系，如图 2.69 所示。

上述曲线近似成直线，如图 2.69 中虚线，曲线的斜率称为锚杆的蠕变系数 K_s。

$$K_s = \frac{\Delta s}{\lg \dfrac{t_2}{t_1}} \tag{2-68}$$

式中符号如图 2.69 所示。

一般，可根据锚杆的蠕变系数判断锚杆是否回发生蠕变破坏。

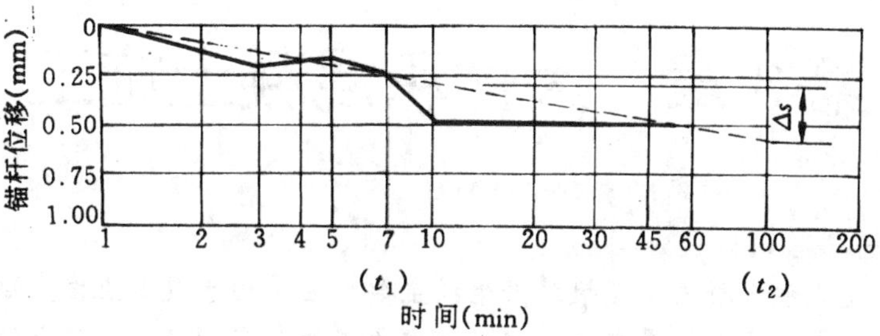

图 2.69　蠕变时间与变位关系曲线

2.6.2　土钉试验

土钉试验的内容和方法基本与锚杆试验相同。

2.7　习　　题

基坑深 8m，坑外地下水在地面下 1m，坑内地下水在坑底面，坑边满布地面超载 q=20kN/m^2。地下水位以上 γ=18kN/m^3，不固结不排水抗剪强度指标 c=25kPa、φ=14°；地下水位以下 γ_{sat}=20kN/m^3，不固结不排水抗剪强度指标 c=20kPa、φ=12°(有效应力抗剪强度指标 c'=23kPa、φ'=13°；假设地下水位上、下为均一粘性土，采用水土合算法的荷载)。设计钢筋混凝土桩桩身直径 d=800mm，桩中心距 1 000mm，锚杆位于地面下 3m。(1) 求支护结构的荷载分布；(2) 用等值梁法求桩的设计嵌入深度、M_{max}；(3) 验算支护结构的抗倾覆稳定；(4) u=0.4，验算支护结构的抗水平推移稳定；(5) 设计土锚的钢筋截面积、锚固段长、自由段长(深部破裂验算选作，δ=0)，土锚的倾角 13°、间距=2 桩距，钢绞线 f_{py}=1 170MPa，γ_0=1，f_{rb}=50kPa，f_b=2.95MPa。

第 3 章　大体积混凝土施工

教学提示： 大体积混凝土温度裂缝产生的主要原因是由于混凝土发生温度变化，变化受到约束，产生约束应力或约束变形，当约束应力或约束变形超过混凝土的抗拉强度或极限拉伸时，混凝土产生温度裂缝。大体积混凝土温度裂缝是可以控制的，既要考虑材料、设计、施工方面，又要考虑环境和管理方面，只有从各个方面综合考虑，才能制定出切实可行的方法。

教学要求： 本章让学生了解大体积混凝土的定义和大体积混凝土温度裂缝控制措施。重点了解大体积混凝土温度裂缝产生的机理和温度应力计算方法。通过掌握裂缝产生的原因和对温度应力的计算，更好地选择温度裂缝控制的措施和方法。

随着建(构)筑物体形不断增大，相应结构构件尺寸势必要增大。对于混凝土结构来说，当构件的体积或面积较大时在混凝土结构和构件内产生较大温度应力，如不采取特殊措施减小温度应力势必会导致混凝土开裂。温度裂缝的产生不单纯是施工方法问题，还涉及到结构设计、构造设计、材料选择、材料组成、约束条件及施工环境等诸多因素。

美国 ACI5.1 导言定义：“任何就地浇筑的大体积混凝土，其尺寸之大，必须要求采取措施解决水化热及随之引起的体积变形问题，以最大限度地减少开裂。”

日本建筑学会标准(JASS5)的定义是：“结构断面最小尺寸在 80cm 以上，水化热引起混凝土内部的最高温度与外界气温之差预计超过 25℃的混凝土，称为大体积混凝土。”

我国现行行业标准 JGJ 55—2000《普通混凝土配合比设计规程》的定义：“混凝土结构物实体最小尺寸等于或大于 1m，或预计会因水泥水化热引起混凝土内外温差过大而导致裂缝的混凝土。”

3.1　大体积混凝土的温度裂缝

大体积混凝土由于截面大、水泥用量大，水泥水化释放的水化热会产生较大的温度变化，由于混凝土导热性能差，其外部的热量散失较快，而内部的热量不易散失，造成混凝土各个部位之间的温度差和温度应力，从而产生温度裂缝。

3.1.1　裂缝种类

按产生原因一般可分为荷载作用下的裂缝(约占 10%)、变形作用下的裂缝(约占 80%)、耦合作用下的裂缝(约占 10%)。

按裂缝有害程度分有害裂缝、无害裂缝两种。有害裂缝是裂缝宽度对建筑物的使用功能和耐久性有影响。通常裂缝宽度略超规定 20%的为轻度有害裂缝，超规定 50%的为中度有害裂缝，超规定 100%的(指贯穿裂缝和纵深裂缝)为重度有害裂缝。

按裂缝出现时间分为早期裂缝(3～28 天)、中期裂缝(28～180 天)和晚期裂缝(180～720 天，最终 20 年)。

按深度一般可分为表面裂缝、浅层裂缝、深层裂缝和贯穿裂缝三种，如图 3.1 所示。贯穿裂缝切断了结构断面，可能破坏结构整体性、耐久性和防水性，影响正常使用，危害严重；深层裂缝部分切断了结构断面，也有一定危害性；表面裂缝虽然不属于结构性裂缝，但在混凝土收缩时，由于表面裂缝处断面削弱且易产生应力集中，故能促使裂缝进一步开展。

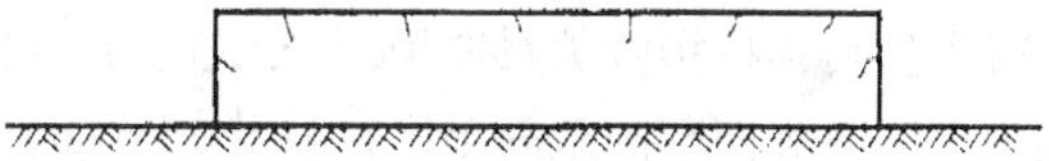
(a) 表面裂缝

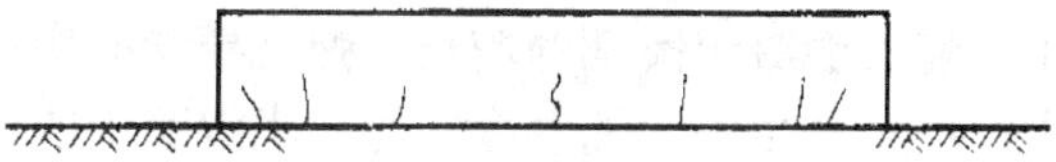
(b) 深层裂缝

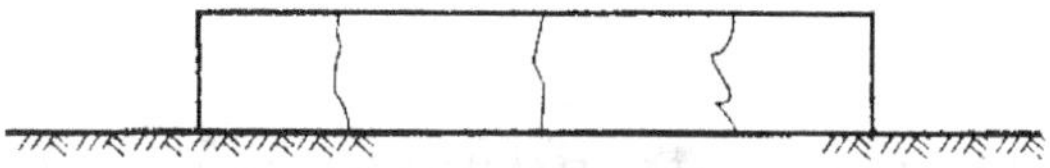
(c) 贯穿裂缝

图 3.1 温度裂缝

混凝土浇筑初期，水泥水化产生大量的水化热，使混凝土的温度很快上升，但由于混凝土表面散热条件较好，热量可向大气中散发，因而温度上升较少；而混凝土内部由于散热条件较差，热量散发少，因而温度上升较多，内外形成温度梯度，从而形成内约束。结果是混凝土内部产生压应力，面层产生拉应力，当该应力超过混凝土的抗拉强度时，混凝土表面就产生裂缝。

混凝土浇筑后数日，水泥水化热基本上已释放，混凝土从最高温逐渐降温，降温的结果引起混凝土收缩；再加上由于混凝土中多余的水分蒸发等引起的体积收缩变形，受到地基和结构边界条件的约束(外约束)而不能自由变形，导致产生温度应力(拉应力)，当该温度应力超过龄期下混凝土的抗拉强度时，则从约束面开始向上开裂形成收缩裂缝。如果该温度应力足够大，严重时可能产生贯穿裂缝。

一般来说，由于温度收缩应力引起的初始裂缝不影响结构物的承载能力(瞬时强度)，而仅对耐久性和防水性产生影响。对不影响结构承载力的裂缝，为防止钢筋腐蚀、混凝土碳化、防水防渗等，应对裂缝加以封闭或补强处理。对于地下或半地下结构来说，混凝土的裂缝主要影响其防水性能，一般当裂缝宽度为 0.1～0.2 mm时，虽然早期有轻微渗水，但经过一段时间后，裂缝可以自愈；如超过 0.2～0.3 mm，则渗水量按裂缝宽度的 3 次方比例增加，须进行化学注浆处理。所以，在地下工程中，应尽量避免超过 0.3 mm且贯穿全断面的裂缝。

3.1.2 裂缝产生的原因

大体积混凝土施工阶段产生的温度裂缝，是其内部矛盾发展的结果，一方面是混凝土内外温差产生应力和应变，另一方面是结构的外约束和混凝土各质点间的内约束阻止这种应变，一旦温度应力超过混凝土所能承受的抗拉强度，就会产生裂缝。

1. 水泥水化热

水泥的水化热是大体积混凝土内部热量的主要来源，由于大体积混凝土截面厚度大，水化热聚集在混凝土内部不易散失。水泥水化热引起的绝热温升与混凝土单位体积中水泥用量和水泥品种有关，并随混凝土的龄期按指数关系增长，一般在 10～12d 达到最终绝热温升，但由于结构自然散热，实际上混凝土内部的最高温度大多发生在混凝土浇筑后 2～5d。

浇筑初期，混凝土的强度和弹性模量都很低，对水化热引起的急剧温升约束不大，因此相应的温度应力也较小。随着混凝土龄期的增长，弹性模量的增高，对混凝土内部降温收缩的约束也就愈来愈大，以至产生很大的温度应力，当混凝土的抗拉强度不足以抵抗温度应力时，便开始出现温度裂缝。

2. 外界气温变化

大体积混凝土结构施工期间，外界气温的变化情况对防止大体积混凝土开裂有重大影响。外界气温越高，混凝土的浇筑温度也越高，如果外界温度下降，则会增加混凝土的降温幅度，特别是在外界温度骤降时，会增加外层混凝土与内部混凝土的温差，这对大体积混凝土极为不利。

混凝土的内部温度是由外界温度、浇筑温度、水化热引起的绝热温升和结构散热降温等各种温度的叠加，而温度应力则是温差所引起的温度变形造成的，温差越大，温度应力也越大；同时由于大体积混凝土不易散热，混凝土内部温度有时高达 80℃以上，且延续时间较长，因此，应研究合理的温度控制措施，以控制大体积混凝土内外温差引起的过大温度应力。

3. 约束条件

结构在变形时会受到一定的抑制而阻碍其自由变形，该抑制即称“约束”，大体积混凝土由于温度变化产生变形，这种变形受到约束才产生应力。在全约束条件下，混凝土结构的变形：

$$\varepsilon = \Delta T \cdot \alpha \tag{3-1}$$

式中：ε——混凝土收缩时的相对变形；

ΔT——混凝土的温度变化量；

α——混凝土的温度膨胀系数。

当 ε 超过混凝土的极限拉伸值时，结构便出现裂缝。由于结构不可能受到全约束，而且混凝土还存在徐变变形，所以温差在 25℃甚至 30℃情况下混凝土亦可能不开裂。无约束就不会产生应力，因此，改善约束对于防止混凝土开裂有重要意义。

4. 混凝土收缩变形

混凝土的拌和水中，只有约 20%的水分是水泥水化所必需的，其余 80%左右的水都是要被蒸发的。混凝土在水泥水化过程中会产生体积变形，其中多数是收缩变形，少数是膨胀变形，取决于所采用的胶凝材料的性质。混凝土中多余水分的蒸发是引起混凝土体积收缩的主要原因之一，这种干燥收缩变形不受约束条件的影响，若存在约束，即产生收缩应力。

在大体积混凝土温度裂缝的计算中，可将混凝土的收缩值换算成相当于引起同样温度变形所需要的温度值，即“收缩当量温差”，以便按照温差计算混凝土的应力。

3.2 大体积混凝土的温度应力

3.2.1 大体积混凝土温度应力特点

混凝土的温度取决于它本身所贮备的热能，在绝热条件下，混凝土内部的最高温度是浇筑温度与水泥水化热温度的总和。但在实际情况下，由于混凝土的温度与外界环境有温差存在，而结构物四周又不可能做到完全绝热，因此，在新浇筑的混凝土与其四周环境之间，就会发生热能的交换。模板、外界气候(包括温度、湿度和风速)和养护条件等因素，都会不断改变混凝土所贮备的热能，并促使混凝土的温度逐渐发生变动。因此，混凝土内部的最高温度，实际上是由浇筑温度、水泥水化热引起的绝对温升和混凝土浇筑后的散热温度三部分组成。

由于混凝土结构的热传导性能差，其周围环境气温以及日辐射等作用将使其表面温度迅速上升(或降低)，但结构的内部温度仍处于原来状态，在混凝土结构中形成较大的温度梯度，因而使混凝土结构各部分处于不同的温度状态，由此产生了温度变形，当被结构的内、外约束阻碍时，会产生相当大的温度应力。混凝土结构的温度应力，实际上是一种约束应力，与一般荷载应力不同，温度应力与应变不再符合简单的虎克定律关系，而是出现应变小而应力大、应变大而应力小的情况，但是伯努里的平面变形规律仍然适用；其次，由于混凝土结构的温度荷载沿板壁厚度方向的非线性分布，混凝土结构截面上的温度应力分布具有明显的非线性特征；另外，混凝土结构中的温度应力具有明显的时间性，是瞬时变化的。

建筑工程大体积混凝土结构的尺寸没有水工大体积混凝土结构那样厚大，因此，裂缝的出现不仅有水泥水化热的问题和外界气温的影响，而且还显著受到收缩的影响。建筑工程结构多为钢筋混凝土结构，一般不存在承载力的问题，因此，在施工阶段，结构产生的表面裂缝危害性较小，主要应防止贯穿性裂缝；而外约束不仅是导致裂缝的主要因素，同时也是决定伸缩缝间距(或裂缝间距)的主要条件。

3.2.2 大体积混凝土温度应力计算

1. 大体积混凝土温度计算

1) 最大绝热温升(二式取其一)

$$T_h = (m_c + K \cdot F)\ Q / c \cdot \rho$$

$$T_h = m_c \cdot Q / c \cdot \rho(1 - e^{-mt}) \tag{3-2}$$

式中：T_h——混凝土最大绝热温升(℃)；

m_c——混凝土中水泥(包括膨胀剂)用量(kg/m^3)；

F——混凝土活性掺合料用量(kg/m^3)；

K——掺合料折减系数。粉煤灰取 0.25～0.30；

Q——水泥 28d 水化热(kJ/kg)查表 3-1；

C——混凝土比热，取 0.97 kJ/(kg·K)]；

ρ——混凝土密度，取 2 400(kg/m^3)；

e——为常数，取 2.718；

t——混凝土的龄期(d)；

m——系数，随浇筑温度改变，查表 3-2。

表 3-1　不同品种、强度等级水泥的水化热

水泥品种	水泥强度等级	水化热 Q(kJ/kg)		
		3d	7d	28d
硅酸盐水泥	42.5	314	354	375
	32.5	250	271	334
矿渣水泥	32.5	180	256	334

表 3-2　系数 m

浇筑温度(℃)	5	10	15	20	25	30
m(1/d)	0.295	0.318	0.340	0.362	0.384	0.406

2) 混凝土中心计算温度

$$T_{1(t)} = T_j + T_h \cdot \xi_{(t)} \tag{3-3}$$

式中：$T_{1(t)}$——t 龄期混凝土中心计算温度(℃)；

T_j——混凝土浇筑温度(℃)；

$\xi_{(t)}$——t 龄期降温系数，查表 3-3 同时要考虑混凝土的养护、模板、外加剂、掺合料的影响。

表 3-3　降温系数 ξ

浇筑层厚度(m)	龄期 t(d)									
	3	6	9	12	15	18	21	24	27	30
1.0	0.36	0.29	0.17	0.09	0.05	0.03	0.01			
1.25	0.42	0.31	0.19	0.11	0.07	0.04	0.03			
1.50	0.49	0.46	0.38	0.29	0.21	0.15	0.12	0.08	0.05	0.04
2.50	0.65	0.62	0.57	0.48	0.38	0.29	0.23	0.19	0.16	0.15
3.00	0.68	0.67	0.63	0.57	0.45	0.36	0.30	0.25	0.21	0.19
4.00	0.74	0.73	0.72	0.65	0.55	0.46	0.37	0.30	0.25	0.24

3) 混凝土表层(表面下 50～100mm 处)温度

(1) 保温材料厚度(或蓄水养护深度)

$$\delta = 0.5h\lambda_x(T_2 - T_q)K_b / \lambda(T_{max} - T_2) \tag{3-4}$$

式中：δ——保温材料厚度(m)；

λ_x——所选保温材料导热系数[W/(m·K)]查表 3-4。

表 3-4 几种保温材料导热系数

材料名称	密度(kg/m³)	导热系数 λ [W/(m·K)]	材料名称	密度(kg/m³)	导热系数 λ [W/(m·K)]
建筑钢材	7 800	58	矿棉，岩棉	110～200	0.031～0.065
钢筋混凝土	2 400	2.33	沥青矿棉毡	100～160	0.033～0.052
水		0.58	泡沫塑料	20～50	0.035～0.047
木模板	500～700	0.23	膨胀珍珠岩	40～300	0.019～0.065
木屑		0.17	油毡		0.05
草袋	150	0.14	膨胀聚苯板	15～25	0.042
沥青蛭石板	350～400	0.081～0.105	空气		0.03
膨胀蛭石	80～200	0.047～0.07	泡沫混凝土		0.10

T_2——混凝土表面温度(℃)；

T_q——施工期大气平均温度(℃)；

λ——混凝土导热系数，取 2.33 W/(m·K)；

T_{max}——计算的混凝土最高温度(℃)；计算时可取 $T_2 - T_q$ =15～20℃，$T_{max} - T_2$ =20～25℃；

K_b——传热系数修正值，取 1.3～2.0，查表 3-5。

表 3-5 传热系数修正值

	保温层种类	K_1	K_2
1	仅由容易透风的材料组成(如草袋、稻草板、锯末、砂子)	2.6	3.0
2	由易透风材料组成，但在混凝土面层上再铺一层不透风材料	2.0	2.3
3	在易透风保温材料上铺一层不透风材料	1.6	1.9
4	在易透风保温材料上下各铺一层不易透风材料	1.3	1.5
5	仅由不易透风材料组成(如油布、帆布、棉麻毡、胶合板)	1.3	1.5

注：K_1 值—一般刮风情况(风速小于 4 m/s)；

K_2 值—刮大风情况。

(2) 如采用蓄水养护，蓄水养护深度。

$$h_w = xM(T_{max} - T_2)K_b\lambda_w/(700T_j + 0.28m_cQ) \tag{3-5}$$

式中：h_w——养护水深度(m)；

x——混凝土维持到指定温度的延续时间，即蓄水养护时间(h)；

M——混凝土结构表面系数(m^{-1})，$M = F/V$；

F——与大气接触的表面积(m^2)；

V——混凝土体积(m^3)；

$T_{max} - T_2$——一般取 20℃～25℃；

K_b——传热系数修正值；

700——折算系数[$kJ/(m^3 \cdot K)$]；

λ_w——水的导热系数，取 0.58[$W/(m \cdot K)$]。

(3) 混凝土表面模板及保温层的传热系数。

$$\beta = 1/[\sum \delta_i/\lambda_i + 1/\beta_q] \tag{3-6}$$

式中：β——混凝土表面模板及保温层等的传热系数[$W/(m \cdot K)$]；

δ_i——各保温层材料厚度(m)；

λ_i——各保温层材料导热系数[$W/(m \cdot K)$]；

β_q——空气层的传热系数，取 23[$W/(m^2 \cdot K)$]。

(4) 混凝土虚厚度。

$$h' = k\lambda/\beta \tag{3-7}$$

式中：h'——混凝土虚厚度(m)；

k——折减系数，取 2/3；

λ——混凝土导热系数，取 2.33[$W/(m \cdot K)$]。

(5) 混凝土计算厚度。

$$H = h + 2h' \tag{3-8}$$

式中：H——混凝土计算厚度(m)；

h——混凝土实际厚度(m)。

(6) 混凝土表层温度。

$$T_{2(t)} = T_q + 4h'(H - h')[T_{1(t)} - T_q]/H^2 \tag{3-9}$$

式中：$T_{2(t)}$——混凝土表面温度(℃)；

T_q——施工期大气平均温度(℃)；

h'——混凝土虚厚度(m)；

H——混凝土计算厚度(m)；

$T_{1(t)}$——混凝土中心温度(℃)。

4) 混凝土内平均温度。

$$T_{m(t)} = [T_{1(t)} + T_{2(t)}]/2 \tag{3-10}$$

2. 大体积混凝土温度应力计算

1) 地基约束系数

(1) 单纯地基阻力系数 C_{x1} (N/mm^3)，查表 3-6。

表 3-6　单纯地基阻力系数 C_{x1} (N/mm^3)

土质名称	承载力(kN/m^2)	C_{x1} 推荐值
软黏土	80～150	0.01～0.03
砂质黏土	250～400	0.03～0.06
坚硬黏土	500～800	0.06～0.10
风化岩石和低强度素混凝土	5 000～10 000	0.60～1.00
C10 以上配筋混凝土	5 000～10 000	1.00～1.50

(2) 桩的阻力系数。

$$C_{x2} = Q / F \tag{3-11}$$

式中：C_{x2}——桩的阻力系数(N/mm^3)；

Q——桩产生单位位移所需水平力(N/mm)；

当桩与结构铰接时 $Q = 2EI[K_n D/(4EI)]^{3/4}$

当桩与结构固接时 $Q = 4EI[K_n D/(4EI)]^{3/4}$

E——桩混凝土的弹性模量(N/mm^2)；

I——桩的惯性矩(mm^4)；

K_{n}——地基水平侧移刚度，取 10^{-2} (N/mm^3)；

D——桩的直径或边长(mm)；

F——每根桩分担的地基面积(mm^2)。

2) 大体积混凝土瞬时弹性模量。

$$E_{(t)} = E_0(1 - \mathrm{e}^{-0.09t}) \tag{3-12}$$

式中：$E_{(t)}$——t 龄期混凝土弹性模量(N/mm^2)；

E_0——28d 混凝土弹性模量(N/mm^2)；

e——常数，取 2.718；

t——龄期(d)。

3) 地基约束系数。

$$\beta_{(t)} = \sqrt{(C_{x1} + C_{x2}) / h \cdot E_{(t)}} \tag{3-13}$$

式中：$\beta_{(t)}$——t 龄期地基约束系数(mm^{-1})；

h——混凝土实际厚度(mm)；

C_{x1}——单纯地基阻力系数(N/mm^3)；

C_{x2}——桩的阻力系数(N/mm^3)；

$E_{(t)}$——t 龄期混凝土弹性模量(N/mm^3)。

4) 混凝土干缩率和收缩当量温差

混凝土干缩率

$$\varepsilon_{Y(t)} = \varepsilon_Y^0 (1 - e^{-0.01t}) M_1 M_2 \cdots M_{10} \tag{3-14}$$

式中：$\varepsilon_{Y(t)}$——t 龄期混凝土干缩率；

ε_Y^0——标准状态下混凝土极限收缩值，取 3.24×10^{-4}；

M_1、$M_2 \cdots M_{10}$——各修正系数，查表 3-7。

表 3-7　修正系数 M_1～M_{10}

水泥品种	M_1	水泥细度 (cm^2/g)	M_2	骨料品种	M_3	W/C	M_4	水泥浆量(%)	M_5
普通水泥	1.00	1 500	0.92	花岗岩	1.00	0.2	0.65	15	0.90
矿渣水泥	1.25	2 000	0.93	玄武岩	1.00	0.3	0.85	20	1.00
快硬水泥	1.12	3 000	1.00	石灰岩	1.00	0.4	1.00	25	1.20
低热水泥	1.10	4 000	1.13	砾岩	1.00	0.5	1.21	30	1.45
石灰矿渣水泥	1.00	5 000	1.35	无粗骨料	1.00	0.6	1.42	35	1.75
火山灰水泥	1.00	6 000	1.68	石英岩	0.80	0.7	1.62	40	2.10
抗硫酸盐水泥	0.78	7 000	2.05	白云岩	0.95	0.8	1.80	45	2.55
矾土水泥	0.52	8 000	2.42	砂岩	0.90	—	—	50	3.03
初期养护时间(d)	**M_6**	**相对湿度 W(%)**	**M_7**	**L/F**	**M_8**	**操作方法**	**M_9**	**配筋率 $E_a f_a / E_b F_b$**	**M_{10}**
1～2	1.11	25	1.25	0	0.54	机械振捣	1.00	0.00	1.00
3	1.09	30	1.18	0.1	0.76	人工振捣	1.10	0.05	0.86
4	1.07	40	1.10	0.2	1.00	蒸汽养护	0.82	0.10	0.76
5	1.04	50	1.00	0.3	1.03	高压釜处理	0.54	0.15	0.68
7	1.00	60	0.88	0.4	1.20			0.20	0.61
10	0.96	70	0.77	0.5	1.31			0.25	0.55
14～18	0.93	80	0.70	0.6	1.40				
40～90	0.93	90	0.54	0.7	1.43				
≥90	0.93			0.8	1.44				

注：L——底板混凝土截面周长；F——底板混凝土截面面积；

E_a、F_a——钢筋的弹性模量、截面积；E_b、F_b——混凝土弹性模量、截面积。

收缩当量温差

$$T_{Y(t)}=\varepsilon_{Y(t)}/\alpha \tag{3-15}$$

式中：$T_{Y(t)}$——t 龄期混凝土收缩当量温差(℃)；

α——混凝土线性膨胀系数，1×10^{-5} (1/℃)。

5) 结构计算温差(一般 3d 划分一区段)

$$\Delta T_i=T_{m(i)}-T_{m(i+3)}+T_{Y(i+3)}-T_{Y(i)} \tag{3-16}$$

式中：ΔT_i——i 区段结构计算温度(℃)；

$T_{m(i)}$——i 区段平均温度起始值(℃)；

$T_{m(i+3)}$——i 区段平均温度终止值(℃)；

$T_{Y(i+3)}$——i 区段收缩当量温差终止值(℃)；

$T_{Y(i)}$——i 区段收缩当量温差起始值(℃)

6) 各区段拉应力

$$\sigma_i=\overline{E_i}\alpha\Delta T_i\overline{S_i}\{1-1/\mathrm{ch}\,(\overline{\beta_i}L/2)\} \tag{3-17}$$

式中：σ_i——i 区段混凝土内拉应力(N/mm^2)；

$\overline{E_i}$——i 区段平均弹性模量(N/mm^2)；

$\overline{S_i}$——i 区段平均应力松弛系数，查表 3-8

表 3-8　松弛系数 $S_{(t)}$

龄期 t(d)	3	6	9	12	15	18	21	24	27	30
$S_{(t)}$	0.57	0.52	0.48	0.44	0.41	0.386	0.368	0.352	0.339	0.327

$\overline{\beta_i}$——i 区段平均地基约束系数；

L——混凝土最大尺寸(mm)；

ch——双曲余弦函数。

到指定期混凝土内最大应力

$$\sigma_{\max}=[1/(1-\nu)]\sum_{i=1}^{n}\sigma_i \tag{3-18}$$

式中：$\sigma_{\max}$——到指定期混凝土内最大应力(N/mm^2)；

ν——泊桑比，取 0.15。

7) 安全系数

$$K=f_t/\sigma_{\max}$$

式中：K——大体积混凝土抗裂安全系数，应≥1.15；

f_t——到指定期混凝土抗拉度设计值(N/mm^2)。

3. 大体积混凝土平均整浇长度(伸缩缝间距)

1) 混凝土极限拉伸值

$$\varepsilon_p=7.5f_t(0.1+\mu/d)10^{-4}(\ln t/\ln 28) \tag{3-19}$$

式中：ε_p——混凝土极限拉伸值；

f_t——混凝土抗拉强度设计值(N/mm^2)；

μ——配筋率(%)，$\mu = F_a / F_c$；

d——钢筋直径(mm)；

ln——以 e 为底的对数；

t——指定期龄期(d)；

F_a——钢筋截面积(m^2)；

F_c——混凝土截面积(m^2)。

2) 平均整浇长度(伸缩缝间距)

$$[L_{cp}] = 1.5\sqrt{hE_{(t)} / C_x}\,\text{arch}[|\alpha\Delta T| / (|\alpha\Delta T| - |\varepsilon_p|)] \quad (3\text{-}20)$$

式中：$[L_{cp}]$——平均整浇长度(伸缩缝间距)(mm)；

h——混凝土厚度(mm)；

$E_{(t)}$——指定时刻的混凝土弹性模量(N/mm^2)；

C_x——地基阻力系数(N/mm^3)，$C_x = C_{x1} + C_{x2}$；

arch——反双曲余弦函数；

ΔT——指定时刻的累计结构计算温差(℃)。

3.2.3 混凝土热工计算

1. 混凝土热导率计算

混凝土热导率，是指在单位时间内热流通过单位面积和单位厚度混凝土介质时，混凝土介质两侧为单位温差时热量的传导率。它是反映混凝土传导热量难易程度的系数。混凝土的热导率以下式表示

$$\lambda = Q\delta / \left[(T_1 - T_2) At \right] \quad (3\text{-}21)$$

式中：λ——混凝土热导率(W (m·K)$^{-1}$)；

Q——通过混凝土厚度为δ的热量(J)；

δ——混凝土厚度(m)；

$T_1 - T_2$——温度差(℃)；

A——混凝土的面积(m^2)；

t——测试时间(h)。

式 3-21 的混凝土热导率要通过测试求得。由于混凝土是由水泥、砂、石、水等材料组成，因此若已知各组成材料的重量百分比以及热工性能，混凝土的热导率可按式 3-22 计算

$$\lambda = \left(P_c\lambda_c + P_s\lambda_s + P_g\lambda_g + P_w\lambda_w \right) / P \quad (3\text{-}22)$$

式中：λ、λ_c、λ_s、λ_g、λ_w——分别为混凝土、水泥、砂、石子、水的热导率(W (m·K)$^{-1}$)；

P、P_c、P_s、P_g、P_w——分别为混凝土、水泥、砂、石子、水的每立方米混凝土中所占的百分比(%)，由混凝土配合比确定。

普通混凝土的热导率 λ=1.51～3.49 W $(m\cdot K)^{-1}$；轻质混凝土的热导率 λ=0.47～0.70 W $(m\cdot K)^{-1}$。

2. 混凝土比热计算

单位重量的混凝土，其温度升高 1℃所需的热量称为混凝土的比热，可按式(3-23)计算

$$C=\left(P_{c}C_{c}+P_{s}C_{s}+P_{g}C_{g}+P_{w}C_{w}\right)/P \tag{3-23}$$

式中：C、C_c、C_s、C_g、C_w 分别为混凝土、水泥、砂、石子、水的比热(kJ$(kg\cdot K)^{-1}$)。

其他符号的意义同前。

混凝土的比热一般在 0.84～1.05 kJ$(kg\cdot K)^{-1}$ 范围内。

3. 混凝土热扩散系数计算

混凝土的热扩散系数(又称导温系数)是反映混凝土在单位时间内热量扩散的一项综合指标。热扩散系数愈大，愈有利于热量的扩散。混凝土的热扩散系数一般通过试验求得或按式(3-24)计算

$$a=\lambda/C\rho \tag{3-24}$$

式中：a——混凝土的热扩散系数(m^2/h)；

ρ——混凝土的重度(kg/m^3)，普通混凝土的重度一般在 2 300～2 450 kg/m^3 之间，钢筋混凝土的重度在 2 450～2 500 kg/m^3 之间。

其他符号的意义同前。

3.2.4 混凝土拌和温度和浇筑温度计算

1. 混凝土拌和温度计算

混凝土的拌和温度，是指组成混凝土的各种材料经搅拌形成均匀的混凝土出料后的温度，又称为出机温度，可按式(3-25)表示

$$T_{c}=\sum T_{i}mC/\sum mC \tag{3-25}$$

式中：T_c——混凝土的拌和温度(℃)；

m——混凝土组成材料的重量(kg)；

C——混凝土组成材料的比热(kJ$(kg\cdot K)^{-1}$)；

T_i——混凝土组成材料温度(℃)。

若考虑混凝土搅拌时设置搅拌棚相对混凝土出机温度的影响，则混凝土的出机温度为

$$T_{I}=T_{c}-0.16(T_{c}-T_{d}) \tag{3-26}$$

式中：T_I 一混凝土出机温度(℃)；

T_d 一混凝土搅拌棚温度(℃)。

2. 混凝土浇筑温度计算

混凝土拌和出机后，经运输、平仓、振捣等过程后的温度称为混凝土浇筑温度。混凝土浇筑温度受外界气温的影响，当在夏季浇筑、外界气温高于拌和温度时，浇筑温度就高于拌和温度，而在冬季，就会低于拌和温度。这种温度的变化随混凝土运输工具类型、运输时间、运转时间、运转次数及平仓、振捣的时间不同而不同。混凝土的浇筑温度一般可

按式(3-27)计算

$$T_j=T_c+(T_q-T_c)(A_1+A_2+A_3+L\ +A_n) \quad (3\text{-}27)$$

式中：T_j——混凝土浇筑温度(℃)；

T_c——混凝土拌和温度(℃)；

T_q——室外平均气温(℃)。

$A_1+A_2+A_3+L\ +A_n$——温度损失系数，按以下规定取用：

混凝土装卸和运转时，每次 A=0.032；

混凝土运输时，$A=\theta t$，t 为运输时间(min)，θ 值按表 3-9 取值；

浇筑过程中，$A=0.003t$，t 为浇筑时间(min)。

表 3-9　混凝土运输时热损失值(θ)

运输工具	混凝土容积 m³	θ	运输工具	混凝土容积 m³	θ
搅拌运输车	6	0. 0042	保温手推车	0.15	0.007
开敞式自卸汽车	1.4	0. 0037	不保温手推车	0. 75	0.01
封闭式自卸汽车	2.0	0. 0017	吊斗	1.0	0. 0015

3.3　大体积混凝土温度裂缝的控制措施

对于大体积混凝土结构，为控制温度裂缝，应着重从混凝土的材质、施工中的养护、环境条件、结构设计以及施工管理上进行控制，从而保证减少混凝土温升、延缓混凝土降温速率、减小混凝土的收缩、提高混凝土的极限拉伸值、改善约束和构造设计，以达到控制裂缝的目的。

3.3.1　混凝土材料

1. 选择水泥品种

混凝土温升的热源是水泥水化热，故选用中低热的水泥品种，可减少水化热，使混凝土减少升温。例如，优先选用等级为 32.5、42.5 的矿渣硅酸盐水泥，因其与同等级的矿渣水泥和普通硅酸盐水泥相比，3d 的水化热可减少 28%。

在结构施工过程中，由于结构设计的硬性规定极大地制约了材料的选择，混凝土强度不可能因为考虑到施工工作性能的优劣而有所增减，因此，保证混凝土强度的前提下，如何尽可能地减小水化热这个问题就显得尤其重要。例如，在某项对地下室墙体大体积混凝土调查的 22 项工程中，选用矿渣硅酸盐水泥的工程共有 5 项，见表 3-10，均无出现严重裂缝，其中 4、5 号工程的外墙厚度较大(400mm)，墙体延长米也较长(185m、215m)，但由于选择矿渣水泥降低了水化热，故取得了一定的效果。

表 3-10 部分地下室外墙(选用矿渣硅酸盐水泥)裂缝情况一览表

序号	墙厚(mm)	墙长(m)	混凝土等级	水泥品种及等级	水泥用量(kg/m³)	裂缝情况
1	220	84	C30S8	矿渣硅酸盐42.5	385	无
2	300	84	C30S6	矿渣硅酸盐42.5	385	无
3	350	125	C30S6	矿渣硅酸盐42.5	401	少量
4	400	184	C30S6	矿渣硅酸盐42.5	384	少量
5	400	215	C30S6	矿渣硅酸盐42.5	390	少量

2. 减少水泥用量

由于水泥水化热而导致的温度应力是地下室墙板产生裂缝的主要原因，且混凝土的强度、抗渗等级越高，结构产生裂缝的概率也越高。在地下室外墙施工中，除了在保证设计要求的条件下尽量降低混凝土的强度等级以减少水化热外，还应该充分利用混凝土的后期强度。实验数据表明，每立方米的混凝土水泥用量每增(减)l0kg，水泥水化热使混凝土的温度相对升(降)达 1℃。

高层建筑的施工工期一般都很长，基础结构承受的设计荷载要在较长的时间后才被施加在其上,所以只要能保证混凝土的强度在 28d 后继续增长，并在预计的时间内达到或超过设计强度即可。据据结构实际承受荷载的情况，对结构的刚度和强度进行复算，并取得设计和质检部门的认可后，可采用 f_{45}、 f_{60} 或 f_{90}，替代 f_{28} 作为混凝土的设计强度，这样可使每立方米混凝土的水泥用量减少 40～70 kg/m³，混凝土的水化热温升相应减少 4℃～7℃。

3. 选择外加剂

目前预拌混凝土使用较多，由于混凝土搅拌的生产环境比较差，混凝土通常处于高温、高湿、高粉尘、高振动的条件下，因此，必须确保设备的稳定运行和精确度，才能保证有高质量的混凝土。由于预拌混凝土的大流动性与抗裂性的要求有一定矛盾，所以在选择预拌混凝土时，应在满足最小坍落度的条件下尽可能地降低水灰比。预拌混凝土由于有流动性与和易性的要求，使混凝土的坍落度增加，水灰比增大，水泥等级提高，水泥用量、用水量、砂率均增加。骨料粒径减小，外加剂增加，导致混凝土的收缩及水化热都比以往有所增加。混凝土中水泥用量及等级的提高可以明显地增加强度，但需要指出的是，混凝土的抗拉强度、抗剪强度和粘结强度虽然均随抗压强度的增加而增加，但它们与抗压强度的比值却随强度的提高而变得愈来愈小，因此，在裂缝控制中，决定混凝土抗力的抗拉强度(即极限拉伸)的提高不足以弥补增大的水化热所带来的复杂影响。为了解决这些问题，合理地选择外加剂就显得十分重要了。

1) 减水剂

木质素磺酸钙(简称木钙)属于阴离子表面活性剂，对水泥颗粒有明显的分散效应，并能使水的表面张力降低而引起加气作用，因此，在混凝土中掺入水泥用量约 0.25%的木钙减水剂，不仅能使混凝土的和易性有明显的改善，同时又减少了 10%左右的拌和水，节约了 10%左右的水泥，从而降低了水化热。从表 3-11 的例子可看出，混凝土中掺入木钙减水剂后，7d 的水化热略有增大，但可减小水泥用量 10%左右，因此水化热还是降低的，并且可以延迟水化热释放的速度，这样不但可以减小温度应力，而且还可以使初凝和终凝的时间相应延缓 5～8h，可大大减少大体积混凝土施工过程中出现温度裂缝的可能性。

表 3-11　东风牌普通硅酸盐水泥掺入木钙减水剂水化热对比

水泥等级	木钙掺量(%)	水化热(kJ/kg)			放热峰出现时间(h)	放热峰出现温度(℃)	延迟时间(h)
		1d	3d	7d			
52.5	O	187.99	215.20	231.95	14.5	33.3	0
	0.25	174.59	236.14	258.33	17.5	32.6	3
42.5	0	106.76	163.7	201.8	21.5	33.3	0
	0.25	64.48	148.21	203.9	29.4	29.9	8

2) 粉煤灰

粉煤灰是泵送混凝土的重要组成部分，它能有效地提高混凝土的抗渗性能，显著改善混凝土拌料的工作性能，并具有减水作用。由于粉煤灰的火山灰活性效应及微珠效应，使具有优良性质的粉煤灰(不低于二级)在一定掺入量下(水泥质量的 15%～20%)的强度还会有所增加，包括早期强度；同时，粉煤灰的掺入可以使混凝土密实度增加，收缩变形有所减少，泌水量下降，坍落度损失减小。通过预配试验，可取得降低水灰比、减少水泥浆用量、提高混凝土可泵性等良好的效果，特别是可以明显地延缓水化热峰值的出现，降低温度峰值，并能改善混凝土的后期强度。

3) 膨胀剂

普通硅酸盐水泥配制的砂浆或混凝土在干燥时会产生收缩，砂浆的收缩率为 0.1%～0.2%，混凝土的收缩率为 0.04%～0.06%，而一般混凝土的极限拉伸仅为 0.01%～0.02%，其结果导致混凝土开裂，从而破坏了结构的整体性，降低了抗渗性能。因此，在混凝土中适当地掺入膨胀剂(AEA：矾土水泥、天然明矾石、硬石膏；UEA：烧结明矾石、天然明矾石、硬石膏等)置换相同质量的水泥，使其吸收部分水后发生化学反应，在混凝土中产生 0.2～0.7MPa 的膨胀自应力，从而使混凝土处于受压状态，抵消由于干缩而产生的拉应力，避免裂缝的发生和发展，同时大大提高了混凝土的抗渗性能和后期抗压强度,达到混凝土结构本身抗裂防水的目的。在施工中，合理使用补偿收缩混凝土，在结构自防水的同时可以实行无缝设计、无缝施工，对节约成本、缩短工期有一定的现实意义。

另一方面，由于膨胀剂 AEA、UEA 在混凝土中形成膨胀物钙矾石时需吸收水，在预拌混凝土中，掺人膨胀剂会增加混凝土坍落度的损失，影响混凝土的泵送施工，因此，在使用时须考虑膨胀剂与泵送剂的双掺。

4) 选择粗、细骨料

(1) 含泥量。砂石的含泥量对于混凝土的抗拉强度与收缩都有很大的影响，在某些控制不是很严格的情况下，在浇捣混凝土的过程中会发现有泥块，这会降低混凝土的抗拉强度，引起结构严重开裂，因此应严格控制。

(2) 骨料粒径。在施工中，增大粗骨料的粒径可减少用水量，并使混凝土的收缩和泌水量减小，同时也相应地减少水泥的用量，从而减少了水泥的水化热，最终降低混凝土的温升，因此，粗骨料的最大粒径应尽可能的大一些,以便在发挥水泥有效作用的同时达到减少收缩的目的。对于地下室外墙大体积混凝土，粗骨料的规格往往与结构的配筋间距、模板形状以及混凝土浇筑工艺等因素有关。一般情况下，连续级配的粗骨料配制的混凝土具有较好的和易性、较少的用水量和水泥用量、较高的抗压强度，应优先选用。

(3) 砂率和细度模数。在配合比中，砂率过高意味着细骨料多，粗骨料少，这对抗裂不利。由于泵送混凝土的输送管道除直管外，还有锥形管、弯管和软管等，当混凝土通过锥形管和弯管时，混凝土颗粒间的相对位置就会发生变化，此时若混凝土的砂浆量不足，就会产生堵管现象，因此，在混凝土的级配中，应当在满足可泵性的条件下尽可能地降低砂率。在选择细骨料时，应以中、粗砂为宜，根据有关试验资料表明，当采用细度模数为2.79、平均粒径为0.38的中、粗砂时，比采用细度模数为2.12、平均粒径为0.336的细砂，每立方米混凝土可减少用水量20～25kg，水泥用量可相应减少28～35kg，这样就降低了混凝土的温升和混凝土的收缩。

新上海国际大厦是一幢现浇筒体的高层建筑，其结构主体38层，地下室4层，层高3.0m。该工程地下室外墙延长米为280m，墙板厚600mm，施工要求不留施工缝一次浇筑。为了控制裂缝，施工单位首先在材料上就进行了周密的配比选择，同时配合其他技术措施，最终取得了较为理想的效果。其主要的施工措施包括在水泥品种上采用了矿渣水泥，混凝土坍落度为12±2cm，初凝大于10h；同时采用双掺技术，即掺入粉煤灰和减水剂以降低水化热；在选择粗细骨料时，保证砂的细度模数在2.4以上，含泥量小于2%,石子连续级配，含泥量小于1%。

3.3.2 外部环境

1. 混凝土浇筑与振捣

对于地下室墙体结构的大体积混凝土浇筑，除了一般的施工工艺以外，应采取一些技术措施，以减少混凝土的收缩，提高极限拉伸，这对控制温度裂缝很有作用。

改进混凝土的搅拌工艺对改善混凝土的配合比、减少水化热、提高极限拉伸有着重要的意义。传统的混凝土搅拌工艺在混凝土搅拌过程中水分直接润湿石子表面，并在混凝土成型和静置的过程中，自由水进一步向石子与水泥砂浆界面集中，形成石子表面的水膜层；在混凝土硬化以后，由于水膜层的存在而使界面过渡层疏松多孔，削弱了石子与硬化水泥砂浆之间的粘结，形成了混凝土最薄弱的环节，从而对混凝土的抗压强度和其他物理力学性能产生不良的影响。为了进一步提高混凝土质量，采用二次投料的砂浆裹石或净浆裹石搅拌新工艺，可有效地防止水分向石子与水泥砂浆的界面集中，使硬化后界面过渡层的结构致密，粘结加强，从而使混凝土的强度提高10%左右，也提高了混凝土的抗拉强度和极限拉伸值；当混凝土的强度基本相同时，可减少7%左右的水泥用量。

另外，对浇筑后的混凝土进行二次振捣，能排除混凝土因泌水而在粗骨料、水平钢筋下部生成的水分和空隙，提高混凝土与钢筋的握裹力，防止因混凝土沉落而出现的裂缝，减小内部微裂，增加混凝土密实度，使混凝土的抗压强度提高10%～20%，从而提高抗裂性。

混凝土二次振捣的恰当时间是指混凝土经振捣后还能恢复到塑性状态的时间，一般称为振动界限，在实际工程中应由试验确定。由于采用二次振捣的最佳时间与水泥的品种、水灰比、坍落度、气温和振捣条件等有关，同时，在确定二次振捣时间时，既要考虑技术上的合理，又要满足分层浇筑、循环周期的安排，在操作时间上要留有余地，避免由于这些失误而造成“冷接头”等质量问题。

2. 混凝土浇筑温度

混凝土从搅拌机出料后，经过运输、泵送、浇筑、振捣等工序后的温度称为混凝土的浇筑温度。由于浇筑温度过高会引起较大的干缩，因此应适当地限制混凝土的浇筑温度，一般情况下，建议混凝土的最高浇筑温度应控制在40℃以下。

3. 混凝土出机温度

为了降低大体积混凝土总温升和减小结构的内外温差，控制出机温度是很重要的。在混凝土的原材料中，石子的比热较小，但其在每立方米混凝土中所占的质量较大。水的比热最大，但它在混凝土中占的质量却最小。因此，对混凝土的出机温度影响最大的是石子和水的温度，砂的温度次之，水泥的温度影响最小。针对以上的情况，在施工中，为了降低混凝土的出机温度，应采取有效的方法降低石子的温度。在气温较高时，为了防止太阳的直接照射，可在砂、石子堆场搭设简易遮阳装置，必要时，须向骨料喷射水雾或使用冷水冲洗骨料。

4. 混凝土养护

地下室外墙浇筑以后，为了减少升温阶段的内外温差，防止因混凝土表面脱水而产生干缩裂缝，应对混凝土进行适当的潮湿养护；为了使水泥顺利进行水化，提高混凝土的极限拉伸和延缓混凝土的水化热降温速度，防止产生过大的温度应力和温度裂缝，应加强对混凝土进行保湿和保温养护。另外，施工中采取合理的技术措施很重要，例如采用带模养护、推迟拆模时间等方法都对控制裂缝起很大的作用。

潮湿养护是在混凝土浇筑后，在其表面不断地补给水分，其方法有淋水，铺设湿砂层、湿麻袋或草袋等，并最好在表面盖一层塑料薄膜。潮湿养护的时间是越长越好，但考虑到工期因素，一般不少于半个月，重要结构不少于 1 个月。混凝土浇筑后数月内，即使养护完毕，也不宜长期直接暴露在风吹日晒的条件下。对地下室墙体这一类的结构，也可采用自动喷淋管(塑料管带有细孔)进行自动给水养护，用长墙上的水平淋水管长期连续对墙体进行淋水养护，效果是比较好的。如使用养护剂涂层进行养护时，必须注意养护剂的质量及必要的涂层厚度，同时还应提供一定的潮湿养护条件，覆盖一层塑料薄膜。

保温养护时，可采用 2～3 层的草袋或草垫之类的保温材料进行覆盖养护。

5. 防风和回填

外部气候也是影响混凝土裂缝发生和开展的因素之一，其中，风速对混凝土的水分蒸发有直接的影响，不可忽视，地下室外墙混凝土应尽量封闭门窗，减少对流。

土是最佳的养护介质，地下室外墙混凝土施工完毕后，在条件允许的情况下应尽快回填。

3.3.3　约束条件

1. 后浇带

由式(3-18)可计算出连续式约束条件下地下室长墙(外墙)的最大约束应力的近似值，当这个应力值超过抗拉强度时，由式(3-20)可计算出裂缝的间距。裂缝间距既是伸缩缝间距，又是后浇带间距(计算后浇带间距所取的降温和收缩，不仅要计算后浇带封闭前的一段降温和收缩，还应验算后浇带封闭后的应力，即采用结构全长和封闭后的降温和收缩进行计算)。如果地下室外墙的总长小于或等于该间距时，则该墙体可一次性连续浇筑；当地下室外墙的尺寸过大时，通过计算整体一次浇筑混凝土产生的温度应力过大，可能产生温度裂缝时，就可以通过设置后浇带的方法进行分段浇筑。后浇带是在现浇钢筋混凝土结构中、在施工期间留设的临时性的温度和收缩变形缝，该缝根据工程安排保留一定时间，然后用混凝土填筑密实成为整体的无伸缩缝结构。

后浇带的间距由最大整浇长度的计算确定，一般正常情况下由式(3-20)确定，其间距为20～30m。用后浇带分段施工时，其计算是将降温温差和收缩分为两部分，在第一部分内结构被分成若干段，使之能有效地减小温度和收缩应力；在施工后期再将这若干段浇筑成整体，继续承受第二部分降温温差和收缩的影响。这两部分降温温差和收缩作用下产生的温度应力叠加，其值应小于混凝土的设计抗拉强度，此即是利用后浇带控制产生裂缝并达到不设永久性伸缩缝的原理。

后浇带的构造有平接式、T字式、企口式等三种，如图3.2所示。后浇带的宽度应考虑施工方便，避免应力集中，宽度可取700～1 000mm。当地上、地下都为现浇钢筋混凝土结构时。在设计中应标明后浇带的位置，并应贯通地上和地下整个结构，但钢筋不应截断。

后浇带的保留时间一般不宜少于40d，在此期间，早期温差及30%以上的收缩已经完成。在填筑混凝土之前，必须将整个混凝土表面的原浆凿清形成毛面，清除垃圾及杂物，并隔夜浇水浸润。填筑的混凝土可采用膨胀混凝土，要求混凝土强度比原结构提高5～10N/mm²，并保持不少于14d的潮湿养护。

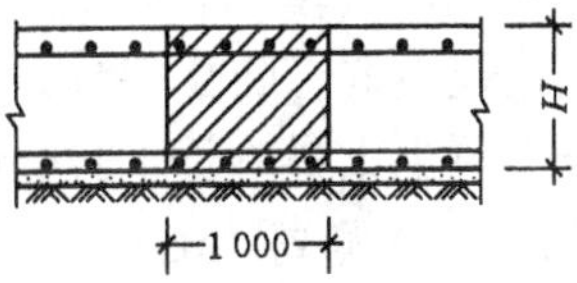

(a) 平接式

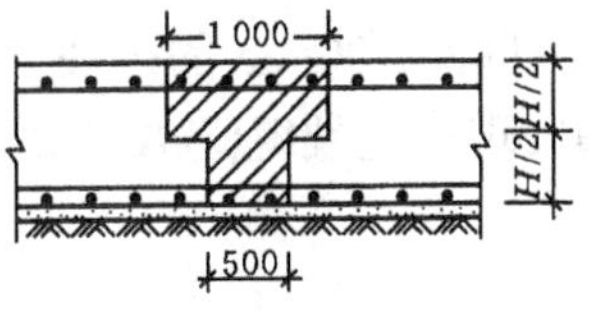

(b) T字式

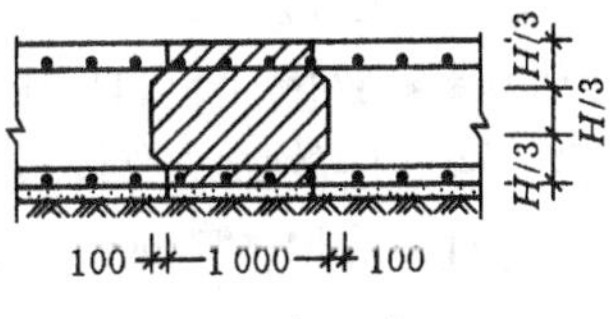

(c) 企口式

图3.2 后浇带构造

2. 应力释放带

正常情况下后浇带的间距为 20～30m，但在许多实际工程中，由于设计、施工条件的制约，后浇带的间距往往超过这个范围。例如，在浇筑地下室外墙时，当地下室外墙很长或是环状全封闭结构时，其水平方向的约束应力相当大，若无处释放，就很容易产生竖向裂缝，因此在这类地下室外墙板上合理布置应力释放带，有目的地给予诱导释放,可以有效地减少或防止竖向裂缝的发生。

工程一：该工程 1 标段地下室外墙总长达 480m，原设计设置两条后浇带(单片墙长为 70m 左右)。在现场施工中，为防止发生外墙竖向裂缝，经研究在敏感部位增设两条应力释放带。至结构施工完毕，由观测结果可知，1 标段地下室外墙只发现 6 条细微裂缝。同样一个工地，未采取措施但条件相仿的 2 标段出现裂缝 65 条。

工程二：原地下室外墙总长 210m，设计要求在主楼与墙裙之间设置一条宽 800mm 的后浇带。在施工中，为防止外墙裂缝，设置了若干条宽 800mm 的应力释放带，间距 20m 左右，经观测该工程地下室外墙未发现裂缝。

通过工程实例的分析可以看出，无论是设置后浇带还是设置应力释放带，施工中只要整体浇筑的墙体长度在式(3-20)所确定的范围内，裂缝就可以得到有效的控制。

3. 构造设计

地下室墙体结构设计时应注意构造配筋的重要性，它对结构抗裂性能的影响很大，但目前国内外对此都不够重视。对连续板不宜采用分离式配筋，应采用上下两层的连续配筋；对转角处的楼板宜配上下两层放射筋，其直径为 8～14mm，间距约为 200mm，同时应尽可能采用小直径、小间距。在孔洞周围、变截面转角处，由于温度变化和混凝土收缩会产生应力集中而导致裂缝，因此，可在孔洞四周增配斜向钢筋、钢筋网片；在变截面处做局部处理，使截面逐步过渡，同时增配抗裂钢筋，防止裂缝。

上海浦东国际机场登机廊超长混凝土大梁总长 1 374m，每个施工段长 72m，它的结构断面尺寸为底宽 2.7m，内侧高 2.32m，外侧高 1.03m。在施工过程中，为了控制裂缝，除了采取设置后浇带、改进混凝土级配、合理掺入外加剂、冷却循环水等措施以外，还注重了增加抗裂构造钢筋的设置，即沿梁口两侧增设了一定数量的直径 12mm 的抗裂钢筋绑扎在箍筋内，箍筋外再增设直径 4mm 间距 100mm 的抗裂筋，以抵抗收缩裂缝的产生。施工结束，在混凝土拆模后，仅从沟槽发现少量裂缝(宽度小于 0.11mm),并未影响清水混凝土的外观质量，达到了设计要求。

4. 滑动层

由于边界条件在约束下才会产生温度应力，因此，在与外约束的接触面上设置滑动层可以大大减弱外约束。可在外约束两端各 1/4～1/5 的范围内设置滑动层；对约束较强的接触面，可在接触面上直接设滑动层。滑动层的做法有铺设一层刷有两道热沥青的油毡，或铺设 10～20mm 厚的沥青砂，或铺设 50mm 厚的砂或石屑层。

5. 缓冲层

在高、低底板交接处和底板地梁等处，用 30～50mm 厚的聚苯乙烯泡沫塑料做垂直隔离层，如图 3.3 所示，以缓冲基础收缩时的侧向压力。

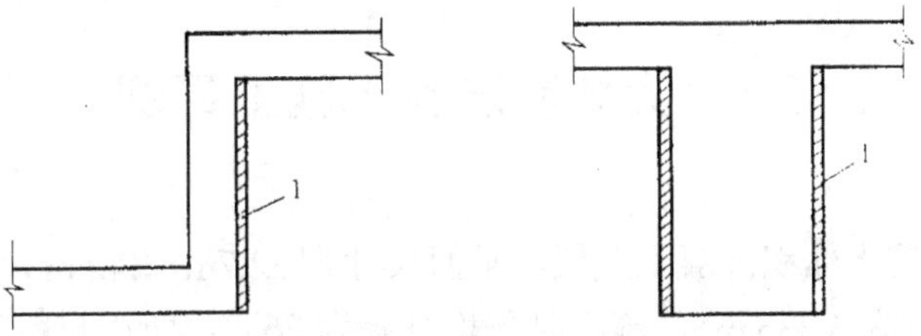

(a) 高、低底板交接处　　(b) 底板地梁处

图 3.3　缓冲层示意图

1—聚苯乙烯泡沫塑料

6. 跳仓施工

一般分仓间歇时间 7～10 天。

上海万人体育场，周长 1 100 m，直径 300 余米，采用分块跳仓浇筑，取消伸缩缝，只有施工缝，C25 混凝土利用后期强度，优选配合比和外加剂，严格养护，最后只有轻微无害裂缝，经处理使工程完全满足正常使用要求。与北京工人体育场相比较(24 条永久伸缩缝)，避免了留设伸缩缝造成的渗漏缺陷。

3.3.4　预应力技术

由于高强度等级的混凝土和预拌混凝土的大量应用，使混凝土的裂缝控制变得越来越困难。混凝土的大流动性等特性与混凝土的抗裂性有着一定的矛盾。外加剂的应用虽然可以在保持一定优良工作性能的同时降低水化热，但往往是改善了一方面又影响了另一方面，也无法从根本上解决问题。

基础的特点决定着它会受到较大的约束，尽管在施工过程中所采用的后浇带或应力释放带的确是一种有效的方法，但是也带来了施工的另一些困难。比如，后浇带本身的处理比较复杂，如果措施不当，就很可能会成为渗漏水的突破口；后浇带或应力释放带的有效设置间距比较小(20～30m)，在一些长墙施工中过多的设置会影响工期等等。

大量的曲线、弧线的应用和不规则角度的出现使建筑物充满了生气，但却给混凝土的养护带来了麻烦，使养护工作只能在条件允许的情况下尽力而为。

鉴于以上这些情况，主动采取措施控制裂缝是施工中对裂缝控制的有效途径之一。例如，可采用预应力钢筋对超长地下室外墙弧线、环线形地下室外墙施工中的裂缝进行控制。

3.4　大体积混凝土施工泌水的防治

为此，在结构四周侧模的底部开设排水孔，使多余的水分从孔中自然排走；利用正式设计的集水坑或人为的“水潭”，将多余水分集中后用专门的软轴泵或隔膜泵抽水排出。

3.5　大体积混凝土施工算例

【例 3.1】 高层建筑大体积混凝土底板，平面尺寸为62.7m×34.4m，厚为2.5m，$C30$混凝土，混凝土浇筑量为3 235 m^2，施工时平均气温为26℃，所用材料为42.5号普通水泥，混凝土水泥用量为400 kg/m^3，中砂、碎石、混凝土的配合比为水泥：砂：石子=1：1.688：3.12，水灰比为0.45，另掺1%的JMIII。经测试，水泥、砂、石子的比热$C_c = C_s = C_g = 0.84\text{kJ}(\text{kg}\cdot\text{K})^{-1}$，水的比热$C_w = 4.2\text{kJ}(\text{kg}\cdot\text{K})^{-1}$，各种材料的温度分别为$T_c = T_g = 25℃$，$T_s = 28℃$，$T_w = 15℃$。施工方案确定采用保温法以防止水泥水化热可能引起的温度裂缝。试选择保温材料及所需的厚度。

解 现场测定砂石的含水率分别为$W_s = 5\%$，$W_g = 1\%$

表 3-12　混凝土拌合温度计算表

材料名称	重量 /kg (1)	比热 /kJ(kg·K)$^{-1}$ (2)	热当量/(kJ /℃) (3)=(1)×(2)	材料温度/℃ (4)	热量 /kJ (5)=(3)×(4)
水泥	400	0.84	336	25	8 400
砂子	675	0.84	567	28	15 876
石子	1 248	0.84	1 048	25	26 200
砂中含水量5%	34	4.2	142.8	15	2 142
石子含水量1%	12	4.2	50.4	15	756
拌和水	134	4.2	562.8	15	8 442
合计	2 503		2 900		66 834

(1) 混凝土的拌合温度。

根据已知条件可用表格法来求出混凝土的拌合温度，见表3-12。

则
$$T_c = \frac{\sum T_i WC}{\sum WC} = \frac{66\ 834}{2\ 900} = 23.05℃$$

(2) 混凝土的出罐温度。

混凝土在现场用二阶式搅拌站搅拌，敞开棚式，则

$$T_i = T_c = 23.05℃$$

若采用商品混凝土，可参考封闭棚式计算结果。

(3) 混凝土的浇筑温度。

根据施工方案，混凝土浇筑每个循环过程中：装卸转运3次，运输时间3 min，平仓、振捣至混凝土浇筑完毕共60 min，则

$$A_1 = 0.032 \times 3 = 0.096$$

用自卸开敞式汽车运输，查表3-9，$\theta = 0.0037$

$$A_2 = \theta t = 0.0037 \times 3 = 0.011\ 1$$

$$A_3 = 0.003t = 0.003 \times 60 = 0.18$$

$$A = A_1 + A_2 + A_3 = 0.096 + 0.0111 + 0.18 = 0.2871$$

$$T_j = T_c + (T_q - T_c)\sum A$$

$$= [23.05 + (26 - 23.05) + (26 - 23.05) \times 0.2871] = 23.9℃$$

(4) 混凝土的绝热温升。

混凝土在浇筑后 3～5d 时水化热温度最大，因此，3d 的混凝土绝热温升，可用(3-2)式的第二式计算：

$$T_h = \frac{m_c Q}{C\rho}(1 - e^{-mt})$$

$$m_c = 400kg\text{，}\quad \rho = 2\,400kg/m^3\text{，}\quad C = 0.97\text{kJ/kg}\cdot\text{K}$$

查表 3-2 得 $m = 0.38$，$t = 3d$；查表 3-1 得 $Q = 461\text{kJ/kg}\cdot\text{K}$。

$$T_h = \frac{400 \times 461}{0.97 \times 2\,400} \times 0.654 = 51.8℃$$

(5) 混凝土内部最高温度。

浇筑层厚度为 2.5m，龄期为 3d 时，查表 3-3 得 $\xi = 0.65$

$$T_{1(t)} = T_j + T_h \cdot \xi_{(t)} = 23.9 + 51.8 \times 0.65 = 57.57℃$$

(6) 混凝土的表面温度。

施工方案中采用 18mm 厚的多层夹板模板，选用 20mm 厚的草袋进行保温养护，大气温度 $T_q = 26$ ℃。

① 混凝土的虚铺厚度：

$$\beta = \frac{1}{\sum\frac{\delta_i}{\lambda_i} + \frac{1}{\beta_q}} = \frac{1}{\sum\frac{0.02}{0.14} + \frac{1}{23}} = 5.26$$

式中：查表 3-4 可得 $\lambda_i = 0.14$，β_q 成为空气的传热系数，取为 23 $\text{W}(\text{m}^2\cdot K)^{-1}$ 。

$$h' = k\frac{\lambda}{\beta} = 0.666 \times \frac{2.33}{5.26} - 0.295\text{m}$$

② 混凝土的计算厚度：

$$H = h + 2h' = 2.5 + 2 \times 0.295 = 3.09\text{m}$$

③ 混凝土的表面温度：

$$T_{2(t)} = T_q + 4h'(H - h')[T_{1(t)} - T_q]/H^2$$

$$= [26 + \frac{4}{3.09^2} \times 0.295 \times (3.09 - 0.295)(57.57 - 26)]$$

$$= 26 + 0.12 \times 2.79 \times 31.57 = 36.57℃$$

计算结果表明：混凝土的中心最高温度与表面温度差为 $57.57 - 36.57 = 21℃ < 25℃$；混凝土表面温度与大气温度差为 $36.57 - 26 = 10.57℃$。因此，采用在混凝土表面覆盖 20mm 厚的草袋作为保温养护措施的方案是可行的。

【例 3.2】 现浇钢筋混凝土基础底板，厚度为 0.8m，配置直径 16 带肋钢筋，配筋率 0.35%，混凝土强度等级采用 C30，地基为坚硬黏土，施工条件正常(材料符合质量标准、水灰比准确、机械振捣、混凝土养护良好)。试计算早期(15d)不出现贯穿性裂缝的允许间距。

解 考虑施工条件正常，由表 3-7 查得：M_1、M_2、M_3、M_5、M_8、M_9 均取 1，M_4=1.42，M_6=0.93，M_7=0.70，M_{10}=0.42。

混凝土经过 15d 的收缩变形(由式 3-14)为

$$\varepsilon_{Y(15)}=3.24\times10^{-4}(1-e^{-0.01\times15})\times M_1\times M_2\times \text{L} \times M_n$$
$$=3.24\times10^{-4}(1-e^{-0.15})\times1.42\times0.93\times0.70\times0.42$$
$$=0.175\times10^{-4}$$

收缩当量温差：

$$T_{Y(15)}=\frac{\varepsilon_{y(15)}}{\alpha}=\frac{0.175\times10^{-4}}{1.0\times10^{-5}}=1.75\ ℃\approx2℃$$

混凝土上、下面温升为 15℃，由于时间短，养护较好，气温差忽略不计，混凝土的水化热温差经计算为 25℃，则计算温差为

$$\Delta T=2+25=27℃$$

混凝土的极限拉伸，由式(3-19)代入，为

$$\varepsilon_\text{p}=7.5f_\text{t}(0.1+\mu/d)10^{-4}(\ln t/\ln 28)$$
$$=7.5\times1.5(0.1+\frac{0.35}{16})\times0.813\times10^{-4}=1.115\times10^{-4}$$

15d 混凝土的弹性模量

$$E_{(15)}=3.0\times10^{-4}\times(1-e^{-0.09t})=3.0\times10^{-4}\ \times(1-e^{-0.09\times15})=2.22\times10^4\ \text{MPa}$$

伸缩缝的最大允许间距由式(3-20)为

$$[L_\text{cp}]=1.5\sqrt{hE_{(t)}/C_x}\,\text{arch}[|\alpha\Delta T|/(|\alpha\Delta T|-|\varepsilon_p|)]$$
$$=1.5\sqrt{\frac{800\times2.22\times10^4}{0.08}}\text{arch}\frac{1.0\times10^{-5}\times27}{1.0\times10^{-5}\times27-1.115\times10^{-4}}$$
$$=223.495\times10^2\times1.126=25\ 157\text{mm}\approx26\text{m}$$

由计算知，板的最大允许伸缩缝间距为 26m。当板的纵向长度小于 26m 时，可以避免裂缝出现。否则则需在中部设置伸缩缝或“后浇缝”。当板下有桩基础时，计算阻力系数 C_x 时，应考虑桩基对基础底板的约束阻力。

【例 3.3】 大型设备基础底板长 90.8m、宽 31.3m、厚 2.5m，混凝土为 C20，采用 60d 后期强度配合比，用 32.5 矿渣水泥，水泥用量 m_c=280kg/m³，混凝土浇筑入模温度 T_j=28℃，施工时平均气温为 25℃，结构物周围用钢模板，在模板和混凝土上表面外包两层草袋保温，混凝土比热 C=1.0 kJ /kg·K，混凝土密度 ρ=2 400kg/m³。试计算总降温产生的最大温度拉应力及安全系数。

解 (1) 计算绝热温升值，按式 $T_\text{h}=m_\text{c}Q/c\rho(1-e^{-mt})$，为简单计只计算 3d、7d、28d 的值。

$$T_{\text{h}(3)}=280\times180/0.97\times2\ 400(1-e^{-0.397\times3})=15.1℃$$
$$T_{\text{h}(7)}=280\times256/0.97\times2\ 400(1-e^{-0.397\times7})=28.9℃$$
$$T_{\text{h}(28)}=280\times334/0.97\times2\ 400(1-e^{-0.397\times28})=40.2℃$$

(2) 混凝土中心温度计算，按式$T_{1(t)}=T_{\mathrm{j}}+T_{\mathrm{h}}\xi_{(t)}$计算如下。

$$T_{1(3)}=28+15.1\times0.65=37.8\ ℃$$

$$T_{1(7)}=28+28.9\times0.6=45.4\ ℃$$

$$T_{1(28)}=28+40.2\times0.157=34.3\ ℃$$

(3) 混凝土表层温度。

两层草袋保温按 6cm 计，则保温层传热系数

$$\beta=1/[\sum\delta_i/\lambda_i+1/\beta_{\mathrm{q}}]=1/[0.06/0.14+1/23]=2.12$$

混凝土虚厚度

$$h'=k\cdot\lambda/\beta=\frac{2}{3}\times\frac{2.33}{2.12}=0.734m$$

混凝土计算厚度

$$H=h+2h'=2.5+2\times0.734=4.0m$$

混凝土表层温度

$$T_{2(3)}=T_{\mathrm{q}}+4h'(H-h')[T_{1(3)}-T_{\mathrm{q}}]/H^2$$

$$=25+4\times0.734\times(4.0-0.734)\times(37.8-25)/4.0^2=32.7\ ℃$$

$$T_{2(7)}=37.2\ ℃$$

$$T_{2(28)}=30.6\ ℃$$

(4) 混凝土内平均温度

$$T_{m(3)}=[32.7+37.8]/2=35.2\ ℃$$

$$T_{m(7)}=41.3\ ℃$$

$$T_{m(3)}=32.5\ ℃$$

(5) 混凝土干缩率和当量温差，按式

$\varepsilon_{Y(t)}=\varepsilon_Y^0(1-\mathrm{e}^{-0.01t})M_1\cdot M_2\cdots M_{10}$

取$\varepsilon_Y^0=3.24\times10^4$，$M_1=1.25$，$M_2=1.35$，$M_3=1.00$，$M_4=1.64$，$M_5=1.00$，$M_6=0.93$，$M_7=0.54$，$M_8=1.20$，$M_9=1.0$，$M_{10}=0.9$，$\alpha=1.0\times10^{-5}$，则

$$\varepsilon_{Y(3)}=0.1\times10^{-4},\quad T_{Y(3)}=1℃$$

$$\varepsilon_{Y(7)}=0.22\times10^{-4},\quad T_{Y(7)}=2.2\ ℃$$

$$\varepsilon_{Y(28)}=0.79\times10^{-4},\quad T_{Y(28)}=7.9℃$$

(6) 结构计算温差，按式

$$\Delta T_i=T_{m(i)}-T_{m(i+3)}+T_{Y(i+3)}-T_{Y(i)}$$

$$\Delta T_1=28-35.2+1=-6.2℃$$

$$\Delta T_2=35.2-41.3+2.2-1=-4.9\ ℃$$

$$\Delta T_3=41.3-32.5+7.9-2.2=14.5℃$$

(7)计算各龄期的混凝土弹性模量，按式$E_{(t)}=E_0(1-\mathrm{e}^{-0.09t})$

$$E_{(3)}=2.55\times10^4\times(1-\mathrm{e}^{-0.09\times3})=0.603\times10^4\ \mathrm{N/mm^2}$$

$$E_{(7)} = 1.19 \times 10^4 \text{ N/mm}^2$$

$$E_{(28)} = 2.34 \times 10^4 \text{ N/mm}^2$$

(8)地基约束系数，按式$\beta_{(t)} = \sqrt{(C_{x1} + C_{x2}) / h \cdot E_{(t)}}$，取$C_{x1} = 0.02$，则

$$\beta_{(3)} = \sqrt{0.02 / 2\ 500 \times 0.603 \times 10^4} = 3.65 \times 10^{-5} \text{/mm}$$

$$\beta_{(7)} = 2.59 \times 10^{-5} \text{/mm}$$

$$\beta_{(28)} = 1.85 \times 10^{-5} \text{/mm}$$

(9) 各区段拉应力，按式$\sigma_i = \overline{E_i} \cdot \alpha \cdot \Delta T_i \cdot \overline{S_i} \{1 - 1/\text{ch}(\overline{\beta_i} \cdot L/2)\}$

各区段平均弹性模量

$$\overline{E_1} = \frac{0 + 0.603 \times 10^4}{2} = 0.302 \times 10^4 \quad \text{N/mm}^2$$

$$\overline{E_2} = \frac{(1.19 + 0.603) \times 10^4}{2} = 0.897 \times 10^4 \quad \text{N/mm}^2$$

$$\overline{E_3} = \frac{(1.19 + 2.34) \times 10^4}{2} = 1.77 \times 10^4 \quad \text{N/mm}^2$$

各区段平均应力松弛系数

$$\overline{S_1} = \frac{1 + 0.57}{2} = 0.785$$

$$\overline{S_2} = \frac{0.51 + 0.57}{2} = 0.54$$

$$\overline{S_3} = \frac{0.335 + 0.51}{2} = 0.423$$

各区段平均地基约束系数

$$\overline{\beta_1} = 3.65 \times 10^{-5} \text{/mm}$$

$$\overline{\beta_2} = \frac{3.65 + 2.59}{2} \times 10^{-5} = 3.12 \times 10^{-5} \text{/mm}$$

$$\overline{\beta_3} = \frac{1.85 + 2.59}{2} \times 10^{-5} = 2.22 \times 10^{-5} \text{/mm}$$

只计算拉应力

$$\sigma_3 = 1.77 \times 10^4 \times 10^{-5} \times 14.5 \times 0.423 \times \{1 - 1/\text{ch}(90\ 800 \times 2.22 \times 10^{-5} / 2)\} = 0.39 \text{ N/mm}^2$$

(10) 混凝土内最大应力，按式$\sigma_{\max} = [1/(1-\nu)] \sum_{i=1}^{n} \sigma_i$

$$\sigma_{\max} = [1/(1 - 0.15)] \times 0.39 = 0.46 \quad \text{N/mm}^2$$

混凝土抗拉强度设计值取 1.1 N/mm²，则安全系数

$$K = f_t / \sigma_{\max} = 1.1 / 0.46 = 2.4 > 1.15$$

满足抗裂条件，故知不会出现裂缝。

3.6 习　　题

1. 大体积混凝土基础底板，厚度为 2.5m，在 3d 混凝土内部中心温度 52℃，实测混凝土表面温度为 25℃，大气温度为 15℃，混凝土导热系数为 2.3W/m·K，试求表面所需保温材料的厚度。

2. 大型设备基础底板长 50m、宽 10m、厚 1m，混凝土为 C20，采用 60d 后期强度配合比，用 32.5 矿渣水泥，水泥用量 m_c=280kg/m^3，混凝土浇筑入模温度 T_j=28℃，施工时平均气温为 25℃，结构物周围用钢模板，在模板和混凝土上表面外包两层草袋保温，混凝土比热 C=1.0 kJ /kg·K，混凝土密度 ρ=2 400kg/m^3。试计算总降温产生的最大温度拉应力及安全系数。

第4章　高层建筑施工用垂直运输机械

教学提示：高层建筑施工用垂直运输机械主要包括塔吊、施工电梯、混凝土泵，他们可以提高高层建筑施工机械化水平、缩短工期。

教学要求：本章重点介绍塔吊、施工电梯基础设计方法、附壁构造及节点承载力设计方法、运能估算方法，以及混凝土泵泵管与结构的节点、泵产品构造图。要求重点掌握塔吊、施工电梯基础设计方法、附壁节点承载力设计方法。

现代高层建筑施工的主要特点是：(1) 垂直运输量大、运距高；(2) 结构、水电、装修齐头并进，交叉作业多，安全隐患大；(3) 工期紧张；(4) 施工人员上下频繁，人员交通量大；(5) 组织管理工作复杂。为了保证施工有条不紊，确保证工程质量、工期、经济效益的顺利实现，关键之一是选择合理的垂直运输机械并加以合理地运用。实践表明，在高层建筑施工中使用性能良好的、适合施工需要的垂直运输机械，进行合理的机械布置和管理，则一定能在保证质量的前提下，节约劳动力，减轻劳动强度，缩短工期，提高经济效益。

高层建筑施工常用的垂直运输机械有：塔式起重机、施工外用电梯、混凝土泵等。

4.1　塔　　吊

4.1.1　概述

1. 塔吊的组成

塔吊又称塔机或塔式起重机。塔式起重机的结构特点是有一个直立的塔身，起重臂安装在垂直塔身的上部，它是高层、超高层建筑施工的主要施工机械。随着现代新工艺、新技术的不断广泛使用，塔式起重机的性能和参数的不断提高。

塔式起重机由金属结构部分、机械传动部分、电气控制与安全保护部分以及与外部支承设施组成。金属结构部分包括行走台车架、支腿、底架平台、塔身、套架、回转支承、转台、驾驶室、塔帽、起重臂架、平衡臂架以及绳轮系统、支架等。机械传动部分包括起升机构、行走机构、变幅机构、回转机构、液压顶升机构、电梯卷扬机构以及电缆卷筒等。电器控制与安全保护部分包括电动机、控制器、动力线、照明灯、各安全保护装置以及中央集电环等。外部支承设施包括轨道基础及附着支撑等。

2. 塔吊的分类

塔式起重机可按构造特点和起重能力等进行分类。

1) 按行走机构划分

分为自行式塔式起重机、固定式塔式起重机。

自行式塔式起重机能够在固定的轨道上、地面上开行。其特点是能靠近工作点，转移方便，机动性强。常见的有轨道行走式、轮胎行走式、履带行走式等。

固定式塔式起重机没有行走机构，能够附着在固定的建筑物或建筑物的基础上，随着建筑物或构筑物的上升不断地上升。

2) 按起重臂变幅方法划分

分为起重臂变幅式塔式起重机和起重小车变幅式塔式起重机。前者起重臂与塔身铰接，变幅时可调整起重臂的仰角，常见的变幅结构有电动和手动两种；后者起重臂是不变(或可变)横梁，下弦装有起重小车，变幅简单，操作方便，并能负载变幅。如图 4.1、图 4.2 所示。

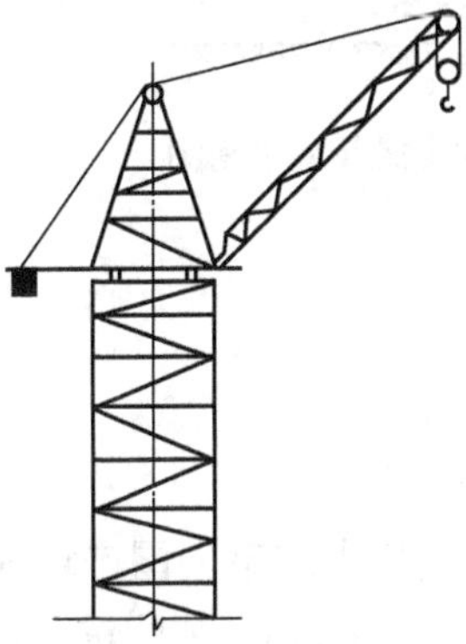

图 4.1　起重臂变幅式塔式起重机简图

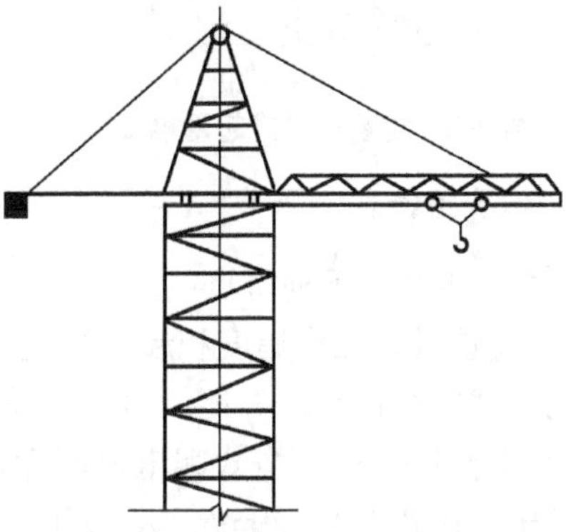

图 4.2　起重小车变幅式塔式起重机简图

3) 按回转方式划分

分为上塔回转塔式起重机和下塔回转塔式起重机。前者塔尖回转，塔身不动，回转机构在顶部，结构简单，但起重机重心偏高，塔身下部要加配重，操作室位置较低，不利于高层建筑施工；后者塔身与起重臂同时旋转，回转机构在塔身下部，便于维修，操作室位置较高，便于施工观测，但回转机构较复杂。

4) 按起重能力划分

分为轻型塔式起重机、中型塔式起重机和重型塔式起重机。一般情况下，以起重量 0.5～3.0t 为轻型塔式起重机，起重量为 3.0～15t 的为中型塔式起重机，起重量为 15～40t 的起重机为重型塔式起重机。

5) 按塔式起重机使用架设的要求划分

分为固定式、轨道式、附着式和内爬式四种。

固定式塔式起重机将塔身基础固定在地基基础或结构物上，塔身不能行走。

轨道式塔式起重机又称轨道行走式塔式起重机，简称为轨行式塔式起重机，在轨道上可以负荷行驶。

附着式塔式起重机每隔一定间距通过支撑将塔身锚固在构筑物上。如图 4.3 所示。

内爬式塔式起重机设置在建筑物内部(如电梯井、楼梯间等)，通过支撑在结构物上的爬升装置，使整机随着建筑物的升高而升高。如图 4.4 所示。

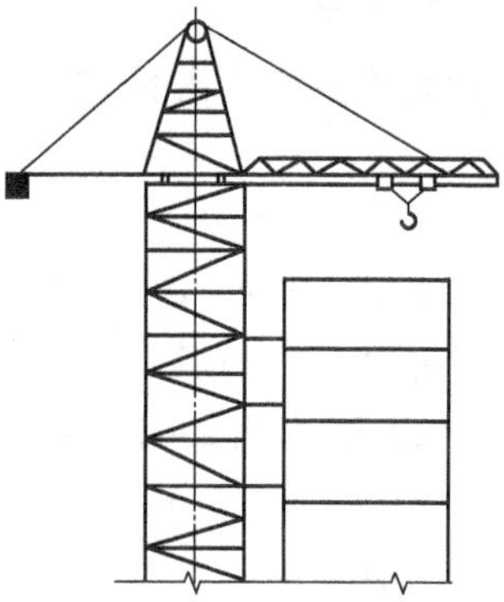

图 4.3　附着式塔式起重机简图

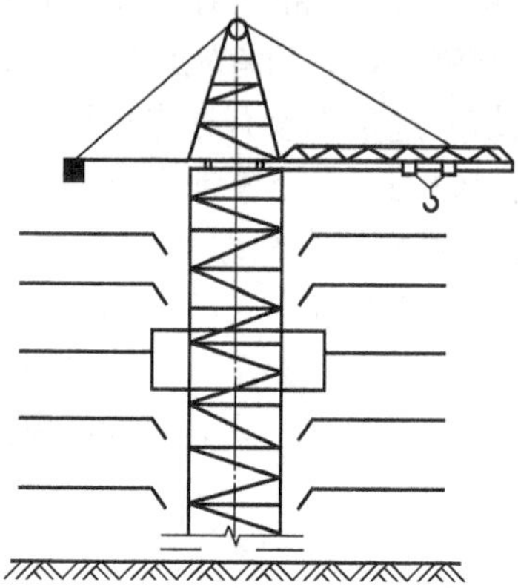

图 4.4　内爬式塔式起重机简图

3. 塔吊的特点

塔吊一般具有下列特点：

(1) 起重量、工作幅度和起升高度较大。

(2) 360° 全回转，并能同时进行垂直、水平运输作业。

(3) 工作速度高。塔式起重机的操作速度快，可以大大地提高生产率。国产塔式起重机的起升速度最快为 120m/min，变幅小车的运行速度最快可达 45m/min；某些进口塔式起重机的起升速度已超过 200m/min, 变幅小车的运行速度可达 90m/min。另一方面，现代塔式起重机具有良好的调速性和安装微动性，可以满足构件安装就位的需要。

(4) 一机多用。为了充分发挥起重机的性能，在装置方面，配备有抓斗、拉铲等装置，做到一机多用。

(5) 起重高度能随安装高度的升高而增高。

(6) 机动性好，不需其他辅助稳定设施(如缆风绳)，能自行或自升。

(7) 驾驶室(操纵室)位置较高，操纵人员能直接(或间接)看到作业全过程，有利于安全生产。

3. 塔吊的主要性能参数

塔式起重机的主要性能参数包括起重力矩、起重量、起升高工作幅度等参数。选用塔式起重机进行高层建筑施工时，首先应根据施工对象确定所要求的参数。

1) 幅度

幅度，又称回转半径或工作半径，即塔吊回转中心线至吊钩中心线的水平距离。幅度又包括最大幅度与最小幅度两个参数。高层建筑施工选择塔式起重机时，首先应考察该塔吊的最大幅度是否能满足施工需要。

2) 起重量

起重量是指塔式起重机在各种工况下安全作业所容许的起吊重物的最大重量。起重量包括所吊重物和吊具的重量。它是随着工作半径的加大而减少的。

3) 起重力矩

初步确定起重量和幅度参数后，还必须根据塔吊技术说明书中给出的资料，核查是否超过额定起重力矩。所谓起重力矩(单位 kN · m)指的是塔式起重机的幅度与相应于此幅度下的起重量的乘积，能比较全面和确切地反映塔式起重机的工作能力。

4) 起升高度

起升高度是指自轨面或混凝土基础顶面至吊钩中心的垂直距离，其大小与塔身高度及臂架构造型式有关。一般应根据构筑物的总高度、预制构件或部件的最大高度、脚手架构造尺寸及施工方法等综合确定起升高度。

4. 塔吊的布置

在编制施工组织设计、绘制施工总平面图时，合适的塔式起重机安设位置应满足下列要求：

(1) 塔式起重机的幅度与起重量均能很好地适应主体结构(包括基础阶段)施工需要，并留有充足的安全余量。

(2) 要有环形交通道，便于安装辅机和运输塔式起重机部件的卡车和平板拖车进出施工现场。

(3) 应靠近工地电源变电站。

(4) 工程竣工后，仍留有充足的空间，便于拆卸塔式起重机并将部件运出现场。

(5) 在一个栋号同时装设两台塔式起重机的情况下，要注意其工作面的划分和相互之间的配合，同时还要采取妥善措施防止相互干扰。

4.1.2 固定式塔吊基础的计算

塔式起重机上部载荷传递到底座的力，大致由中心受压、在 x 或 y 轴向的弯矩和起重臂旋转所引起的扭转惯性力等组成。随着塔式起重机的类型不同，底座力传递对象也有所不同：行走式为轨道基础，自升式、内爬式为支承架，附着固定式为钢筋混凝土基础。在设计计算中应根据具体作业特点分别计算。

高层建筑施工用的附着式塔式起重机，大都采用小车变幅的水平臂架；幅度亦多在 50m 以上，无须移动作业即可覆盖整个施工范围，因此多采用钢筋混凝土基础。

钢筋混凝土基础有多种形式可供选用。对于有底架的固定自升式塔式起重机，可视工程地质条件、周围环境以及施工现场情况选用 X 形整体基础、条块分隔式基础或者是独立块体式基础。对无底架的自升式塔式起重机则采用整体式方块基础。

X 形整体基础如图 4.5 所示的形状及平面尺寸大致与塔式起重机 X 形底架相似，塔式起重机的 X 形底架通过预埋地脚螺栓固定在混凝土基础上。此种形式多用于轻型自升式塔式起重机。

长条形基础如图 4.6 所示，由两条或四条并列平行的钢筋混凝土底梁组成，分别支承底架的四个支座和由底架支座传来的上部载荷。当塔式起重机安装在混凝土砌块人行道上或者是原有混凝土地面上，均可采用此种形式的钢筋混凝土基础。

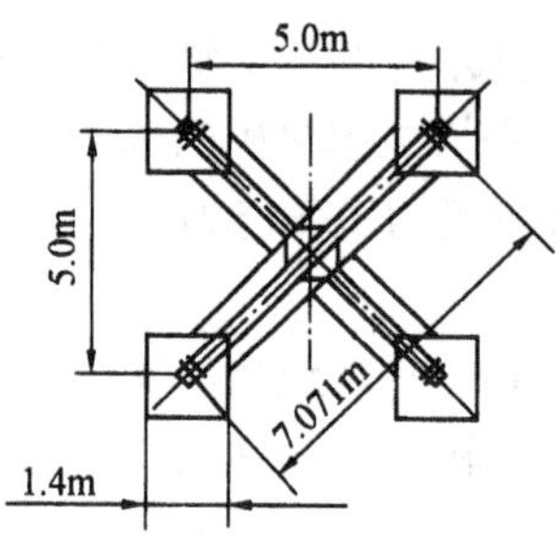

图 4.5 X 形整体式钢筋混凝土基础

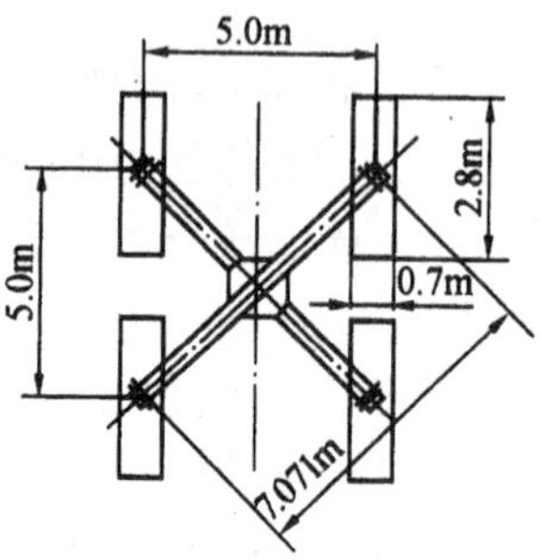

图 4.6 条块分隔式钢筋混凝土基础

分块式基础如图 4.7 所示，由四个独立的钢筋混凝土块体组成，分别承受由底架结构传来的上部载荷，块体的构造尺寸视塔式起重机支反力大小及地耐力而定。由于基础仅承受底架传递的垂直力，故可作为中心负荷独立柱基础处理。其优点是：构造比较简单，混凝土及钢筋用量都较少，造价便宜。

独立式整体钢筋混凝土基础如图 4.8 所示，适用于无底架固定式自升式塔式起重机。其构造特点是：塔式起重机的塔身结构通过塔身基础节、预埋塔身框架或预埋塔身主角钢等固定在钢筋混凝土基础上，从而使塔身结构与混凝土基础连成一体，并将起重机上部载荷全部传递地基。由于整体钢筋混凝土基础的体形尺寸是考虑塔式起重机的最大支反力、地基承载力以及压重的需求而选定的，因而能确保塔式起重机在最不利工况下均可安全工作，不会产生倾翻事故。

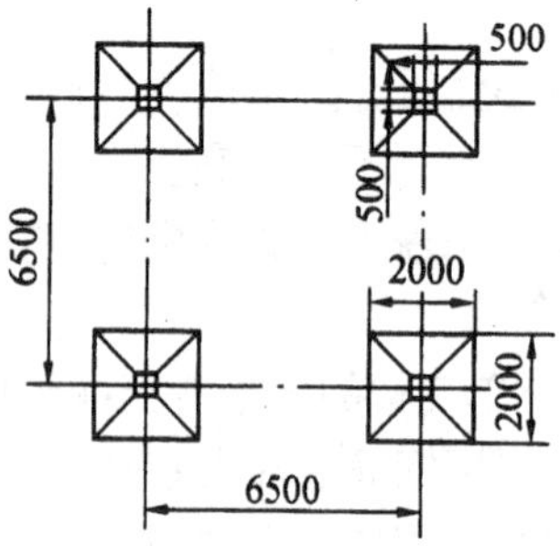

图 4.7 分块式钢筋混凝土基础

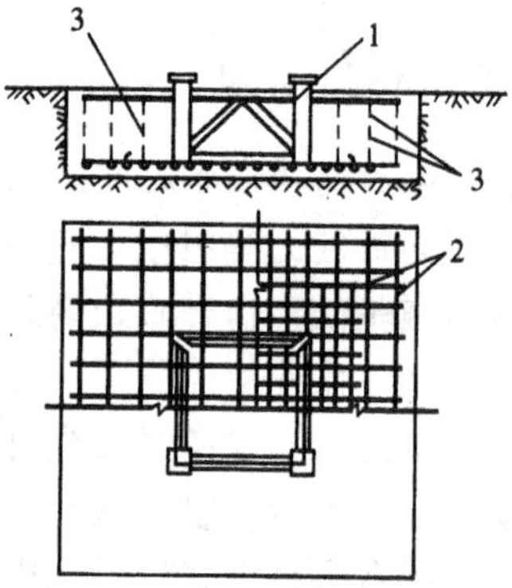

图 4.8 独立式整体钢筋混凝土基础

1—预埋塔身标准节 2—钢筋 3—架设钢筋

1. 分块式基础的计算

塔式起重机基础如图 4.9 所示。

1) 确定基础预埋深度

根据施工现场地基情况而定，一般塔式起重机基础埋设深度为 1～1.5m。

2) 基础面积 F 的估算

塔式起重机所需基础的底面积 F 按许用土地承载力估算如下：

$$F=\frac{N+G}{[\sigma_d]-\gamma_d d} \tag{4-1}$$

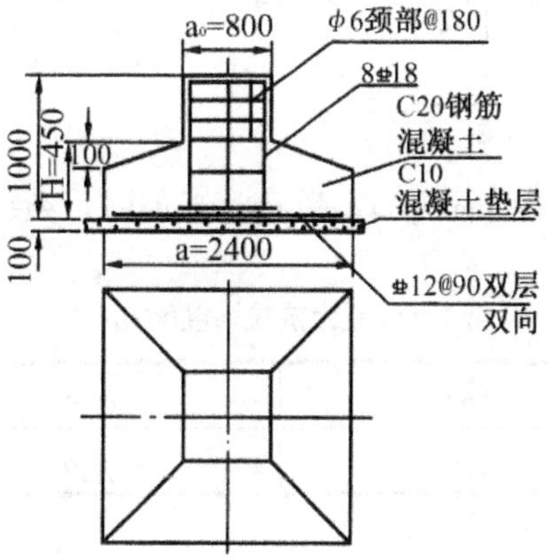

图 4.9　ZTI20 自升式塔式起重机基础简图

式中：N——每个基础承担的垂直载荷；

G——基础自重，可按 0.06N 估算；

$[\sigma_d]$——许用地基承载力(具体取值需根据地质报告确定)，常用灰土处理后的地基承载力为 200kN/m^2；

γ_d——20kN/m^3；

d——基础埋深(从基础顶到地面高度)(m)。

3) 基础平面尺寸的确定

基础浇筑成正方形，其边长为

$$a=\sqrt{F} \tag{4-2}$$

4) 初步确定基础高度

按 KTNC 公式估算：

$$H=x(a-a_0) \tag{4-3}$$

式中：x——系数，x=0.38；

a——基础边长；

a_0——柱顶垫板的边长。

基础的有效高度：

$h_0=H-\delta$

式中：δ——基础配筋的保护层厚度，一般不少于 70mm。

5) 验算混凝土基础的冲切强度

混凝土基础的冲切强度应满足下式：

$$\sigma_t<\frac{0.75R_L A_2}{kA_1} \tag{4-4}$$

式中：σ_t——垂直载荷在基础底板上产生的应力，σ_t=N/a^2；

R_L——混凝土抗拉强度，参见表 4-1；

k——安全系数，一般取 1.3；

A_1：当 $a \geqslant a_0+2h_0$ 时，$A_1=\left[(\frac{a}{2}-\frac{a_0}{2}-h_0)a-(\frac{a}{2}-\frac{a_0}{2}-h_0)^2\right]$，

当 $a<a_0+2h_0$ 时，$A_1=(\frac{a}{2}-\frac{a_0}{2}-h_0)a$；

A_2：当 $a \geqslant a_0+2h_0$ 时，$A_2=(a_0+h_0)a$，当 $a<a_0+2h_0$ 时，$A_2=(a_0+h_0)h_0-(h_0+\frac{a_0}{2}-\frac{a}{2})^2$。

表 4-1　混凝土抗拉强度(kN/m²)

混凝土强度等级	C20	C25	C30
混凝土抗拉强度	1.1	1.27	1.43

6) 配筋计算

土壤反力对基础底板产生的弯矩 M：

$$M=\frac{\sigma_t}{24}(a-a_0)^2(2a+a_0) \tag{4-5}$$

所需钢筋截面积 F_g 为：

$$F_g=\frac{kM}{\sigma_s \times 0.875h_0} \tag{4-6}$$

式中：k——安全系数，k=2；

σ_s——钢筋强度设计值，查表 4-2。

所配钢筋截面积 F_g 应满足下式：

$$\frac{F_g}{aH}>0.15\% \tag{4-7}$$

根据所需钢筋面积，查钢筋表得到所需的规格。一般钢筋中心间距不大于 200mm。

表 4-2　普通钢筋强度设计值(N/mm²)

钢筋种类	σ_s
HPB235	210
HPB335	300

2. 整体式基础的计算

根据起重机在倾覆力矩作用下的稳定性条件和土壤承载条件确定基础的尺寸和重量，计算式不考虑和基础接触的侧壁的影响。

1) 确定基础预埋深度

根据施工现场地基情况而定，一般塔式起重机基础埋设深度为 1～1.5m，但应注意须将基础整体埋住。

2) 基础面积的估算

所需基础的底面积 F 的估算见式(4-1)，但此处 N 为基础承担的垂直载荷。

3) 基础平面尺寸的确定

基础浇筑成正方形，并应满足以下两个条件。

(1)
$$\frac{N+G+\gamma_{\rm d}da^2}{a^2}+\sigma_M<[\sigma_{\rm d}] \tag{4-8}$$

式中：a——基础边长，可按下式初步估算：$a=1.4\sqrt{F}$；

σ_M——有弯曲作用产生的压应力，其大小为$\sigma_M=M/W_{\rm d}$

M——起重机的倾覆力矩(N • m)；

$W_{\rm d}$——基础底面对垂直于弯曲作用平面的截面模量，$W_{\rm d}=a^3/6({\rm m}^3)$。

(2)
$$\frac{N+G+\gamma_d da^2}{a^2}-\varepsilon\sigma_M>0 \tag{4-9}$$

式中：ε——安全系数，$\varepsilon=1.5$。

4) 初步确定基础高度

基础高度的初步确定，见式(4-3)。

根据稳定性条件验算基础重量：

$$\frac{2Mk}{a}<V\gamma \tag{4-10}$$

式中：M——起重机倾覆力矩(N • m)；

k——最小稳定系数(附载时)，不考虑惯性力、风力和离心力，k=1.4；

V——基础体积(m^3)；

γ——混凝土容重(t/m^3)，$\gamma=25t/m^3$。

5) 验算基础冲切强度及基础配筋计算

基础冲切强度及基础配筋计算同分块基础，但在进行冲切强度验算时，式(4-4)中的安全系数应取值为 2.2。

4.1.3　塔式起重机附墙装置的计算

为了保证安全，一般塔式起重机的高度超过 30～40m 就需要附墙装置，在设置第一道附墙装置后，塔身每隔 14～20m 须加设一道附墙装置。

附墙装置由锚固环、附着杆组成。锚固环由型钢、钢板拼焊成方形截面，用连接板与塔身腹杆相连，并与塔身主弦杆卡固。附墙拉杆有多种布置形式，可以使用三根或四根拉杆，根据施工现场情况而定。三根拉杆附着杆节点如图 4.10 所示。

附墙拉杆的受力大小取决于锚固点以上塔身的载荷以及附墙装置的尺寸及形式。对三拉杆支撑式，受力如图 4.11 所示。塔身受力为水平力 F_x、F_y 及扭矩 M，三根拉杆为轴心受力构件，根据静力平衡条件方程，可求得各杆件内力。

对四拉杆支撑式，受力如图 4.12 所示。杆系是超静定结构，可以用力法方程求解。将杆件 1 视为多余约束，此时杆系成为静定结构，则在外载荷作用下各杆件内力，N_{ip} 由以下力平衡方程解出：$\sum X=0$，$\sum Y=0$，$\sum M_A=0$。再求得在沿杆件 1 方向的单位多余约束力作用下的各杆件内力 $\bar{N}_i$。单位力引起杆件 1 的位移 δ_{11} 为：

$$\delta_{11}=\sum\frac{\bar{N}_i l_i}{EA} \tag{4-11}$$

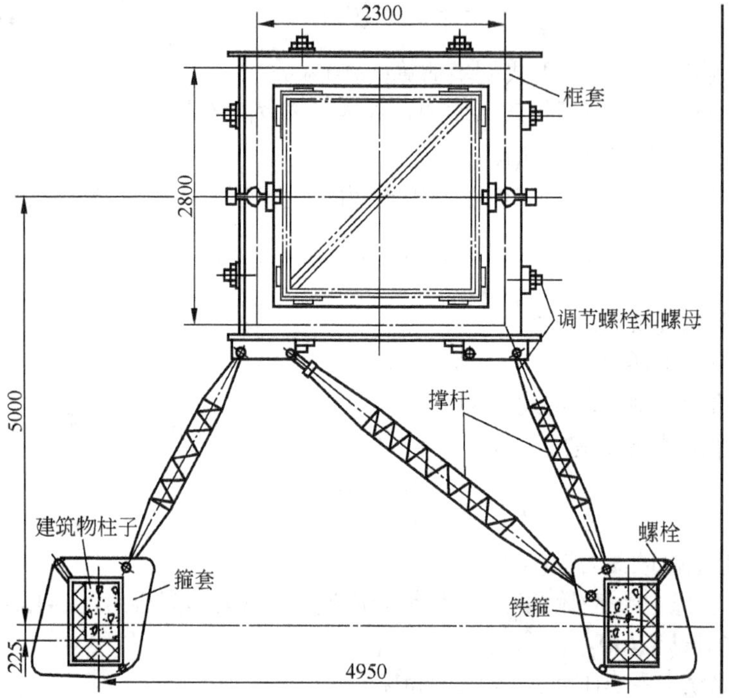

图 4.10　Q_4-10 型塔式起重机附着装置

式中：l_i——各杆件的长度；

　　A——各杆件截面积；

　　E——杆件材料的弹性模量。

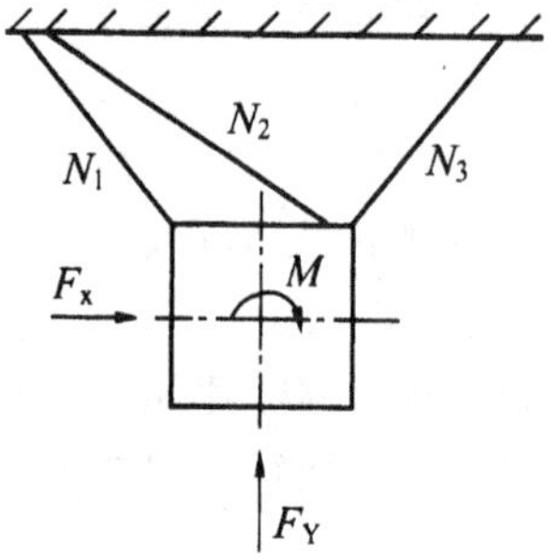

图 4.11　三拉杆支撑式附墙装置

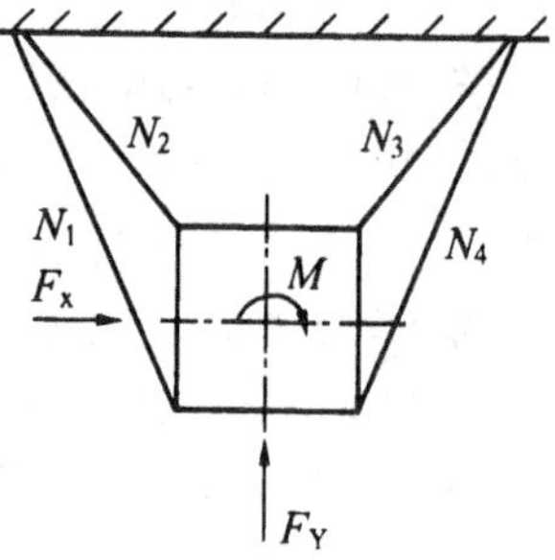

图 4.12　四拉杆支撑式附墙装置

外载荷引起的杆件 1 的位移 Δ_{1P} 为

$$\Delta_{1P}=\sum\frac{N_i\bar{N}_{ip}l_i}{EA} \tag{4-12}$$

根据力法方程 $\delta_{11}x_1+\Delta_{1P}=0$ 可解出多余约束力 x_1(即 N_1) 为：

$$x_1=\Delta_{1P}/\delta_{11} \tag{4-13}$$

各杆件内力为　$N_i=N_{ip}+\bar{N}_i\,x_1$

然后按受压构件计算各杆件稳定性，以及附墙预埋件强度。

计算塔吊基础、附壁计算的外力时，对独立塔身，可取上端自由、下端固定的计算简图；对附着式塔身，可取带悬臂多跨连续梁的计算简图。

塔吊上的荷载可以按照《塔式起重机设计规范》(GB/T 13752—1992)计算和组合，见表 4-3；同时塔吊的生产厂家在“使用说明书”中说明塔吊基础、附壁计算的外力，如 QTZ400-1 型塔吊(起重高度 110m、臂长 47m、额定起重力矩 400 kN · m、最大起重量 4t)的说明如下：基础所受的垂直荷载 430kN、水平荷载 18.4 kN、倾覆力矩 702 kN · m(附着式塔身的倾覆力矩大大减小)、扭矩 119 kN ·m，最不利工况下撑杆的最大受力 12.3t。另外，QTZ400-1 型塔吊使用说明书还给出了基础尺寸、配筋、地基承载力要求、地脚螺栓承拉能力要求、连墙耳板详图等；但对桩基础、附着点的结构强度要求并不能给出数值要求。所以以上方法，可以作为解决这些问题的基础知识。

表 4-3　塔式起重机荷载组合表

<table>
<tr><th rowspan="3">荷载类别</th><th colspan="2">荷载</th><th colspan="10">荷载组合</th></tr>
<tr><th rowspan="2">名称</th><th rowspan="2">符号</th><th colspan="3">组合 A</th><th colspan="3">组合 B</th><th colspan="4">组合 C</th></tr>
<tr><th>A1</th><th>A2</th><th>A3</th><th>B1</th><th>B2</th><th>B3</th><th>C1</th><th>C2</th><th>C3</th><th>C4</th></tr>
<tr><td rowspan="7">基本荷载</td><td>自重荷载</td><td>F_G</td><td>ϕ_1F_G</td><td>ϕ_1F_G</td><td>ϕ_1F_G</td><td>ϕ_1F_G</td><td>ϕ_1F_G</td><td>ϕ_1F_G</td><td>ϕ_1F_G</td><td>F_G</td><td>F_G</td><td>F_G</td></tr>
<tr><td>起升荷载</td><td>F_Q</td><td>ϕ_2F_Q</td><td>ϕ_3F_Q</td><td>ϕ_4F_Q</td><td>ϕ_2F_Q</td><td>ϕ_3F_Q</td><td>ϕ_4F_Q</td><td>—</td><td>—</td><td>—</td><td>F_Q</td></tr>
<tr><td>回转惯性荷载</td><td>F_{mk}</td><td colspan="7" rowspan="4">ϕ_5F_{mk} , ϕ_5F_{mt} , ϕ_5F_{mR} 和 F_f 中每二个力进行组合取其最不利者</td><td rowspan="3">—</td><td rowspan="3">—</td><td rowspan="3">—</td></tr>
<tr><td>运行惯性荷载</td><td>F_{mt}</td></tr>
<tr><td>变幅惯性荷载</td><td>F_{mR}</td></tr>
<tr><td>离心力</td><td>F_f</td><td>—</td><td>—</td><td>—</td></tr>
<tr><td>坡度荷载</td><td>F</td><td>F</td><td colspan="2">F</td><td>F</td><td>F</td><td>F</td><td>F</td><td>F</td><td>F</td><td>F</td></tr>
<tr><td>附加荷载</td><td>工作状态风荷载</td><td>F_{w2}</td><td colspan="3">—</td><td>F_{w2}</td><td>F_{w2}</td><td>F_{w2}</td><td>—</td><td>—</td><td>—</td><td>—</td></tr>
<tr><td rowspan="4">特殊荷载</td><td>动态试验荷载</td><td>F_{td}</td><td colspan="6" rowspan="4"></td><td>ϕ_6F_{td}</td><td></td><td></td><td></td></tr>
<tr><td>静态试验荷载</td><td>F_{ts}</td><td></td><td>F_{ts}</td><td></td><td></td></tr>
<tr><td>非工作状态风荷载</td><td>F_{ws}</td><td></td><td></td><td>F_{ws}</td><td></td></tr>
<tr><td>碰撞荷载</td><td>F_c</td><td></td><td></td><td></td><td>ϕ_7F_c</td></tr>
</table>

注：① ϕ_i ——考虑动载等的系数。

② 运行机构包括车轮或台车、制动器等，运行惯性荷载为水平向；回转惯性荷载为切向；离心力为径向；变幅惯性荷载指动臂变幅，为切向力；坡度荷载指轨道或支撑面倾斜而对于验算项目增加的荷载；温度荷载一般不考虑；试验荷载为塔吊的试验超载；碰撞荷载指塔吊或起重小车与缓冲器的碰撞。

4.1.4 塔式起重机输送能力的估算

塔式起重机的输送能力与塔式起重机吊运一次重物的用时有关，塔式起重机吊运一次重物的用时可按式(4-14)计算：

$$T_i=(\frac{H_i}{V_1}+\frac{H_i}{V_2}+t_3+t_4+t_5)\times K \tag{4-14}$$

式中：T_i——塔式起重机吊运一次重物的用时(min)；

H_i——平均施工高度(m)；

V_1——塔式起重机吊钩起升速度(m/min)；

V_2——塔式起重机吊钩下降速度(m/min)；

t_3——塔式起重机吊运一次重物的平均回转时间(min)；

t_4——塔式起重机吊运一次重物变幅或大车行走的时间(min)；

t_5——塔式起重机吊运一次重物的装卸时间(min)；

K——调整系数，根据塔式起重机机械状况与管理水平而定，一般取 1.1～1.5。

4.2 施 工 电 梯

施工电梯又称外用施工电梯或施工升降机，是一种很重要的高层建筑施工用垂直运输机械设备，它多数是人货两用，少数仅供货用或人用。

4.2.1 概述

1. 施工电梯的分类

施工电梯按施工电梯的动力装置可分为电动与电动-液压两种，电动-液压驱动电梯工作速度比电机驱动电梯工作速度快，可达 96m/min。

施工电梯按用途可划分为载货电梯、载人电梯和人货两用电梯。载货电梯一般起重能力较大，起升速度快，而载人电梯或人货两用电梯对安全装置要求高一些。目前，在实际工程中用得比较多的是人货两用电梯。

施工电梯按施工电梯的驱动形式可分为钢索曳引、齿轮齿条曳引和星轮滚道曳引三种形式。其中，钢索曳引是早期产品，星轮滚道曳引的传动形式较新颖，但载重能力较小，目前用得比较多的是齿轮齿条曳引这种结构形式。

施工电梯按吊厢数量可分为单吊厢式和双吊厢式。

施工电梯按承载能力，施工电梯可分为两级(一级能载重物 1t 或人员 11～12 人，另一级载重量为 2t 或载乘员 24 名)。我国施工电梯用得比较多的是前者。

施工电梯按塔架多少分为单塔架式和双塔架式。目前，双塔架桥式施工电梯很少用。

2. 齿轮齿条驱动施工电梯的构成

施工电梯的主要部件为吊笼、带有底笼的平面主框架结构、立柱导轨架，驱动装置、电控系统提升系统、安全装置等。

1) 立柱导轨架

一般立柱由无缝钢管焊接成桁架结构并带有齿条的标准节组成，标准节长为 1.5m，标准节之间采用套柱螺栓连接，并在立柱杆内装有导向楔。

2) 带底笼的安全栅

电梯的底部有一个便于安装立柱段的平面主框架，在主框架上立有带镀锌铁网状护围的底笼。底笼的高度约为 2m，其作用是在地面把电梯整个围起来，以防止电梯升降时闲人进出而发生事故。底笼入门口的一端有一个带机械和电气的连锁装置，当吊厢在上方运行时即锁住，安全栅上的门无法打开，直至吊厢降至地面后，连锁装置才能解脱，以保证安全。

3) 吊笼

吊笼又称为吊厢，不仅是乘人载物的容器，而且又是安装驱动装置和架设或拆卸支柱的场所。吊笼内的尺寸一般为长×宽×高=3×1.3×2.7(m^3)左右。吊笼底部由浸过桐油的硬木或钢板铺成，结构主要由型钢焊接骨架、顶部和周壁由方眼编织网围护结构组成。

一般国产电梯，在吊笼的外沿一般都装有司机专用的驾驶室，内有电气操纵开关和控制仪表盘，或在吊笼一侧设有电梯司机专座，负责操纵电梯。

4) 驱动装置

是使吊笼上下运行的一组动力装置，其齿轮齿条驱动机构可为单驱动、双驱动，甚至三驱动。

5) 安全装置

(1) 限速制动器。国产的施工外用载人电梯大多配用两套制动装置，其中一套就是限速制动器。它能在紧急的情况下如电磁制动器失灵，机械损坏或严重过载和吊笼在超过规定的速度约 15%时，使电梯马上停止工作。常见的限速器是锥鼓式限速器，根据功能不同，分为单作用和双作用两种形式。所谓单作用限速器只能沿工作吊厢下降方向起制动作用。

锥鼓式限速器的结构如图 4.13 所示，主要由锥形制动器部分和离心限速部分组成。制动器部分由制动毂 1、锥面制动轮 2、碟形弹簧组 3、轴承 4、螺母 5、端益 6 和导板 7 组成。离心限速器部分由心块支架 8、传动轴 9、从动齿轮 10、离心块 11 和拉伸弹簧 12 组成。

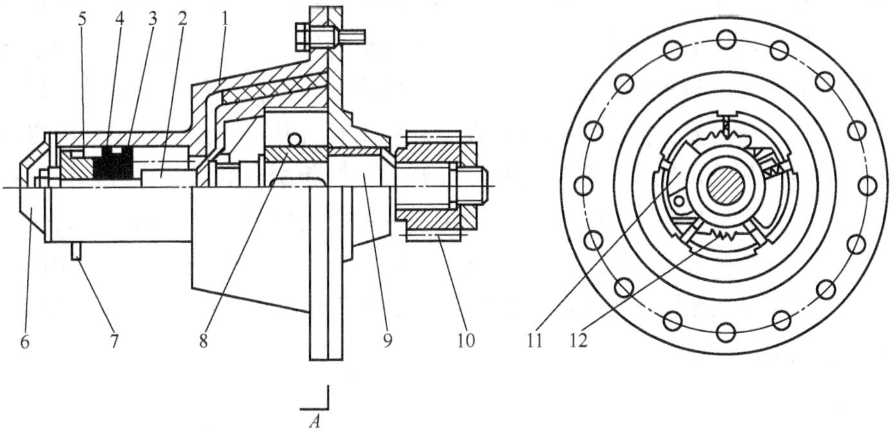

图 4.13　限速器

锥鼓式限速器有以下三种工作状态。

① 电梯运行时，小齿轮与齿条啮合驱动，离心块在弹簧的作用下，随齿轮轴一起转动；

② 当电梯运行超过一定速度时，离心块克服弹簧力向外飞出与制动鼓内壁的齿啮合，使制动鼓旋转而被拧入壳体；

③ 随着内外锥体的压紧，制动力矩逐步增大，使吊厢能平缓制动。

锥鼓式限速器的优点在于减少了中间传力路线，在齿条上实现柔性直接制动，安全可靠性大，冲击力小。制动行程可以预调。在限速制动的同时，电器主传动部分自动切断，在预调行程内实现制动。可有效地防止上升时“冒顶”和下降时出现“自由落体”坠落现象。由于限速器是独立工作，因此不会对驱动机构和电梯结构产生破坏。

(2) 制动装置。

① 限位装置。设在立柱顶部的为最高限位装置，可防止冒顶，主要是有由限位碰铁和限位开关构成。设在楼层的为分层停车限位装置，可实现准确停层。设在立柱下部的限位器可不使吊笼超越下部极限位置。

② 电机制动器，有内抱制动器和外抱电磁制动器等。

③ 紧急制动器，有手动楔块制动器和脚踏液压紧急刹车等，在紧急的情况下如限速和传动机构都发生故障时，可实现安全制动。

(3) 缓冲弹簧。

底笼的底盘上装有缓冲弹簧，在下限位装置失灵时，可以减小吊笼落地震动。

6) 平衡重

平衡重的重量约等于吊笼自重加 1/2 的额定载重量，用来平衡吊笼的一部分重量，平衡重通过绕过主柱顶部天轮的钢丝绳，与吊笼连接，并装有松绳限位开关。每个吊笼可配用平衡重，也可不配平衡重。和不配平衡重的吊笼相比，其优点是保持荷载的平衡和立柱的稳定，并且在电动机功率不变的情况下，提高了承载能力，从而达到了节能的目的。

7) 电气控制与操纵系统

电梯的电器装置(接触器、过载保护、电磁制动器或晶闸管等电器组件)装在吊笼内壁的箱内，为了保证电梯运行安全，所有电气装置都重复接地。一般在地面、楼层和吊厢内的三处设置了上升、下降和停止的按钮开关箱，以防万一。在楼层上开关箱放在靠近平台栏栅或入门口处。在吊笼内的传动机械座板上，除了有上升与下降的限位开关以外，在中间装有一个主限位开关，当吊笼超速运行，该开关可切断所有的三相电源，下次在电梯重新运行之前，应将限位开关手动复位。利用电缆可使控制信号和电动机的电力传送到电梯吊笼内，电缆卷绕在底部的电缆筒上，高度很大时，为了避免电缆易受风的作用而绕在主柱导轨上，为此应设立专用的电缆导向装置。吊笼上升时，电缆随之被提起，吊笼下降时，电缆经由导向装置落入电缆筒。

3. 绳轮驱动施工电梯

绳轮驱动施工电梯常称为施工升降机或升降机，起构造特点是：采用三角断面钢管焊接格桁结构立柱，单吊笼，无平衡重，设有限速和机电联锁安全装置，附着装置简单。能自升接高，可在狭窄场地作业，转场方便，吊笼平面尺寸为 1.2×(2−2.6)m^2，结构较简单，用钢量少。有人货两用，可载货 1t 或乘 8～10 人，有的只用于运货，载重亦达 1t。造价仅为齿轮齿条施工电梯的 2/5～1/2，因而在高层建筑中的应用面逐渐扩大。

3. 施工电梯的选择和使用

1) 选择

现场施工经验表明，为减少施工成本，20 层以下的高层建筑，采用绳轮驱动施工电梯，25～30 层以上的高层建筑选用齿轮齿条驱动施工电梯。高层建筑施工施工电梯的机型选择，应根据建筑体型、建筑面积、运输总量、工期要求以及施工电梯的造价与供货条件等确定。

2) 使用

(1) 确定施工电梯位置。施工电梯安装的位置应尽可能满足：

① 有利于人员和物料的集散；

② 各种运输距离最短；

③ 方便附墙装置安装和设置；

④ 接近电源，有良好的夜间照明，便于司机观察。

(2) 加强施工电梯的管理。施工电梯全部运转时间中，输送物料的时间只占运送时间的 30%～40%，在高峰期，特别在上下班时刻，人流集中，施工电梯运量达到高峰。如何解决好施工电梯人货矛盾，是一个关键问题。

4.2.2 施工电梯基础及附墙装置的构造做法

1. 施工电梯基础的构造做法

电梯的基础为带有预埋地脚螺栓的现浇钢筋混凝土。一般采用配筋为 8 号钢筋(双向，间距为 250mm)的 C30 混凝土，地基土的地耐力应不小于 0.15N/mm^2。某电梯基础的外形尺寸实例为：长 2 600 mm(单笼，双笼 4 000mm)、宽 3 500mm、厚 200mm。

施工电梯基础顶面标高有三种：高于地面、与地面齐平、低于地面，以与地面齐平做法最为可取，方便施工人员出入，减少发生工伤事故可能性。

2. 施工电梯的附墙装置

1) 齿轮齿条驱动施工电梯的附墙装置

为了保证导轨架的稳定性，当电梯架设到一定的高度时，每隔一定的间距必须把立柱导轨架与建筑物用附墙支撑和预埋件连接起来。附墙支撑装置由槽钢连接架、1 号支架、2 号支架、3 号支架和立管架构成，如图 4.14 所示。立管与底笼立管连接。当立管架与墙面距离大于 1.0m 时，可再增加一排立管(用扣件钢管搭设)。附墙支撑的间距在产品使用说明书上都有规定。在最后一个锚固处之上立柱的允许高度，即再需增加新的锚固处之前，至少使电梯再爬升 2～3 层。自由高度，单笼电梯为 15m，双笼电梯为 12m。

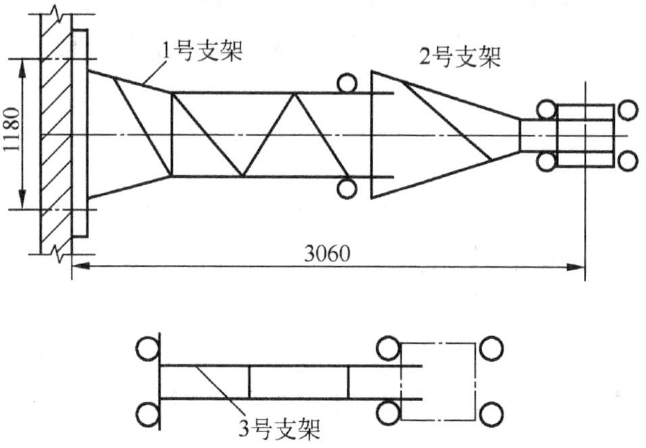

图 4.14　施工电梯的附墙装置

2) 卷扬机绳轮驱动施工电梯附墙装置

卷扬机绳轮驱动施工电梯的附墙装置由三根杆件组成，其附墙距离可视需要在一定范围内进行调整。

4.3　混凝土搅拌运输车与混凝土泵

采用混凝土泵浇注商品混凝土，是钢筋混凝土现浇结构高层建筑施工中最为常见的混凝土浇注方式。

4.3.1　混凝土搅拌运输车

混凝土搅拌运输车由混凝土集中搅拌站将商品混凝土装运到施工现场，并卸入预先准备好的料斗里，再由混凝土泵或塔式起重机输送到浇筑部位。混凝土搅拌运输车运输过程中，同时对混凝土进行不停地搅动，使混凝土免于在运输途中产生离析和初凝，并进一步改善混凝土拌合物的和易性和均匀性，从而提高混凝土的浇筑质量。混凝土搅拌运输车公称容量在 2.5m^3 以下者为轻型；4～6m^3 者属于中型；8m^3 以上者为大型。实践表明，容量 6m^3 的搅拌运输车经济效果最好。

混凝土搅拌运输车主要由底架、搅拌筒、发动机、静液驱动系统、加水系统、装料及进料系统、卸料溜槽、卸料振动器、操作平台、操纵系统及防护设备组成。

选择混凝土搅拌运输车时，应特别注意以下几点技术性能：

(1) 装、卸料快，有利于提高生产率。6m^3 搅拌运输车的装料时间一般约需 40～60s，卸料时间为 90～180s。

(2) 注意搅拌筒的质量。搅拌筒的造价约占混凝土搅拌运输车整车造价的 1/2，搅拌筒的筒壁及搅拌叶片必须用耐磨、耐锈蚀的优质钢材制作，并应有适当厚度。

(3) 安全防护装置齐全。

(4) 操作简单，性能可靠。

(5) 便于清理，保养量小。

使用时应注意下列事项：

(1) 混凝土搅拌运输车在装料前，应先排净筒内的积水及杂物。

(2) 应事先对混凝土搅拌运输车行经路线，如桥涵、洞口、架空管线及库门口的净高和净宽等设施进行详细了解，以利通行。

(3) 混凝土搅拌运输车在运输途中，搅拌筒应以低速转动，到达工地后，应使搅拌筒全速(14～18r/min)转动 1～2min，并待搅拌筒完全停稳不转后，再进行反转出料。

(4) 一般情况下，混凝土搅拌运输车运送混凝土的时间不得超过一小时，具体情况随天气的变化采取不同的措施进行处理：如添加缓凝剂可适当增加混凝土的运输时间。

(5) 工作结束后，应按要求用高压水冲洗搅拌筒内外及车身表面，并高速转动搅拌筒 5～10min，然后排放干净搅拌筒里的水分。

(6) 注意安全，不得将手伸入在转动中的搅拌筒内，也不得将手伸入主卸料溜槽与接长卸料溜槽的连接部位，以免发生安全事故。

4.3.2 混凝土泵

混凝土泵是在压力推动下沿管道输送混凝土的一种设备。它能连续完成高层建筑的混凝土的水平运输和垂直运输，配以布料杆还可以进行较低位置的混凝土的浇筑。近几年来，在高层建筑施工中泵送商品混凝土应用日益广泛，主要原因是泵送商品混凝土的效率高，质量好，劳动强度低。

1. 混凝土泵的分类

混凝土泵按驱动方式分为活塞式泵和挤压式泵，目前用得较多的是活塞式泵；按混凝土泵所使用的动力可分为机械式活塞泵和液压式活塞泵，目前用得较多的是液压式活塞泵；液压式活塞泵按推动活塞的介质又分为油压式和水压式两种，现在用得较多的是油压式；按混凝土泵的机动性分为固定式泵和移动式，所谓移动式是指混凝土泵装在行走式轮胎可牵引移动的汽车上，而后者是指装在载重汽车底盘上的混凝土泵。

2. 活塞式混凝土泵的工作原理

活塞式混凝土泵主要由料斗、液压缸、活塞、混凝土缸、分配阀、Y 形管、冲洗设备、液压系统和动力系统等部分组成，如图 4.15 所示。

活塞式混凝土泵工作时，混凝土进入料斗内，在阀门操纵系统的作用下，阀门开启，阀门关闭，液压活塞在液压力作用下通过活塞杆带动活塞后移，料斗内的混凝土在自重和吸力作用下进入混凝土缸。然后液压系统中压力油的进出反向，使活塞向前推压，同时阀门关闭，阀门打开，混凝土缸中的混凝土在压力作用下就通过 Y 形管进入输送管道，排至所要浇筑混凝土的施工现场中去。

在混凝土泵的料斗内，一般都装有带叶片的、由电动机驱动的搅拌器，以便对进入料斗的混凝土进行二次搅拌以增加其和易性。

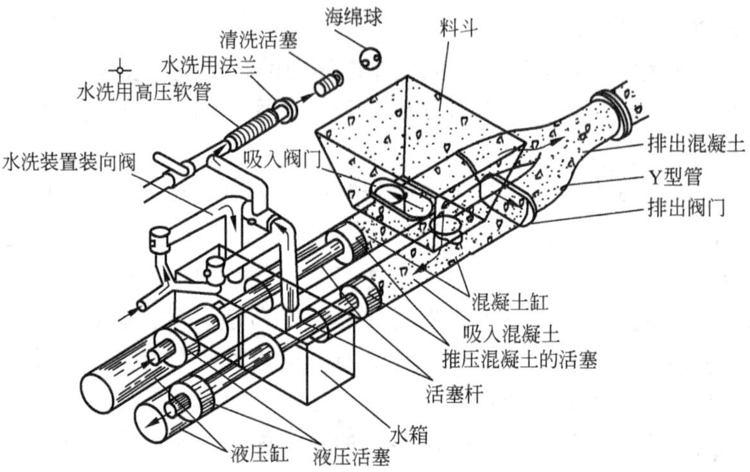

图 4.15 液压活塞式混凝土泵的工作原理图

3. 液压活塞式混凝土泵的主要特点

1) 运距远

液压活塞式混凝土泵的工作压力，一般可达 5MPa，最大可达 19MPa，水平运距达 600m，垂直运距最大可达为 250m，排量为 10～80m³/h。活塞式混凝土泵可排送坍熔度为 5～20cm 的混凝土，骨料最大粒径为 50mm，混凝土缸筒的使用寿命达 50 000m³ 。

2) 结构简单

泵的输送冲击小而稳定，排量可以自由调节，但是此类泵使用的关键是混凝土缸的活塞与缸体的磨损以及阀体的的工作可靠性。

4. 混凝土布料杆

混凝土布料杆是完成输送、布料、摊铺混凝土浇筑入模的一种设备。混凝土布料杆大致可分为汽车式布料杆(亦称混凝土泵车布料杆)和独立式布料杆两大类。

汽车式布料杆由折叠式臂架与泵送管道组成。施工时是通过布料杆各节臂架的俯、仰、屈、伸，能将混凝土泵送到臂架有效幅度范围内的任意一点。泵车的臂架形式主要有连接式、伸缩式和折叠式 3 种。连接式臂架由 2～3 节组合而安置在汽车上，当到达施工现场时再进行组装。伸缩式臂架不需要另行安装，可由液压力一节节顶出，这种布料杆的优点是特别适应在狭窄施工场地上施工，缺点是只能作回转和上下调幅运动。折臂式最大特点是运动幅度和作业范围大，使用方便因用得最广泛，但成本较高，如图 4.16 所示。

独立式布料杆根据它的支承结构形式大致上有 4 种形式：移置式布料杆、管柱式机动布科杆、装在塔式起重机上的布料杆。

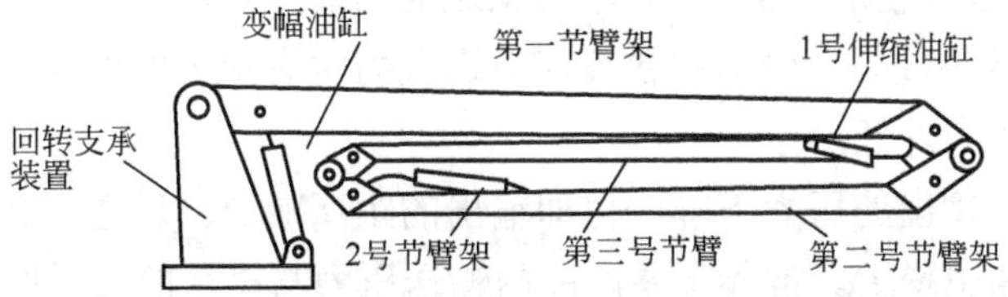

图 4.16　折臂式泵车臂架

移置式布料杆由底架支腿、转台、平衡臂、平衡重、臂架、水平管、弯管等组成。泵送混凝土主要是通过两根水平管送到浇注地点，整个布料杆可用人力推动围绕回转中心转动 360°，而且第二节泵管还可用人推动，以第一节管端弯管为轴心回转 300°。这种移置式布料杆优点是：构造简单、加工容易、安装方便、操作灵活、造价低、维修简便；转移迅速，甚至可用塔吊随着楼层施工升运和转移，可自由地在施工楼面上流水作业段转移；独立性强，无须依赖其他的构件；缺点是：工作幅度、有效作业面积较小；上楼要借助于塔式起重机，给施工带来不便。

管柱式机动布科杆由多节钢管组成的立柱、三节式臂架、泵管、转台、回转机构、操作平台、爬梯、底座等构成。在钢管立柱的下部设有液压爬升机构，借助爬升套架梁，可在楼层电梯井、楼梯间或预留孔筒中逐层向上爬升。管柱式机动布科杆可作 360° 回转，最大工作幅度为 17m，最大垂直输送高度为 16m，有效作业面积为 900m^2；一般情况下，这种布料杆适合于塔形高层建筑和筒仓式建筑施工，受高度限制较少，但由于立管固定依附在构筑物上，水平距离受到一定的限制。

装在塔式起重机上的布料杆，最大特点是借助于塔式起重机。按照塔式起重机的形式不同可分为装在行走式塔式起重机上的布料杆和装在爬升式塔式起重机上的布料杆。前者机动性好，布料作业范围较大，但输送高度受限制；后者可随塔式起重机的自升而不断升高，因而输送高度较大，但由于塔身是固定的，故使用的幅度受到限制。

5. 混凝土泵的选用及其注意事项

混凝土泵的实际排量，为混凝土泵或泵车标定的最大排量乘以泵送距离影响系数、作业效率系数。泵送距离影响系数如表 4-4。作业效率系数由实测确定，一般为 0.4～0.8。

表 4-4　泵送距离影响系数

换算水平泵送距离(m)	0～49	50～99	100～149	150～179	180～199	200～249
泵送距离影响系数	1.0	0.9～0.8	0.8～0.7	0.7～0.6	0.6～0.5	0.5～0.4

混凝土的可泵性一般与单位水泥含量、坍落度、骨料品种与粒径、含砂率和粒度有关。一般来讲，水泥含量越多管道泵送阻力越小，混凝土的可泵性越好，我国规定泵送混凝土最低水泥含量为 300kg/m^3；坍落度越大，混凝土通过泵体时管道阻力就越小，相反则会影响到泵送能力，在一般建筑工程中泵送混凝土的坍落度控制在 80～180mm；泵送混凝土最好以卵石和河砂为骨料，一般要求要控制骨料最大粒径：碎石的直径不得超过输送管道直

径的 1/4，卵石不超过管径的 1/3；含砂率对泵送能力的影响也很大，一般情况下，含砂率以 40%～50%泵送效果较好，骨料的粒度对泵送能力也有很大的影响，如骨料偏离标准粒度太大，会使泵送能力降低。

当排量增大时，输出的压力下降，也即输出的距离减少。反之，如排量减小，则输送压力增加，输送距离也增大。混凝土泵产品附输送压力与排量的关系图。

泵送混凝土时应注意下列事项。

(1) 确定混凝土泵的合理的位置。尽可能使管道总的线路最短，尽可能减少迁移次数，便于用清水冲洗泵机。

(2) 混凝土泵机的基础应坚实可靠，无坍塌，不得有不均匀沉降。泵机就位后应固定牢靠。

(3) 发现有骨料卡住料斗中的搅拌器或有堵塞现象时(泵机停止工作，液压系统压力达到安全极限)，应立即进行短时间的反泵。若反泵不能消除堵塞时，应立即停泵，查找堵塞部位并加以排除。在泵送作业期间，应不时用软管喷水冲刷泵机表面，以防溅落在泵机表面上的混凝土结硬面不易铲除。

(4) 泵送后的清洗。泵送作业行将结束时，应提前一段时间停止向混凝土泵料斗内喂料，以便使管道中的混凝土能完全得到利用。泵送作业完毕后，缸筒、水箱、料斗、搅拌器、闸板阀外壳、格管阀摆动机构等均应用清水冲洗干净。

4.3.3 混凝土输送管路布置

1. 混凝土泵或泵车位置的选择

在泵送混凝土施工过程中，混凝土泵或泵车的停放位置仅影响输送管的配置，也影响到能否顺利进行泵送施工。混凝土泵车的布置应考虑下列条件：

(1) 力求距离浇筑地点近，使所烧筑的基础结构在布料杆的工作范围内，尽量少移动泵车即能完成浇筑任务。

(2) 多台混凝土泵或泵车同时浇筑时，选定的位置要使其各自承担的浇筑量接近，最好能同时浇筑完毕。

(3) 混凝土泵或泵车的停放地点要有足够的场地，以保证运输商品混凝土的搅拌运输供料方便，最好能有供 3 台搅拌运输车同时停放和卸料的场地条件。

(4) 停放位置最好接近供水和排水设施，以便于清洗混凝土泵或泵车。

2. 配管设计

输送管分多种。直管的常用管径有 100m、125m、150m、180m 四种，管段长度有 0.5m、1.0m、2.0m、3.0m、4.0m 五种。混凝土在弯管中流动产生的磨损比直管大得多，故弯管壁厚较大，约为直管的两倍，常见的弯管的弯曲角度有 15°、30°、45°、60°和 90°。连接混凝土泵或泵车的混凝土缸和输送管的过渡管道称为锥形管，锥形管处压力损失大，易产生堵塞，一般锥形管的断面较平缓。软管装在输送管末端，作为施工用具直接用来浇筑混凝土，软管的特点是比较柔软、轻量，以便人工移动位置。管段之间用快速装拆的连接件称为管接头，常用的管接头内侧装有橡胶圈，用偏心杠杆夹紧。为了防止垂直输送管中的混凝土会因自重而返流，对混凝土泵或泵车产生背压，使混凝土泵重新启动困难，或使混凝土拌合物产生泌水、离析而造成堵塞，在泵出口处之外的水平输送管段处设截止阀。如图 4.17 所示。

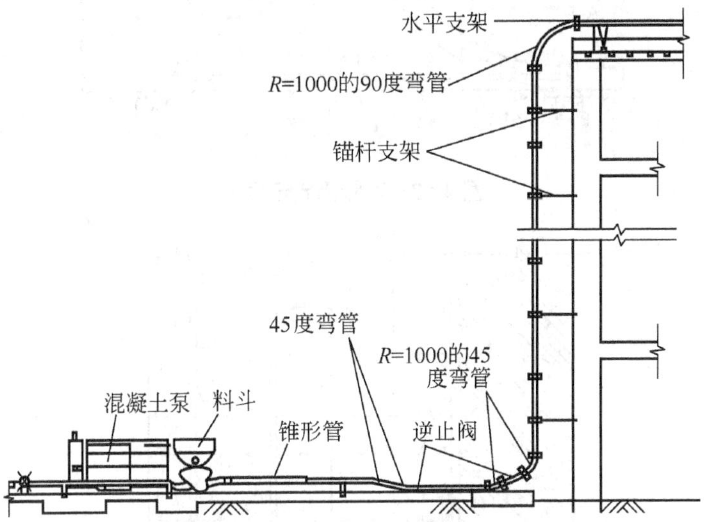

图 4.17　垂直配管示意

某一特定的泵车，它的输送压力是确定的，不同的管的压力损失是不一样的 ，为便于使用，须将锥形管、弯管、软管、向上的垂直管等按流动阻力相等的原则换算成一定长度的水平管。混凝土泵或泵车输送管的水平换算长度必须小于泵的最大泵送距离，才能保证正常的输送混凝土。1mϕ100、ϕ125、ϕ150 垂直管的水平换算长度分别为 4m、5m、6m；R=1m 的弯角为 90°、45°、30°、15° 弯管的水平换算长度分别为 9m、4.5m、3.0m、1.5m；R=0.5m 的弯角为 90°、45°、30°、15° 弯管的水平换算长度分别为 12m、6m、4m、2m；3m、5m 长的软管的水平换算长度分别 30m、18m；ϕ175～ϕ150、ϕ150～ϕ125、ϕ125～ϕ100 锥形管水平换算长度分别为 4m、10m、20m。

如受场地条件限制，在向下倾斜管段的前端无足够场地布置水平管时，可用软管、弯管或环形配管代替以增大摩阻力，防止向下倾斜管段内的混凝土自流。由于向下泵送混凝土时，混凝土的自流与其坍落度关系密切，为防止产生向下自流，根据我国的施工经验，混凝土的坍落度宜适当减小。

3. 混凝土输送管的固定法举例

混凝土输送管的固定法如图 4.18、图 4.19、图 4.20 所示。

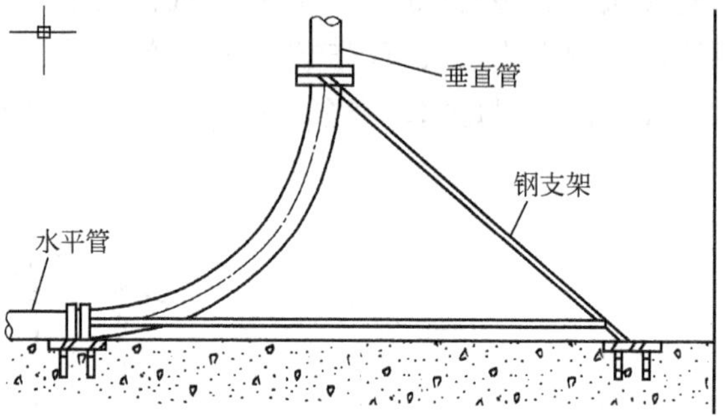

图 4.18　弯管固定示意图

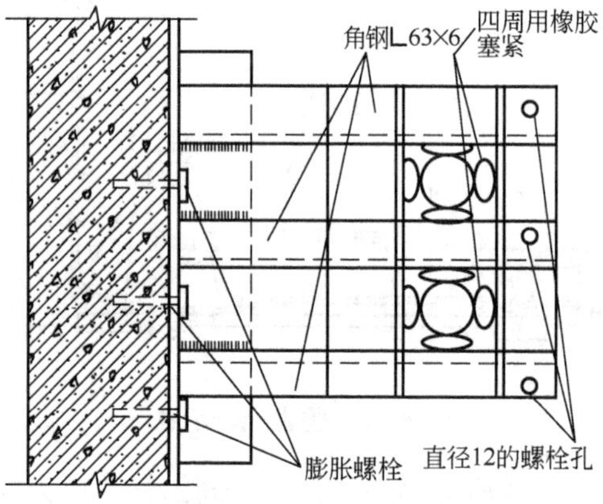

图 4.19　垂直管与墙壁固定示意图

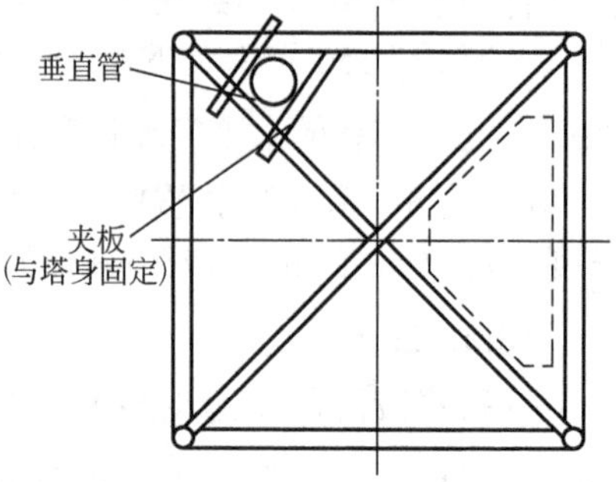

图 4.20　垂直管与固定式塔式起重机的塔身固定示意图

第 5 章 高层建筑施工用脚手架

教学提示：高层建筑施工用脚手架可以保证安全、迅速地实施高空施工，它比多层建筑施工用脚手架更复杂。通过规范化使用、合理化计算，使这种临时性结构实现既经济又安全，是一项艰巨的任务。

教学要求：本章对脚手架作了概述，介绍了扣件式钢管脚手架的构造和设计方法、碗扣式钢管脚手架的构造、门式钢管脚手架构造和设计方法、附着升降脚手架的构造举例和管理规定、悬挑脚手架和外挂脚手架的构造举例。要求重点掌握扣件式钢管脚手架的构造和设计方法、门式钢管脚手架的构造和设计方法。

5.1 概 述

长期以来，我国普遍使用木、竹脚手架。20 世纪 60 年代以后，出现了多种脚手架，其中，扣件式钢管脚手架是目前乃至今后较长时间内使用量最大、最普遍的脚手架；门式脚手架、碗扣式脚手架、方塔式脚手架、附着升降式脚手架、悬挑式脚手架，也得到大量推广使用。

脚手架与一般结构相比，其工作条件具有以下特点：(1)所受荷载变异性较大；(2)扣件连接节点属于半刚性，且节点刚性大小与扣件质量、安装质量有关，节点性能存在较大变异；(3)脚手架结构、构件存在初始缺陷，如杆件的初弯曲、锈蚀、搭设尺寸误差、受荷偏心等均较大；(4)与墙的连接点，对脚手架的约束性变异较大。(5)安全储备小到目前为止，对以上问题的研究还很不够，缺乏系统积累和统计资料，不具备独立进行概率分析的条件。

在过去的很长时期，由于经济和科学技术发展水平限制，脚手架基本依经验做法搭设而不设计和计算，随意性大，安全得不到科学和可靠保证；脚手架材料、形式都有很大变化后该问题更突出(即低层、中小工程、木竹变化为高层、大型、特种工程、扣件式脚手架、碗扣式脚手架、门式脚手架、悬挑式脚手架、升降式脚手架等)。建筑施工主管部门和许多从事施工技术研究的同志在这方面作了不少工作，进行了设计计算方法的探索，取得了一批成果，但仍比较零散，采用的理论和方法中也存在较多差异。因此，迫切须要建立科学、系统和适用的设计计算方法，对其构造和联接要求、架设和使用安全等有关方面作出必要的规定或指导。

国家建设部施工安全主管部门自 1987 年起开始组织制定我国建筑施工安全技术规程系列，其中计划制订的脚手架及其相关设施的安全技术规范占了相当大的比重。给出的初步但仍较为系统的设计计算方法，对于加强使用安全管理和促进建筑脚手架技术的发展，必将发挥出重大的作用。同时也为建立系统的脚手架的设计计算方法奠定了初步的基础。这些脚手架的安全管理和设计计算方法，反映在《编制建筑施工脚手架安全技术标准的统一规定》(1993 年)及其修订稿(具体体现、应用在各专门的脚手架规范中)、《建筑施工门式钢管脚手架安全技术规程》(JGJ 128—2000，J 43—2000；以下简称“脚手架 00 规范”)、

《建筑施工扣件式钢管脚手架安全技术规范》(JGJ 130—2001，J 84—2001；以下简称“脚手架 01 规范”)、《建筑施工附着升降脚手架管理暂行规定》(2000.10)。

5.2　扣件式钢管脚手架

5.2.1　概述

由钢管及扣件组成的扣件式钢管脚手架具有以下特点：

(1) 承载力大。当脚手架的几何尺寸及构造符合有关要求时，脚手架的单管立柱的承载力可达 15～35kN。

(2) 装拆方便，搭设灵活。适应各种平面、立面的建筑物与构筑物用脚手架。

(3) 比较经济。与其他钢管脚手架相比，加工简单，一次投资较少。如果精心设计脚手架几何尺寸，注意提高钢管周转使用率，则材料用量也可较少。

扣件式脚手架在我国应用已有 40 多年，积累了较为丰富的使用经验，是应用最为普遍的一种钢管脚手架，其适用范围如下：

(1) 工业与民用房屋建筑，特别是多、高层房屋的施工用脚手架；

(2) 高耸构筑物，如井架、烟囱、水塔等的施工用脚手架；

(3) 模板支撑架；

(4) 上料平台；

(5) 栈桥、码头、高架公路等工程的施工用脚手架；

(6) 其他，如简易建筑物的骨架等。

扣件式钢管脚手架如管理不善将大大增加钢管用量，增大扣件的损耗，会影响到扣件式脚手架的优越性。因此在扣件式脚手架的构配件使用、存放和维护过程中应注意按有关要求加强科学管理。

工业与民用建筑施工用落地式(底撑式)单、双排扣件式钢管脚手架的设计与施工，以及水平混凝土结构工程施工中模板支架的设计与施工，可以使用脚手架 01 规范，进行科学管理。

脚手架 01 规范规定，单排脚手架不适用于下列情况：

(1) 墙体厚度小于或等于 180mm；

(2) 建筑物高度超过 24m；

(3) 空斗砖墙、加气块墙等轻质墙体；

(4) 砌筑砂浆强度等级小于或等于 M1.0 的砖墙。

以上 4 条规定，依据现行国家标准《砌体工程施工及验收规范》(GB 50203—1998)及某些施工单位的经验制定。

扣件式钢管脚手架施工前，应按脚手架 01 规范的规定对脚手架结构构件与立杆地基承载力进行设计计算；但在脚手架 01 规范规定的特殊情况下，相应杆件可不再进行设计计算：50m 以下的常用敞开式单、双排脚手架，在基本风压等于或小于 0.35kN/m^2 的地区，对于仅有栏杆和挡脚板的敞开式脚手架，当每个连墙点覆盖的面积不大于 30m^2，构造符合脚手架 01 规范关于连墙点等的构造规定时，脚手架常用构架尺寸见表 5-1、表 5-2，40N • m≤

扣件螺栓拧紧扭力矩值≤65 N • m。但连墙件、立杆地基承载力等仍应根据实际荷载进行设计计算。

表 5-1　常用敞开式双排脚手架的构架尺寸(m)

连墙件设置	立杆横距 l_b	步距 h	下列荷载时的立杆纵距 l_a				脚手架允许搭设高度[H]
			2+4×0.35 (kN/m²)	2+2+4×0.35 (kN /m²)	3+4×0.35 (kN /m²)	3+2+4×0.35 (kN /m²)	
二步三跨	1.05	1.20～1.35	2.0	1.8	1.5	1.5	50
		1.8	2.0	1.8	1.5	1.5	50
	1.30	1.20～1.35	1.8	1.5	1.5	1.5	50
		1.8	1.8	1.5	1.5	1.2	50
	1.55	1.20～1.35	1.8	1.5	1.5	1.5	50
		1.8	1.8	1.5	1.5	1.2	37
三步三跨	1.05	1.20～1.35	2.0	1.8	1.5	1.5	50
		1.8	2.0	1.5	1.5	1.5	34
	1.30	1.20～1.35	1.8	1.5	1.5	1.5	50
		1.8	1.8	1.5	1.5	1.2	30

注: ① 表中所示 2+2+4×0.35(kN /m²)，包括下列荷载:2+2 (kN /m²)是二层装修作业层施工荷载；4×0.35(kN /m²)包括二层作业层脚手板，另二层脚手板为脚手架 01 规范规定的构造设置；

② 作业层横向水平杆间距，应按不大于 $l_a/2$ 设置。

表 5-2　常用敞开式单排脚手架的构架尺寸(m)

连墙件设置	立杆横距 l_b	步距 h	下列荷载时的立杆纵距 la		脚手架允许搭设高度[H]
			2+2×0.35 (kN/m²)	3+2×0.35 (kN /m²)	
二步三跨 三步三跨	1.20	1.20～1.35	2.0	1.8	24
		1.8	2.0	1.8	24
	1.40	1.20～1.35	1.8	1.5	24
		1.8	1.8	1.5	24

注: 同表 5-1。

扣件式钢管脚手架施工前，应根据脚手架 01 规范的规定编制施工组织设计。

5.2.2　扣件式钢管脚手架的基本构架形式及术语

扣件式钢管脚手架的基本构架形式如图 5.1 所示。

脚手架：为建筑施工而搭设的上料、堆料与施工作业用的临时结构架。

单排脚手架(单排架)：只有一排立杆，横向水平杆的一端搁置在墙体上的脚手架。

双排脚手架(双排架)：由内外两排立杆和水平杆等构成的脚手架。

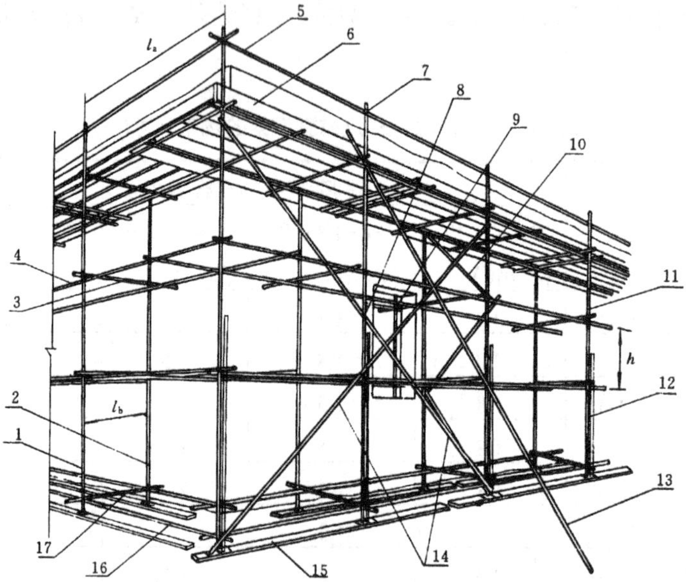

图 5.1　扣件式钢管脚手架的基本构架形式

1—外立杆　2—内立杆　3—横向水平杆　4—纵向水平杆　5—栏杆　6—挡脚板　7—直角扣件
8—旋转扣件　9—连墙件　10—横向斜撑　11—主立杆　12—副立杆　13—抛撑　14—剪刀撑
15—垫板　16—纵向扫地杆　17—横向扫地杆

结构脚手架：用于砌筑和结构工程施工作业的脚手架。
装修脚手架：用于装修工程施工作业的脚手架。
敞开式脚手架：仅设有作业层栏杆和挡脚板，无其他遮挡设施的脚手架。
局部封闭脚手架：遮挡面积小于30%的脚手架。
半封闭脚手架：遮挡面积占30～70%的脚手架。
全封闭脚手架：沿脚手架外侧全长和全高封闭的脚手架。
模板支架：用于支撑模板的、采用脚手架材料搭设的架子。
开口型脚手架：沿建筑周边非交圈设置的脚手架。
封圈型脚手架：沿建筑周边交圈设置的脚手架。
扣件：采用螺栓紧固的扣接连接件。
直角扣件：用于垂直交叉杆件间连接的扣件。
旋转扣件：用于平行或斜交杆件间连接的扣件。
对接扣件：用于杆件对接连接的扣件。
防滑扣件：根据抗滑要求增设的非连接用途扣件。
底座：设于立杆底部的垫座。
固定底座：不能调节支垫高度的底座。
可调底座：能够调节支垫高度的底座。
垫板：设于底座下的支承板。
立杆：脚手架中垂直于水平面的竖向杆件。
外立杆：双排脚手架中离开墙体一侧的立杆。

内立杆：双排脚手架中贴近墙体一侧的立杆。

角杆：位于脚手架转角处的立杆。

双管立杆：两根并列紧靠的立杆。

主立杆：双管立杆中直接承受顶部荷载的立杆。

副立杆：双管立杆中分担主立杆荷载的立杆。

水平杆：脚手架中的水平杆件。

纵向水平杆：沿脚手架纵向设置的水平杆。

横向水平杆：沿脚手架横向设置的水平杆。

扫地杆：贴近地面，连接立杆根部的水平杆。

纵向扫地杆：沿脚手架纵向设置的扫地杆。

横向扫地杆：沿脚手架横向设置的扫地杆。

连墙件：连接脚手架与建筑物的构件。

刚性连墙件：采用钢管、扣件或预埋件组成的连墙件。

柔性连墙件：采用钢筋作拉筋构成的连墙件。

连墙件间距：脚手架相邻连墙件之间的距离。

连墙件竖距：上下相邻连墙件之间的垂直距离。

连墙件横距：左右相邻连墙件之间的水平距离。

横向斜撑：与双排脚手架内、外立杆或水平杆斜交呈之字形的斜杆。

剪刀撑：在脚手架外侧面成对设置的交叉斜杆。

抛撑：与脚手架外侧面斜交的杆件。

脚手架高度：自立杆底座下皮至架顶栏杆上皮之间的垂直距离。

脚手架长度：脚手架纵向两端立杆外皮间的水平距离。

脚手架宽度：双排脚手架横向两侧立杆外皮之间的水平距离，单排脚手架为外立杆外皮至墙面的距离。

立杆步距(步)：上下水平杆轴线间的距离。

立杆间距：脚手架相邻立杆轴线间的距离。

立杆纵距(跨)：脚手架相邻立杆的纵向间距。

立杆横距：脚手架立杆的横向间距，单排脚手架为外立杆轴线至墙面的距离。

主节点：立杆、纵向水平杆、横向水平杆三杆紧靠的扣接点。

作业层：上人作业的脚手架铺板层。

脚手架钢管应采用现行国家标准《直缝电焊钢管》(GB / T13793)或《低压流体输送用焊接钢管》(GB / T3092)中规定的 3 号普通钢管，其质量应符合现行国家标准《碳素结构钢》(GB / T700)中 Q235-A 级钢的规定。脚手架钢管的尺寸应按表 5-3 采用。脚手架钢管的截面特性指标如表 5-4。每根钢管的最大质量不应大于 25kg，宜采用 $\phi 48\times3.5$ 钢管。我国扣件式钢管脚手架使用的 $\phi 48\times3.5$ 钢管绝大部分是焊接钢管，属冷弯薄壁型钢材，其材料设计强度设计值与轴心受压构件的稳定系数 ϕ 值，应引用现行国家标准《冷弯薄壁型钢结构技术规范》(GBJ18)；在其他情况采用热轧无缝钢管时，则应引用现行国家标准《钢结构设计规范》(GBJ 17)。钢管上严禁打孔。

表 5-3　脚手架钢管尺寸(m)

截面尺寸		最大长度	
外径 ф4，*d*	壁厚 *t*	横向水平杆	其他杆
48	3.5	2 200	6 500
51	3.0		

表 5-4　脚手架钢管的截面特性指标

钢管尺寸	截面积 *A* (cm^2)	惯性矩 *I* (cm^4)	截面模量 *W* (cm^3)	回转半径 *i* (cm)	每米长质量 (kg/m)
ф48×3.5	4.89	12.19	5.08	1.58	3.84
ф51×3.0	4.52	13.08	5.13	1.70	3.55

目前我国有可锻铸铁扣件(如图 5.2 所示)和钢板压制扣件。扣件式钢管脚手架应采用可锻铸铁制作的扣件，其材质应符合现行国家标准《钢管脚手架扣件》(GB15831)的规定；采用其他材料制作的扣件，应经试验证明其质量符合该标准的规定后方可使用。脚手架采用的扣件，在螺栓拧紧扭力矩达 65N • m 时，不得发生破坏。

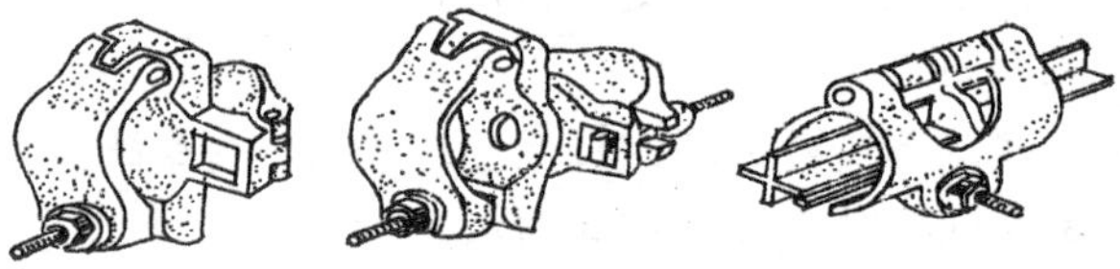

(a) 直角扣件　(b) 旋转扣件　(c) 对接扣件

图 5.2　可锻铸铁扣件

用扣件连接的钢管脚手架，其水平杆的轴线与立杆轴线在主节点上并不汇交在一点。当纵向或横向水平杆传荷载至立杆时，存在偏心距 53mm，如图 5.3 所示。在一般情况下，此偏心产生的附加弯曲应力不大，为了简化计算，予以忽略。国外同类标准(如英、日、法等国)对此项偏心的影响也做了相同处理。由于忽略偏心而带来的不安全因素，脚手架 01 规范已在立杆承载力计算的调整系数中加以考虑。底座如图 5.4 所示。

脚手板可采用钢、木、竹材料制作，每块质量不宜大于 30kg。冲压钢脚手板的材质应符合现行国家标准《碳素结构钢》(GB / T700)中 Q235-A 级钢的规定，其质量与尺寸允许偏差应符合规范验收条件，并应有防滑措施。木脚手板应采用杉木或松木制作，其材质应符合现行国家标准《木结构设计规范》(GBJ5)中Ⅱ级材质的规定，脚手板厚度不应小于 50mm，两端应各设直径为 4mm 的镀锌钢丝箍两道。竹脚手板宜采用由毛竹或楠竹制作的竹串片板、竹笆板。

连墙件的材质应符合现行国家标准《碳素结构钢》(GB / T700)中 Q235-A 级钢的规定。

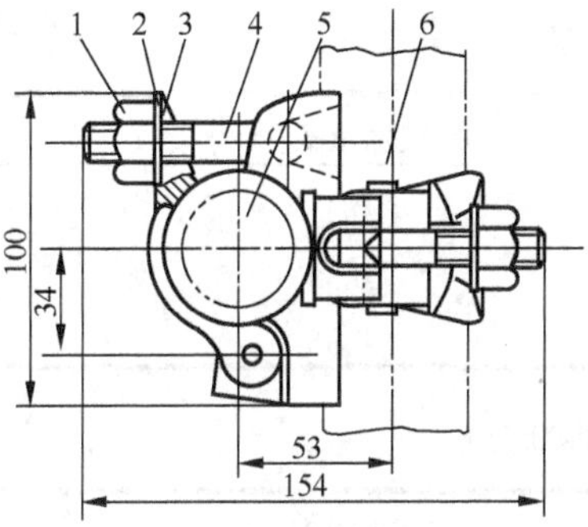

图 5.3　直角扣件

1—螺母　2—垫圈　3—盖板

4—螺栓　5—纵向水平杆　6—立杆

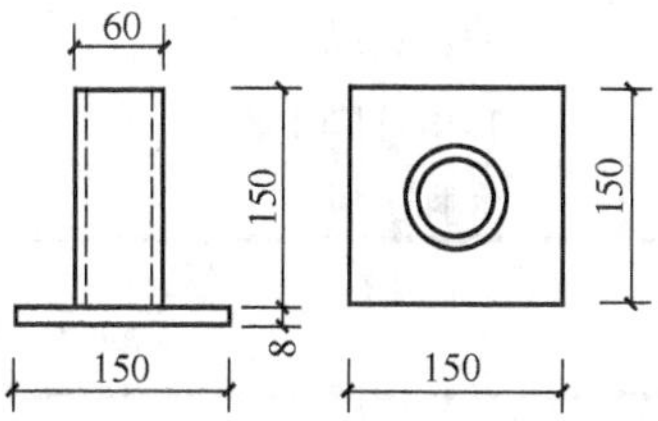

图 5.4　底座

5.2.3　扣件式钢管脚手架的荷载及其组合

1. 脚手架的荷载

作用于脚手架的荷载可分为永久荷载(恒荷载)与可变荷载(活荷载)。永久荷载(恒荷载)可分为：(1)脚手架结构自重，包括立杆、纵向水平杆、横向水平杆、剪刀撑、横向斜撑和扣件等的自重；(2)构、配件自重，包括脚手板、栏杆、挡脚板、安全网等防护设施的自重。可变荷载(活荷载)可分为：(1)施工荷载，包括作业层上的人员、器具和材料的自重；(2)风荷载。

永久荷载标准值应符合下列规定：(1)每米立杆承受的结构自重标准值，宜按表 5-5 采用；(2)冲压钢脚手板、木脚手板与竹串片脚手板自重标准值，应按表 5-6 采用；(3)栏杆与挡脚板自重标准值，应按表 5-7 采用；(4)脚手架上吊挂的安全设施(安全网、苇席、竹笆及帆布等)的荷载应按实际情况采用。常用构配件与材料、人员的自重应按表 5-8 采用。

表 5-5　φ48×3.5 钢管脚手架每米立杆承受的结构自重标准值 g_k(kN/m)

步距(m)	脚手架类型	纵距(m)				
		1.2	1.5	1.8	2.0	2.1
1.2	单排	0.1581	0.1723	0.1865	0.1958	0.2004
	双排	0.1489	0.1611	0.1734	0.1815	0.1856
1.35	单排	0.1473	0.1601	0.1732	0.1818	0.1861
	双排	0.1379	0.1491	0.1601	0.1674	0.1711
1.5	单排	0.1384	0.1505	0.1626	0.1706	0.1746
	双排	0.1291	0.1394	0.1495	0.1562	0.1596
1.8	单排	0.1253	0.1360	0.1467	0.1539	0.1575
	双排	0.1161	0.1248	0.1337	0.1395	0.1424
2.0	单排	0.1195	0.1298	0.1405	0.1471	0.1504
	双排	0.1094	0.1176	0.1259	0.1312	0.1338

注：① 双排脚手架每米立杆承受的结构自重标准值是指内、外立杆的平均值；单排脚手架每米立杆承受的结构自重标准值系按双排脚手架外立杆等值采用；

② 当采用φ51×3 钢管时，每米立杆承受结构自重标准值可按表中数值乘以 0.96 采用。

表 5-6　脚手板自重标准值

类别	标准值(kN / m²)
冲压钢脚手板	0.3
竹串片脚手板	0.35
木脚手板	0.35

表 5-7　栏杆、挡脚板自重标准值

类别	标准值(kN / m)
栏杆、冲压钢脚手板挡板	0.11
栏杆、竹串片脚手板挡板	0.14
栏杆、木脚手板挡板	0.14

表 5-8　常用构配件与材料、人员的自重

名称	单位	自重	备注
扣件：直角扣件 旋转扣件 对接扣件	N/个	13.2 14.6 18.4	
人	N	800～850	
灰浆车、砖车	kN/辆	2.04～2.50	
普通砖 240mm×115mm ×53mm	kN/m³	18～19	684 块/ m³，湿
灰砂砖	kN/m³	18	砂：石灰=92：8
瓷面砖 150mm×150mm ×8mm	kN/m³	17.8	5 556 块/ m³
陶瓷锦砖(马赛克)δ=5mm	kN/m³	0.12	
石灰砂浆、混合砂浆	kN / m³	17	
水泥砂浆	kN / m³	20	
素混凝土	kN / m³	22～24	
加气混凝土	kN / 块	5.5～7.5	
泡沫混凝土	kN / m³	4～6	

装修与结构脚手架作业层上的施工均布活荷载标准值，应按表 5-9 采用；其他用途脚手架的施工均布活荷载标准值，应根据实际情况确定。

表 5-9　施工均布活荷载标准值

类别	标准值(kN / m²)
装修脚手架	2
结构脚手架	3

作用于脚手架上的水平风荷载标准值，应按式(5-1)计算：

$$\omega_k = 0.7\mu_z\mu_s\,\omega_0 \tag{5-1}$$

式中：ω_k——风荷载标准值(kN / m^2)；

μ_z——风压高度变化系数，按现行国家标准《建筑结构荷载规范》(GBJ 9)规定采用，见表 5-10；

表 5-10　风压高度变化系数 μ_z

离地面或海平面高度(m)	地面粗糙类别			
	A	B	C	D
5	1.17	1.00	0.74	0.62
10	1.38	1.00	0.74	0.62
15	1.52	1.14	0.74	0.62
20	1.63	1.25	0.84	0.62
30	1.80	1.42	1.00	0.62
40	1.92	1.56	1.13	0.73
50	2.03	1.67	1.25	0.84
60	2.12	1.77	1.35	0.93
70	2.20	1.86	1.45	1.02
80	2.27	1.95	1.54	1.11
90	2.34	2.02	1.62	1.19
100	2.40	2.09	1.70	1.27
150	2.64	2.38	2.03	1.61
200	2.83	2.61	2.30	1.92
250	2.99	2.80	2.54	2.19
300	3.12	2.97	2.75	2.45
350	3.12	3.12	2.94	2.68
400	3.12	3.12	3.12	2.91
≥450	3.12	3.12	3.12	3.12

对于平坦或稍有起伏的地形，风压高度变化系数应根据地面粗糙度类别按上表确定。地面粗糙度可分为 A、B、C、D 四类：A 类指近海海面和海岛、海岸、湖岸及沙漠地区；B 类指田野、乡村、丛林、丘陵以及房屋比较稀疏的乡镇和城市郊区；C 类指有密集建筑群的城市市区；D 类指有密集建筑群且房屋较高的城市市区。

对于山区的建筑物，风压高度变化系数可按平坦地面的粗糙度类别，由上表确定外，还应考虑地形条件的修正，修正系数 η 分别按下述规定采用。

(1) 对于山峰和山坡，如图 5.5 所示，其顶部 B 处的修正系数可按式(5-2)采用。

$$\eta_B = \left[1 + k\tan\alpha\left(1 - \frac{z}{2.5H}\right)\right]^2 \tag{5-2}$$

式中：$\tan\alpha$——山峰或山坡在迎风面一侧的坡度；当 $\tan\alpha>0.3$ 时，取 $\tan\alpha=0.3$；

k——系数，对山峰取 3.2，对山坡取 1.4；

H——山顶或山坡全高(m)；

z——建筑物计算位置离建筑物地面的高度(m)；当 $z>2.5H$ 时，取 $z=2.5H$。

对于山峰和山坡的其他部位，可按图 5.5 所示，取 A、C 处的修正系数 η_A、η_c 为 1，AB 间和 BC 间的修正系数按可的线性插值确定。

2) 山间盆地、谷地等闭塞地形 η=0.75～0.85；对于与风向一致的谷口、山口 η=1.20～1.50。

3) 对于远海海面和海岛的建筑物或构筑物，风压高度变化系数可按 A 类粗糙度类别，由表 5-10 确定外，还应考虑表 5-11 给出的修正系数。

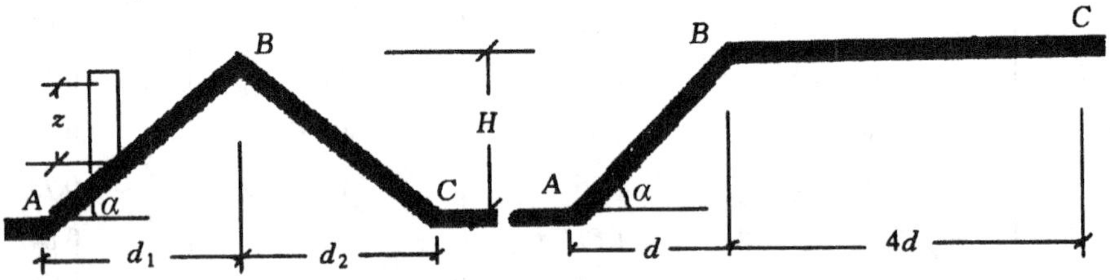

图 5.5　山峰和山坡示意图

表 5-11　远海海面和海岛的修正系数

距海岸距离(km)	η
<40	1.0
40～60	1.0～1.1
60～100	1.1～1.2

μ_s——脚手架风荷载体型系数，按表 5-12 的规定采用；

表 5-12　脚手架的风荷载体型系数 μ_s

背靠建筑物的状况		全封闭墙	敞开、框架和开洞墙
脚手架状况	全封闭、半封闭	1.0φ	1.3φ
	敞开	μ_{stw}	

注：① μ_{stw} 值可将脚手架视为桁架，按现行国家标准《建筑结构荷载规范》(GB50009)表 7.3.1 第 32 项和第 36 项(见表 5-13)的规定计算；

② φ 为“挡风系数”，$\varphi=1.2A_n/A_w$，其中 A_n 为挡风面积；A_w 为迎风面积。

表 5-13　《建筑结构荷载规范》(GB50009)表 7.3.1 第 32 项、第 36 项和第 2 项内容

<table>
<tr><th>项次</th><th>类型</th><th>体型及体型系数 μ_s</th></tr>
<tr><td>32</td><td>桁架</td><td>
(a)
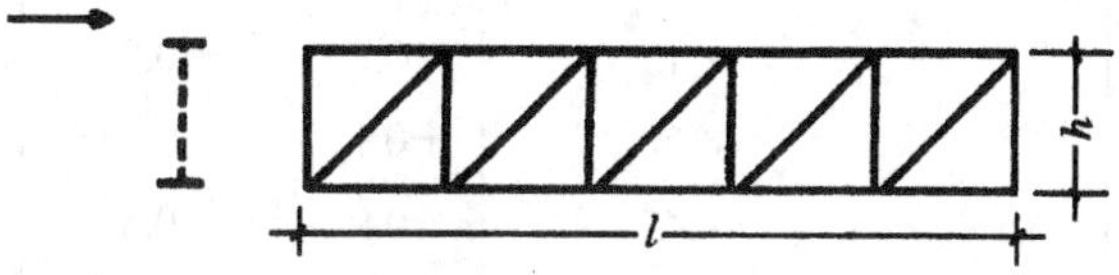

单榀桁架的体型系数 $\mu_{st}=\Phi\mu_s$
μ_s 为桁架构件的体型系数，对型钢杆件按第 31 项采用，对圆管杆件按第 36(b)项采用
$\Phi=A_n/A$ 为“桁架的挡风系数”
A_n 为桁架杆件和节点挡风的净投影面积
A 为桁架的轮廓面积，$A=hl$ 为桁架的轮廓面积
(b)
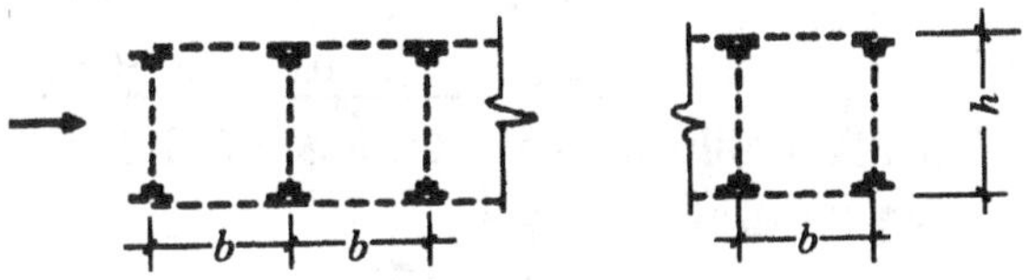

n 榀平行桁架的整体体型系数
$\mu_{stw}=\mu_{st}\dfrac{l-\eta^n}{l-\eta}$
μ_{st} 为单榀桁架的体型系数，η 按下表采用
<table>
<tr><th>b/h
ϕ</th><th>≤1</th><th>2</th><th>4</th><th>6</th></tr>
<tr><td>≤0.1</td><td>1.00</td><td>1.00</td><td>1.00</td><td>1.00</td></tr>
<tr><td>0.2</td><td>0.85</td><td>0.90</td><td>0.93</td><td>0.97</td></tr>
<tr><td>0.3</td><td>0.66</td><td>0.75</td><td>0.80</td><td>0.85</td></tr>
<tr><td>0.4</td><td>0.50</td><td>0.60</td><td>0.67</td><td>0.73</td></tr>
<tr><td>0.5</td><td>0.33</td><td>0.45</td><td>0.53</td><td>0.62</td></tr>
<tr><td>0.6</td><td>0.15</td><td>0.30</td><td>0.40</td><td>0.50</td></tr>
</table>
</td></tr>
<tr><td>36</td><td>圆截面构筑物(包括烟囱、塔桅等)</td><td>
(a)局部计算时表面分布的体型系数 μ_s
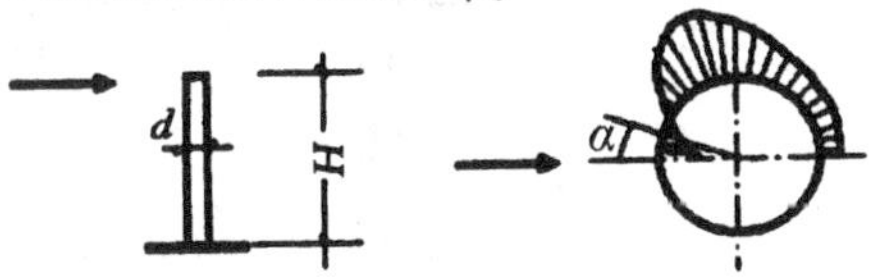

</td></tr>
</table>

续表

<table>
<tr><th>项次</th><th>类型</th><th>体型及体型系数 μ_s</th></tr>
<tr><td>36</td><td>圆截面构筑物(包括烟囱、塔桅等)</td><td>
<table>
<tr><th>α(°)</th><th>H/d≥25</th><th>H/d=7</th><th>H/d=1</th></tr>
<tr><td>0</td><td>+1.0</td><td>+1.0</td><td>+1.0</td></tr>
<tr><td>15</td><td>+0.8</td><td>+0.8</td><td>+0.8</td></tr>
<tr><td>30</td><td>+0.1</td><td>+0.1−</td><td>+0.1</td></tr>
<tr><td>45</td><td>−0.9</td><td>−0.8</td><td>−0.7</td></tr>
<tr><td>60</td><td>−1.9</td><td>−1.7</td><td>−1.2</td></tr>
<tr><td>75</td><td>−2.5</td><td>−2.2</td><td>−1.5</td></tr>
<tr><td>90</td><td>−2.6</td><td>−2.2</td><td>−1.7</td></tr>
<tr><td>105</td><td>−1.9</td><td>−1.7</td><td>−1.2</td></tr>
<tr><td>120</td><td>−0.9</td><td>−0.8</td><td>−0.7</td></tr>
<tr><td>135</td><td>−0.7</td><td>−0.6</td><td>−0.5</td></tr>
<tr><td>150</td><td>−0.6</td><td>−0.5</td><td>−0.4</td></tr>
<tr><td>165</td><td>−0.6</td><td>−0.5</td><td>−0.4</td></tr>
<tr><td>180</td><td>−0.6</td><td>−0.5</td><td>−0.4</td></tr>
</table>
表中数值适用于 $\mu_z \omega_0 d^2 \geq 0.015$ 的表面光滑情况，其中 ω_0 以 kN / m² 计，d 以 m 计
(b)整体计算时的体型系数 μ_s
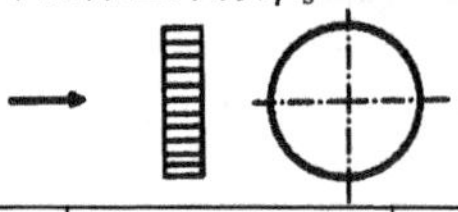
<table>
<tr><th>$\mu_z \omega_0 d^2$</th><th>表面情况</th><th>H/d≥25</th><th>H/d=7</th><th>H/d=1</th></tr>
<tr><td rowspan="3">≥0.015</td><td>Δ≈0</td><td>0.6</td><td>0.5</td><td>0.5</td></tr>
<tr><td>Δ=0.02d</td><td>0.9</td><td>0.8</td><td>0.7</td></tr>
<tr><td>Δ=0.08d</td><td>1.2</td><td>1.0</td><td>0.8</td></tr>
<tr><td>≤0.002</td><td></td><td>1.2</td><td>0. 8</td><td>0.7</td></tr>
</table>
中间值按插入法计算；Δ为表面凸出高度
</td></tr>
<tr><td>2</td><td>封闭式双坡屋面</td><td>
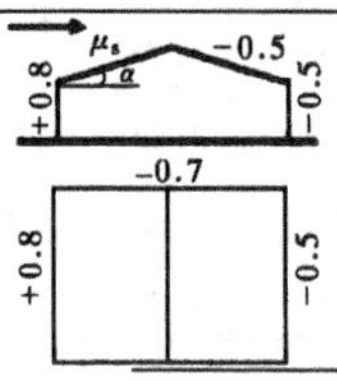

<table>
<tr><th>α(°)</th><th>μ_s</th></tr>
<tr><td>≤15</td><td>−0.6</td></tr>
<tr><td>30</td><td>0</td></tr>
<tr><td>≥60</td><td>+0.8</td></tr>
</table>
中间值按插入法计算
</td></tr>
</table>

注：“桁架的挡风系数”φ，对脚手架可按下表 5-14 取。

表 5-14　敞开式单、双排扣件式钢管(φ48×3.5)脚手架的挡风系数 φ 值

步距(m)	纵距 (m)			
	1.2	1.5	1.8	2.0
1.2	0.115	0.105	0.099	0.097
1.35	0.110	0.100	0.093	0.091
1.5	0.105	0.095	0.089	0.087
1.8	0.099	0.089	0.083	0.080
2.0	0.096	0.086	0.080	0.077

注：敞开式扣件钢管脚手架的挡风系数是由下式计算确定：$\phi = \dfrac{1.2A_n}{l_a h}$

式中：1.2——面积增大系数；

A_n——纵距(跨)内钢管的总挡风面积，$A_n = (l_a + h + 0.325 l_a h)d$；

l_a——立杆纵距(m)；

h——立杆步距(m)；

0.325——脚手架立面每平米内剪刀撑的平均长度；

d——钢管外径(m)。

ω_0——基本风压(kN/m^2)，按现行国家标准《建筑结构荷载规范》(GBJ 9)的规定采用，见表 5-15。

表 5-15　我国部分城市的基本风压(kN/m^2)

城市	海拔高度(m)	基本风压
北京	54.0	0.45
天津	3.3	0.50
上海	2.8	0.55
石家庄	80.5	0.35
张家口	724.2	0.55
济南	51.6	0.45
南京	8.9	0.40
徐州	41.0	0.35
无锡	6.7	0.45
常州	4.9	0.40
杭州	41.7	0.45
合肥	27.9	0.35
南昌	46.7	0.45
福州	83.8	0.70
广州	6.6	0.50
海口	14.1	0.75

注：基本风压按 50 年一遇的风压采用。其他城市基本风压见《建筑结构荷载规范》(GB50009)。

2. 脚手架的荷载组合

设计脚手架的承重构件时，应根据使用过程中可能出现的荷载取其最不利组合进行计算，荷载效应组合宜按表 5-16 采用。

表 5-16　脚手架的荷载效应组合

计算项目	荷载效应组合
纵向、横向水平杆强度与变形	永久荷载+施工均布活荷载
脚手架立杆稳定	①永久荷载+施工均布活荷载
	②永久荷载+0.85(施工均布活荷载+风荷载)
连墙件承载力	单排架，风荷载+3.0kN 双排架，风荷载+5.0 kN

5.2.4　扣件式钢管脚手架的设计计算

1. 基本设计规定

脚手架的承载能力应按概率极限状态设计法的要求，采用分项系数设计表达式进行设计。可只进行下列设计计算：(1)纵向、横向水平杆等受弯构件的强度和连接扣件的抗滑承载力计算；(2)立杆的稳定性计算；(3)连墙件的强度、稳定性和连接强度的计算；(4)立杆地基承载力计算。当纵向或横向水平杆的轴线对立杆轴线的偏心距不大于 55mm 时，立杆稳定性计算中可不考虑此偏心距的影响。

计算构件的强度、稳定性与连接强度时，应采用荷载效应基本组合的设计值。永久荷载分项系数应取 1.2，可变荷载分项系数应取 1.4。脚手架中的受弯构件，应根据正常使用极限状态的要求验算变形；验算构件变形时，应采用荷载短期效应组合的设计值。

钢材的强度设计值与弹性模量应按表 5-17 采用。扣件、底座的承载力设计值应按表 5-18 采用。受弯构件的挠度不应超过表 5-19 规定的容许值。受压、受拉构件的长细比不应超过表 5-20 规定的容许值。

表 5-17　钢材的强度设计值与弹性模量(N/mm^2)

Q235 钢抗拉、抗压和抗弯强度设计值 f	205
弹性模量 E	2.06×10^5

表 5-18　扣件、底座的承载力设计值(kN)

项目	承载力设计值
对接扣件(抗滑)	3.20
直角扣件、旋转扣件(抗滑)	8.00
底座(抗压)	40.00

注：φ48×3.5 钢管抗剪承载力=489.3×120/2≈29.36kN，其中“2”为截面形状系数。

表 5-19　受弯构件的容许挠度

构件类别	容许挠度[u]
脚手板，纵向、横向水平杆	l/150 与 10mm
悬挑受弯杆件	l/400

注：l 为受弯构件的跨度。

表 5-20　受压、受拉构件的容许长细比

构件类别		容许长细比 λ
立杆	双排架	210
	单排架	230
横向斜撑、剪刀撑中的压杆		250
拉杆		350

注：计算 λ 时，立杆的计算长度按规范立杆计算部分计算但 k=1.00，本表中其他杆件的计算长度 $l_0=\mu l=1.27l$。

2. 纵向水平杆、横向水平杆计算

纵向、横向水平杆的抗弯强度应按式(5-3)计算：

$$\sigma=\frac{M}{W}\leqslant f \tag{5-3}$$

式中：M——纵向、横向水平杆弯矩设计值，其值按式(5-4)计算：

$$M=1.2M_{Gk}+1.4M_{Qk} \tag{5-4}$$

M_{Gk}——脚手板自重标准值产生的弯矩；

M_{Qk}——施工荷载标准值产生的弯矩；

W——截面模量，可查表；

f——钢材的抗弯强度设计值。

纵向、横向水平杆的挠度应符合下式规定：

$$v\leqslant[v] \tag{5-5}$$

式中：v——挠度；

$[v]$——容许挠度。

计算纵向、横向水平杆的内力与挠度时，不考虑扣件的弹性嵌固作用(偏于安全)，纵向水平杆宜按三跨连续梁计算，计算跨度取纵距 l_a；横向水平杆宜按简支梁计算，计算跨度 l_0 可按图 5.6 所示采用(横向水平杆向立杆直接传递荷载的情况下，计算跨度取法同理)；双排脚手架的横向水平杆的构造外伸长度 $a\leqslant500$，其计算外伸长度(即荷载分布范围)a_1 可取 300mm。水平杆自重与脚手板自重相比甚小，可忽略不计。

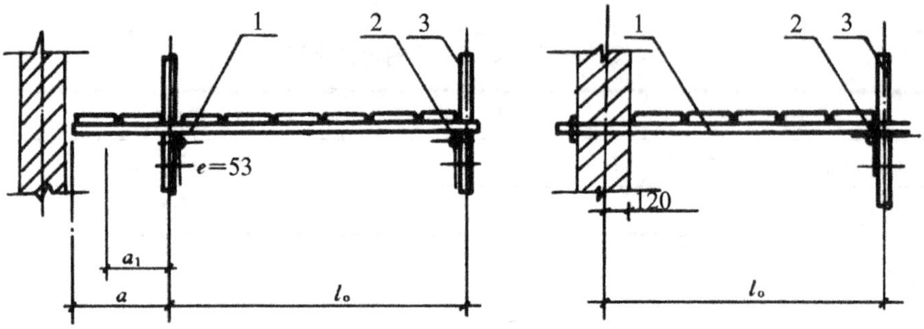

(a) 双排脚手架　　(b) 单排脚手架

图 5.6　横向水平杆计算跨度

1—横向水平杆　2—纵向水平杆　3—立杆

纵向或横向水平杆与立杆连接时，其扣件的抗滑承载力应符合下式规定：

$$R \leqslant R_c \tag{5-6}$$

式中：R——纵向、横向水平杆传给立杆的竖向作用力设计值；

R_c——扣件抗滑承载力设计值。

3. 立杆计算

立杆的稳定性应按下列公式计算：

不组合风荷载时，$$\frac{N}{\varphi A} \leqslant f \tag{5-7}$$

组合风荷载时，$$\frac{N}{\varphi A} + \frac{M_W}{W} \leqslant f \tag{5-8}$$

式中：N——计算立杆段的轴向力设计值；

不组合风荷载时，$$N = 1.2(N_{G1k} + N_{G2k}) + 1.4\sum N_{Qk} \tag{5-9}$$

组合风荷载时，$$N = 1.2(N_{G1k} + N_{G2k}) + 0.85 \times 1.4(\sum N_{Qk} + N_{Wk}) \tag{5-10}$$

N_{G1k}——脚手架结构自重标准值产生的轴向力：

N_{G2k}——构配件自重标准值产生的轴向力；

$\sum N_{Qk}$——施工荷载标准值产生的轴向力总和，内、外立杆可按一纵距(跨)内施工荷载总和的 1/2 取值。

φ——轴心受压构件的稳定系数，应根据长细比 λ 查表 5-21 取值；

λ——长细比，$\lambda = l_0/i$；

l_0——计算长度；

$$l_0 = k\mu h \tag{5-11}$$

k——计算长度附加系数，k=1.155；

μ——考虑脚手架整体稳定因素的单杆计算长度系数，按表 5-22 取值；

h——立杆步距；

i——截面回转半径，可查表；

A——立杆的截面面积，可查表；

M_W——计算立杆段由风荷载设计值产生的弯矩；

$$M_W = 0.85 \times 1.4 M_{Wk} = \frac{0.85 \times 1.4 \omega_k l_a h^2}{10} \tag{5-12}$$

M_{Wk}——风荷载标准值产生的弯矩；

ω_k——风荷载标准值；

l_a——立杆纵距；

f——钢材的抗压强度设计值。

表 5-21 Q235−A 钢轴心受压构件的稳定系数 φ

λ	0	1	2	3	4	5	6	7	8	9
0	1.000	0.997	0.995	0.992	0.989	0.987	0.984	0.981	0.979	0.976
10	0.974	0.971	0.968	0.966	0.963	0.960	0.958	0.955	0.952	0.949
20	0.947	0.944	0.941	0.938	0.936	0.933	0.930	0.927	0.924	0.921
30	0.918	0.915	0.912	0.909	0.906	0.903	0.899	0.896	0.893	0.889
40	0.886	0.882	0.879	0.875	0.872	0.868	0.864	0.861	0.858	0.855
50	0.852	0.849	0.846	0.843	0.839	0.836	0.832	0.829	0.825	0.822
60	0.818	0.814	0.810	0.806	0.802	0.797	0.793	0.789	0.784	0.779
70	0.775	0.770	0.765	0.760	0.755	0.750	0.744	0.739	0.733	0.728
80	0.722	0.716	0.710	0.704	0.698	0.692	0.686	0.680	0.673	0.667
90	0.661	0.654	0.648	0.641	0.634	0.626	0.618	0.611	0.603	0.595
100	0.588	0.580	0.573	0.566	0.558	0.551	0.544	0.537	0.530	0.523
110	0.516	0.509	0.502	0.496	0.489	0.483	0.476	0.470	0.464	0.458
120	0.452	0.446	0.440	0.434	0.428	0.423	0.417	0.412	0.406	0.401
130	0.396	0.391	0.386	0.381	0.376	0.371	0.367	0.362	0.357	0.353
140	0.349	0.344	0.340	0.336	0.332	0.328	0.324	0.320	0.316	0.312
150	0.308	0.305	0.301	0.298	0.294	0.291	0.287	0.284	0.281	0.277
160	0.274	0.271	0.268	0.265	0.262	0.259	0.256	0.253	0.251	0.248
170	0.245	0.243	0.240	0.237	0.235	0.232	0.230	0.227	0.225	0.223
180	0.220	0.218	0.216	0.214	0.211	0.209	0.207	0.205	0.203	0.201
190	0.199	0.197	0.195	0.193	0.191	0.189	0.188	0.186	0.184	0.182
200	0.180	0.179	0.177	0.175	0.174	0.172	0.171	0.169	0.167	0.166
210	0.164	0.163	0.161	0.160	0.159	0.157	0.156	0.154	0.153	0.152
220	0.150	0.149	0.148	0.146	0.145	0.144	0.143	0.141	0.140	0.139
230	0.138	0.137	0.136	0.135	0.133	0.132	0.131	0.130	0.129	0.128
240	0.127	0.126	0.125	0.124	0.123	0.122	0.121	0.120	0.119	1.118
250	0.117									

注：当 λ>250 时，φ=7320/λ^2。

表 5-22　脚手架立杆的计算长度系数 μ

类别	立杆横距(m)	连墙件布置	
		二步三跨	三步三跨
双排架	1.05	1.50	1.70
	1.30	1.55	1.75
	1.55	1.60	1.80
单排架	≤1.50	1.80	2.00

在基本风压等于或小于 0.35kN/m^2 的地区，对于仅有栏杆和挡脚板的敞开式脚手架，当每个连墙点覆盖的面积不大于 30m^2，构造符合脚手架 01 规范关于连墙点等的构造规定时，验算立杆稳定可不考虑风荷载作用。

立杆稳定性计算部位的确定应符合下列规定：(1)当脚手架搭设尺寸采用相同的步距、立杆纵距、立杆横距和连墙件间距时，应计算底层立杆段；(2)当脚手架搭设尺寸中的步距、立杆纵距、立杆横距和连墙件间距有变化时，除计算底层立杆段外，还必须对出现最大步距或最大立杆纵距、立杆横距、连墙件间距等部位的立杆段进行验算；(3)双管立杆变截面处主立杆上部单根立杆。

以上立杆稳定性计算公式，虽然在表达形式上是对单根立杆的稳定计算，但实质上是对脚手架结构的整体稳定计算。因为公式中的 μ 值是根据脚手架的整体稳定试验结果确定的。

脚手架有两种可能的失稳形式：整体失稳和局部失稳。整体失稳时如图 5.7 所示，内、外立杆与横向水平杆组成的横向框架，沿垂直主体结构方向大波鼓曲现象，波长均大于步距，并与连墙件的竖向间距有关。局部失稳是立杆在步距内发生小波鼓曲，波长与步距相近，内、外立杆变形方向可能一致，也可能不一致。

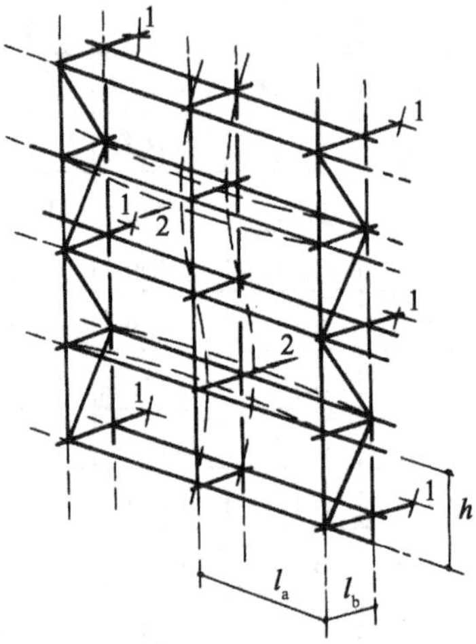

图 5.7　双排脚手架的整体失稳

1—连墙件　2—失稳方向

当脚手架以相等步距、纵距搭设，连墙件设置均匀时，在均布施工荷载作用下，立杆局部稳定的临界荷载高于整体稳定的临界荷载，脚手架破坏形式为整体失稳。当脚手架以不等步距、纵距搭设，或连墙件设置不均匀，或立杆负荷不均匀时，两种形式的失稳破坏均有可能。

由于整体失稳是脚手架的主要破坏形式，故以上计算只对整体稳定。为了防止局部立杆段失稳，脚手架 01 规范除将底层步距限制在 2m 以下外，应规定对可能出现的薄弱的立杆段进行稳定性计算。

以上按轴心受压计算脚手架立杆稳定性，但稳定性计算公式中的计算长度系数 μ 值，是反映脚手架各杆件对立杆的约束作用。本规范规定的 μ 值，采用了中国建筑科学研究院建筑机械化研究分院 1964～1965 年和 1986～1988 年、哈尔滨工业大学土木工程学院于 1988～1989 年分别进行的原型脚手架整体稳定性试验所取得的科研成果，其 μ 值在 1.5～2.0 之间。它综合了影响脚手架整体失稳的各种因素，当然也包含了立杆偏心受荷(初偏心 e=53mm)的实际工况。

施工荷载一般是偏心地作用于脚手架上，作业层下面邻近的内、外排立杆所分担的施工荷载并不相同，而远离作业层的内、外排立杆则因连墙件的支承作用，使分担的施工荷载趋于均匀。由于在一般情况下，脚手架结构自重产生的最大轴向力与由不均匀分配施工荷载产生的最大轴向力不会同时相遇，因此以上计算的轴向力 N 值计算可以忽略施工荷载的偏心作用，内、外立杆可按施工荷载平均分配计算。试验与理论计算表明，将 3.0kN/m^2 的施工荷载分别按偏心与不偏心布置在脚手架上，得到的两种情况的临界荷载相差在 5.6%以下，说明上述简化是可行的。

脚手架立杆计算长度附加系数 k,根据“概率极限状态设计法”保持与以往容许应力法具有相同的结构安全度的条件得到。详见脚手架 01 规范的条文说明。

根据以上立杆稳定计算公式推导，可以得出当立杆采用单管时，敞开式、全封闭、半封闭脚手架的可搭设高度 H_s，即应按下列公式计算并取小者(在基本风压等于或小于 0.35kN/m^2 的地区，对于仅有栏杆和挡脚板的敞开式脚手架，当每个连墙点覆盖的面积不大于 30m^2，构造符合脚手架 01 规范关于连墙点等的构造规定时，验算立杆稳定可不考虑风荷载作用，亦即仅采用不组合风荷载验算式)：

不组合风荷载时，
$$H_s=\frac{\varphi Af-(1.2N_{G2k}+1.4\sum N_{Qk})}{1.2g_k} \tag{5-13}$$

组合风荷载时，
$$H_s=\frac{\varphi Af-\left\{1.2N_{G2k}+0.85\times1.4\sum N_{Qk}+\dfrac{M_{wk}}{W}\varphi A)\right\}}{1.2g_k} \tag{5-14}$$

式中：H_s——按稳定计算的搭设高度；

g_k——每米立杆承受的结构自重标准值(kN/m)，可查表。

当 H_s ≥26m 时，可按下式调整且不宜超过 50m：

$$[H]=\frac{H_S}{1+0.001H_S} \tag{5-15}$$

式中：$[H]$——脚手架搭设高度限值(m)。

脚手架计算搭设高度须超过 50m 时，可采用双管立杆、分段悬挑或分段卸荷等措施(须计算论证后采用)。规定脚手架高度不宜超过 50m 的依据：(1)根据国内几十年的实践经验及对国内脚手架的调查，立杆采用单管的落地脚手架一般在 50m 以下。当需要的搭设高度大于 50m 时，一般都比较慎重地采用了加强措施，如采用双管立杆、分段卸荷、分段搭设等方法；(2)搭设高度超过 50m 时，钢管、扣件的周转使用率降低，脚手架的地基基础处理费用也会增加；(3)参考国外的经验，如美国、德国、日本等也限制落地脚手架的搭设高度，美国为 50m，德国为 60m，日本为 45m。脚手架搭设高度限值[H]，是考虑到脚手架是施工现场搭设的临时结构，其结构安全度受人为因素影响很大，高度越高不安全隐患越大。为确保高层脚手架的安全，特按照英国标准《脚手架实施规范》(BS 5975—1982)作此规定。从安全和经济考虑，根据我国的历史经验，理论搭设高度在 25m 及 25m 以下不考虑高度安全系数。

4. 连墙件计算

连墙件的强度、稳定性和连接强度应按现行国家标准《冷弯薄壁型钢结构技术规范》(GBJ18)、《钢结构设计规范》(CBJl7)、《混凝土结构设计规范》(GBJ10)等的规定计算。

连墙件的轴向力设计值应按式(5-16)计算：

$$N_l = N_{lW} + N_0 \tag{5-16}$$

式中：N_l——连墙件轴向力设计值(kN)；

N_{lW}——风荷载产生的连墙件轴向力设计值，按式(5-17)计算

$$N_{lw} = 1.4\,\omega_k A_W \tag{5-17}$$

A_W ——每个连墙件的覆盖面积内脚手架外侧面的迎风面积；

N_0——连墙件约束脚手架平面外变形所产生的轴向力(kN)，单排架取 3，双排架取 5。

扣件连墙件的连接扣件应按有关规定验算抗滑承载力。螺栓、焊接连墙件与预埋件的设计承载力应大于扣件抗滑承载力设计值 R_c。

5. 立杆地基承载力计算

立杆基础底面的平均压力应满足式(5-18)的要求：

$$p \leqslant f_g \tag{5-18}$$

式中：p——立杆基础底面的平均压力，p=N/A；

N——上部结构传至基础顶面的轴向力设计值；

A——基础底面面积；

f_g——地基承载力设计值，$f_g = k_c f_{gk}$；

k_c——脚手架地基承载力调整系数，对碎石土、砂土、回填土应取 0.4，对黏土取 0.5，对岩石、混凝土取 1.0；

f_{gk}——地基承载力标准值，应按国家标准《建筑地基基础设计规范》(GBJ7)的规定采用，例如黏性土为表 5-23。

表 5-23　黏性土地基承载力标准值(kPa)

N	3	5	7	9	11	13	15	17	19	21	23
f_{gk}	105	145	190	235	280	325	370	430	515	600	680

注：N 为标准贯入击数。

6. 模板支架计算

模板支架计算立杆的稳定性应按以上脚手架立杆稳定承载力计算方法计算(不计算沉降，但应经常检测脚手架沉降)，参与荷载效应组合的项目及其荷载值按《混凝土结构工程施工及验收规范》(GB50204)规定进行，即模板支架立杆的轴向力设计值应按式(5-19)、式(5-20)计算：

不组合风荷载时，$N=1.2\sum N_{Gk}+1.4\sum N_{Qk}$ (5-19)

组合风荷载时，$N=1.2\sum N_{Gk}+0.85\times1.4\sum N_{Qk}$ (5-20)

式中：$\sum N_{Gk}$ ——模板及支架自重、新浇混凝土自重与钢筋自重标准值产生的轴向力总和；

$\sum N_{Qk}$ ——施工人员及施工设备荷载标准值、振捣混凝土时产生的荷载标准值产生的轴向力总和。

模板支架立杆的计算长度 l_0，应按式(5-21)计算：

$$l_0=h+2a \tag{5-21}$$

式中：h——支架立杆的步距；

a——模板支架立杆伸出顶层横向水平杆中心线至模板支撑点的长度(此规定的结果是限制上部伸出长度)。

模板支架立杆的压缩变形值与在自重和风荷载作用下的抗倾覆计算，应符合现行国家标准《混凝土结构工程施工及验收规范》(GB50204)的有关规定。

【例 5.1】 某高层装饰工程拟搭设 50m 高双排脚手架，采用 φ48×3.5 钢管、冲压钢脚手板(每块宽 230mm，自重 0.3 kN/m^2，作业层铺 4 块；挡脚板用冲压钢脚手板 1 块)，脚手架排距 1.05m、步距 1.8m、柱距 1.8m，连墙件竖向间距 3.6m、水平间距 5.4m，双层同时作业，立网全封闭(立网网眼尺寸 35mm×35mm，绳径 3.2mm，自重 0.01 kN/m^2)。工程位于市区，地面粗糙度 C 类，基本风压 ω_0=0.45kN/m^2。验算底层立杆稳定承载力。

解 (1) 脚手架结构自重标准值产生的轴向力 N_{G1k}

一个柱距范围内每米高脚手架结构自重产生的轴向力标准值 g_k=0.1337 kN/m(查表)，则 50 米高脚手架结构自重产生的轴向力标准值 N_{G1k}=0.1337 kN/m×50m=6.685 kN。

(2) 构配件自重标准值产生的轴向力 N_{G2k}

2 层脚手板自重标准值产生的轴向力：0.3 kN/m^2×0.23 m×4×1.8 m×2=0.9936 kN

1 块挡脚板自重标准值产生的轴向力：0.3 kN/m^2×0.23 m×1.8 m =0.1242 kN

2 根护身栏杆自重标准值产生的轴向力(双作业层各 1 根)：0.0384 kN/m×1.8 m×2 =0.1382 kN

安全网自重标准值产生的轴向力：0.01kN/m^2×1.8 m×50 m =0.9 kN

$$N_{G2k}=0.993\,6+0.124\,2+0.138\,2+0.9=2.156\text{ kN}$$

(3) 施工荷载标准值产生的轴向力总和 $\sum N_{Qk}$

$$\sum N_{Qk}=2.0\text{ kN/m}^2\times1.05\text{ m}\times1.8\text{ m}\times2=7.56\text{ kN}$$

(4) 风荷载设计值产生的弯矩 M_W

5m 高度处风压高度变化系数 μ_z=0.54

全封闭立网挡风系数 $\varphi=\dfrac{(3.5+3.5)\times0.32}{3.5\times3.5}\times1.05=0.192$(1.05 为考虑绳结的影响)

$$\mu_s=1.3\varphi=1.3\times0.192=0.2496\text{(认为背靠建筑物为开洞墙)}$$

$$\omega_k=0.7\mu_z\mu_s\omega_0=0.7\times0.54\times0.2496\times0.45=0.0425\ \text{kN/m}^2$$

风荷载标准值产生的弯矩 $M_{Wk}=\dfrac{\omega_k l_a h^2}{10}=\dfrac{0.0425\times1.8\times1.8^2}{10}=0.0248\ \text{kN}\cdot\text{m}$

风荷载设计值产生的弯矩 $M_W=0.85\times1.4M_{Wk}=0.85\times1.4\times0.0248=0.0295\ \text{kN}\cdot\text{m}$

(5) 底层立杆稳定承载力验算

底层立杆轴向力设计值 N：

不组合风荷载时，$N=1.2(N_{G1k}+N_{G2k})+1.4\sum N_{Qk}=1.2(6.685+2.156)+1.4\times7.56$

$=21.193\ \text{kN}$

组合风荷载时，$N=1.2(N_{G1k}+N_{G2k})+0.85\times1.4(\sum N_{Qk}+N_{Wk})$

$=1.2(6.685+2.156)+0.85\times1.4\times7.56=19.606\ \text{kN}$

立杆计算长度 $l_0=k\mu h=1.155\times1.50\times180=311.9\text{cm}$，长细比 $\lambda=l_0/i=311.9/1.58=197.4$，轴心受压构件的稳定系数 $\varphi=0.185$。

不组合风荷载时，$\dfrac{N}{\varphi A}=\dfrac{21193}{0.185\times489}\text{N/mm}^2=234.3\text{N/mm}^2>f=205\text{N/mm}^2$

(不满足)。

组合风荷载时，

$$\frac{N}{\varphi A}+\frac{M_W}{W}=\frac{19606}{0.185\times489}+\frac{29500}{5080}\text{N/mm}^2=222.5\text{N/mm}^2>f=205\text{N/mm}^2$$

(不满足)。

5.2.5 扣件式钢管脚手架的构造要求

1. 纵向水平杆、横向水平杆、脚手板

纵向水平杆的构造应符合下列规定：

(1) 纵向水平杆宜设置在立杆内侧，其长度不宜小于 3 跨。

(2) 纵向水平杆接长宜采用对接扣件连接，也可采用搭接。对接、搭接应符合下列规定：纵向水平杆的对接扣件应交错布置：两根相邻纵向水平杆的接头不宜设置在同步或同跨内；不同步或不同跨两个相邻接头在水平方向错开的距离不应小于 500mm；各接头中心至最近主节点的距离不宜大于纵距的 1/3，如图 5.8 所示。

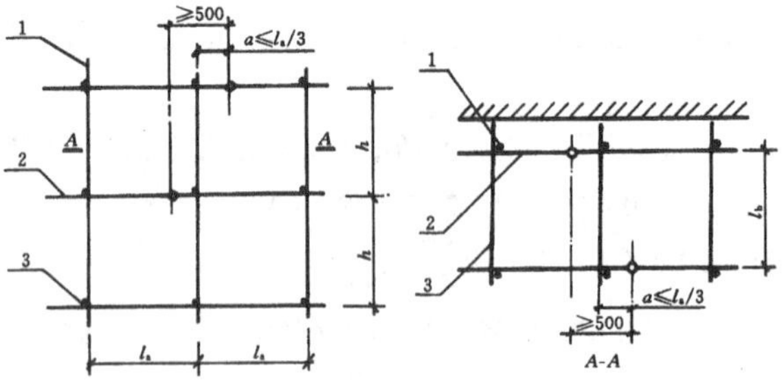

(a) 接头不在同步内(立面)　(b) 接头不在同跨内(平面)

图 5.8　纵向水平杆对接接头布置

1—立杆　2—纵向水平杆　3—横向水平杆

(3) 搭接长度不应小于 1m，应等间距设置 3 个旋转扣件固定，端部扣件盖板边缘至搭接纵向水平杆杆端的距离不应小于 100mm。

(4) 当使用冲压钢脚手板、木脚手板、竹串片脚手板时，纵向水平杆应作为横向水平杆的支座，用直角扣件固定在立杆上；当使用竹笆脚手板时，纵向水平杆应采用直角扣件固定在横向水平杆上，并应等间距设置，间距不应大于 400mm，如图 5.9 所示。

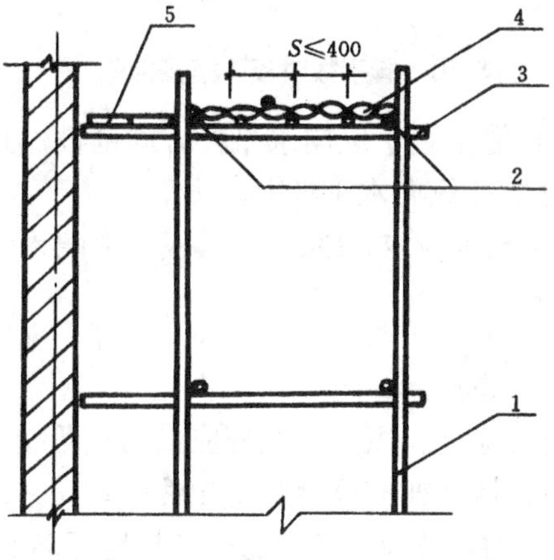

图 5.9　铺竹笆脚手板时纵向水平杆的构造

1—立杆　2—纵向水平杆　3—横向水平杆　4—竹笆脚手板　5—其他脚手板

横向水平杆的构造应符合下列规定。

(1) 主节点处必须设置一根横向水平杆，用直角扣件扣接且严禁拆除。主节点处两个直角扣件的中心距不应大于 150mm。在双排脚手架中，靠墙一端的外伸长度 a 不应大于 0.4l，且不应大于 500mm。

(2) 作业层上非主节点处的横向水平杆，宜根据支承脚手板的需要等间距设置，最大间距不应大于纵距的 1/2。

(3) 当使用冲压钢脚手板、木脚手板、竹串片脚手板时，双排脚手架的横向水平杆两端均应采用直角扣件固定在纵向水平杆上；单排脚手架的横向水平杆的一端，应用直角扣件固定在纵向水平杆上，另一端应插入墙内，插入长度不应小于 180mm。

(4) 使用竹笆脚手板时，双排脚手架的横向水平杆两端，应用直角扣件固定在立杆上；单排脚手架的横向水平杆的一端，应用直角扣件固定在立杆上，另一端应插入墙内，插入长度亦不应小于 180mm。

脚手板的设置应符合下列规定：

(1) 作业层脚手板应铺满厂铺稳，离开墙面 120～150mm。

(2) 冲压钢脚手板、木脚手板、竹串片脚手板等，应设置在三根横向水平杆上。当脚手板长度小于 2m 时，可采用两根横向水平杆支承，但应将脚手板两端与其可靠固定，严防倾翻。此三种脚手板的铺设可采用对接平铺，亦可搭接翻设。脚手板对接平铺时，接头处必须设两根横向水平杆，脚手板外伸长度应取 130～150mm，两块脚手板外伸长度之和不应大于 300mm；脚手板搭接铺设时，接头必须支在横向水平杆上，搭接长度应大于

200mm，其伸出横向水平杆的长度不应小于 100m，如图 5.10 所示。

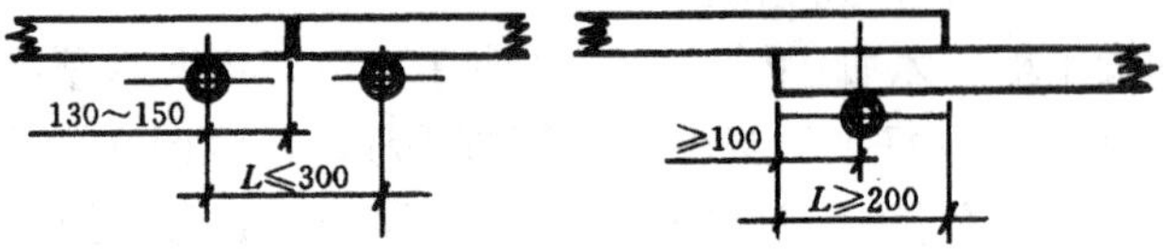

(a) 脚手板对接　　　(b) 脚手板搭接

图 5.10　脚手板对接、搭接构造

(3) 竹笆脚手板应按其主竹筋垂直于纵向水平杆方向铺设，且采用对接平铺，四个角应用直径 1.2mm 的镀锌钢丝固定在纵向水平杆上。

(4) 作业层端部脚手板探头长度应取 150mm，其板长两端均应与支撑杆可靠固定。

2. 立杆

每根立杆底部应设置底座或垫板。

脚手架必须设置纵、横向扫地杆。纵向扫地杆应采用直角扣件固定在距底座上皮不大子 200mm 处的立杆上。横向扫地杆亦应采用直角扣件固定在紧靠纵向扫地杆下方的立杆上。当立杆基础不在同一高度上时，必须将高处的纵向扫地杆向低处延长两跨与立杆固定，高低差不应大于 1m。靠边坡上方的立杆轴线到边坡的距离不应小于 500mm，脚手架底层步距不应大于 2m，如图 5.11 所示。

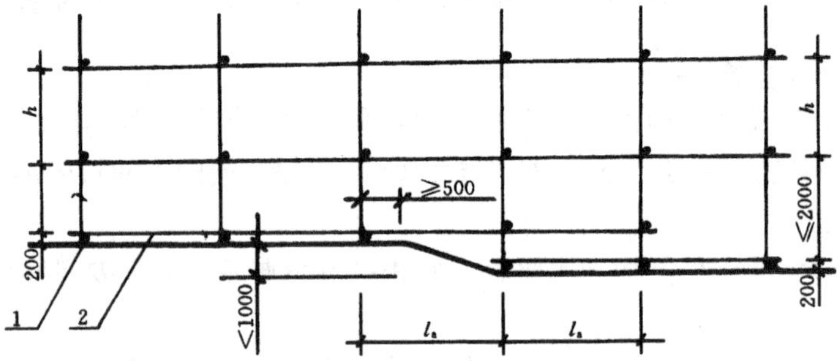

图 5.11　纵、横向扫地杆构造

1—横向扫地杆　2—纵向扫地杆

立杆必须用连墙件与建筑物可靠连接，连墙件布置间距宜按规范构造要求采用。

立杆接长除顶层顶步可采用搭接外，其余各层各步接头必须采用对接扣件连接。对接、搭接应符合下列规定。

(1) 立杆上的对接扣件应交错布置：两根相邻立杆的接头不应设置在同步内，同步内隔一根立杆的两个相隔接头在高度方向错开的距离不宜小于 500mm；各接头中心至主节点的距离不宜大于步距的 1/3。

(2) 搭接长度不应小于 1m，应采用不少于 2 个旋转扣件固定，端部扣件盖板的边缘至杆端距离不应小于 100mm。

立杆顶端宜高出女儿墙上皮 1m，高出檐口上皮 1.5m。双管立杆中副立杆的高度不应低于 3 步，钢管长度不应小于 6m。

3. 连墙件

连墙件数量的设置除应满足规范计算要求外，应符合表 5-24 的规定。

表 5-24　连墙件布置最大间距

脚手架高度		竖向间距(m)	水平间距(m)	每根连墙件覆盖面积(m^2)
双　排	≤50m	$3h$	$3\ l_a$	≤40
	>50m	$2h$	$3\ l_a$	≤27
单　排	≤24m	$3h$	$3\ l_a$	≤40

连墙件的布置应符合下列规定。

(1) 宜靠近主节点设置，偏离主节点的距离不应大于 300mm。

(2) 应从底层第一步纵向水平杆处开始设置，当该处设置有困难时，应采用其他可靠措施固定。

(3) 宜优先采用菱形布置，也可采用方形、矩形布置。

(4) 一字型、开口型脚手架的两端必须设置连墙件，连墙件的垂直间距不应大于建筑物的层高，并不应大于 4m(2 步)。

对高度在 24m 以下的单、双排脚手架，宜采用刚性连墙件与建筑物可靠连接，亦可采用拉筋和顶撑配合使用的附墙连接方式。严禁使用仅有拉筋的柔性连墙件。

对高度 24m 以上的双排脚手架，必须采用刚性连墙件与建筑物可靠连接。

连墙件的构造应符合下列规定：

(1) 连墙件中的连墙杆或拉筋宜呈水平设置，当不能水平设置时，与脚手架连接的一端应下斜连接，不应采用上斜连接。

(2) 连墙件必须采用可承受拉力和压力的构造。采用拉筋必须配用顶撑，顶撑应可靠地顶在混凝土圈梁、柱等结构部位。拉筋应采用两根以上直径 4mm 的钢丝拧成一股，使用时不应少于 2 股；亦可采用直径不小于 6mm 的钢筋。

当脚手架下部暂不能设连墙件时可搭设抛撑。抛撑应采用通长杆件与脚手架可靠连接，与地面的倾角应在 45°～60° 之间；连接点中心与主节点的距离不应大于 300mm。抛撑应在连墙件搭设后方可拆除。

架高超过 40m 且有风涡流作用时，应采取抗上升翻流作用的连墙措施。

4. 门洞

单、双排脚手架门洞宜采用上升斜杆、平行弦杆桁架结构型式，如图 5.12 所示，斜杆与地面的倾角 α 应在 45°～60° 之间。门洞桁架的型式宜按下列要求确定。

(1) 当步距(h)小于纵距(l_a)时，应采用 A 型。

(2) 当步距(h)大于纵距(l_a)时，应采用 B 型，并应符合下列规定：h=1.8m 时，纵距不应大于 1.5m；h =2.0m 时，纵距不应大于 1.2m。

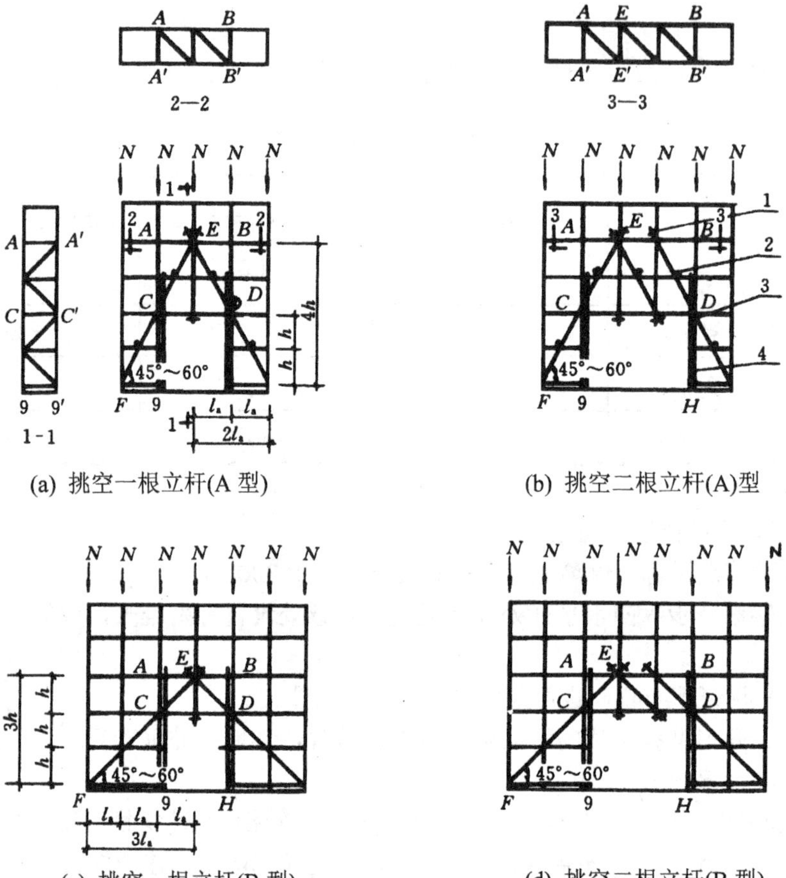

(a) 挑空一根立杆(A 型)　(b) 挑空二根立杆(A)型

(c) 挑空一根立杆(B 型)　(d) 挑空二根立杆(B 型)

图 5.12　门洞处上升斜杆、平行弦杆桁架

1—防滑扣件　2—增设的横向水平杆　3—副立杆　4—主立杆

单、双排脚手架门洞桁架的构造应符合下列规定。

(1) 单排脚手架门洞处,应在平面桁架(如图 5.12 所示的 ABCD)的每一节间设置一根斜腹杆；双排脚手架门洞处的空间桁架，除下弦平面外，应在其余 5 个平面内的图示节间设置一根斜腹杆(如图 5.12 所示的 1-1、2-2、3-3 剖面)。

(2) 斜腹杆宜采用旋转扣件固定在与之相交的横向水平杆的伸出端上，旋转扣件中心线至主节点的距离不宜大于 150m m。当斜腹杆在一跨内跨越 2 个步距(如图 5.12 所示的 A 型)时，宜在相交的纵向水平杆处，增设一根横向水平杆，将斜腹杆固定在其伸出端上。

(3) 斜腹杆宜采用通长杆件，当必须接长使用时，宜采用对接扣件连接，也可采用搭接，搭接构造应符合规范的规定。

单排脚手架过窗洞时应增设立杆或增设一根纵向水平杆，如图 5.13 所示。

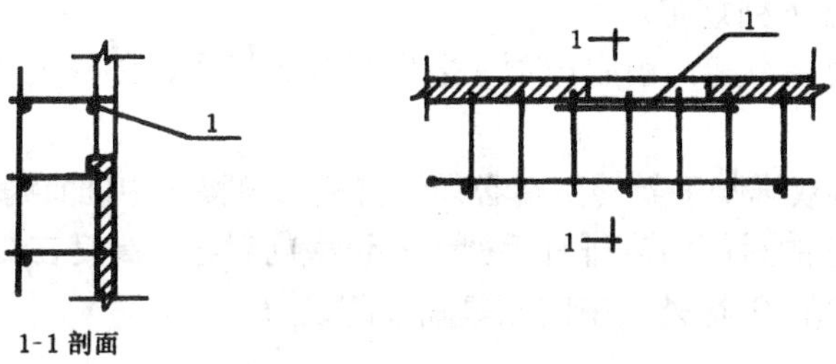

图 5.13　单排脚手架过窗洞构造

1—增设的纵向水平杆

门洞桁架下的两侧立杆应为双管立杆，副立杆高度应高于门洞口 1～2 步。

门洞桁架中伸出上下弦杆的杆件端头，均应增设一个防滑扣件，如图 5.13 所示，该扣件宜紧靠主节点处的扣件。

5. 剪刀撑与横向斜撑

双排脚手架应设剪刀撑与横向斜撑，单排脚手架应设剪刀撑。

剪刀撑的设置应符合下列规定。

(1) 每道剪刀撑跨越立杆的根数宜按表 5-25 的规定确定。每道剪刀撑的宽度不应小于 4 跨，且不应小于 6m，斜杆与地面的倾角宜在 45°～60° 之间。

表 5-25　剪刀撑跨越立杆的最多根数

剪刀撑斜杆与地面的倾角 α(°)	45	50	60
剪刀撑跨越立杆的最多根数	7	6	5

(2) 高度在 24m 以下的单、双排脚手架，应在外侧立面的两端各设置一道剪刀撑，并应由底至顶连续设置；中间各道剪刀撑之间的净距不应大于 15m，如图 5.14 所示。

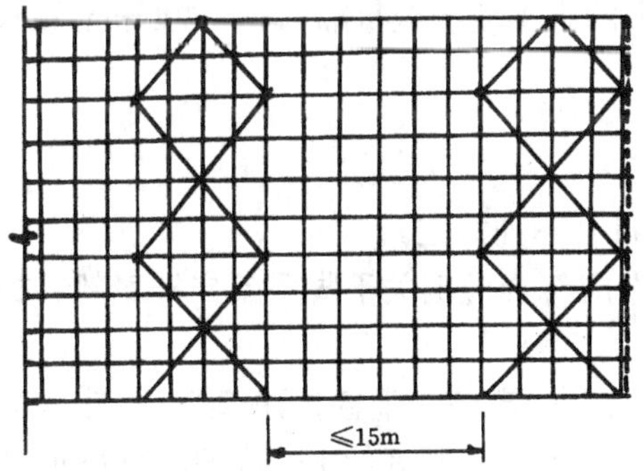

图 5.14　剪刀撑布置

(3) 高度在 24m 以上的双排脚手架应在外侧立面整个长度和高度上连续设置剪刀撑。

(4) 剪刀撑斜杆的接长宜采用搭接，搭接应符合规范构造规定。

(5) 剪刀撑斜杆应用旋转扣件固定在与之相交的横向水平杆的伸出端或立杆上，旋转扣件中心线至主节点的距离不宜大于 150mm。

横向斜撑的设置符合下列规定。

(1) 横向斜撑应在同一节间，由底至顶呈之字形连续设置，斜撑的固定应与门洞桁架斜腹杆要求相同。

(2) 一字形、开口型双排脚手架的两端必须设置横向斜撑，中间宜每隔 6 跨设置一道。

(3) 高度在 24m 以下的封闭型双排脚手架可不设横向斜撑，高度在 24m 以上的封闭型脚手架，除拐角应设置横向斜撑外，中间应每隔 6 跨设置一道。

6. 斜道

人行并兼作材料运输的斜道的形式宜按下列要求确定。

(1) 高度不大于 6m 的脚手架，宜采用一字形斜道。

(2) 高度大于 6m 的脚手架，宜采用之字形斜道。

斜道的构造应符合下列规定。

(1) 斜道宜附着外脚手架或建筑物设置。

(2) 运料斜道宽度不宜小于 1.5m，坡度宜采用 1:6；人行斜道宽度不宜小于 1m，坡度宜采用 1:3。

(3) 拐弯处应设置平台，其宽度不应小于斜道宽度。

(4) 斜道两侧及平台外围均应设置栏杆及挡脚板。栏杆高度应为 1.2m，挡脚板高度不应小于 180mm；

(5) 运料斜道两侧、平台外围和端部均应按规范规定设置连墙件；每两步应加设水平斜杆；应按规范规定设置剪刀撑和横向斜撑。

斜道脚手板构造应符合下列规定。

(1) 脚手板横铺时，应在横向水平杆下增设纵向支托杆，向支托杆间距不应大于 500mm。

(2) 脚手板顺铺时，接头宜采用搭接；下面的板头应压住上面的板头，板头的凸棱处宜采用三角木填顺。

(3) 人行斜道和运料斜道的脚手板上应每隔 250～300mm 设置一根防滑木条，木条厚度宜为 20～30mm。

7. 模板支架

模板支架立杆的构造应符合下列规定。

(1) 模板支架立杆的构造应符合规范关于脚手架立杆底部、扫地杆、底层步距、立杆接长的规定。

(2) 支架立杆应竖直设置，2m 高度的垂直允许偏差为 15mm。

(3) 设在支架立杆根部的可调底座，当其伸出长度超过 300mm 时，应采取可靠措施固定。

(4) 当梁模板支架立杆采用单根立杆时，立杆应设在梁模板中心线处，其偏心距不应大于 25mm。

满堂模板支架的支撑设置应符合下列规定。

(1) 满堂模板支架四边与中间每隔四排支架立杆应设置一道纵向剪刀撑，由底至顶连续设置。

(2) 高于 4m 的模板支架，其两端与中间每隔 4 排立杆从顶层开始向下每隔 2 步设置一道水平剪刀撑。

(3) 剪刀撑的构造应符合规范关于脚手架剪刀撑的构造规定。

5.3　碗扣式钢管脚手架

1. 碗扣式钢管脚手架的基本构造

碗扣式钢管脚手架采用目前用量最多的扣件式钢管脚手架 φ48×3.5 焊接钢管作主构件，钢管上每隔一定距离安装一套碗扣接头制成。碗扣分上碗扣和下碗扣，下碗扣焊在钢管上，上碗扣对应地套在钢管上，其销槽对准焊在钢管上的限位销即能上、下滑动。横杆是在钢管两端焊接横杆接头制成。连接时，只需将横杆接头插入下碗扣内，将上碗扣沿限位销扣下，并顺时针旋转，靠上碗扣螺旋面使之与限位销顶紧，从而将横杆和立杆牢固地连在一起，形成框架结构。每个下碗扣内可同时装 4 个横杆接头，位置任意。接头构造如图 5.15。

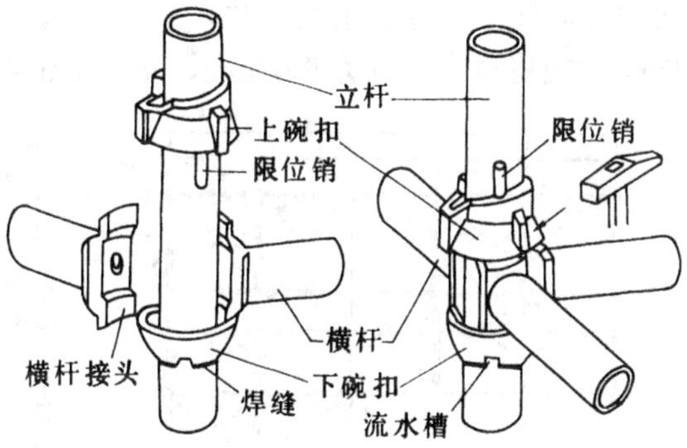

(a) 连接前　　(b) 连接后

图 5.15　碗扣接头构造

另外，该脚手架还配套设计了多种功用的辅助构件，如可调底座、可调托撑、脚手板、架梯、挑梁、悬挑架、提升滑轮、安全网支架等。

2. 碗扣式钢管脚手架的主要功能特点

(1) 多功能。能组成不同组架尺寸、形状和承载能力的单、双排脚手架、支撑架、物料提升架、爬升脚手架、悬挑架等，也可用于搭设施工棚、料棚、灯塔等构筑物。

(2) 高功效。该脚手架常用杆件中最长为 3 130mm，重约 17kg。横杆与立杆的拼拆快速省力，工人用一把铁锤即可完成全部作业。

(3) 承载力大。立杆连接是同轴心承插；横杆同立杆靠碗扣接头连接，各杆件轴心线交于一点，节点在框架平面内，接头具有可靠的抗弯、抗剪、抗扭力学性能。因此，结构稳固可靠，承载力大。

(4) 安全可靠。接头设计时，考虑到上碗扣螺旋摩擦力和自重力作用，使接头具有可靠的自锁能力。作用于横杆上的荷载通过下碗扣传递给立杆，下碗扣具有很强的抗剪能力。上碗扣既使没被压紧，横杆接头也不致脱出而造成事故。同时配备有安全网支架、脚手板、挡脚板、架梯、挑梁、连墙撑杆等配件，使用安全可靠。

(5) 加工容易。主构件用ф48×3.5 焊接钢管，制造工艺简单，成本适中，可直接对现有扣件式脚手架进行加工改造，不需要复杂的加工设备。

(6) 不丢失。该脚手架无零散易丢失扣件，把构件丢失减少到最小程度。

(7) 维修少。试脚手架没有螺栓连接，耐碰磕，一般锈蚀不影响拼拆作业，不需特殊养护、维修。

5.4 门式钢管脚手架

5.4.1 概述

门式钢管脚手架是以门架、交叉支撑、连接棒、挂扣式脚手板或水平架、锁臂等组成基本结构，再设置水平加固杆、剪刀撑、扫地杆、封口杆、托座与底座，并采用连墙件与建筑物主体结构相连的一种标准化钢管脚手架。如图 5.16 所示。水平加固杆、封口杆、扫地杆、剪刀撑及脚手架转角处的连接杆等宜采用ф42×2.5mm 焊接钢管，也可采用ф48×3.5mm 焊接钢管，相应的扣件规格也应分别为ф42mm、ф48mm 或ф42mm / ф48mm。

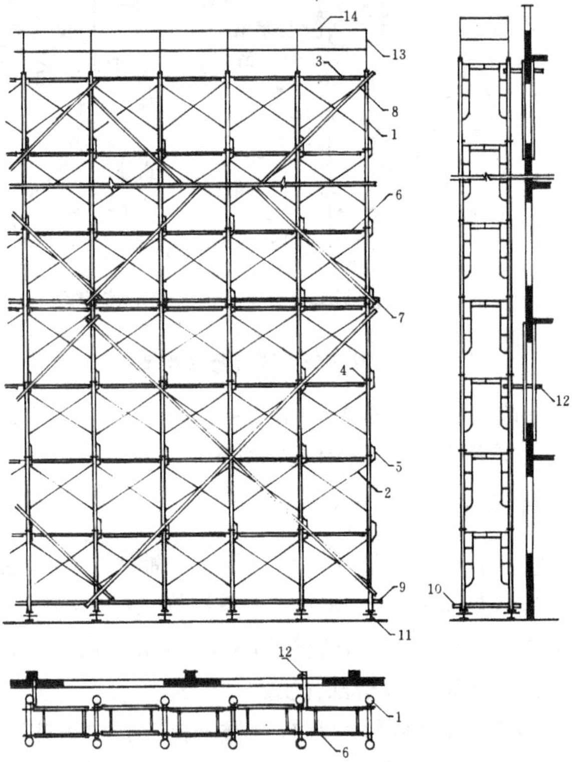

图 5.16　门式钢管脚手架的组成

1—门架　2—交叉支撑　3—脚手板　4—连接棒　7—水平加固杆　8—剪刀撑
9—扫地杆　10—封口杆　11—底座　12—连枪件　13—栏杆　14—扶手

门架由立杆、横杆及加强杆焊接组成，如图 5.17 所示。

门式钢管脚手架除门架之外的其他构件称为配件，包括连接棒、锁臂、交叉支撑、水平架、挂扣式脚手板、底座与托座。如图 5.18、图 5.19 所示。

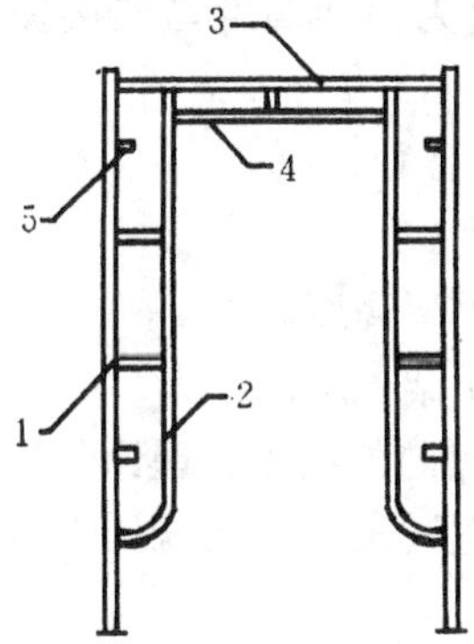

图 5.17　门架

1—立杆　2—立杆加强杆　3—横杆
4—横杆加强杆　5—锁销

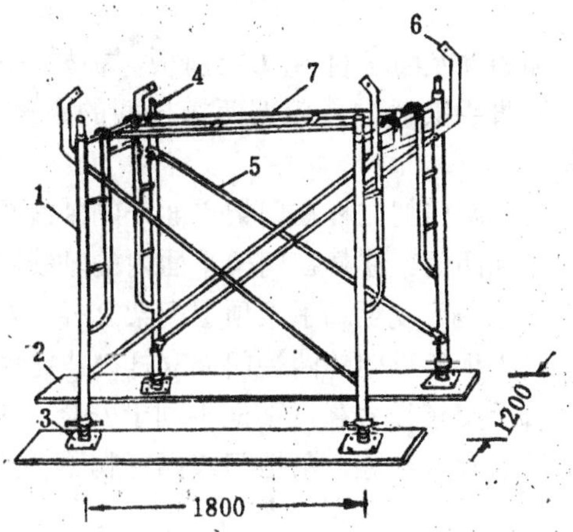

图 5.18　门式钢管脚手架基本组合单元

1—门架　2—垫木　3—可调底座　4—连接棒
5—交叉支撑　6—锁臂　7—水平架

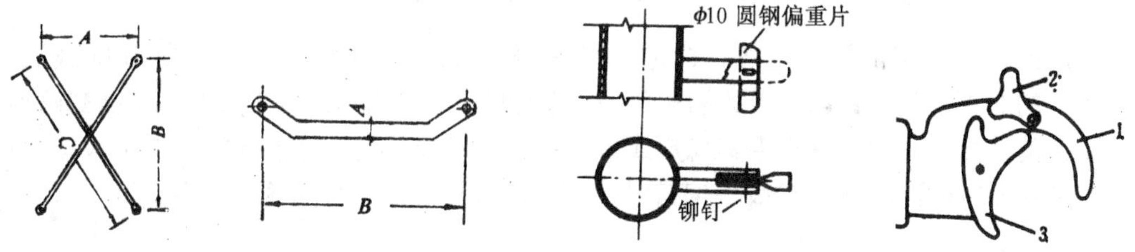

(a) 交叉支撑　(b) 锁臂　(c) 锁销　(d) 挂扣

图 5.19　门架组件连接构造

用于门架立杆竖向组装的连接件称为连接棒。

门架立杆组装接头处的拉接件称为锁臂。

连接每两榀门架的交叉拉杆称为交叉支撑。

挂扣在门架横杆上的水平构件称为水平架。

挂扣在门架横杆上的脚手板称为挂扣式脚手板。

门架下端插放其中，传力给基础，并可调整高度的构件称为可调底座。

门架下端插放其中，传力给基础，不能调整高度的构件称为固定底座。

插放在门架立杆上端，承接上部荷载，并可调整高度的构件称为可调托座。

插放在门架立杆上端，承接上部荷载，不能调整高度的构件称为固定托座。

用于增强脚手架刚度而设置的杆件称为加固件，包括剪刀撑、水平加固件、封口杆与扫地杆。

位于脚手架外侧，与墙面平行的交叉杆件称为剪刀撑。

与墙面平行的纵向水平杆件称为水平加固件。

连接底步门架立杆下端的横向水平杆件称为封口杆。

连接底步门架立杆下端的纵向水平杆件称为扫地杆。

将脚手架连接于建筑物主体结构的构件称为连墙件。

加固件及防护材料(如挡脚板、护栏、安全网、化纤织物等)称为脚手架的附件。

沿脚手架竖向，门架两横杆间的距离称为步距，其值为门架高度与连接棒套环高度之和。

相邻两门架立杆在门架平面外的轴线距离称为门架跨距。

相邻两门架立杆在门架平面内的轴线距离称为门架间距。

从底座下皮至脚手架顶层门架立杆上端的距离称为脚手架高度。

沿脚手架纵向的两端门架立杆外皮之间的距离称为脚手架长度。

脚手架搭设太高，不但不利于安全。也不经济。根据国内外实验和理论分析、国外同类标准、我国经验，落地门式钢管脚手架的搭设高度不宜超过表 5-26 的规定。

表 5-26　落地门式钢管脚手架的搭设高度

施工荷准值$\sum Q_k$(kN/m^2)	搭设高度(m)
3.0～5.0	≤45
≤3.0	≤60

门式钢管脚手架的设计内容：(1)脚手架的平、立、剖面图；(2)脚手架基础做法；(3)连墙件的布置与构造；(4)脚手架的转角处、通道洞口处构造；(5)脚手架的施工荷载限值；(6)脚手架的计算，一般包括脚手架稳定或搭设高度计算以及连墙件的计算；(7)分段搭设或分段卸荷方案的设计计算；(8)脚手架搭设、使用、拆除等的安全措施。

5.4.2　门式钢管脚手架的设计计算

1. 脚手架的荷载及其组合

与扣件式钢管脚手架相比，门式钢管脚手架的荷载及其组合有以下不同：(1)脚手架的风荷载体型系数η_{stw}对门架立杆钢管外径为 42mm 的敞开式脚手架取 0.25(原则与扣件式钢管脚手架相同)；(2)门式钢管脚手架的计算项目有脚手架稳定、连墙件强度与稳定，其设计荷载分别为扣件式钢管脚手架立杆稳定设计荷载、风荷载+3.0kN。

关于η_{stw}=0.25 的说明：

2. 脚手架的稳定性

脚手架稳定性可按式(5-22)计算：

$$N \leqslant N^{d} \tag{5-22}$$

式中：N——作用于一榀门架的轴向力设计值，取不组合风荷载、组合风荷载两情况的较大者，不组合风荷载时，$N=1.2(N_{Gk1}+N_{Gk2})H+1.4\sum N_{Qik}$，组合风荷载时，$N=1.2(N_{Gk1}+N_{Gk2})H+0.85\times1.4(\sum N_{Qik}+2M_k/b)$；

N_{Gk1}——每米高度脚手架构配件自重产生的轴向力标准值；

N_{Gk2}——每米高度脚手架附件自重产生的轴向力标准值；

H——以米为单位的脚手架高度值；

$\sum N_{Qik}$——各施工层施工荷载作用于一榀门架的轴向力标准值总和；

M_k——风荷载产生的弯矩标准值，$M_k = \frac{q_k H_1^2}{10}$；

q_k——风线荷载标准值；

H_1——连墙件的竖向间距；

b——门架宽度；

0.85——荷载效应组合系数。

1.2、1.4——永久荷载与可变荷载的荷载分项系数；

N^d——一榀门架的稳定承载力设计值，按式(5-23)计算或查表 5-29：

$$N^d = \varphi A f; \tag{5-23}$$

φ——门架立杆的稳定系数，按 $\lambda = kh_0/i$ 查表；

k——调整系数，按表 5-27 采用；

表 5-27　调整系数 k

脚手架高度(m)	≤30	31～45	46～60
K	1.13	1.17	1.22

i——门架立杆换算截面回转半径，$i = \sqrt{\frac{I}{A_1}}$；

I——门架立杆换算截面惯性矩，$I = I_0 + I_1 \frac{h_1}{h_0}$；

h_0——门架高度；

I_0、A_1——分别为门架立杆的毛截面惯性矩与毛截面面积，查表 5-28；

表 5-28　门式脚手架用钢管截面几何特性

钢管外径 (mm)	壁厚 (mm)	截面积 (cm^2)	截面惯性 (cm^4)	截面抵抗矩 (cm^3)	截面回转半径 (cm)
48.0	3.5	4.89	12.19	5.08	1.58
42.7	2.4	3.04	6.19	2.90	1.43
42.0	2.5	3.10	6.08	2.83	1.40
34.0	2.2	2.20	2.79	1.64	1.13
27.2	1.9	1.51	1.22	0.89	0.90
26.8	2.5	1.91	1.42	1.06	0.86

h_1、I_1——分别为门架加强杆的高度及毛截面惯性矩；

A——一榀门架立杆的毛截面积，$A=2A_1$；

F——门架钢材的强度设计值，对 Q235 钢采用 $205N/mm^2$。

表 5-29　一榀门架的稳定承载力设计值

门架代号		MFl219	
门架高度 h_0(mm)		1 930	1 900
立杆加强杆高度 h_1(mm)		1 536	1 550
立杆换算截面回转半径 i(cm)		1.525	1.652
立杆长细比 λ	$H\leqslant 45$m	148	135
	$45<H\leqslant 60$m	154	140
立杆稳定系数 φ	$H\leqslant 45$m	0.316	0.371
	$45<H\leqslant 60$m	0.294	0.349
钢材强度设计值 f(N / mm^2)		205	205
门架稳定承载力设计值(kN)	$H\leqslant 45$m	40.16　(4.10)	74.38　(7.59)
	$45\text{m}<H\leqslant 60$m	37.37　(3.81)	69.97　(7.14)

注：1. MFl219 门架如图 5.20 所示；

2. H——脚手架高度。

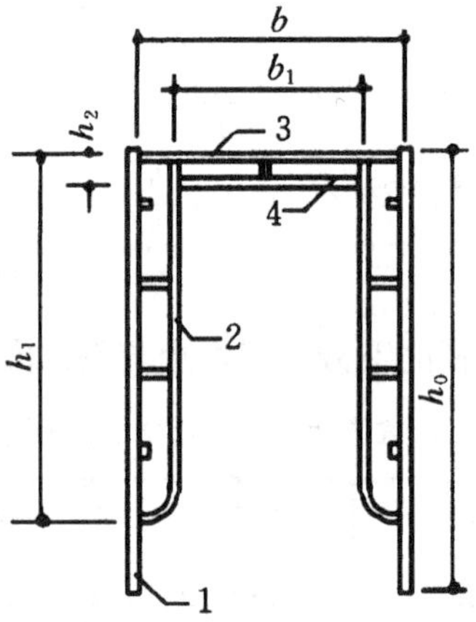

图 5.20　MFl219 门架

1—立杆　2—立杆加强杆　3—横杆　4—横杆加强杆

以上计算方法为以概率理论为基础的极限状态设计法，实质上属于半概率半经验的设计方法。

与扣件式钢管脚手架不同，门式钢管脚手架的主要破坏形式是在抗弯刚度弱的门架平面外多波鼓曲失稳，如图 5.21(a)所示，这种破坏形式的条件是连墙件正常设置(竖向间距不大于 3 个门架高)、门架两侧均设置交叉支撑、水平架每步一设。当交叉支撑只在脚手架的单侧设置，又不在未设交叉支撑一侧按步架设连续纵向加固杆时，脚手架将在门架平面外大波曲失稳破坏，如图 5.21(b)所示，据实验结果，承载能力将比前一种破坏形式降低 30%～40%。

当连墙件做稀疏布置，其竖向间距大到 4～6 个门架高度时，脚手架可能在门架平面方向大波鼓曲失稳，如图 5.21(c)所示，这种失稳破坏的承载力尚无实验数据，但肯定低于第一种破坏形式。

以上计算方法是针对脚手架主要破坏形式的计算；另外，通过规范构造规定要求，以避免发生后两种失稳破坏。

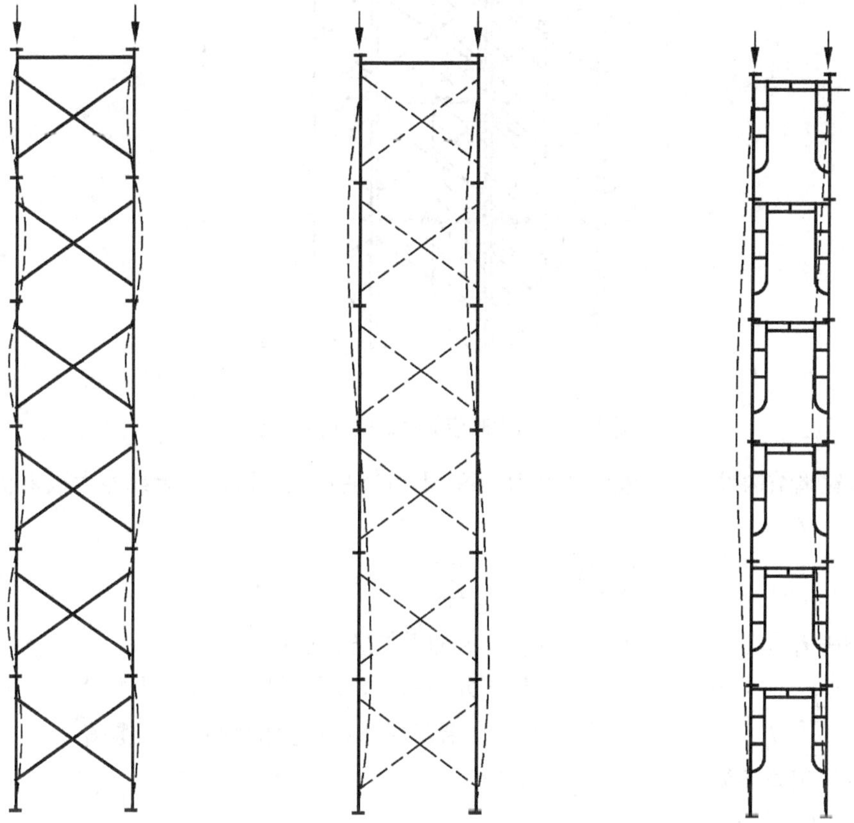

(a) 平面外多波鼓曲　(b) 平面外大波曲　(c) 平面方向大波鼓曲

图 5.21　门式钢管脚手架的失稳破坏形式

施工荷载作用下，施工层的门架杆件在门架平面内受局部弯矩作用，在非操作层靠门架立杆轴心受压传递。施工荷载占所有荷载的比重不大，如在 45m 高的脚手架中，施工荷载约占 20%～30%，在 60m 高的脚手架中，施工荷载仅占 18%～24%。风荷作用时，将在门架平面方向产生弯矩，这也要靠门架的立杆轴心力组成力偶来抵抗。因此，门式脚手架主要受轴压力，虽有弯矩作用，但所产生的附加应力不大。

门式脚手架稳定性计算单元如图 5.22 所示。门架立杆稳定系数，由门架平面外方向的长细比 λ 查取。门架的两侧是由立杆和加强杆组成的复合杆，因此计算门架平面外方向的长细比时应考虑加强杆的作用。

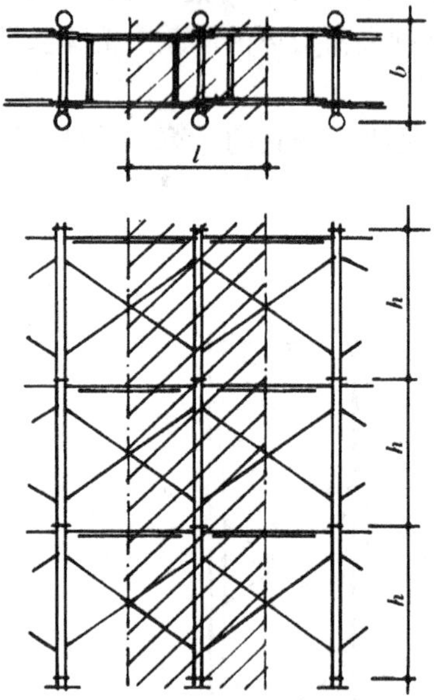

图 5.22　门式脚手架稳定性计算单元

根据《建筑结构设计统一标准》(GBJ 68)规定，轴心压杆稳定的承载能力极限状态表达式为

$$\gamma_0(\gamma_G N_{Gk}+\psi\gamma_Q\sum N_{Qik})\leqslant\varphi\frac{f_k}{\gamma_m}A \tag{5-24}$$

式中：γ_0——结构、构件的重要性系数，对脚手架结构应取 0.9；

γ_G、γ_Q——永久荷载及可变荷载的分项系数，应分别取 1.2 及 1.4；

N_{Gk}、$\sum N_{Qik}$——永久荷载、各可变荷载对压杆产生的轴向力标准值；

ψ——组合系数，为简化计，取 1.0；

φ——轴压杆稳定系数；

A——轴压杆的截面积；

f_k——材料强度的标准值；

γ_m——抗力分项系数，按 GBJ 18 取 1.165。

为了与脚手架的容许应力法比较，在右端除以调整系数 γ_R'，则脚手架结构的设计表达式可写成：

$$0.9(\gamma_G N_{Gk}+\gamma_Q\sum N_{Qik})\leqslant\varphi\frac{f_k}{\gamma_m}A\frac{1}{\gamma_R'} \tag{5-25}$$

记 $\gamma_s=\dfrac{\gamma_G N_{Gk}+\gamma_Q\sum N_{Qik}}{N_{Gk}+\sum N_{Qik}}$，则上式变为：

$$0.9\gamma_s(N_{Gk}+\sum N_{Qik})\leqslant\varphi\frac{f_k}{\gamma_m}A\frac{1}{\gamma_R'} \tag{5-26}$$

容许应力法的轴压杆稳定承载力极限状态表达式为

$$N_{Gk}+\psi\sum N_{Qik})\leqslant\varphi\frac{f_k}{K}A \tag{5-27}$$

式中：ψ——组合系数，为简化计，取 1.0；

K——安全系数，采用经验系数 2.0。

比较式(5-24)、式(5-25)得：

$$\gamma_R'=\frac{K}{0.9\gamma_m\gamma_s} \tag{5-28}$$

按可变荷载与永久荷载的一般比例范围，经反复试算、调整，得有限个 γ_R'；再把 γ_R' 转化为门架计算高度调整系数 k。

【例 5.2】 某高层建筑结构及外装修施工用脚手架，搭设高度 45m，施工荷载考虑两个操作层同时作业，取 5.0kN / m^2，建造地点风荷载的基本风压为 0.55kN / m^2，地面粗糙度 B 类。门架型号采用 MFl219，钢材采用 Q235，门架宽 1.22m，门架高 1.93m，步距 1.95m，跨距 1.83m。

脚手架构造作法：交叉支撑两侧设置，水平架 5 步 4 设、脚手板 5 步 1 设，剪刀撑 4 步 4 跨设置，水平加固杆 4 步 1 设，加固杆件钢管为 φ48×3.5mm；连墙件竖向及水平间距为 3 步 3 跨(近似取 6m)；脚手架采用立网全封闭围护，立网网目 3.5cm×3.5cm，绳径 3.2mm；每 5 步设防护栏杆一道，杆件规格同加固杆。

解　(1) 求各种荷载对脚手架计算单元产生的内力标准值

① 脚手架自重产生的轴向力 N_{Gk1} 计算

门架规格 MFl219，每步架高内的构配件及其重量：

门架	1 榀	0.224kN
交叉支撑	2 副	0.04×2=0.08kN
水平架(每 5 步 4 设)	0.165×4/5=0.132kN	
脚手板 2 块(每 5 步 1 设)	0.184×2×1/5=0.074kN	
连接棒	2 个	0.006×2=0.012kN
锁　臂	2 副	0.0085×2=0.017 kN
合　计	0.539kN	

每米高脚手架自重：N_{Gk1}=0.539/1.95=0.276kN / m

② 加固杆、附件产生的轴向力 N_{Gk2} 计算

加固杆包括纵向加固杆及剪刀撑，每跨距宽度内：

$$\tan\alpha=\frac{4\times1.95}{4\times1.83}=1.066，\cos\alpha=0.684$$

钢管重：(2×1.83/0.684+1.83)×0.038=0.273 kN

扣件重(直角扣件 1 个、旋转扣件 4 个)：(1×0.0135+4×0.0145)=0.072 kN

每米高脚手架加固件重：$\dfrac{0.273+0.072}{4\times1.95}$=0.044 kN / m

安全网重：0.01×1.83=0.02 kN / m

两面栏杆及扣件重：$\dfrac{1.83\times2\times0.038+0.0135\times2}{5\times1.95}$=0.017 kN / m

$$N_{Gk2}=0.044+0.02+0.017=0.081\text{kN / m}$$

③ 施工荷载产生的轴向力标准值：

$$N_{Qik}=5\times1.22\times1.83=11.16\text{kN}$$

④ 风荷载对脚手架产生的计算弯矩标准值：

根据脚手架高度 H=45m、地面粗糙度 B 类，查得风压高度系数 $\mu_z=1.62$。对立网全封闭脚手架，风荷体型系数近似按空间桁架计算，并在计算挡风系数时，将立网的挡风系数计入。由前述，敞开式脚手架的挡风系数 ϕ=0.093，立网挡风系数 $\phi_1=\dfrac{2\times3.5\times0.32}{3.5\times3.5}=0.183$，

则立网全封闭脚手架风荷载体型系数为：

$$\mu_{stw}=(0.093\times2+0.183)\times1.2=0.443$$

风荷标准值：

$$\omega_k=0.73\,\mu_z\mu_{stw}\,\omega_0=0.7\times1.62\times0.443\times0.55=0.276\text{kN}/\text{m}^2$$

作用于脚手架计算单元的风线荷载标准值：

$$q_k=\omega_k l=0.276\times1.83=0.505\text{kN}/\text{m}$$

风荷载对脚手架计算单元产生的弯矩标准值：

$$M_k=\frac{q_k H_1^2}{10}=\frac{0.505\times6^2}{10}=1.818\ \text{kN}\cdot\text{m}$$

(2) 求作用于一榀门架的最大轴向力设计值

不组合风荷载时，$N=1.2(N_{Gk1}+N_{Gk2})\text{H}+1.4\sum N_{Qik}=1.2(0.276+0.081)\times45+1.4\times11.16=34.90\ \text{kN}$；

组合风荷载时，$N=1.2(N_{Gk1}+N_{Gk2})\text{H}+0.85\times1.4(\sum N_{Qik}+2M_k/b)=1.2(0.276+0.081)\times45+0.85\times1.4\times(11.16+2\times1.818/1.22)=36.10\ \text{kN}$

以上二组合，取大者作为不利轴力。

(3) 求一榀门架的稳定承载力设计值 N^d

门架立杆换算截面惯性矩：

$$I=I_0+I_1\frac{h_1}{h_0}=6.08\times10^4+1.42\times10^4\times1536/1930=7.21\times10^4\text{mm}^4$$

门架立杆换算截面回转半径：$i=\sqrt{\dfrac{I}{A_1}}=\sqrt{\dfrac{7.21\times10^4}{310}}=15.25\text{mm}$

立杆长细比：$\lambda=kh_0/I=1.17\times1930/15.25=148$，查得立杆稳定系数 $\varphi=0.316$。

一榀门架的稳定承载力设计值为：

$N^d=\varphi Af=0.316\times310\times2\times205\times10^{-3}=40.16\text{kN}>36.1\text{kN}$(脚手架的稳定性满足要求)

3. 脚手架搭设高度计算

脚手架搭设高度，由以下从稳定计算公式推导而来的两个公式计算，并取二者的较小值：

不组合风荷载时，
$$H^d=\frac{\varphi Af-1.4\sum N_{Qik}}{1.2(N_{Gk1}+N_{Gk2})}\tag{5-29}$$

组合风荷载时，
$$H_w^{\ d}=\frac{\varphi Af-0.85\times1.4(\sum N_{Qik}+\dfrac{2M_k}{b})}{1.2(N_{Gk1}+N_{Gk2})}\tag{5-30}$$

式中各项含义同前。

计算中，先试取搭设高度及相应的调整系数 k、风压高度系数 μ_z，若所得搭设高度与试取搭设高度不吻合，则进行修正、重新试取搭设高度等，再算。一般，重复 2～3 次，即可得到精确结果。

敞开式脚手架，当其搭设高度符合本章 5.4.1 节规定及规范构造要求时，可不进行稳定或搭设高度的计算。落地脚手架搭设高度超过上述规定时，宜采用分段卸荷或分段搭设等方法；分段搭设时，每段脚手架高度宜控制在 30m 以下。

4. 连墙件计算

连墙件应按下列公式计算强度及稳定：

强度，$$\sigma = \frac{N_t(\text{或}N_c)}{A_n} \leqslant 0.85f \tag{5-31}$$

稳定，$$\sigma = \frac{N_c}{\varphi A} \leqslant 0.85f \tag{5-32}$$

式中：A_n——连墙件的净截面积，带螺纹的连墙件应取螺纹处的有效截面积；

A——连墙件的毛截面积；

N_t、N_c——风荷载及其他作用对连墙件产生的拉、压力设计值，$N_t(N_c)=N_w+3.0$kN；

N_W——风荷载作用于连墙件的拉(压)力设计值，$N_W=1.4\,\omega_k L_l H_1$；

φ——连墙件的稳定系数，按连墙件长细比查表；

ω_k——风荷载标准值；

H_1、L_l——分别为连墙件的竖向及水平间距；

0.85——可能偏心受力连墙件按轴心受力构件计算的折减系数。

连墙件与脚手架、连墙件与主体结构的连接强度应按下式计算：

$$N_t(N_c) \leqslant N_v \tag{5-33}$$

式中：N_v——连墙件与脚手架、连墙件与主体结构连接的抗拉(压)承载力设计值。当采用扣件连接时，一个直角扣件为 8.0kN(扣件抗滑承载力标准值 10kN，除以抗力分项系数)；当为其他连接时应按相应规范规定计算。

5.4.3 门式钢管脚手架的构造要求

1. 门架

门架跨距应符合现行行业标准《门式钢管脚手架》(JGJ 76)的规定，并与交叉支撑规格配合。

门架立杆离墙面净距不宜大于 150mm；大于 150mm 时应采取内挑架板或其他离口防护的安全措施。

2. 配件

门架的内外两侧均应设置交叉支撑并应与门架立杆上的锁销锁牢。

上、下榀门架的组装必须设置连接棒及锁臂，连接棒直径应小于立杆内径的 1～2mm。

在脚手架的操作层上应连续满铺与门架配套的挂扣式脚手板，并扣紧挡板，防止脚手板脱落和松动。

水平架设置应符合下列规定：(1)在脚手架的顶层门架上部、连墙件设置层、防护棚设置处必须设置；(2)当脚手架搭设高度≤45m 时，沿脚手架高度，水平架应至少两步一设；当脚手架搭设高度 H>45m 时，水平架应每步一设；不论脚手架多高，均应在脚手架的转角处、端部及间断处的一个跨距范围内每步一设；(3)水平架在其设置层面内应连续设置；(4)当因施工需要，临时局部拆除脚手架内侧交叉支撑时，应在拆除交叉支撑的门架上方及下方设置水平架；(5)水平架可由挂扣式脚手板或门架两侧设置的水平加固杆代替。

底步门架的立杆下端应设置固定底座或可调底座。

3. 加固件

剪刀撑设置应符合下列规定：(1)脚手架高度超过 20m 时，应在脚手架外侧连续设置；(2)剪刀撑斜杆与地面的倾角宜为 45°～60°，剪刀撑宽度宜为 4～8m；(3)剪刀撑应采用扣件与门架立杆扣紧；(4)剪刀撑斜杆若采用搭接接长，搭接长度不宜小于 600mm，搭接处应采用两个扣件扣紧。

水平加固杆设置应符合以下规定：(1)当脚手架高度超过 20m 时，应在脚手架外侧每隔 4 步设置 1 道，并宜在有连墙件的水平层设置；(2)设置纵向水平加固杆应连续，并形成水平闭合圈；(3)在脚手架的底步门架下端应加封口杆，门架的内外两侧应设通长扫地杆；(4)水平加固杆应采用扣件与门架立杆扣牢。

4. 转角处门架连接

在建筑物转角处的脚手架内、外两侧应按步设置水平连接杆，将转角处的两门架连成一体，如图 5.23 所示。

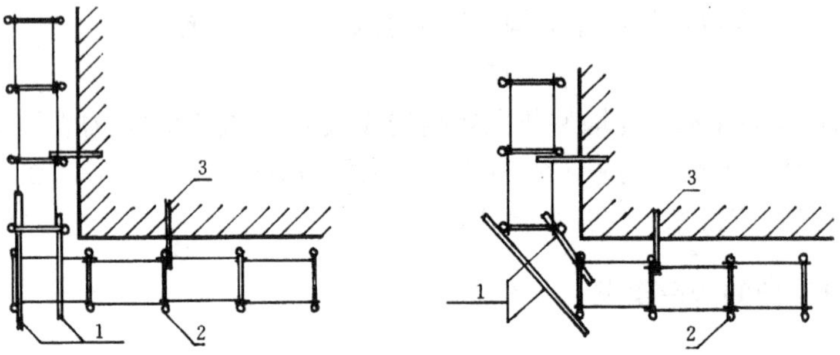

图 5.23 转角处脚手架连接

1—连接钢管 2—门架 3—连墙件

水平连接杆应采用钢管，其规格应与水平加固杆相同。水平连接杆应采用扣件与门架立杆及水平加固杆扣紧。

5. 连墙件

脚手架必须采用连墙件与建筑物做到可靠连接。连墙件的设置除应满足计算要求外，尚应满足表 5-30 的要求。

表 5-30 连墙件间距(m)

脚手架搭设高度(m)	基本风压 ω_0(kN / m^2)	连墙件的间距(m)	
		竖向	水平向
≤45	≤0.55	≤6.0	≤8.0
	＞0.55	≤4.0	≤6.0
＞45	-		

在脚手架的转角处、不闭合(一字形、槽形)脚手架的两端应增设连墙件，其竖向间距不应大于 4.0m。

在脚手架外侧因设置防护棚或安全网而承受偏心荷载的部位，应增设连墙件，其水平间距不应大于 4.0m。

连墙件应能承受拉力与压力，其承载力标准值不应小于 10kN；连墙件与门架、建筑物的连接也应具有相应的连接强度。

6. 通道洞口

通道洞口高不宜大于 2 个门架，宽不宜大于 1 个门架跨距。

通道洞口应按以下要求采取加固措施：当洞口宽度为一个跨距时，应在脚手架洞口上方的内外侧设置水平加固杆，在洞口两个上角加斜撑杆，如图 5.24 所示；当洞口宽为两个及两个以上跨距时，应在洞口上方设置经专门设计和制作的托架，并加强洞口两侧的门架立杆。

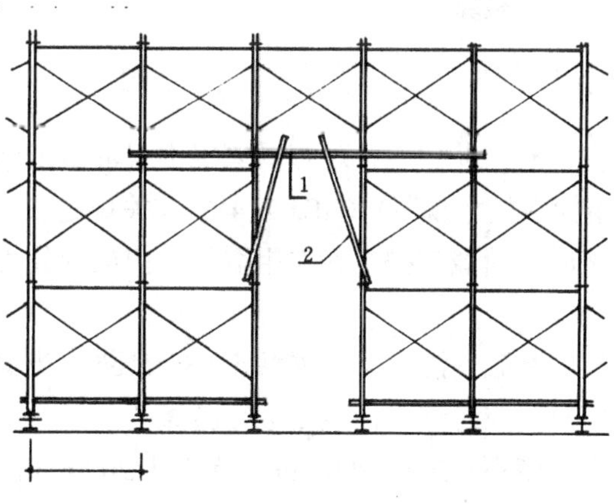

图 5.24 通道洞口加固示意

1—水平加固杆 2—斜撑杆

7. 斜梯

作业人员上下脚手架的斜梯应采用挂扣式钢梯，并宜采用“之”字形式，一个梯段宜跨越两步或三步。

钢梯规格应与门架规格配套，并应与门架挂扣牢固。

钢梯应设栏杆扶手。

8. 地基与基础

搭设脚手架的场地必须平整坚实，并作好排水，回填土地面必须分层回填，逐层夯实。

落地式脚手架的基础根据土质及搭设高度可按表 5-31 的要求处理，当土质与表 5-31 不符合时，应按现行国家标准《建筑地基基础设计规范》的有关规定经计算确定。

表 5-31　落地式脚手架的地基基础

搭设高度(m)	地基土质		
	中低压缩性且压缩性均匀	回填土	高压缩性或压缩性不均匀
≤25	夯实原土，干重力密度要求 15.5kN / m^3，立杆底座置于面积不小于 0.075m^2 的混凝土垫块或垫木上。	土夹石或灰土回填夯实，立杆底座置于面积不小于 0.10m^2 的混凝土垫块或垫木上。	夯实原土，铺设宽度不小于 200mm 的通长槽钢或垫木。
26～35	混凝上垫块或垫木面积不小于 0.10m^2，其余同上。	砂夹石回填夯实，其余同上。	夯实原土，铺厚不小于 200mm 砂垫层，其余同上。
36～60	混凝土垫块或垫木面积不小于 0.15m^2 或铺通长槽钢或垫木，其余同上。	砂夹石回填夯实，混凝土垫块或垫木面积不小于 0.15m^2，或铺通长槽钢或木板。	夯实原土，铺 150mm 厚道渣夯实，再铺通长槽钢或垫木，其余同上。

当脚手架搭设在结构的楼面、挑台上时，立杆底座下应铺设垫板或混凝土垫块，并应对楼面或挑台等结构进行承载力验算。

5.4.4　模板支撑与满堂脚手架

门式脚手架用于模板支撑时，荷载应按现行国家标准《混凝土结构工程施工及验收规范》(GB 50204)及《组合钢模板技术规范》(GBJ 214)中有关规定取值，并进行荷载组合。门式脚手架用于满堂脚手架时，荷载应按实际作用取值，门架承载力应按前述稳定承载力公式进行计算。

模板支撑及满堂脚手架的基础做法应符合本章 5.4.3 节要求，当模板支撑架设在钢筋混凝土楼板、挑台等结构上部时，应对该结构强度进行验算。

可调底座调节螺杆伸出长度不宜超过 200mm。当超过 200mm 时，一榀门架承载力设计值 N^d 应根据可调底座调节螺杆伸出长度进行修正：伸出长度为 300mm 时，应乘以修正系数 0.90，超过 300mm 时，应乘以修正系数 0.80。模板支撑架的高度调整宜以采用可调顶托为主。

模板支撑及满堂脚手架构造的设计，宜让立杆直接传递荷载。当荷载作用于门架横杆上时，门架的承载能力应乘以折减系数：当荷载对称作用于立杆与加强杆范围内时，应取 0.9；当荷载对称作用在加强杆顶部时，应取 0.70；当荷载集中作用于横杆中间时应取 0.30。

1. 模板支撑

门架、调节架及可调托座应根据支撑高度设置，支撑架底部可采用固定底座及木楔调整标高。

用于梁模板支撑的门架，可采用平行或垂直于梁轴线的布置方式，如图 5.25 所示。垂直于梁轴线布置时，门架两侧应设置交叉支撑；平行于梁轴线设置时，两门架应采用交叉支撑或梁底模小楞连接牢固。

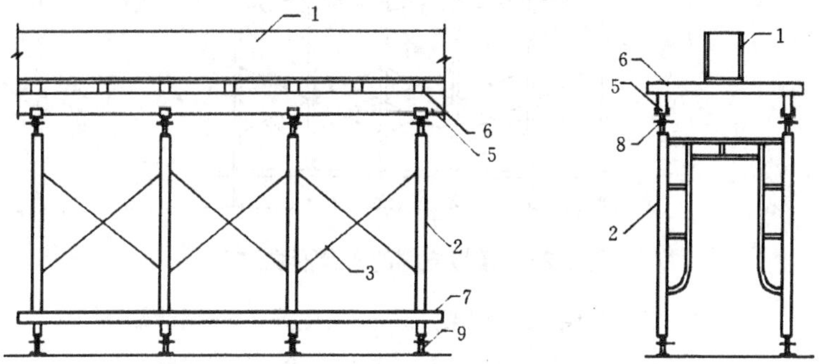

(a) 门架垂直于梁轴线布置

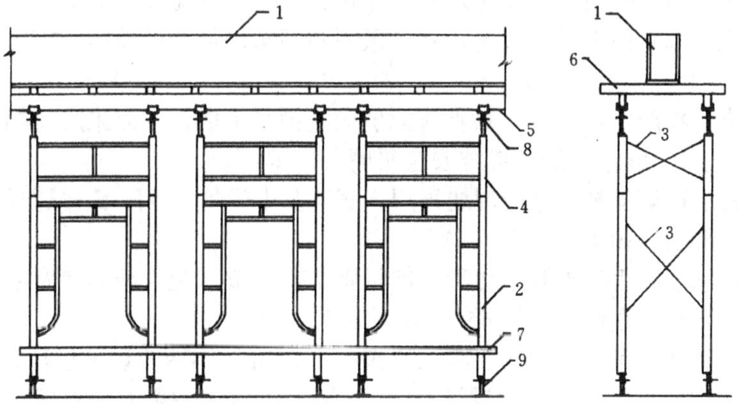

(b) 门架平行于梁轴线设置

图 5.25　模板支撑的布置形式(一)

1—混凝土梁　2—门架　3—交叉支撑　4—调节架　5—托梁
6—小楞　7—扫地杆　8—可调托座　9—可调底座

当模板支撑高度较高或荷载较大时，模板支撑可采用如图 5.26 所示的构架形式支撑。

门架用于楼板模板支撑时，门架间距与门架跨距应由计算和构造要求确定，门架可按照规范要求设置水平加固杆；楼板模板支撑较高时(大于 10m)，门架可按照规范要求设置剪刀撑。

门架用于整体式平台模板时，门架立杆、调节架应设置锁臂，模板系统与门架支撑应作满足吊运要求的可靠连接。

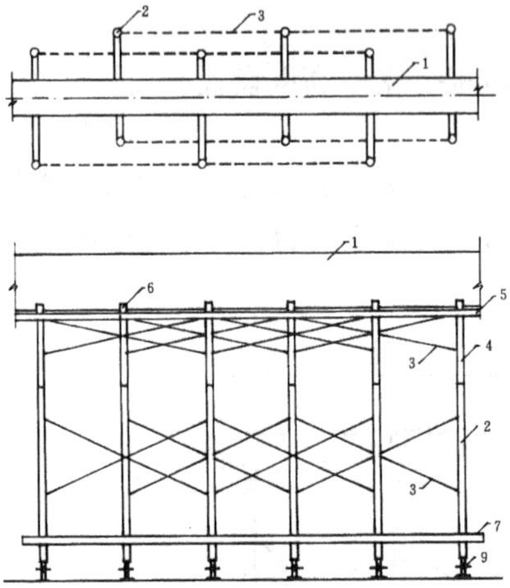

图 5.26　模板支撑的布置形式(二)

1—混凝土梁　2—门架　3—交叉支撑　4—调节架

5—托梁　6—小楞　7—扫地杆　9—可调底座

2. 满堂脚手架

门架的跨距和间距应根据实际荷载经设计确定，间距不宜大于 1.2m。

交叉支撑应在每列门架两侧设置，并应采用锁销与门架立杆锁牢，施工期间不得随意拆除。

水平架或脚手板应每步设置。顶步作业层应满铺脚手板，并应采用可靠连接方式与门架横梁固定，大于 200mm 的缝隙应挂安全平网。

水平加固杆应在满堂脚手架的周边顶层、底层及中间每 5 列、5 排通长连续设置，并应采用扣件与门架立杆扣牢。

剪刀撑应在满堂脚手架外侧周边和内部每隔 15m 间距设置，剪刀撑宽度不应大于 4 个跨距或间距，斜杆与地面倾角宜为 45°～60°。

满堂脚手架距墙或其他结构物边缘距离应小于 0.5m，周围应设置栏杆。

满堂脚手架中间设置通道时，通道处底层门架可不设纵(横)方向水平加固杆，但通道上部应每步设置水平加固杆。通道两侧门架应设置斜撑杆。

满堂脚手架高度超过 10m 时，上下层门架间应设置锁臂，外侧应设置抛撑或缆风绳与地面拉结牢固。

满堂脚手架的搭设可采用逐列逐排和逐层搭设的方法，并应随搭随设剪刀撑、水平纵横加固杆、抛撑(或缆风绳)和通道板等安全防护构件。

搭设、拆除满堂脚手架时，施工操作层应铺设脚手板，工人应系安全带。

5.5　附着升降脚手架

5.5.1　概述

附着升降脚手架比挑、挂脚手架的反复搭设、吊升更加简便，其架面操作环境明显好于吊篮；而当建筑高度较大(如大于 80m)，附着升降脚手架的施工成本都低于其他脚手架。所以，附着升降脚手架发展很快，呈现在高层建筑施工中全面普及的态势，成为高层建筑施工的主要脚手架形式。

附着升降脚手架的支承形式已有：悬挑式、吊拉式、套框式、导轨式、导座式、挑轨式、套轨式、吊套式、吊轨式等，动力已有：电动、手动、液压、卷扬等，架体主框架已有：片式、格构柱式、导轨组合式等，防坠装置已有：摆针式、自锁楔块式、楔压摩阻轮式、偏心轮式等，同步控制方面已有：自动显示、故障反馈、自动调整等，升降方式已有：整体、分段、互爬等。附着升降脚手架的支承间距由最初的 3～6m 扩大到 10m，爬架全高由最初的 10m(适应 3 层施工需要)加大到 18m。

由于没有附着升降脚手架的设计标准，设计工作各行其是，因而普遍存在设计条件考虑不周、荷载取值偏小、计算方法混乱、使用工况无严格限制、没有防倾装置或防倾装置不可靠、大多数架子没有防坠装置、没有下降不同步的安全装置、施工单位“因陋就简”地仿造等问题，因此相继出现了架毁人亡的重大事故，如 1996 年 8 月 11 日国家经贸委二期工程使用的广西桂林某脚手架有限公司整体提升脚手架调整下降时，部分架体从 13 层(48m)高坠落，造成 8 死 11 伤。

5.5.2　附着升降脚手架的构造举例

1. 套管式附着升降脚手架

构造如图 5.27 所示。固定框竖杆为ϕ48×3.5mm 焊接钢管，活动框立管为ϕ63.5×4mm 无缝钢管。脚手架单元长度不宜大于 4m，以使单元具有足够刚度。每个单元由 2 个升降框和连接 2 个升降框的纵横向水平杆、剪刀撑、脚手板、安全网等组成。对阳台部位，支撑杆加长、受压，并增加分别与固定框、活动框拉结的斜拉杆或钢丝绳、受拉。

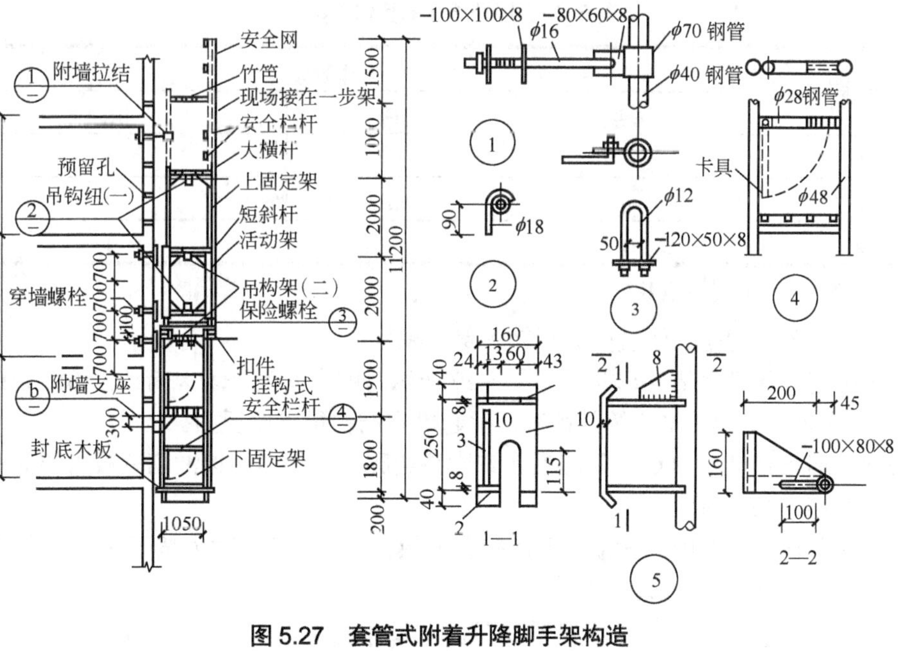

图 5.27　套管式附着升降脚手架构造

1—上翼板　2—下翼板　3—腹板　4—支座板　5—加劲板

爬升一个楼层需要 2 个爬升过程，如图 5.28 所示，每个爬升过程分 2 步：活动架爬升 1.4m、固定架爬升 1.4m；也可用 1 个爬升过程。下降为反向操作。每个提升单元的操作人数见表 5-32。

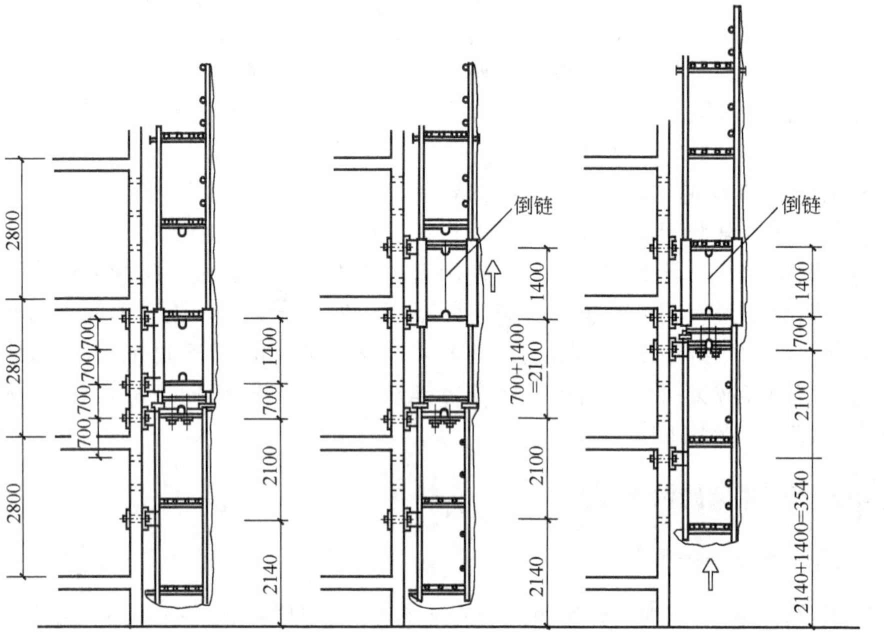

(a) 爬升前的位置　(b) 活动架爬升 1.4m　(c) 固定架爬升 1.4m

图 5.28　套管式附着升降脚手架的爬升

表 5-32　提升单元的操作人数

工种	工作阶段		
	安装	升降	拆除
指挥	1	1	1
架子工	4	$2n$	4
起重工	1		1

注：n——提升单元的提升点数。

操作人员位于活动架。倒链受力后卸去穿墙螺栓。

套管式附着升降脚手架计算简图如图 5.29 所示。图中 q 为平均风荷载，(b)、(c)中 F_1、M_1、F_2、M_2 为集中荷载的平移等效荷载。解超静定结构得支座反力。

一般地，墙体强度达到 C10 等级后允许脚手架爬升、附墙，按冲切承载力验算此时的墙体强度，如图 5.30 所示。

在局部荷载作用下不配置箍筋或弯起钢筋的板，其受冲切承载力按下式验算(混凝土结构设计规范 GB 50010—2002 之 7.7 节)：

$$F_1 \leqslant (0.7\beta_h f_t + 0.15\sigma_{pc,m})\eta\mu_m h_0 \tag{5-34}$$

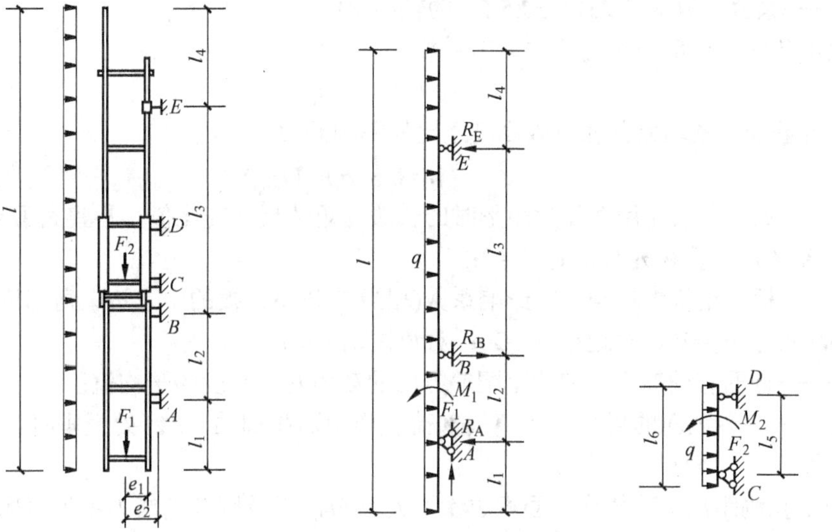

(a)荷载与支撑　　(b)固定架计算简图　　(c)活动架计算简图

图 5.29　套管式附着升降脚手架计算简图

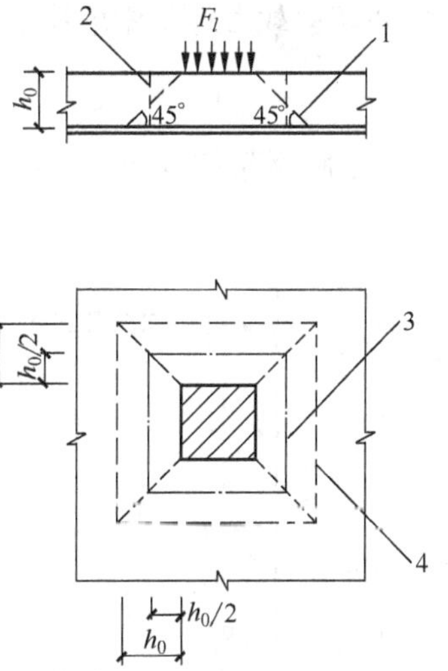

图 5.30　支座墙体冲切承载力验算

1—冲切破坏锥体的斜截面；2—距荷载面积周边 $h_0/2$ 处的截面；

3—距荷载面积周边 $h_0/2$ 处的周长；4—冲切破坏锥体的底面线

F_l—附墙支座反力；h_0—截面有效高度

式中：F_l——局部荷载设计值或集中反力设计值；

β_h——截面高度影响系数：当 $h \leqslant 800$mm 时，取 1.0；当 $h \geqslant 2\,000$mm 时，取 0.9，其间按线性内插法取用；

f_t——凝土轴心抗拉强度设计值，对 C20、C30 分别为 1.10MPa、1.43 MPa；

$\sigma_{pc,m}$——临界截面周长上两个方向混凝土有效预压应力按长度的加权平均值，其值宜控制在 1.0～3.5N / mm^2 范围内，对非预应力混凝土板取 0；

η——系数，取式(5-25)、式(5-26)的较小值：

局部荷载或作用面积形状的影响系数

$$\eta_1=0.4+1.2/\beta_s \tag{5-35}$$

临界截面周长与板截面有效高度之比的影响系数

$$\eta_2=0.5+\alpha_s h_0/(4\mu_m) \tag{5-36}$$

β_s——局部荷载作用面积为矩形时的长边与短边尺寸的比值，不宜大于 4；当 $\beta_s<2$ 时 $\beta_s=2$，当面积为圆形时 $\beta_s=2$；

α_s——板柱结构中柱类型的影响系数(相当 F_l 作用在板的中、边、角部位，编者注)，对中柱取 $\alpha_s=40$，对边柱 $\alpha_s=30$；对角柱 $\alpha_s=20$；

h_0——截面有效高度，取两个配筋方向的截面有效高度的平均值；

μ_m——临界截面的周长，距离局部荷载作用面积周边 $h_0/2$ 处板垂直截面的最不利周长；

当板上孔洞距局部荷载作用面积边缘不大于 $6h_0$，以及因冲切能力不足而配置箍筋或弯起钢筋后的冲切能力计算，详见有关规范。

5.5.3 当板开有孔洞且孔洞至局部荷载或集中反力作用面积边

缘的距离不大于 6/20 时，受冲切承载力计算中取用的临界截面周长。

1. 挑梁式附着升降脚手架

挑梁式附着升降脚手架的特点是脚手架的固定、升降依靠从柱或边梁伸出来的挑梁实现，如图 5.31 所示。

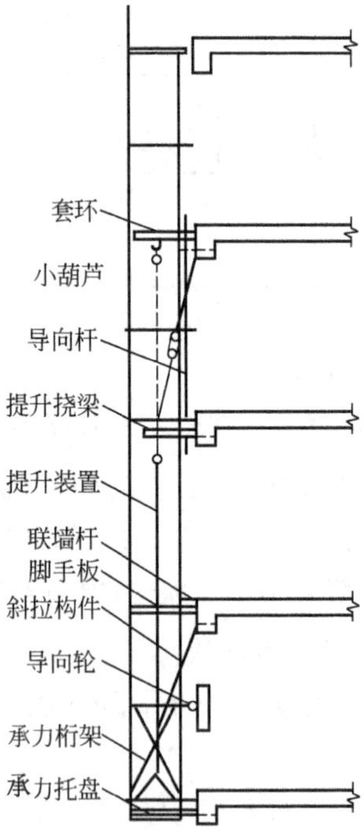

图 5.31　挑梁式附着升降脚手架

挑梁由型钢制作，通过穿墙螺栓或预埋件与结构相连，同时用斜拉杆件或钢丝绳(长度通过花篮螺栓调节)与结构拉结。提升设备直接作用于承力托盘，托盘上搭设脚手架。脚手架高为 3.5～4.5 楼层高度，架宽 0.8～1.2m，其结构与普通脚手架同；但位于挑梁两侧的脚手架内排立杆之间的横杆在升降时会碰到挑梁或斜拉杆，应用短横柑，以便升降时拆除、升降后安装。导向轮可沿外墙或柱子滚动。导向杆固定于脚手架上部，在套环内升降；套环固定于房屋结构。

2. 导轨式附着升降脚手架

导轨式附着升降脚手架的特点是脚手架的固定、升降、防坠落、防倾覆等靠导轨实现。如图 5.32 所示。

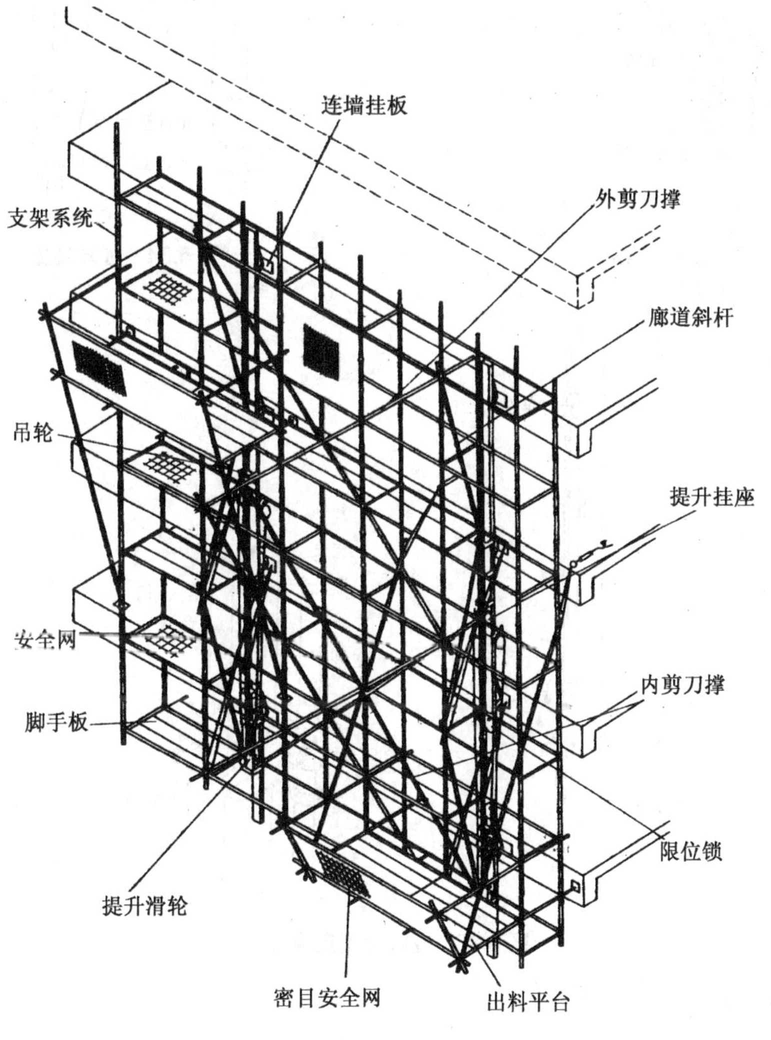

图 5.32　导轨式附着升降脚手架

导轨由槽钢制作，下部滑出的导轨可以拆除，装到上部，如图 5.33 所示。固定提升设备的提升挂座固定于导轨上，提升设备下连防坠落装置，如图 5.34 所示。立杆上固定导轮，防止脚手架内、外倾覆，如图 5.35 所示。

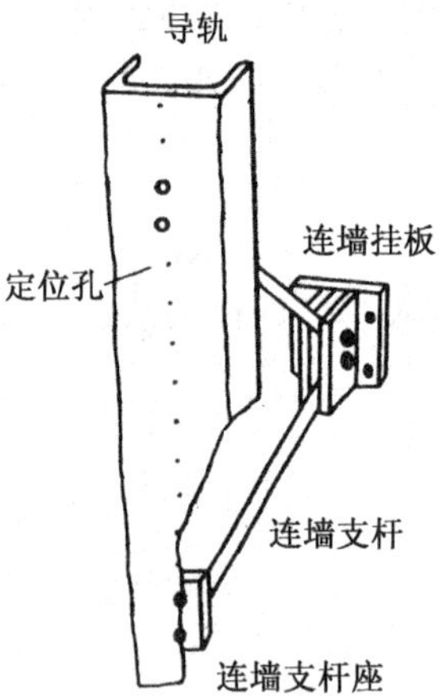

图 5.33 导轨

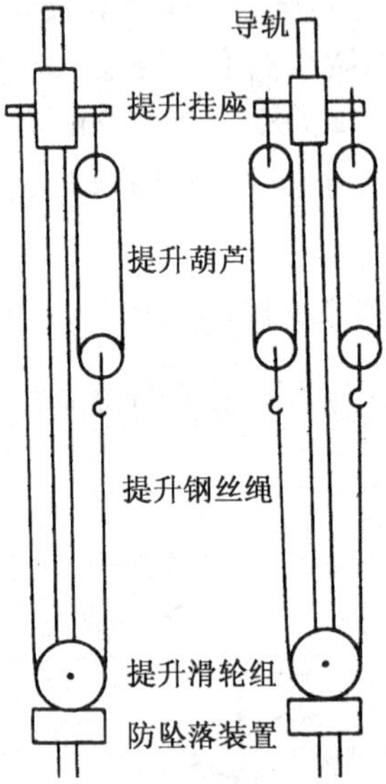

图 5.34 提升装置

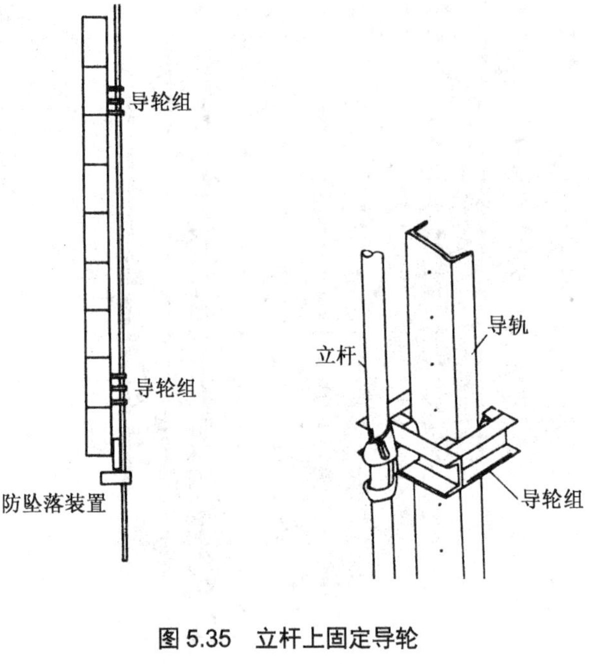

图 5.35 立杆上固定导轮

3. 互爬式附着升降脚手架

互爬式附着升降脚手架的特点是相邻脚手架单元互为支点，交替升降，如图 5.36 所示。架子的导向可借助房屋结构，也可借助相邻脚手架单元。操作人员不在被升降的架体上，更安全。一次升降幅度不受限制。升降时 1 人指挥，2 人拉葫芦，2 人拆、安固定装置，共 5 人操作。相邻脚手架单元在不升降时用脚手板等连接。

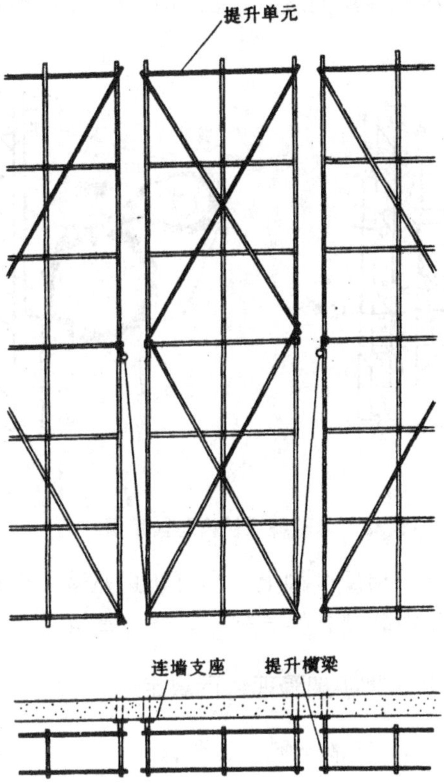

图 5.36 互爬式附着升降脚手架

4. 常用防坠装置的工作原理

如图 5.37 所示，动力失效时，传感机构使三角楔块或楔轴上升，使制动机构与导轨锁紧。

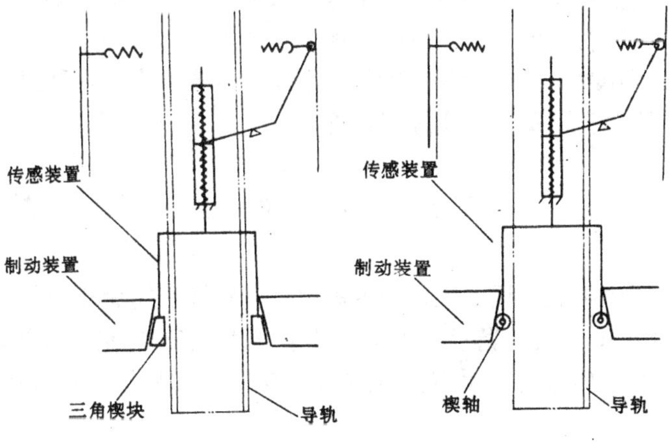

(a) 三角楔块 (b) 楔轴

图 5.37 导轨式附着升降脚手架防坠装置

如图 5.38 所示，棘轮棘爪机构使单向通行、反向限位；下降时人为解除。

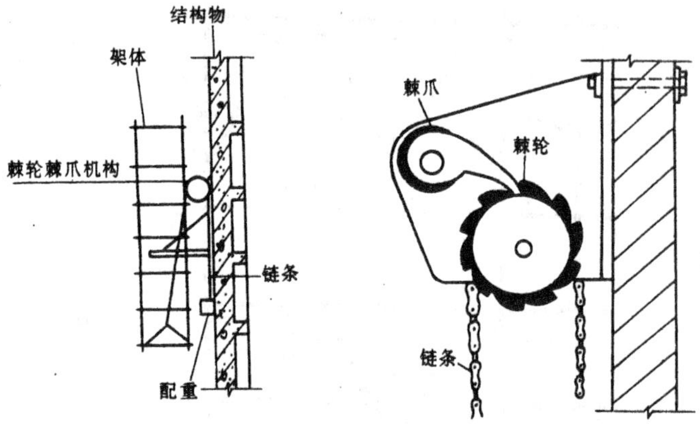

图 5.38　棘轮棘爪机构防坠装置

钢丝绳将架子底部兜住，连到房屋结构上，也可防止坠落；但仅对吊篮等小型架子有效，对其他架子，容易造成钢丝绳断裂、架子解体等严重事故。

5.5.4　附录——建筑施工附着升降脚手架管理暂行规定

第一章　总则

第一条　为贯彻“安全第一，预防为主”的方针和《中华人民共和国建筑法》，加强建筑施工附着升降脚手架(以下简称“附着升降脚手架”)的管理，保证施工安全，制定本规定。

第二条　本规定适用于在高层、超高层建筑工程结构上使用的由不同形式的架体、附着支承结构、升降设备和升降方式组成的各类附着升降脚手架。

第三条　各类附着升降脚手架的设计、制作、安装、使用和拆卸都必须执行本规定，并应遵守相关现行国家和行业的规程、规范、标准和规定。

第四条　建设部对附着升降脚手架实行统一管理。各省、自治区和直辖市的建设行政主管部门对本辖区内附着升降脚手架实施监督管理。

第二章　设计计算

第五条　附着升降脚手架的设计应执行本规定和《建筑结构荷载规范》(GBJ 9)、《钢结构设计规范》(GBJ 17)、《冷弯薄壁型钢结构技术规范》(GBJ 18)、《混凝土结构设计规范》(GBJ 10)、《编制建筑施工脚手架安全技术标准的统一规定》(修订稿)以及其他有关标准。

第六条　附着升降脚手架的架体结构和附着支承结构应按“概率极限状态法”进行设计计算，承载力设计表达式为

$$\gamma_0 S \leqslant R$$

式中：γ_0——结构重要性系数，取 0.9；

S——荷载效应；

R——结构抗力。

第七条　附着升降脚手架升降结构中的升降动力设备、吊具、索具，按"容许应力设计法"进行设计计算，执行本规定和有关起重吊装的现行规范，计算表达式为

$$\sigma \leqslant [\sigma]$$

式中：σ——设计应力

$[\sigma]$——容许应力

第八条　附着升降脚手架的各组成部分应按其结构形式、工作状态和受力情况，分别确定在使用、升降和坠落三种不同状况下的计算简图，并按最不利情况进行计算和验算。必要时应通过整体模型试验验证脚手架架体结构的设计承载能力。

第九条　附着升降脚手架设计中荷载标准值应分使用、升降及坠落三种状况按以下规定分别确定。

1. 恒载标准值 G_k

包括架体结构、围护设施、作业层设施以及固定于架体结构上的升降机构和其他设备、装置的自重，其值可按现行《建筑结构荷载规范》(GBJ 9)附录一确定。对于木脚手板及竹串片脚手板，取自重标准值为 0.35kN / m^2。

2. 施工活荷载标准值 Q_k

包括施工人员、材料及施工机具等自重；可按施工设计确定的控制荷载采用，但其取值不得小于以下规定：

(1) 结构施工按二层同时作业计算，使用状况时按每层 3 kN / m^2 计算，升降及坠落状况时按每层 0.5 kN / m^2 计算；

(2) 装修施工按三层同时作业计算，使用状况时按每层 2 kN / m^2 计算，升降及坠落状况时按每层 0.5 kN / m^2 计算。

3. 风荷载标准值 ω_k 按下式计算：

$$\omega_k = k\mu_s\mu_z\,\omega_0$$

式中：k——风压折减系数，在取当地基本风压值时，取 0.7；

μ_s——脚手架风荷载体型系数，按表 1 选用；

表 1　脚手架风荷载体型系数

背靠建筑物状况	全封闭	敞开、开洞
μ_s	1.0 Φ	1.3 Φ

表中：Φ 为脚手架封闭情况确定的挡风系数，$\phi = \dfrac{\text{脚手架挡风面积}}{\text{脚手架迎风面积}}$。当用彩条布做脚手架围挡时，取 Φ =1.0。

μ_z——风压高度变化系数，按现行的《建筑结构荷载规范》(GBJ 9)的规定取用；

ω_0——基本风压，使用状况下按现行的《建筑结构荷载规范》(GBJ 9)的规定取用，升降及坠落状况可取 $0.25\text{kN}/\text{m}^2$。

第十条　附着升降脚手架各组成部分的设计应按表 2 的规定计入相应的荷载计算系数。

表 2　荷载计算系数

<table>
<tr><th colspan="2" rowspan="2">设计项目</th><th colspan="2">应计入的计算系数</th><th rowspan="2">设计方法</th></tr>
<tr><th>使用工况</th><th>升降及其坠落工况</th></tr>
<tr><td rowspan="3">架体结构</td><td>构架</td><td>$(\gamma_G\gamma_Q\ \Phi),\gamma'_m$</td><td>—</td><td rowspan="5">概率极限状态法</td></tr>
<tr><td>竖向主框架</td><td rowspan="4">$\gamma_1(\gamma_G\gamma_Q\ \Phi)$</td><td rowspan="4">$\gamma_2(\gamma_G\gamma_Q\ \Phi)$</td></tr>
<tr><td>水平梁架</td></tr>
<tr><td colspan="2">附着支承结构</td></tr>
<tr><td colspan="2">防倾、防坠落装置</td></tr>
<tr><td colspan="2">升降动力设备</td><td>—</td><td>γ_2</td><td rowspan="2">容许应力法</td></tr>
<tr><td colspan="2">索具、吊具</td><td>γ_1</td><td>γ_2</td></tr>
</table>

表中：

γ_G——永久荷载分项系数，一般取 1.2，但当有利于抗倾覆验算时，取 0.9；

γ_Q——可变荷载分项系数，取 1.4；

Φ——可变荷载组合系数，取 0.85；

γ'_m——结构抗力调整系数，按《编制建筑施工脚手架安全技术标准的统一规定》(修订稿)确定；

γ_1，γ_2——荷载变化系数，$\gamma_1=1.3$，$\gamma_2=2.0$

第十一条　采用“概率极限状态”设计时，按承载力极限状态设计的计算荷载取荷载的设计值；按使用极限状态设计的计算荷载取荷载的标准值。

第十二条　索具、吊具按表 2 的规定进行设计计算时，其安全系数的取值参照相关的设计规范确定，但升降机构中使用的索具、吊具的安全系数不得小于 6.0。

第十三条　对于升降动力设备，其容许荷载的取值参照相关的设计规范确定，当无规定时可取其额定荷载。

第十四条　螺栓连接强度的设计值应按表 3 取用；

表 3　螺栓连接强度设计值(N/mm^2)

钢号	抗拉 f_t^b	抗剪 f_v^b
Q235	170	130

第十五条　受压构件的长细比应不大于 150。

受弯构件的容许挠度应不超过表 4 规定的允许值：

表 4　受弯构件的容许挠度值

构件类别	容许挠度
大横杆、小横杆	$L/150$
水平支承结构	$L/200$
其他受弯构件	$L/300$

第十六条　附着升降脚手架架体的脚手架构件部分的设计执行《编制建筑施工脚手架安全技术标准的统一规定》(修订稿)。

第十七条　附着支承结构的平面布置必须依据安全要求和工程情况审慎设计，避免出现超过其设计承载能力的工作状态。

第三章　构造与装置

第十八条　附着升降脚手架的架体尺寸应符合以下规定：

1. 架体高度不应大于 5 倍楼层高；
2. 架体宽度不应大于 1.2m；
3. 直线布置的架体支承跨度不应大于 8m；折线或曲线布置的架体支承跨度不应大于 5.4m；
4. 整体式附着升降脚手架架体的悬挑长度不得大于 1/2 水平支承跨度和 3m；单片式附着升降脚手架架体的悬挑长度不应大于 1/4 水平支承跨度；
5. 升降和使用工况下，架体悬臂高度均不应大于 6.0m 和 2/5 架体高度。
6. 架体全高与支承跨度的乘积不应大于 $110m^2$。

第十九条　附着升降脚手架应具有足够强度和适当刚度的架体结构；应具有安全可靠的能够适应工程结构特点的附着支承结构；应具有安全可靠的防倾覆装置、防坠落装置；应具有保证架体同步升降和监控升降荷载的控制系统；应具有可靠的升降动力设备；应设置有效的安全防护，以确保架体上操作人员的安全，并防止架体上的物料坠落伤人。

第二十条　附着升降脚手架的架体结构应符合以下规定：

1. 架体必须在附着支承部位沿全高设置定型加强的竖向主框架，竖向主框架应采用焊接或螺栓连接的片式框架或格构式结构，并能与水平梁架和架体构架整体作用，且不得使用钢管扣件或碗扣架等脚手架杆件组装。竖向主框架与附着支承结构之间的导向构造不得采用钢管扣件、碗扣架或其他普通脚手架连接方式；
2. 架体水平梁架应满足承载和与其余架体整体作用的要求，采用焊接或螺栓连接的定型桁架梁式结构；当用定型桁架构件不能连续设置时，局部可采用脚手架杆件进行连接，但其长度不能大于 2m，并且必须采取加强措施，确保其连接刚度和强度不低于桁架梁式结构。主框架、水平梁架的各节点中，各杆件的轴线应汇交于一点；
3. 架体外立面必须沿全高设置剪刀撑，剪刀撑跨度不得大于 6.0m；其水平夹角为 45°～60°，并应将竖向主框架、架体水平梁架和构架连成一体；
4. 悬挑端应以竖向主框架为中心成对设置对称斜拉杆，其水平夹角应不小于 45°；
5. 单片式附着升降脚手架必须采用直线形架体。

第二十一条　架体结构在以下部位应采取可靠的加强构造措施：

1. 与附着支承结构的连接处；
2. 架体上升降机构的设置处；
3. 架体上防倾、防坠装置的设置处；
4. 架体吊拉点设置处；
5. 架体平面的转角处；
6. 架体因碰到塔吊、施工电梯、物料平台等设施而需要断开或开洞处；
7. 其它有加强要求的部位。

第二十二条　物料平台必须将其荷载独立传递给工程结构。在使用工况下，应有可靠措施保证物料平台荷载不传递给架体。物料平台所在跨的附着升降脚手架应单独升降，并应采取加强措施。

第二十三条　附着支承结构必须满足附着升降脚手架在各种工况下的支承、防倾和防坠落的承力要求，其设置和构造应符合以下规定：

1. 附着支承结构采用普通穿墙螺栓与工程结构连接时，应采用双螺母固定，螺杆露出螺母应不少于 3 扣。垫板尺寸应设计确定，且不得小于 80mm×80mm×8mm；
2. 当附着点采用单根穿墙螺栓锚固时，应具有防止扭转的措施；
3. 附着构造应具有对施工误差的调整功能，以避免出现过大的安装应力和变形；
4. 位于建筑物凸出或凹进结构处的附着支承结构应单独进行设计，确保相应工程结构和附着支承结构的安全；
5. 对附着支承结构与工程结构连接处混凝土的强度要求应按计算确定，并不得小于 C10；
6. 在升降和使用工况下，确保每一架体竖向主框架能够单独承受该跨全部设计荷载和倾覆作用的附着支承构造均不得少于二套。

第二十四条　附着升降脚手架的防倾装置必须与竖向主框架、附着支承结构或工程结构可靠连接，并遵守以下规定：

1. 防倾装置应用螺栓同竖向主框架或附着支承结构连接，不得采用钢管扣件或碗扣方式；
2. 在升降和使用两种工况下，位于在同一竖向平面的防倾装置均不得少于二处，并且其最上和最下一个防倾覆支承点之间的最小间距不得小于架体全高的 1/3；
3. 防倾装置的导向间隙应小于 5mm。

第二十五条　附着升降脚手架的防坠装置必须符合以下要求：

1. 防坠装置应设置在竖向主框架部位，且每一竖向主框架提升设备处必须设置一个；
2. 防坠装置必须灵敏、可靠，其制动距离对于整体式附着升降脚手架不得大于 80mm，对于单片式附着升降脚手架不得大于 150mm；
3. 防坠装置应有专门详细的检查方法和管理措施，以确保其工作可靠、有效；
4. 防坠装置与提升设备必须分别设置在两套附着支承结构上，若有一套失效，另一套必须能独立承担全部坠落荷载。

第二十六条　附着升降脚手架的升降动力设备应满足附着升降脚手架使用工作性能的要求，升降吊点超过两点时，不能使用手拉葫芦。升降动力控制台应具备相应的功能，并应符合相应的安全规程。

第二十七条　同步及荷载控制系统应通过控制各提升设备间的升降差和控制各提升设备的荷载来控制各提升设备的同步性，且应具备超载报警停机、欠载报警等功能。

第二十八条　附着升降脚手架的安全防护措施应满足以下要求：

1. 架体外侧必须用密目安全网(≥800 目/100cm^2)围挡；密目安全网必须可靠固定在架体上；

2. 架体底层的脚手板必须铺设严密，且应用平网及密目安全网兜底。应设置架体升降时底层脚手板可折起的翻板构造，保持架体底层脚手板与建筑物表面在升降和正常使用中的间隙，防止物料坠落；

3. 在每一作业层架体外侧必须设置上、下两道防护栏杆(上杆高度 1.2m，下杆高度 0.6m)和挡脚板(高度 180mm)；

4. 单片式和中间断开的整体式附着升降脚手架，在使用工况下，其断开处必须封闭并加设栏杆；在升降工况下，架体开口处必须有可靠的防止人员及物料坠落的措施。

第二十九条　附着升降脚手架在升降过程中，必须确保升降平稳。

第四章　加工制作

第三十条　附着升降脚手架构配件的制作，必须具有完整的设计图纸、工艺文件、产品标准和产品质量检验规则；制作单位应有完善有效的质量管理体系，确保产品质量。

第三十一条　制作构配件的原、辅材料的材质及性能应符合设计要求，并按规定对其进行验证和检验。

第三十二条　加工构配件的工装、设备及工具应满足构配件制作精度的要求，并定期进行检查。工装应有设计图纸。

第三十三条　附着升降脚手架构配件的加工工艺，应符合现行有关标准的相应规定，所用的螺栓连接件，严禁采用钣牙套丝或螺纹锥攻丝。

第三十四条　附着升降脚手架构配件应按照工艺要求及检验规则进行检验。对附着支承结构、防倾防坠装置等关键部件的加工件要有可追溯性标识，加工件必须进行 100%检验。构配件出厂时，应提供出厂合格证。

第五章　安装、使用和拆卸

第三十五条　使用前，应根据工程结构特点、施工环境、条件及施工要求编制“附着升降脚手架专项施工组织设计”，并根据本规定有关要求办理使用手续，备齐相关文件资料。

第三十六条　施工人员必须经过专项培训。

第三十七条　组装前，应根据专项施工组织设计要求，配备合格人员，明确岗位职责，并对有关施工人员进行安全技术交底。

第三十八条　附着升降脚手架所用各种材料、工具和设备应具有质量合格证、材质单等质量文件。使用前应按相关规定对其进行检验。不合格产品严禁投入使用。

第三十九条　附着升降脚手架在每次升降以及拆卸前应根据专项施工组织设计要求对施工人员进行安全技术交底。

第四十条　整体式附着升降脚手架的控制中心应设专人负责操作，禁止其他人员操作。

第四十一条　附着升降脚手架在首层组装前应设置安装平台，安装平台应有保障施工人员安全的防护设施，安装平台的水平精度和承载能力应满足架体安装的要求。

第四十二条　附着升降脚手架的安装应符合以下规定：

1. 水平梁架及竖向主框架在两相邻附着支承结构处的高差应不大于 20mm；

2. 竖向主框架和防倾导向装置的垂直偏差应不大于 5‰和 60mm；

3. 预留穿墙螺栓孔和预埋件应垂直于工程结构外表面，其中心误差应小于 15mm。

第四十三条　附着升降脚手架组装完毕,必须进行以下检查，合格后方可进行升降操作：

1. 工程结构混凝土强度应达到附着支承对其附加荷载的要求；

2. 全部附着支承点的安装符合设计规定，严禁少装附着固定连接螺栓和使用不合格螺栓；

3. 各项安全保险装置全部检验合格；

4. 电源、电缆及控制柜等的设置符合用电安全的有关规定；

5. 升降动力设备工作正常；

6. 同步及荷载控制系统的设置和试运效果符合设计要求；

7. 架体结构中采用普通脚手架杆件搭设的部分，其搭设质量达到要求；

8. 各种安全防护设施齐备并符合设计要求；

9. 各岗位施工人员已落实；

10. 附着升降脚手架施工区域应有防雷措施；

11. 附着升降脚手架应设置必要的消防及照明设施；

12. 同时使用的升降动力设备、同步与荷载控制系统及防坠装置等专项设备，应分别采用同一厂家、同一规格型号的产品；

13. 动力设备、控制设备、防坠装置等应有防雨、防砸、防尘等措施；

14. 其他需要检查的项目。

第四十四条　附着升降脚手架的升降操作必须遵守以下规定：

1. 严格执行升降作业的程序规定和技术要求；

2. 严格控制并确保架体上的荷载符合设计规定；

3. 所有妨碍架体升降的障碍物必须拆除；

4. 所有升降作业要求解除的约束必须拆开；

5. 严禁操作人员停留在架体上，特殊情况确实需要上人的，必须采取有效安全防护措施，并由建筑安全监督机构审查后方可实施；

6. 应设置安全警戒线，正在升降的脚手架下部严禁有人进入，并设专人负责监护；

7. 严格按设计规定控制各提升点的同步性，相邻提升点间的高差不得大于 30mm，整体架最大升降差不得大于 80mm；

8. 升降过程中应实行统一指挥、规范指令。升、降指令只能由总指挥一人下达，但当有异常情况出现时，任何人均可立即发出停止指令；

9. 采用环链葫芦作升降动力的，应严密监视其运行情况，及时发现、解决可能出现的翻链、绞链和其他影响正常运行的故障；

10. 附着升降脚手架升降到位后，必须及时按使用状况要求进行附着固定。在没有完成架体固定工作前，施工人员不得擅自离岗或下班。未办交付使用手续的，不得投入使用。

第四十五条　附着升降脚手架升降到位架体固定后，办理交付使用手续前，必须通过以下检查项目：

1. 附着支承和架体已按使用状况下的设计要求固定完毕；所有螺栓连接处已拧紧；各承力件预紧程度应一致；

2. 碗扣和扣件接头无松动；

3. 所有安全防护已齐备；

4. 其他必要的检查项目。

第四十六条　附着升降脚手架的使用必须遵守其设计性能指标，不得随意扩大使用范围；架体上的施工荷载必须符合设计规定，严禁超载，严禁放置影响局部杆件安全的集中荷载，并应及时清理架体、设备及其他构配件上的建筑垃圾和杂物。

第四十七条　附着升降脚手架在使用过程中严禁进行下列作业：

1. 利用架体吊运物料；

2. 在架体上拉结吊装缆绳(索)；

3. 在架体上推车；

4. 任意拆除结构件或松动连结件；

5. 拆除或移动架体上的安全防护设施；

6. 起吊物料碰撞或扯动架体；

7. 利用架体支顶模板；

8. 使用中的物料平台与架体仍连接在一起；

9. 其他影响架体安全的作业。

第四十八条　附着升降脚手架在使用过程中，应按第四十二条的规定每月进行一次全面安全检查，不合格部位应立即改正。

第四十九条　当附着升降脚手架预计停用超过一个月时，停用前采取加固措施。

第五十条　当附着升降脚手架停用超过一个月或遇六级以上大风后复工时，必须按第四十四条的要求进行检查。

第五十一条　螺栓连接件、升降动力设备、防倾装置、防坠装置、电控设备等应至少每月维护保养一次。

第五十二条　附着升降脚手架的拆卸工作必须按专项施工组织设计及安全操作规程的有关要求进行。拆除工作前应对施工人员进行安全技术交底，拆除时应有可靠的防止人员与物料坠落的措施，严禁抛扔物料。

第五十三条　拆下的材料及设备要及时进行全面检修保养，出现以下情况之一的，必须予以报废：

1. 焊接件严重变形且无法修复或严重锈蚀；

2. 导轨、附着支承结构件、水平梁架杆部件、竖向主框架等构件出现严重弯曲；

3. 螺栓连接件变形、磨损、锈蚀严重或螺栓损坏；

4. 弹簧件变形、失效；

5. 钢丝绳扭曲、打结、断股，磨损断丝严重达到报废规定；

6. 其他不符合设计要求的情况。

第五十四条　遇五级(含五级)以上大风和大雨、大雪、浓雾和雷雨等恶劣天气时，禁止进行升降和拆卸作业。并应预先对架体采取加固措施。夜间禁止进行升降作业。

第六章 管理

第五十五条 建设部对从事附着升降脚手架工程的施工单位实行资质管理，未取得相应资质证书的不得施工；对附着升降脚手架实行认证制度，即所使用的附着升降脚手架必须经过国务院建设行政主管部门组织鉴定或者委托具有资格的单位进行认证。

第五十六条 附着升降脚手架工程的施工单位应当根据资质管理有关规定到当地建设行政主管部门办理相应的审查手续。

第五十七条 新研制的附着升降脚手架应符合本规定的各项技术要求，并到当地建设行政主管部门办理试用手续，经审查合格后，只可批在一个工程上试用，试用期间必须随时接受当地建设行政主管部门的指导和监督。

试用成功后，再按照第五十五条的规定取得认证资格，方可投入正式使用。

第五十八条 对已获得附着升降脚手架资质证书的施工单位实行年检管理制度，有下列情况之一者，一律注销资质证书：

1. 使用与其资质证书所载明的附着升降脚手架名称和型号不一致者；
2. 有出借，出租资质证书、转包行为者；
3. 严重违反本规定，多次整改仍不合格者；
4. 发生一次死亡 3 人以上重大事故或事故累计死亡达 3 人以上者；

第五十九条 异地使用附着升降脚手架的，使用前应向当地建设行政主管部门或建筑安全监督机构办理备案手续，接受其监督管理。

第六十条 工程项目的总承包单位必须对施工现场的安全工作实行统一监督管理，对使用的附着升降脚手架要进行监督检查，发现问题，及时采取解决措施。

附着升降脚手架组装完毕，总承包单位必须根据本规定以及施工组织设计等有关文件的要求进行检查，验收合格后，方可进行升降作业。分包单位对附着升降脚手架的使用安全负责。

第六十一条 附着升降脚手架发生重大事故后，应当严格保护事故现场，采取有效措施防止事故扩大和组织抢救工作，并立即向当地建设行政主管部门和有关部门报告。抢救人员需移动现场物件时，应做出标志，绘制现场简图并做出书面记录，保存现场重要痕迹、物证，有条件的应拍照或录相。

第六十二条 各级建设行政主管部门或建筑安全监督机构应当加强对附着升降脚手架工程的监督检查，确保安全生产。

第六十三条 本规定由建设部建筑管理司负责解释。

附录一 名词、术语

1. 附着升降脚手架

仅需搭设一定高度并附着于工程结构上，依靠自身的升降设备和装置，可随工程结构施工逐层爬升，具有防倾覆、防坠落装置，并能实现下降作业的外脚手架。

2. 附着支承结构

直接与工程结构连接，承受并传递脚手架荷载的支承结构。

3. 单片式附着升降脚手架

仅有两个提升装置并独自升降的附着升降脚手架。

4. 整体式附着升降脚手架

有三个以上提升装置的连跨升降的附着升降脚手架。

5. 架体结构

附着升降脚手架的组成结构，一般由架体竖向主框架，架体水平梁架和架体构架等三部分组成。

6. 架体竖向主框架

用于构造附着升降脚手架架体，垂直于建筑物外立面，并与附着支承结构连接，主要承受和传递竖向和水平荷载的竖向框架。

7. 架体水平梁架

用于构造附着升降脚手架架体，主要承受架体竖向荷载，并将竖向荷载传递至竖向主框架和附着支承结构的水平结构。

8. 架体构架

采用钢管杆件搭设的与竖向主框架和水平梁架连接的附着升降脚手架架体结构部分。

9. 架体高度

架体最底层杆件轴线至架体最上层横杆(护栏)轴线间的距离。

10. 架体宽度

架体内、外排立杆轴线之间的水平距离。

11. 架体支承跨度

两相邻竖向主框架中心轴线之间的距离。

12. 悬臂高度

架体的附着支承结构中最高一个支承点以上的架体高度。

13. 悬挑长度

架体竖向主框架中心轴线至边跨架体端部立面之间的水平距离。

14. 防倾覆装置

防止架体在升降和使用过程中发生倾覆的装置。

15. 防坠落装置

架体在升降或使用过程中发生意外坠落时的制动装置。

16. 升降机构

控制架体升降运行的机构。

17. 荷载控制系统

能够反映、控制升降动力荷载的装置系统。

附录二　附着升降脚手架的标准名称和型号

1. 标准名称

1) 组成

标准名称=附着支承形式+动力类型+升降方式+附着升降脚手架。

2) 附着支承形式

(1) 导轨式(附着支承、防倾共用导轨的附着支承形式)；

(2) 导座式(附着支承、导向共用支座的附着支承形式)；

(3) 套框式(附着主框架和套框架的附着支承形式)；

(4) 吊拉式(附着挑梁和斜拉杆、防倾导轨单设的附着支承形式)；

(5) 吊轨式(附着挑梁和斜拉杆，防倾导轨固定于挑梁上的附着支承形式)；

(6) 挑轨式(附着带导轨挑梁的附着支承形式)；

(7) 套轨式(附着主、套框导座的附着支承形式)；

(8) 吊套式(附着带斜拉杆主、套框的附着支承形式)；

(9) 锚轨式(拉结锚固带防倾导轨的附着支承形式)。

3) 动力形式

(1) 手动(采用手拉环链葫芦)；

(2) 电动(采用电动环链葫芦)；

(3) 卷扬(采用电动卷扬设备)；

(4) 液压(采用液压动力设备)。

4) 升降方式

仅组合"互爬式"这一种升降方式。具有单跨、多跨和整体升降方式者不组合于名称中。

5) 例子

如：套轨式液压升降脚手架，导轨式电动附着升降脚手架，锚轨式互爬手动附着升降脚手架。

2. 型号

型号=厂家代号(或 2 个英文字母)+鉴定年份+型别号(阿拉伯数字)。

3. 名称型号

名称型号=标准名称+型号。

——中华人民共和国建设部颁布《建筑施工附着升降脚手架管理暂行规定》2000 年 10 月 16 日颁布

5.6　悬挑脚手架

中央电视台彩电中心主楼施工用悬挑脚手架如图 5.39 所示。定型架子重约 3t，由塔吊移位。三角架由槽钢、角钢焊接而成，用挂钩固定于柱子上的环箍；并为了保险，用钢丝绳把三角架系于柱子上。环箍由 2 根 10 号槽钢、2 根Φ30mm 的长杆螺栓组成。该架子在本工程使用近 1 年，证明其安全、经济、使用迅速。

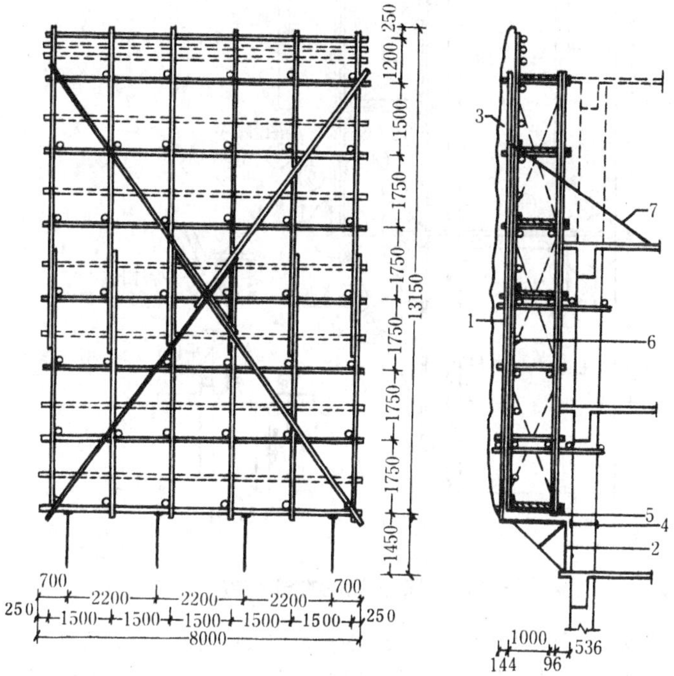

图 5.39　支撑于三角架的悬挑脚手架

1—定型架子　2—三角架　3—网　4—环箍　5—12 号槽钢　6—护身栏杆　7—钢丝绳及顶杆

用槽钢悬挑的脚手架构造如图 5.40 所示。

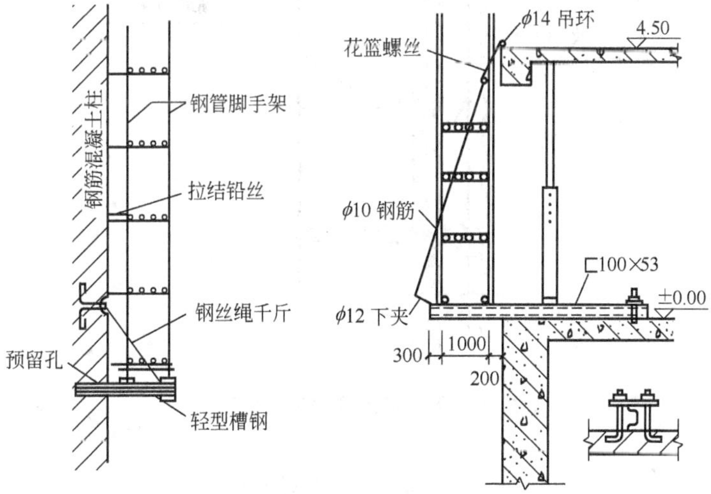

(a)　　　　(b)

图 5.40　用槽钢悬挑的脚手架

用钢管悬挑的脚手架如图 5.41、图 5.42 所示。

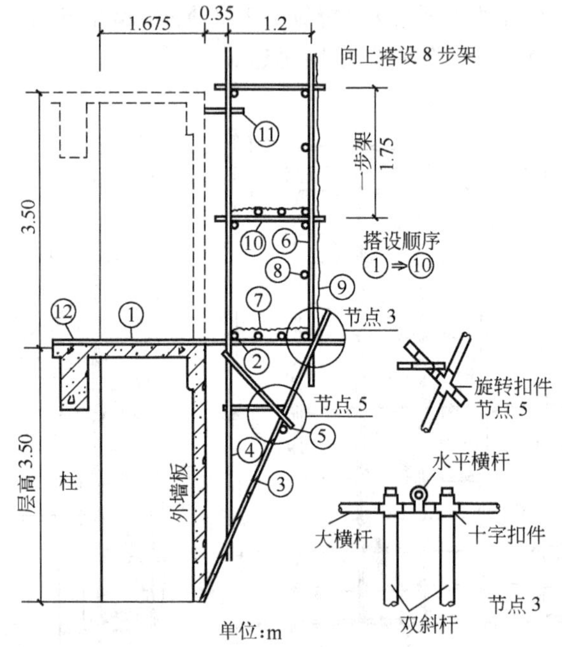

图 5.41　用钢管悬挑的脚手架(一)

1—水平横杆　2—大横杆　3—双斜杆　4—内立杆　5—加强短杆　6—外立杆　7—竹笆脚手板
8—栏杆　9—安全网　10—小横杆　11—用短钢管与结构拉结　12—水平横杆与预埋环焊接

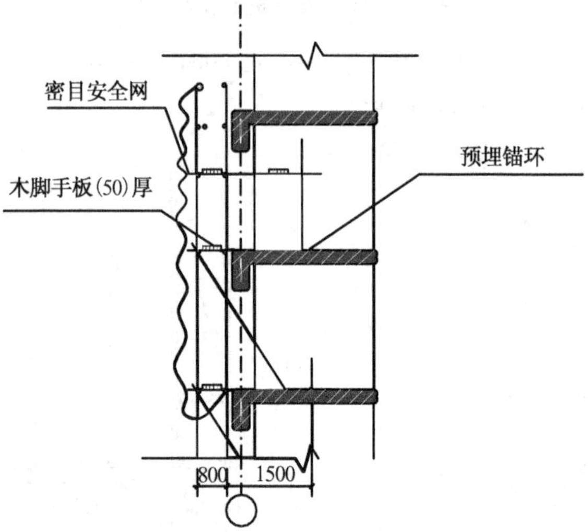

图 5.42　用钢管悬挑的脚手架(二)

5.7　外挂脚手架

本节主要介绍吊篮。吊篮升降可手动(手板葫芦)、电动。吊篮邻墙一侧距墙面 100～

200mm，相邻吊篮间隙不大于 200mm。

1. 手动吊篮

如图 5.43 所示。

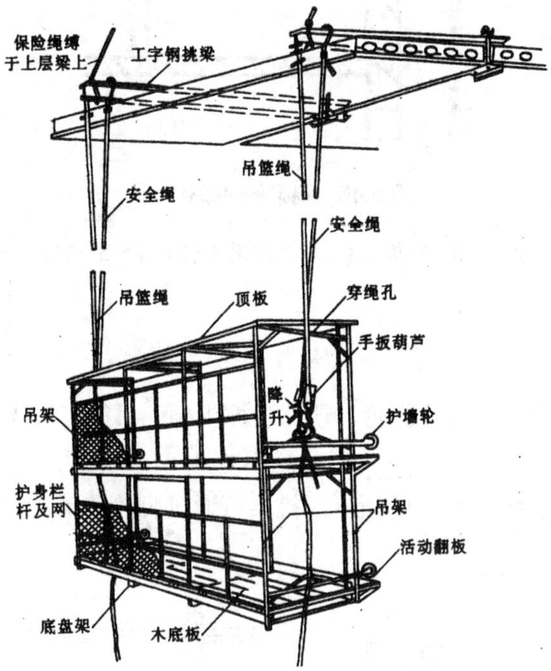

图 5.43　吊篮

安全绳(或称保险绳)与吊篮的连接方式有两种：钢丝绳兜住底部；钢丝绳与安全锁连接。如图 5.44 所示。

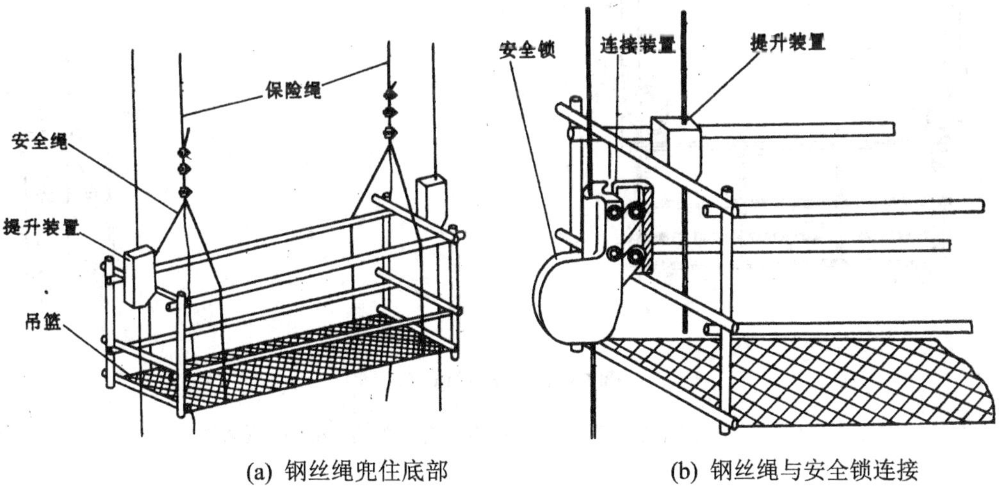

(a) 钢丝绳兜住底部　　(b) 钢丝绳与安全锁连接

图 5.44　安全绳(或称保险绳)与吊篮的连接方式

挑梁构造例如图 5.45 所示。

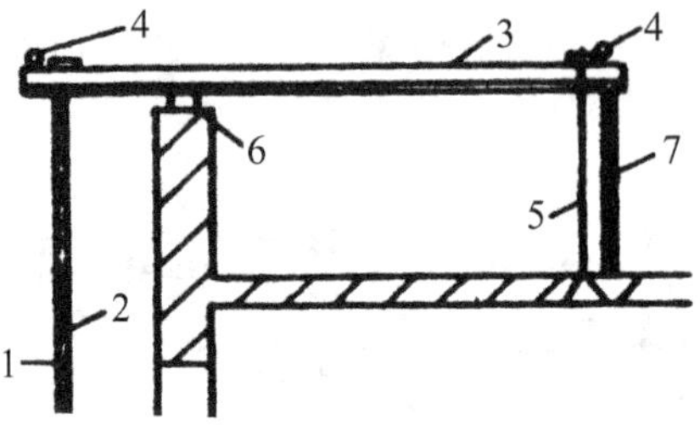

图 5.45　挑梁构造举例

1—钢丝绳　2—安全绳　3—挑梁　4—连接挑梁的水平杆　5—拉杆　6—垫木　7—支柱

2. 电动吊篮

如图 5.46 所示。

吊篮邻墙一侧设滚轮，底部设脚轮，顶部设护头棚。吊篮可按需要用标准单元组装成不同长度，如 4～10m。

电动吊篮屋面支撑系统如图 5.47 所示。挑梁可通过脚轮移动，如图 5.47(e)所示。

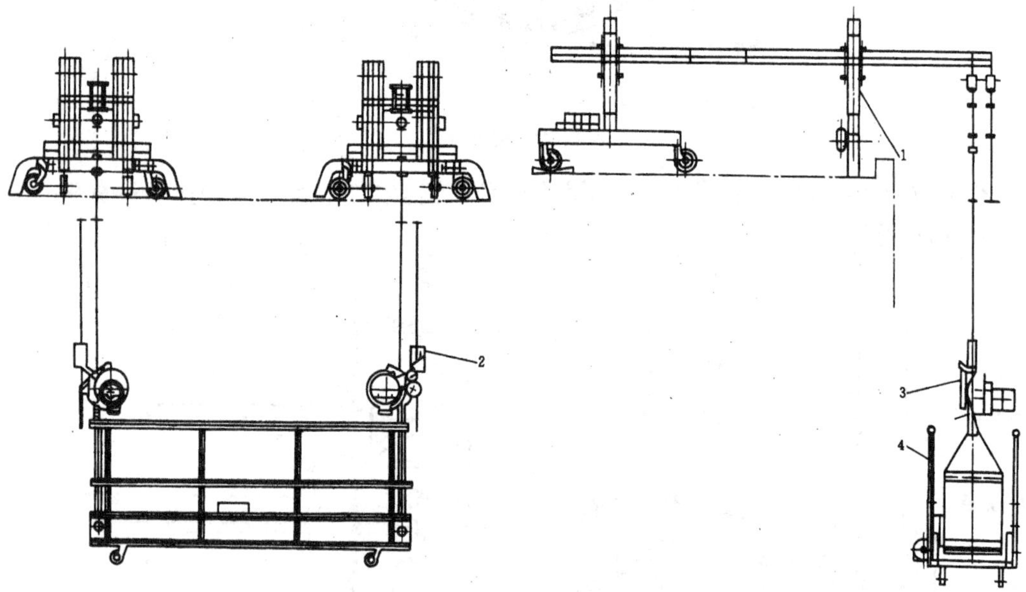

图 5.46　电动吊篮

1—屋面支撑系统　2—安全锁　3—提升机构　4—吊篮架体

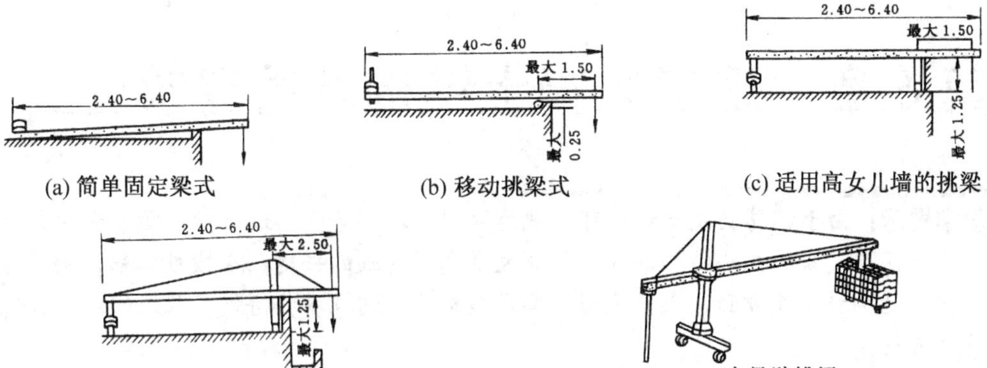

(a) 简单固定梁式　(b) 移动挑梁式　(c) 适用高女儿墙的挑梁

(d) 大悬臂挑梁(一)　(e) 大悬臂挑梁(二)

图 5.47　电动吊篮屋面支撑系统

5.8　习　　题

1. 某高层装饰工程拟搭设 50m 高双排脚手架，采用 φ48×3.5 钢管、冲压钢脚手板(每块宽 230mm，自重 0.3 kN/m^2，作业层铺 4 块；挡脚板用冲压钢脚手板 1 块)，脚手架排距 1.05m、步距 1.8m、柱距 1.7m，连墙件竖向间距 3.6m、水平间距 5.4m，双层同时作业，立网全封闭(立网网眼尺寸 35mm×35mm，绳径 3.2mm，自重 0.01 kN/m^2)。工程位于市区，地面粗糙度 C 类，基本风压 ω_0=0.45kN/m^2。验算顶层立杆稳定承载力，计算连墙件轴向力设计值。(提示：本题除“柱距 1.7m”、“验算顶层立杆稳定承载力”、“计算连墙件轴向力设计值”外，余同例题；考虑顶层为作业层)

解　(1) 脚手架结构自重标准值产生的轴向力 N_{G1k}0.2353kN。

(2) 构配件自重标准值产生的轴向力 N_{G2k}=0.4478 kN

(3) 施工荷载标准值产生的轴向力总和 $\sum N_{Qk}$ =1.79kN

(4) 风荷载设计值产生的弯矩 M_{Wk}=0.0542 kN · m

$$M_W=0.85\times1.4M_{Wk}=0.85\times1.4\times0.0542=0.0645\ \text{kN}\cdot\text{m}$$

(5) 顶层立杆稳定承载力验算

不组合风荷载时，$\dfrac{N}{\varphi A}=36.8\text{N/mm}^2<f=205\text{N/mm}^2$ (满足)。

组合风荷载时，$\dfrac{N}{\varphi A}+\dfrac{M_W}{W}=45.3\text{N/mm}^2<f=205\text{N/mm}^2$ (满足)。

(6) 计算连墙件轴向力设计值 N_l=7.7 kN

2. 门式脚手架采用较密实的轻质纤维编织材料(其自重与立网相当)全封闭围护，脚手架背靠建筑物的墙开门、窗洞，门架规格 MF1219，其余条件同例题。(1)验算脚手架稳定性；(2)当连墙件竖向间距改为 4m 后，验算脚手架稳定性。

解　(1) 风荷载参与组合时对一榀门架产生的轴力设计值 N=42.96kN＞N^d=40.16 kN(不满足)。

(2) N=37.18kN＞N^d=40.16 kN(满足)

第6章　现浇混凝土结构高层建筑施工

教学提示：由于钢筋混凝土结构可以就地取材，耗钢量少，造价低，防火和耐火性能好，是我国高层建筑的主要结构形式。随着大量高层建筑的兴建，在模板工程、钢筋连接技术、围护结构施工等方面，大量适用于高层结构施工的技术都得到了长足的发展并已经大规模地应用。

教学要求：本章让学生学习现浇混凝土高层结构施工中大模板、滑模、爬模、台模、永久模板等主要模板工程的施工工艺，掌握粗钢筋的常用连接方法，了解围护结构保温墙体的施工工艺，熟悉填充墙砌体施工工艺。

6.1　高层建筑模板工程

模板是在施工中使混凝土构件按设计的几何尺寸浇铸成型的模型，是钢筋混凝土工程的重要组成部分，现浇钢筋混凝土结构用模板的造价约占钢筋混凝土总造价的30%，总用工量的50%。因此，采用先进的模板技术，对于提高工程质量、加快施工速度、提高劳动生产率、降低工程成本和实现文明施工都具有十分重要的意义。

模板系统由模板和支撑两部分组成。对模板系统的基本要求是：

(1) 保证结构和构件各部分的尺寸和相互位置的正确；

(2) 具有足够的强度、刚度和稳定性，能可靠地承受新浇混凝土的重量和侧压力以及在施工过程中所产生的荷载；

(3) 构造简单，装拆方便，并便于钢筋的绑扎与安装，符合混凝土的浇筑及养护等工艺要求；

(4) 模板接缝严密，不得漏浆。

目前，在我国高层建筑的现浇钢筋混凝土工程施工中，为简化模板安装、拆除，节省模板材料，加快施工进度，使用的模板除了定型组合钢模板以外，也使用了一些大型工具式模板，如大模板、滑模、爬模、台模等，更有一些工程使用了永久式模板。随着建设事业的飞速发展，模板技术已经迅速向工具化、定型化、多样化、体系化方向发展，并除木模外，已形成组合式、工具化、永久化三大系列工业化模板系统体系。

6.1.1　大模板施工

1. 大模板施工概述

在高层建筑结构施工中，混凝土量大，模板的工程量亦大，为了提高混凝土的成型质量，加快施工速度，减轻工人的劳动强度，大模板施工方案应运而生。大模板是一种大尺寸的工具式模板，通常将承重剪力墙或全部内外墙体混凝土的模板制成片状的大模板，根据需要，每道墙面可制成一块或数块，由起重机进行装、拆和吊运。在剪力墙和筒体体系的高层建筑施工中，由于模板工程量大，采用大模板就能提高机械化程度，加快模板的装、拆、运的速度，减少用工量和缩短工期，所以得到广泛应用。

表 6-1　钢模板及配件的容许挠度

部件名称	容许挠度(mm)
钢模板的面积	1.5
单块钢模板	1.5
钢楞	$L/500$
柱箍	$B/500$
桁架	$L/1000$
支承系统累计	4.0

注：L 为计算跨度，B 为柱宽。

为更好地发挥大模板的作用，它最好能应用在两三幢建筑进行流水施工的高层建筑群中。如在单幢的高层建筑中使用，则该建筑宜划分流水段，进行流水施工，否则，每块大模板拆除后都要吊至地面，待该层楼板施工完毕后，再吊至上一楼层进行组装，这样将大大影响施工速度。大模板宜用在 20 层以下的剪力墙高层建筑中。否则在高空作业中，由于大模板迎风面大，模板在吊运和就位时较困难。

大模板的工艺特点是：以建筑物的开间、进深、层高的标准化为基础，以大型工业化模板为主要施工手段，以现浇钢筋混凝土墙体为主导工序，组织有节奏的均衡施工。采用这种施工技术，有下述优点：

(1) 工艺简单、施工速度快。墙体模板的整体装拆和吊运使操作工序减少，技术简单，适应性强。

(2) 机械化施工程度高。大模板工艺和组合钢模板施工相比，由于模板总是在固定地位其工效可提高 40%左右。而且由起重机械整体吊运，现场机械化程度提高，能有效地降低工人的劳动强度。

(3) 工程质量好。混凝土表面平整，结构整体性好、抗震性能强、装修湿作业少。

但是大模板工艺亦有其不足之处，如制作钢模的钢材一次性消耗量大；大模板的面积受到起重机械起重量的限制；大模板的迎风面较大，易受风的影响，在超高层建筑中使用受到限制；板的通用性较差等，须要在施工中设法克服。

目前我国采用大模板施工的结构体系有内外墙全现浇、外墙预制内墙现浇(内浇外挂)以及外墙砌砖内墙现浇(内浇外砌)三种。

1) 内外墙全现浇体系

该体系适用于 16 层以上的高层建筑，它的全部墙体(除内隔墙外)均采用大模板现浇，内外墙全现浇工程由于外墙板不采用预制板，减少了外墙板的生产、运输和安装环节，因而降低了工程成本；同时现浇外墙还可以省去外墙板接缝处的防水施工。另外，内外墙采用大模板安装施工，可与装饰工程有机结合，做成装饰混凝土墙面或清水混凝土墙面，从而减少现场装饰的湿作业，加快了装修施工进度。这类建筑的楼板结构取决于建筑物的高度，当建筑物高于 18 层时，根据建筑物防火的要求，楼板用现浇钢筋混凝土楼板；而当建筑物为 18 层以下时，楼板可以采用预制板。

2) 内浇外挂体系

该体系适用于 16 层以下并有建筑抗震要求的高层建筑。内浇外挂工程是以单一材料或复合材料的预制混凝土墙板作为高层建筑的外墙，内墙采用大模板支模，在现场浇筑混凝土。这种做法由于将预制装配化和现场机械化施工结合起来，发挥各自的特点，从而减少了模板的规格、数量并有利于解决外墙的综合功能，如保温、隔热和装修等问题，是国内外采用较多的一种高层大模板施工方法。

3) 内浇外砌体系

该体系同样适用于 16 层以下并有建筑抗震要求的高层建筑。同内浇外挂体系相比，将外墙挂板改为砌筑的砖墙，它的隔热性能优于外墙板。内、外墙交接处采用钢筋拉结或设置钢筋混凝土构造柱咬合。

目前，大模板施工工艺已成为高层和超高层建筑(剪力墙结构、框架—剪力墙结构、筒体结构和框架—筒体结构)主要的工业化施工方法之一，尤其是在高层住宅剪力墙结构中应用广泛。如北京昆仑饭店(剪力墙结构，地上 26 层，高度 100m)、上海扬子江大酒店(框剪结构，地上 36 层，高 124m)、天津和平商业城(筒体结构，地上 45 层，高 159m)、深圳特区报业大厦(框筒结构，地上 48 层，高 189m)等都采用了大模板施工工艺。

2. 大模板的构造与类型

1) 大模板的构造

大模板由面板系统、支撑系统、操作平台和附件组成，如图 6.1 所示。

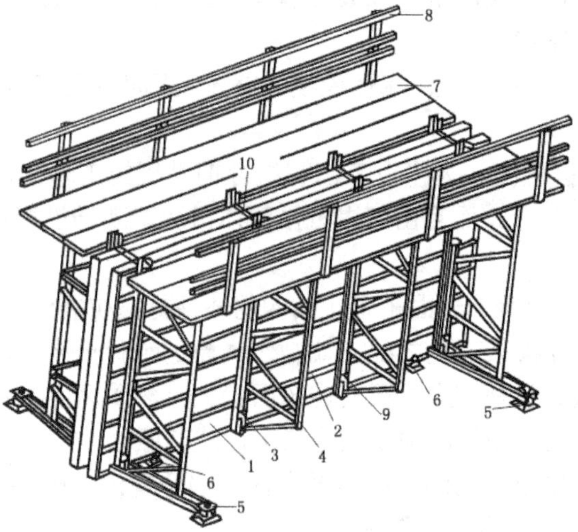

图 6.1　大模板构造示意图

1—面板　2—横肋　3—竖肋　4—支撑桁架
5—螺旋千斤顶(调整水平用)　6—螺旋千斤顶(调整垂直用)
7—脚手板　8—防护栏杆　9—穿墙螺栓　10—固定卡具

面板系统包括面板、横肋、竖肋等。面板要求平整、刚度好，使混凝土具有平整的外观，它可以采用钢板、玻璃钢板、胶合板、木材等制作，国内目前常用的面板材料为钢板和胶合板，均能多次重复使用。横肋和竖肋的作用是固定面板，并把混凝土侧压力传递给支撑系统，可采用型钢或冷弯薄壁型钢制作，一般采用[6.5 槽钢或∟8 角钢。肋的间距根据面板的大小、厚度、构造方式和墙体厚度的不同而定，一般为 300～500mm。

支撑系统包括支撑架和地脚螺栓。每块大模板采用 2～4 榀桁架作为支撑机构，并用螺栓或焊接将其与竖肋连接在一起，主要承受风荷载等水平力，以加强模板的刚度，防止模板倾覆，也可作为操作平台的支座，以承受施工荷载。支撑架横杆下部设有水平与垂直调节螺旋千斤顶组成，在施工时，它能把作用力传递给地面或楼板，以调节模板的垂直度。

操作平台包括平台架、脚手板和防护栏杆。操作平台是施工人员操作的场所和运输的通道，平台架插放在焊于竖肋上的平台套管内，脚手板铺在平台架上。每块大模板还设有铁爬梯，供操作人员上下使用。

附件主要包括穿墙螺栓和上口铁卡子。穿墙螺栓主要作用是加强模板刚度，承受新浇混凝土的侧压力，控制墙板的厚度。穿墙螺栓一般采用 φ30mm 的 45 号圆钢制作，一端制成螺纹，长 100mm，用以调节墙体厚度，另一端采用钢销和键槽固定。为了能使穿墙螺栓重复使用，螺栓应套以与墙厚相同的塑料套管。拆模后，将塑料套管剔出周转使用。上口铁卡子主要用于固定模板上部，控制墙体厚度和承受部分混凝侧压力。

2) 大模板的类型

大模板按形状划分有平模、小角模、大角模、筒形模等。

(1) 平模

平模(如图 6.1 所示)是以一个整面墙面制作成一块模板，能较好地保证墙面的平整度。当房间四面墙体都采用平模布置时，横墙与纵墙混凝土一般分两次浇筑，即在一个流水段范围内，先支横墙模板，待拆模后再支纵墙模板。由于所有模板接缝均在纵横墙交接的阴角处，因此便于接缝处理，减少修理用工，模板加工量较少，周转次数多，适用性强，模板组装和拆卸方便。但由于纵横墙须分开浇筑，故竖向施工缝多，从而影响房屋的整体性。采用 4mm 钢板作面板时如作竖向拼缝，须在板缝处加焊角钢加强，胶合板面板其纵横缝处都须用不等边的角钢或 T 字形钢予以加固，施工较为麻烦。

上述平模是以整面墙制作一块模板，虽结构简单、装拆灵活，但模板通用性差，并需用小角模解决纵、横墙角部位模板的拼接处理，仅适用于大面积标准住宅的施工。

为了解决横、纵墙两次浇筑的问题，可以采用组合式平模。组合式平模是以建筑物常用的轴线尺寸作基数拼制模板，并通过固定于大模板板面的角模把纵横墙的模板组装在一起，可以同时浇筑纵横墙的混凝土。为适应不同开间、进深尺寸的需要，组合式平模可利用模数加以调整。

为了解决通用性差的缺点，可以采用拆装式平模。拆装式平模是将板面、骨架等部件之间的连接全都采用螺栓组装，比组合式大模板更便于拆改，也可减少因焊接而产生的模板变形。

(2) 小角模

小角模是为适应纵横墙一起浇筑而在纵横墙相交处附加的一种模板，通常用∟100×10 的角钢制成。小角模设置在平模转角处，可使内模形成封闭的支撑体系，模板整体性好，组拆方便，墙面平整。小角模可以将扁钢焊在角钢内，拆模后会在墙面形成突出的棱，如

图 6.2(a)所示；另一种是将扁钢焊在角钢外面，拆模后会在墙面留下扁钢的凹印，如图 6.2(b)所示。

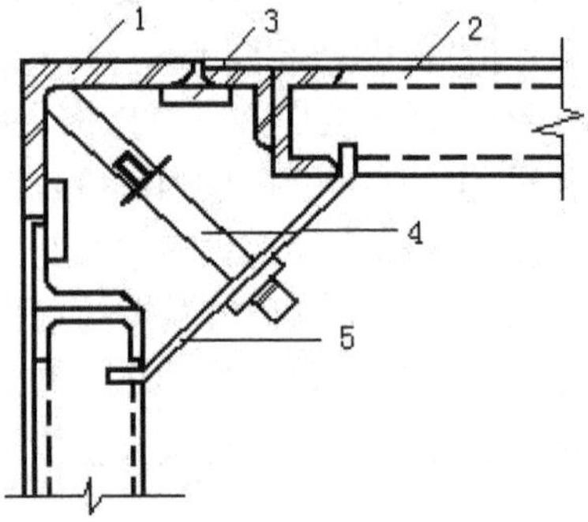

(a) 扁钢焊在角钢内侧

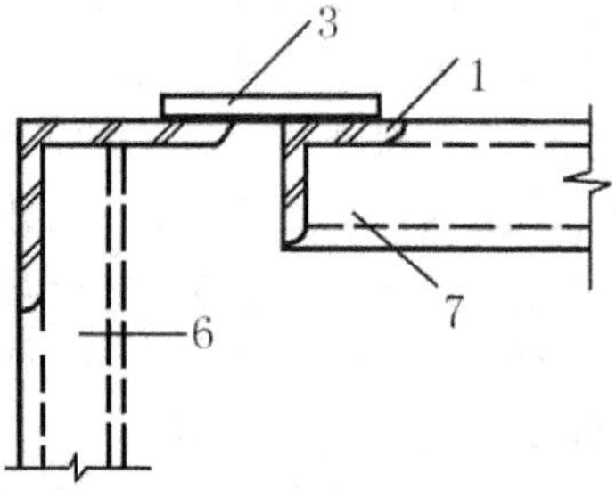

(b) 扁钢焊在角钢外侧

图 6.2　小角模

1—小角模　2—平模　3—扁钢　4—转动拉杆
5—压板　6—横墙平模　7—纵墙平模

(3) 大角模

大角模(如图 6.3 所示)是由上下四个大合页连接起来的两块平模，并由三道活动支承和地脚螺栓等组成。采用大角模布置时，房间的纵横墙体混凝土可以同时浇筑，房屋的整体性好，且还具有稳定、拆装方便、墙体阴角方整、施工质量好等特点；但是，大角模也存在加工要求精细、运转麻烦、墙面平整度差、接缝在墙的中部等缺点。

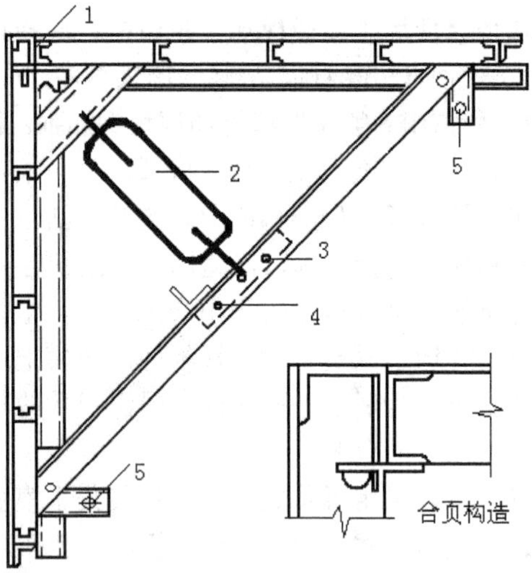

图 6.3　大角模

1—合页　2—花篮螺栓　3—固定销子　4—活动销子　5—调整螺栓

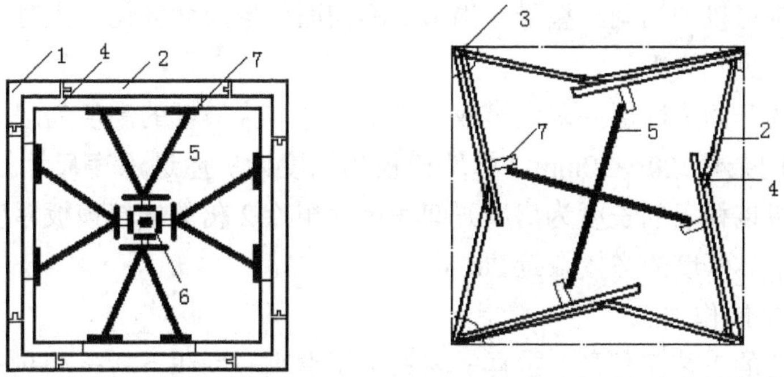

(a) 集中式紧伸器筒形模　　(b) 分散式紧伸器筒形模

图 6.4　筒形模构造示意图

1—固定角模　2—平面模板　3—活动角模　4—肋板
5—紧伸器　6—调节螺杆　7—连接板

(4) 筒模

筒形模有平模、角模和紧伸器(脱模器)等组成，是将一个房间的 3 面或 4 面现浇墙体的大模板通过挂轴悬挂在同一钢架上，墙角用小角模封闭而形成一个筒形单元体。主要用于电梯井和管道井内模的支设。采用筒模布置时，纵横墙体混凝土能同时浇筑，故结构整体性好，施工简单快速，减少了模板的吊装次数，操作安全，劳动效率高；缺点是模板每次都要落地，且模板自重大，需要大吨位的起重设备，模板加工精度要求高，灵活性差，安装时必须按房间弹出十字中线就位。

筒形模的平模采用大型钢模板或钢框胶合板模板拼装而成。角模有固定角模和活动角模两种，固定角模即为一般的阴角钢模板，活动角模是铰链角模。紧伸器有集中操作式和分散操作式等多种形式。如图 6.4 所示。

3. 大模板的设计、制作加工与维修

1) 大模板的设计

(1) 大模板的设计原则

模板设计必须和高层建筑的建筑、结构设计密切配合。往往建筑或结构上的改动，如楼板形式、门窗位置、走道挑梁的设置等都会影响模板设计。因为这些部位往往涉及到大模板的对拉螺栓位置设计、门窗框的固定、拆装模板的操作空间等。大模板的设计还要满足刚度、强度要求，确保在堆放、组装、拆除时的自身稳定，以增加其周转的次数。同时应采用合理的结构构造和恰当的钢材规格，以减少一次投资量。大模板的规格型号要少，通用性要强，能满足不同平面组合的要求。力求构造简单合理，便于拆装。模板组合应做到尽量能同时浇筑纵、横墙的混凝土。

(2) 大模板的型号、数量和外形尺寸的确定

再根据流水施工段来确定模板数量。为了便于大模板的周转使用，常温情况下一般以一天完成一个流水施工段为宜。

首先按照建筑平面确定模板型号。根据建筑平面和轴线尺寸，凡是外形尺寸和节点构

造相同的模板都可以列为同一型号。当节点相同而外形尺寸变化不大时，则以常用开间尺寸为基准模板，另配模板条。

根据房间的开间进深层高确定模板的外形尺寸。大模板的高度为房屋净高扣除考虑模板不平和坐浆的余量 20～30mm；横墙模板的长度为房屋进深净尺寸扣除端部角模宽度50～100mm；纵墙模板的长度为房屋开间净尺寸扣除 2 倍的横墙模板厚度、角模宽度和使模板适应不同墙体厚度的搭接余量 20mm。

2) 大模板的制作加工

大模板加工的工艺流程是：放样→材料整平调直→划线下料→冲孔→再次局部调直→工夹具设置→拼装、焊接→质量检验→刷防锈漆→堆放待用。

大模板的加工质量直接关系到工程质量以及模板的周转使用次数，要确保模板加工的施工质量，应该满足以下要求：

(1) 加工制作模板所用的各种材料和焊条要符合设计要求。面板可选用厚 4mm 以上的冷轧钢板或厚 18mm 以上的胶合板。使用冷轧厚 4～6mm 的钢板作大模板的面板时，钢板必须表面平整，不允许板上有局部的凹陷。不得选用热轧卷板。选用胶合板时，要求胶合板的面上要有高分子的覆膜，这样既能有效地阻止因混凝土中水分的渗入而脱胶，又能在拆模时减少撬动造成的损坏，可以延长模板的使用寿命，增加它的周转次数。

大模板框架中，竖肋用槽钢或方钢，边框用角钢或异型钢材(胶合板面板模板用)，都要严格保证材料质量。下料长度误差不大于 1mm，冲孔孔位误差±0.2mm。

除整张钢板外，凡须切割补缺的钢板，划线后由剪板机下料。凡出现边角翘曲者，应冷作校平，用砂轮打磨毛刺后再使用。

(2) 各部位焊接牢固，焊缝长度符合设计要求，避免焊接缺陷。钢面板与竖肋及边框用电焊连接。钢面板与竖肋进行跳焊，每段焊缝不超过 80mm，各段焊缝之间距离为 100～150mm，焊缝高度 4～6mm，且在肋的两边相间进行焊接。钢面板与边框要求满焊，目的是防止混凝土中的水泥浆从缝隙中溢出，既影响混凝土成型质量，也不利于模板的拆除。焊接的方法是先进行点焊，然后跳焊，再逐一补平。大模板上宜四角同时对称进行焊接，至少也得两人从对角同时进行。以上的焊接均要求竖肋和边框焊好校正后仍固定在制作平台的靠模(如图 6.5 所示)内进行。靠模是加工大模板框架的工夹具，工夹具零件分别固定在大模板边框架外包和内净尺寸线两侧。一般距四侧转角 150～200nm 处，各边固定模具一对。在竖肋的焊接处，外侧固定模具一只。其他无焊接处的模具，每隔 800mm 固定一对模具。靠模可在与边框孔相应的位置也设孔，这样，已冲好的孔可与靠模上的孔用销销住，便于后续工作。模具可用∟75×8 角钢制成。

(3) 毛刺、焊渣要清除干净，防锈漆涂刷均匀。面板安装后，须整体进行检查，如发现局部焊点变形，要进行砂轮打磨，达到质量标准后方准清除油污、焊渣，然后正反两面刷红丹防锈漆两度，准备出厂。

(4) 大模板的几何尺寸及加工制作偏差要符合质量允许偏差的规定，见表 6-2。

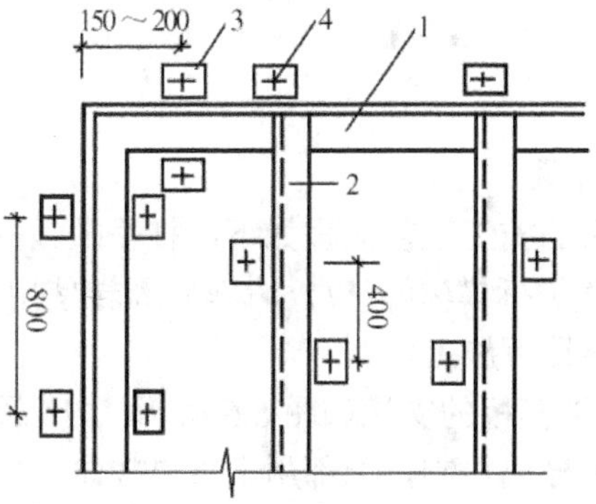

图 6.5　框架竖肋加工靠模示意图

1—边框　2—竖肋　3—靠模　4—固定螺栓

表 6-2　大模板加工质量允许偏差表

	面板(钢、胶合板)	大模板框架	支撑桁架	操作平台
边长误差	±2mm	±2mm	±5mm	±5mm
边长垂直度(用 2m 托线板检查)	±2mm	±2mm	/	/
对角线误差	±3mm	±2mm	/	/
相邻钢板拼缝处高差	±0.5mm	±0.5mm	/	/
板面平整度(2m 托线板检查)	±2mm	±2mm	/	/
焊缝高度	/	6mm	6mm	6mm

3) 大模板的维修保养

大模板一次性的消耗比较大，用钢量较多，所以周转次数越多越能节约成本，一般大模板周转次数在 400 次以上。因此大模板的日常管理和维修保养很重要。

(1) 日常保养。大模板在使用过程中应尽量避免碰撞，拆模时不得任意撬砸，堆放时要防止倾覆。每次拆模后要及时清理，涂刷脱模剂。对模板零件要妥善保管，防止丢失和锈蚀。零件要入库保存，残缺丢件一次补齐。易损件要准备充足的备件。

(2) 大模板的现场临时修理。大模板在使用过程中，出现板面翘曲、凹凸不平、焊缝开焊、地脚螺栓折断以及护身栏杆弯折等情况是常有的。简单的情况现场可以进行修理。若是板面翘曲，将两块翘曲的模板板面相对放置，四周用卡具卡紧，在不平整的部位打入钢楔，达到调平的目的。板面凹凸不平修理时，将模板板面向上放置，用磨石机将板面打磨干净。板面凸出部分可用大锤砸平或用气焊烘烤后砸平；板面凹陷时，可在板面与纵向龙骨间放上花篮丝杠，拧转螺母，把板面顶回原来的位置。焊缝开裂后，先将焊缝中的砂浆清理干净，整平后再在横肋上多加几个焊点即可。模板角部变形是由于施工中的碰撞和撬动造成骨架变形而成的。修理时，先用气焊烘烤，边烤边砸，使其恢复原状。地脚螺栓损坏应及时更换。护身栏撞弯应及时调直，断裂部位要焊牢。胶合板面局部破损可用扁铲将破损处剔凿整齐，然后刷胶，补上一块同样大小的胶合板，再涂以覆面剂。如损坏严重，需在工厂进行大修。

4. 模板系统的施工

1) 内外墙全现浇结构体系

全大模板现浇结构体系的施工工艺流程如下：抄平放线→墙体扎筋→组装内模→组装外模→浇筑墙体混凝土→养护拆模(拆下模板清理后周转使用)→安装预制室内分隔板→吊入门窗、卫生设备等配件→楼板施工。

(1) 内墙模板组装。内墙模板的支承如图 6.6 所示。内墙组装时须注意墙厚的控制。模板之间的间距下部用混凝土导墙控制，上部用上夹具控制。中部安两套对拉螺栓，承受混凝土的侧压力。每道横墙模板上部都与另一道横墙模板用拉杆连接，使墙体形成稳定的整体。

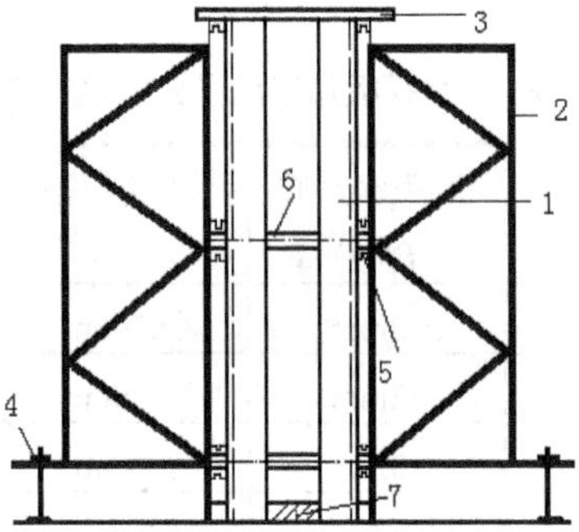

图 6.6　内墙大模板安装

1—内墙模板　2—桁架　3—上夹具　4—校正螺栓
5—穿墙螺栓　6—套管　7—混凝土导墙

(2) 外墙外模板组装。内外墙全现浇结构体系的施工中，重点是做好外模的支模工作，它关系到工程质量与施工安全。内墙模板及外墙内模板支撑在楼板上，外墙外模板根据形式不同，分为悬挑式外模和外承式外模。

悬挑式外模施工工艺如下：抄平放线→安装内墙一侧的模板→绑扎钢筋→安装内墙门窗口或假口→安装预埋件→支内墙另一侧模板→完成内墙模板的安装后，再安装外墙内模→把外模板通过内模上端的悬臂梁直接悬挂在内模板上。悬臂梁可采用一根 8 号槽钢焊在外侧模板的上口横肋上，内外墙模板之间依靠用量到对销螺栓拉紧，下部靠在下层的混凝土墙壁上。

外承式外模施工时，可以先将外墙外模板安装在下层混凝土外墙面挑出的三角形支承架上，用 L 形螺栓通过下一层外墙预留口挂在外墙上，如图 6.7 所示。为了保证安全，要设好防护栏和安全网，安装好外墙外模板后，再装内墙模板和外墙内模板。

2) 内浇外挂结构体系

(1) 施工程序。内浇外挂结构体系施工工艺流程与内外墙全现浇结构体系相比，增加了外挂墙板的工序，其余相同。内浇外板大模板高层建筑的施工程序是：抄平放线→绑扎钢筋→支门窗洞口模板→安装大模板→安装外墙板→浇筑混凝土→拆模、修整混凝土墙面、养护→安装预制楼板一浇筑圈梁、板缝。

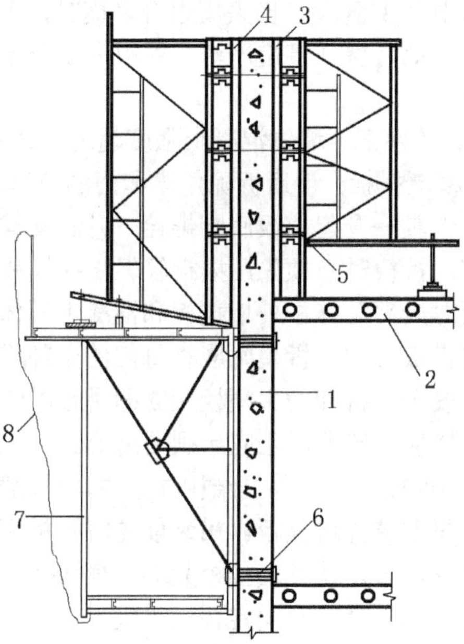

图 6.7 外承式外模

1—现浇外墙 2—楼板 3—外墙内模 4—外墙外模
5—穿墙螺栓 6—脚手架固定螺栓 7—外挂脚手架 8—安全网

(2) 抄平放线操作要点。抄平放线包括弹轴线、墙身线、模板就位线及门口、隔墙、阳台位置线和抄平水准线等。

在每栋建筑物的四角和流水段分段处，应设置标准轴线控制桩，再根据标准轴线桩引出各层控制轴线。由控制轴线放出其他轴线和墙身线以及门、窗口位置线。为了便于支模，在放墙身线时，也同时放出模板就位线。采用筒子模时，还应放出十字线。

每栋建筑物均应设水准点，在底层墙上确定控制水平线，并用钢尺引测各层标高。

(3) 钢筋敷设施工要点。墙体钢筋应尽量预先在加工厂按图样点焊成网片再运至现场。在运输、堆放和吊装过程中，要采取措施防止钢筋网片产生变形或焊点脱开。

在安装外墙板前，应剔出并理直两侧的预埋钢筋套环，内外墙的钢筋套环要重合，按设计要求插入竖向钢筋。

(4) 模板安装。大模板进场后要核对型号，清点数量，清除表面锈蚀，用醒目的字体在模板背面注明标号。模板就位前还应认真涂刷脱模剂，将安装处楼面清理干净，检查墙体中心线及边线，准确无误后方可安装模板。安装模板时，应按顺序吊装，按墙身线就位，反复检查校正模板的垂直度。模板合模前，还要隐蔽工程验收。

(5) 混凝土的浇筑与养护。浇筑混凝土前，混凝土浇筑前对组装的大模板及预埋件、节点钢筋等进行一次全面的检查，如发现问题，应及时校正。为防止底部出现质量缺陷，确保新浇混凝土与下层混凝土结合良好，宜先浇一层 5～10cm 厚与原混凝土内砂浆成分相同的砂浆。

混凝土应分层连续浇筑。第一层不能超过 60cm，这层混凝土振实后才可再倒入混凝土，此层以上边振边浇，要振捣密实，最后一层宜用人工锹入振实整平。墙体的施工缝一般宜设在门、窗洞口上，连梁跨中 1/3 区段。当采用组合平模时，可留在内纵墙与内横墙的交接处，接槎处混凝土应加强振捣，保证接槎严密。模板内混凝土浇筑后，应由粉刷工立即将上口粉平使大模上口平直。

(6) 拆模与养护。在常温条件下，墙体混凝土强度超过 1.2N/mm^2 时方准拆模。拆模顺序为先拆内纵墙模板，再拆横墙模板，最后拆除角模和门洞口模板。单片模板拆除顺序为：拆除穿墙螺栓、拉杆及上口卡具→升起模板底脚螺栓→升起支撑架底脚螺栓→使模板自动倾斜脱离墙面并将模板吊起。拆模时必须先用撬棍轻轻将模板移出 20～30mm，然后用塔式起重机吊出。吊拆大模板时应严防撞击外墙挂板和混凝土墙体，因此，吊拆大模板时要注意使吊钩位置倾向于移出模板方向。拆模时应将每间的全部零件集中放在零件箱内，可防止丢失并提高工效，保障安全。拆卸的大模板应立即进行敲铲清理。此时混凝土强度不高，清理既方便又不损伤大模板。清理后还应涂刷隔离剂。

(7) 外墙挂板与大模板的连接。内浇外挂结构体系中，外墙板的施工是很重要的工序。当内墙大模板固定校正后，再安装外墙挂板。吊装前先将挂板两侧的锚环整理好，吊装时将锚环套入下层伸出的小柱钢筋上，使外墙挂板紧靠大模板边，上部用装在大模板上的夹具将外墙挂板夹住，这样外墙墙板就临时固定在大模板上。对外墙挂板的轴线位置、板底标高、垂直缝宽，水平缝宽均进行精密测量无误后，方可固定外墙挂板。

现浇混凝土内墙和外墙的结合部存在接缝，使其结合紧密是保证施工质量的要害。外墙挂板与大模板之间的接缝处理，通常在与外挂板接缝处大模板边放一条 3mm 厚的通常并卷边的橡皮条，并紧贴外挂板，如图 6.8 所示。卷边橡皮条具有一定的弹性伸缩能力，可以消除外挂板与大模板安装误差造成的空隙，防止漏浆。

(8) 外墙挂板的板缝施工。混凝土墙与外挂板之间的垂直接缝如果不处理会造成浇筑混凝土时混凝土阻塞空腔，影响防水效果。可以用一条通长的充气车胎紧贴外挂板放置，类似一条模板，充气后车胎会塞在垂直缝中。浇筑混凝土时要注意控制力度，以免将车胎振出。在浇筑完混凝土一小时后拆除车胎，拆得过早混凝土会坍塌，拆得过晚车胎不易拆除。外挂板之间的空腔可以阻止水的毛细管渗透作用，所以要保证空腔内不得有沾污和垃圾。竖向空腔可以用 2mm 厚塑料片或泡沫塑料棒封口，如图 6.9 所示。

外挂板之间的水平缝可以用泡沫塑料棒充填，泡沫塑料棒直径根据板缝设计宽度选择。

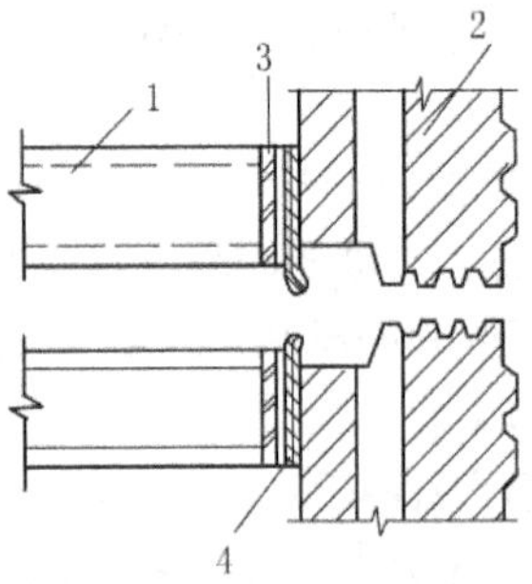

图 6.8　外墙挂板与大模板的连接

1—大模板　2—外墙挂板
3—压板　4—橡皮条

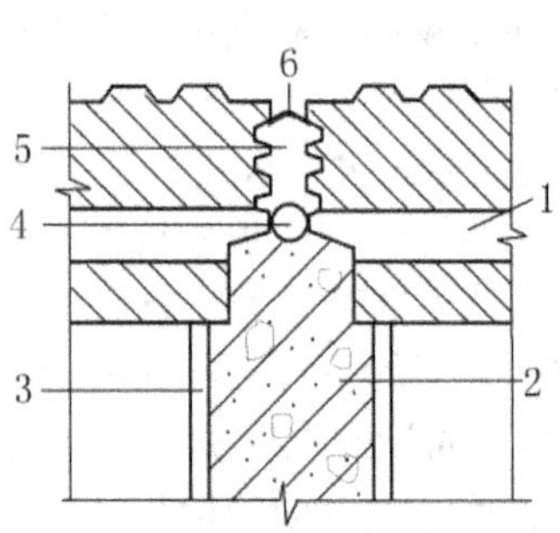

图 6.9　砼墙与外墙挂板垂直缝构造

1—外墙挂板　2—现浇混凝土墙　3—大模板
4—充气车胎　5—空腔　6—塑料片(也可以用泡沫塑料棒)

5. 大模板安装的质量要求

大模板安装必须垂直角模方正，位置标高正确；模板之间拼缝及模板和结构之间的拼缝必须严密，不得漏浆；门窗洞口位置尺寸必须准确。大模板安装允许偏差详见表 6-3。

表 6-3　大模板安装允许偏差

项目	允许偏差	检查方法
位置	±5mm	拉钢尺检查
标高	±10mm	水准测量或拉线尺量
上口宽度	±2mm	拉钢尺检查
垂直度	±5mm	吊线锤检查
砼墙面平整度	±4mm	修正后直尺检查

6. 大模板的安全技术

(1) 大模板堆放时应满足自稳角的要求，并面对面地存放。没有支架或自稳角不足的大模板，要存放在专用的插放架上或平卧堆放。在楼层内堆放大模板时，要采取可靠的防倾倒措施。6 级以上大风停止施工。

(2) 构件堆放应按品种规格分开，防止弄错。构件堆放的支架要牢固，应经常检查。

(3) 大模板必须有操作平台、上人梯道、防护栏杆等附属设施，要保证其完好，如有损坏马上维修。3 层以上设安全网，沿房屋外满设，并配合施工上移。电梯间和楼梯洞也要设安全网。

(4) 起重机具、起吊索具、吊钩、构件支架、模板夹具等重要设备及关键部位，要认真检查。起重机必须专机专人，每班操作前要试机，特别注意刹车。

(5) 大模板安装就位后，应及时用穿墙螺栓、花篮螺栓等固定成整体，防止倾倒。

(6) 全现浇模板在安装外墙外模前，必须确保三角挂架或支撑平台安装牢固，操作人员施工时要系安全带。

(7) 模板拆除时，要保证混凝土的强度不得小于 1.2N/mm^2。模板拆除起吊时，要确认所有穿墙螺栓已经拆除，模板和混凝土已脱离。起吊高度超过障碍物后，方准行车转弯。

(8) 大模板拆除后，要采取临时固定，以便清理。

6.1.2　滑模施工

1. 液压滑升模板概述

液压滑动模板施工工艺，是按照施工对象的平面尺寸和形状，在地面组装好包括模板、提升架和操作平台的滑模系统，然后分层浇筑混凝土，利用液压提升设备不断竖向提升模板，完成混凝土构件施工的一种方法。近年来，随着液压提升机械和施工精度调整技术的不断改进和提高，滑模工艺发展迅速。以前滑模工艺多用于烟囱、水塔、筒仓等筒壁构筑物的施工，现在逐步向高层和超高层的民用建筑发展，成为了高层建筑施工可供选择的方法之一。

液压滑升模板施工方法的特点：

(1) 机械化程度高，劳动强度低——在施工过程中在地面预先组装好模板系统，其后整套滑模采用机械提升，整个施工过程实现机械化操作，减轻了劳动强度。

(2) 施工速度快——滑模施工模板组装一次成型，减少了模板装拆工序，连续作业，使竖向结构的施工速度大大加快。

(3) 结构整体性好，施工简单——滑模系统的装置都是事先组装，在混凝土的施工过程中只进行模板的持续提升和混凝土的浇筑，施工简单，并且容易保证质量。

(4) 经济效益显著——滑模系统的施工节约模板和脚手架，减少了周转材料的大量占用，现场也不需要大量场地堆放周转材料。若有良好的施工组织作保证，可以大大缩短工期，减少施工成本。

(5) 应用范围广泛——滑模系统的组装可以根据不同的工程尺寸形状配置，外形是弧形的建筑也不例外。滑模施工几乎不受风力影响，不受建筑物高度的影响，适合超高层建筑的施工。

滑模施工是一项比较先进的工业化施工方法，为了更好的发挥它的作用，需要设计有一定的配合。因为施工模板是整体提升的，一般不宜在空中重新组装和改装模板和操作平台，同时模板的提升有一定连续性，不宜过多停歇，这要求建筑的平面布置和立面处理，在不影响设计效果的前提下，力求简洁整齐，尽量避免影响滑升的突出结构。

2. 液压滑升模板组成

滑模的装置由模板系统、操作平台系统和液压提升系统以及施工精度控制系统等组成，如图 6.10 所示。

1) 模板系统

模板系统由模板、围圈、提升架及其附属配件组成。其作用是根据滑模工程的结构特点组成成型结构，使混凝土能按照设计的几何形状及尺寸准确成形，并保证表面质量符合要求；其在滑升施工过程中，主要承受浇筑混凝土时的侧压力以及滑动时的摩阻力和模板滑空、纠偏等情况下的外加荷载。

(1) 模板。模板又称围板，可用钢材、木材或钢木混合以及其他材料制成，目前使用钢模板居多。常用钢模板制作有薄钢板冷弯成型和用薄钢板加焊角钢、扁钢组合成形两种。如采用定型组合钢模板时，则需在边框增加与围圈固定相适应的连接孔。模板之间的连接，可采用螺栓(M8)或 U 形卡。

为了防止混凝土在浇筑时的外溅，在采取滑空方法来处理建筑物水平结构施工时，外模板上端应比内模板高出 100～200mm，下端应比内模板长 300mm 左右。模板的高度与混凝土达到出模强度所需的时间和模板滑升速度有关。如果模板高度不够，混凝土脱模过早，则会造成混凝土坍塌。如果模板高度过高，则会增加摩阻力，影响滑升。一般来说，模板高度当用于墙模时为 1m，柱模时为 1.2m，筒壁结构为 1.2～1.6m。模板的宽度以考虑组装及拆卸方便为宜，通常为 300～500mm。

为了减少滑动时模板与混凝土的摩阻力，便于滑升脱模，模板的上、下口应形成一定的倾斜度(锥度)，其单面倾斜度宜取为模板高度的 2/1 000～5/1 000。锥度过大，在模板滑升中易造成漏浆或使混凝土出现厚薄不匀的现象；锥度过小或出现倒锥度时，会增大模板滑升时的摩擦阻力，甚至将混凝土拉裂。模板的锥度可以通过改变围圈的间距或模板厚度的方法来形成。在安装过程中，应随时用倾斜度样板检查模板的锥度是否符合要求。模板支承在围圈上的方法有挂在围圈上和搁在围圈上，亦可采用 U 形螺栓(模板背面有模楞)和钩头螺栓(模板背面无横楞)连接。

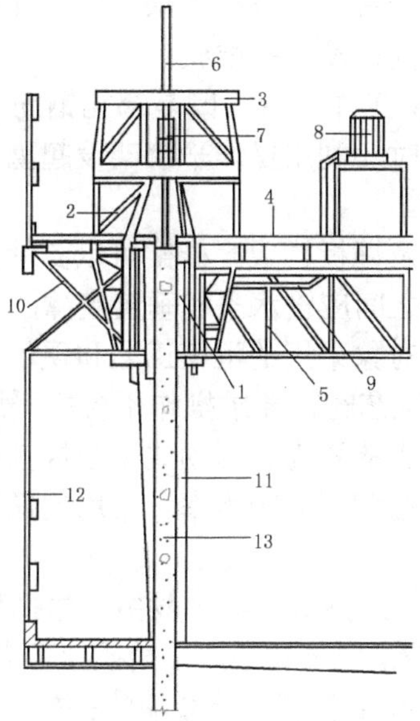

图6.10 滑模系统示意图

1—模板 2—围圈 3—提升架 4—操作平台 5—操作平台桁架 6—支承杆 7—液压千斤顶 8—高压油泵 9—油管 10—外挑三角架 11—内吊脚手架 12—外吊脚手架 13—混凝土墙体

(2) 围圈。围圈又称围檩，用于固定模板，保证模板所构成的几何形状及尺寸，承受模板传来的水平与垂直荷载，所以要具有足够的强度和刚度。围圈横向布置在模板外侧，一般上下各布置一道，分别支承在提升架的立柱上，并把模板与提升架联系成整体。

为了减少模板的支承跨度，围圈一般不设在模板的上下两端，其合理位置应使模板受力时产生的变形最小。上下围圈的间距视模板的高度而定，若模板高 1～1.2m，上下围圈间距宜在 600～700mm；围圈距模板上口不宜大于 250mm，以保证模板上口的刚度。距模板下口不宜大于 150mm。围圈接头处的刚度不得小于围圈本身的刚度，上下围圈的接头不应设置在同一截面。

围圈可使用角钢、槽钢或工字钢，一般采用 8～10 号的槽钢或工字钢；围圈的连接宜采用等刚度的型钢连接，连接螺栓每边不少于 2 个，并形成刚性节点；围圈放置在提升架立柱的支托上，用 U 形螺栓固定。在高层建筑施工中，大多数把围圈设计成桁架形式，称桁架围圈。

(3) 提升架。提升架又称千斤顶架或门架，其作用是约束固定围圈的位置，防止模板的侧向变形，并将模板系统和操作平台系统连成一体，将其全部荷载传递给千斤顶和支承杆。提升架承受的荷载有围圈传来的垂直、水平荷载和操作平台、内外挑挂架子传来的荷载等。在使用荷载下，其立柱侧向变形不大于 2mm。

目前常见的是钢提升架，其常用形式有采用单横梁的“Π”形架和双横梁的“开”形架。提升架一般用 12 号槽钢制作横梁，立柱可用 12～16 号槽钢做成单肢式、格构式或桁架式；横梁与立柱的拼装连接，可采用焊接连接，亦可采用螺栓拼装。提升架立柱的高度，应使模板上口到提升架横梁下皮间的净空能满足施工要求。

2) 操作平台系统

操作平台系统主要包括操作平台、外挑脚手架、内、外吊脚手架，如果施工需要，还可设置辅助平台，以供材料、工具、设备的堆放。

(1) 操作平台。操作平台又称工作平台，既是绑扎钢筋、浇注混凝土的操作场所，也是油路、控制系统的安置台，有时还利用操作平台架设起重设备。操作平台所受的荷载比较大，必须有足够的强度和刚度。

操作平台一般用钢桁架或梁及铺板构成。桁架可以支承在提升架的支柱上，也可以通过托架支承在上下围圈上。桁架之间应设水平和垂直支撑，保证平台的强度和刚度。

操作平台的设计应根据施工对象采用的滑模工艺和现场实际情况而定。在采用逐层空滑模板(也称“滑一浇一”)施工工艺时，要求操作平台板采用活动式的，以便楼板施工时支模材料、混凝土的运输和混凝土的浇灌。活动式平台板宜用型钢作框架，上铺多层胶合板或木板，再铺设铁板增加耐磨性和减少吸水率。常用的操作平台形式有分块式、整体式和活动式。

(2) 外挑脚手架、吊脚手架。外挑脚手架一般由三角挑架、楞木、铺板等组成，其外挑宽度为0.8～1.0m，外侧一般需设安全护栏，三角挑架可支承在立柱上或挂在围圈上。

吊脚手架是供绑扎钢筋、混凝土脱模后检查墙(柱)体混凝土质量并进行修饰、拆除模板(包括洞口模板)，引设轴线、高程以及支设梁底模板等操作之用。吊脚手架要求装卸灵活、安全可靠。外吊脚手架悬挂在提升架外侧立柱和三角挑架上，内吊脚手架悬挂在提升架内侧立柱和操作平台的桁架上。

3) 液压提升系统

液压提升系统包括支承杆、液压千斤顶、液压控制系统和油路等，是液压滑模系统的重要组成部分，也是整套滑模施工装置中的提升动力和荷载传递系统。提升系统的工作原理是由电动机带动高压油泵，将高压油液通过电磁换向阀、分油器、截止阀及管路输送到液压千斤顶，液压千斤顶在油压作用下带动滑升模板和操作平台沿着支承杆向上爬升；当控制台使电磁换向阀换向回油时，油液由千斤顶排出并回入到油泵的油箱内。在不断供油、回流的过程中，使千斤顶活塞不断地压缩、复位，将全部滑升模板装置向上提升到需要的高度。

(1) 千斤顶。液压滑动模板施工所用的千斤顶为专用穿心式千斤顶，按其卡头形式的不同可分为钢珠式和楔块式两种，其工作重量分别为3t、3.5t和10t，其中3.5t应用较广。

(2) 支承杆。支承杆又称爬杆，它既是千斤顶向上爬升的轨道，又是滑动模板装置的承重支柱，承受着施工过程中的全部荷载。支承杆一般采用直径为25mm的圆钢筋，其连接方法有丝扣连接、榫接、焊接三种，也可以用25～28mm的螺纹钢筋。用作支承杆的钢筋，在下料加工前要进行冷拉调直，冷拉时的延伸率控制在2%～3%。支承杆的长度一般为3～5m，当支承杆接长时，其相邻的接头要互相错开，使同一断面上的接头根数不超过总根数的25%。

(3) 液压控制系统。液压控制系统是提升系统的心脏，主要由能量转换装置(电动机、高压齿轮泵等)、能量控制和调节装置(如电磁换向阀、调压阀、针形阀、分油器等)以及辅助装置(压力表、油箱、滤油器、油管、管接头等)三部分组成。

齿轮泵的选择根据滑模千斤顶油缸的用油量、布置的数量及齿轮泵的送油能力而确定。在滑升过程中，浇注混凝土和滑升是交替进行的，千斤顶提升一个行程所用的时间越短、滑升的速度越快，泵和油管的流量越大，千斤顶完成一次进油、回油的时间就越短。通常千斤顶的一次循环控制在 3～5min，其中进油时间控制在 1min 以内。齿轮泵的流量可以按式(6-1)计算：

$$Q \geqslant \frac{VK}{t_1} \tag{6-1}$$

式中：Q——齿轮泵最大工作流量(l/min)；

V——千斤顶油缸的总容积(l)。若有多台千斤顶为其容积之和。

K——超容系数，取 1.1～1.3；

t_1——每个行程要求送油时间(min)。

电动机的选用一般根据油泵所需的压力和流量确定，可以根据下式计算：

$$N = \frac{FQ}{612h} \tag{6-2}$$

式中：N——电动机功率(KW)；

F——油泵的工作压力(Mpa)；

Q——油泵流量(l/min)

η——总效率(齿轮泵效率取 0.6～0.8)。

4) 施工精度控制系统

滑模施工的精度控制系统由水平度、垂直度观测与控制装置以及通讯联络设施组成，主要起到控制滑模施工的水平度和垂直度的作用。

(1) 滑模施工水平度控制。在模板滑升过程中，由于千斤顶的不同步，数值的累积就会使模板系统产生很大的升差，如不及时加以控制，不仅建筑物的垂直度难以保证，也会使模板结构产生变形，影响工程质量。水平度的观测，可采用水准仪、自动安平激光测量仪等设备，精度不应低于 1/10 000。对千斤顶升差的控制，可以根据不同的控制方法选择不同的水平度控制系统。常用的方法有用激光控制仪控制的自动调平控制法、用限位仪控制的限位调平法、限位阀控制法、截止阀控制法等。

(2) 滑模施工垂直度控制。在滑模施工中，影响建筑物垂直度的因素很多，如千斤顶的升差、滑模装置变形、操作平台荷载、混凝土的浇筑方向以及风力、日照的影响等。为了解决上述问题，除采取一些有针对性的预防措施外，在施工中还应经常加强观测，并及时采取纠偏、纠扭措施，以使建筑物的垂直度始终得到控制。

垂直度的观测主要采用经纬仪、激光铅直仪和导电线锤等设备来进行。垂直度调整控制方法主要有平台倾斜法、顶轮纠偏控制法、双千斤顶法、变位纠偏器纠正法等。常用的垂直度控制系统有顶轮纠偏装置、变位纠偏器等。

3. 液压滑升模板施工准备工作

由于滑模施工有连续施工的特点，为了充分发挥施工效率，材料、设备、劳动力在施工前都要做好充分的准备。

1) 技术准备

由于滑模施工的特点，要求设计中必须有与之相适用的措施，所以施工前要认真组织对施工图的审查。重点审查结构平面布置是否使各层构件沿模板滑动方向投影重合，竖向结构断面是否上下一致，立面线条的处理等。

根据需要采用滑模施工的工程范围和工程对象，划分施工区段，确定施工顺序，应尽可能使每一个区段的面积相等，形状规则，区段的分界线一般设在变形缝处为宜。制定施工方案，确定材料垂直和水平运输的方法和人员上下方法，确定楼板的施工方法。

绘制建筑物多层结构平面的投影叠合图。确定模板、围圈、提升架及操作平台的布置，并进行各类部件的设计与计算，提出规格和数量。确定液压千斤顶、油路及液压控制台的布置，提出规格和数量。制定施工精度控制措施，提出设备仪器的规格、数量。绘制滑模装置组装图，提出材料、设备、构件一览表。确定不宜采用滑模施工的部位的处理措施。

2) 现场准备

施工用水、用电必须接好，施工临时道路和排水系统必须畅通。所需要的钢筋、构件、预埋件、混凝土用砂、石、水泥、外加剂(如果用商品混凝土，应联系好供应准备工作)，应按计划到场并保持供应。滑升模板系统需要的模板、爬杆、吊脚手设备和安全网应准备充足。垂直运输设备在滑模系统进场前就位。

滑模施工是一项多工种协作的施工工艺，故劳动力组织宜采用各工种混合编制的专业队伍，提倡一专多能，工种间的协调配合，充分发挥劳动效率。

4. 墙体滑模的一般施工工艺

滑升模板的施工由滑模设备的组装、钢筋绑扎、混凝土浇捣、模板滑升、楼面施工和模板设备的拆除等几个部分组成。

1) 模板的组装

滑升模板的组装是个重要环节，直接影响到施工进度和质量，因此要合理组织、严格施工。在组装前，要做好拼装场地的平整工作，检查起滑线以下已经施工好的基础或结构的标高和平面尺寸，并标出建筑物的结构轴线、墙体边线和提升架的位置线等。滑模的组装顺序如图 6.11 所示。

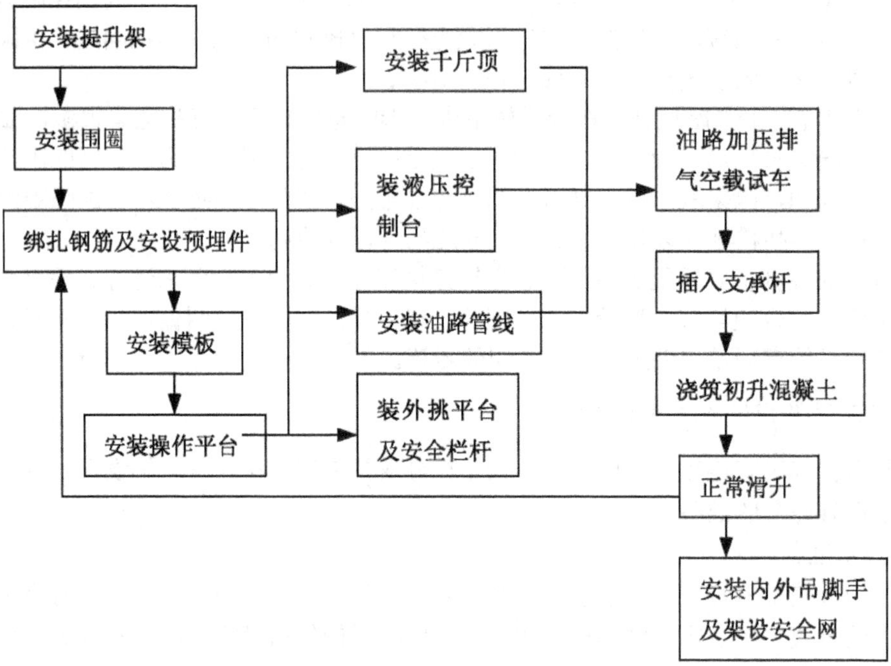

图 6.11 滑模装置的组装顺序图

滑模组装完毕后，应按规范要求的质量标准进行检查。滑模组装允许偏差见表 6-4。

表 6-4　滑模组装允许偏差

项目		允许偏差(mm)	检查方法
模板轴线与相应结构轴线位置		±3	钢尺检查
围圈位置	水平方向	±3	钢尺检查
	垂直方向	±3	钢尺检查
提升架垂直度	平面内	±3	2m 托线板检查
	平面外	±2	2m 托线板检查
提升架横梁相对标高		±5	水准仪或拉线、尺量
模板尺寸	上口	−1	钢尺检查
	下口	+2	钢尺检查
千斤顶安置位置	平面内	±5	钢尺检查
	平面外	±5	钢尺检查
圆模直径、方模边长尺寸		±5	钢尺检查
相邻模板板面平整		±2	钢尺检查

2) 钢筋绑扎和预埋件埋没

钢筋绑扎应与混凝土浇筑速度、模板的滑升速度相配合。根据每个浇筑层的混凝土浇筑量，浇筑时间和钢筋量的大小，合理安排绑扎人员，划分操作区段，保证钢筋的绑扎速度。绑扎中，应随时检查以免发生错误。

钢筋的加工长度，应根据工程对象和使用部位来确定。由于水平钢筋在提升架横梁以下进行绑扎，故其长度一般不宜大于 6m。竖向钢筋的加工长度一般应与楼层高度一致，不宜大于 5m。

竖向钢筋绑扎时，应在提升架上部设置钢筋定位架，以保证钢筋位置正确。双层钢筋的墙体结构，钢筋绑扎后，双层钢筋之间应有拉结筋定位。钢筋弯钩均应背向模板，以防模板滑升时被弯钩挂住。支承杆作为结构受力筋时，其接头处的焊接质量必须满足有关钢筋焊接规范的要求。

预埋件的留设位置与型号必须准确。滑模施工前，应有专人负责绘制预埋件平面图，详细注明预埋件的标高、位置、型号及数量，施工中要加强检查以防遗漏。预埋件一般可采用短钢筋与结构主筋焊接或绑扎等方法连接牢固，但不得突出模板表面。模板滑过预埋件后，应立即清除预埋件表面的混凝土，使其外露，其位置偏差不应大于 20mm。

3) 混凝土施工

滑模施工的混凝土，除必须满足设计强度外，还必须满足滑模施工的特殊要求，如出模强度、凝结时间、和易性等。混凝土配比的设计，应该根据滑升速度、气候条件和材料品种等因素试配出不同的级配，以便施工中根据实际情况选用。

滑模混凝土的出模强度，一般宜控制在 0.2～0.4N/mm²，此时混凝土对模板的摩擦阻力小，出模的混凝土表面易于抹光，后期强度损失小，并能承受上部混凝土的自重，不坍塌、开裂或变形。

浇筑混凝土之前，要合理划分施工区段，安排操作人员，以使每个区段的浇筑数量和时间大致相等以保证滑升速度。

混凝土必须分层均匀交圈浇筑，每一浇筑层的混凝土厚度以 200～300mm 为宜，表面应在同一水平面上，并有计划地变换浇筑方向，以保证模板各处的摩擦阻力相近，防止模板产生扭转和结构倾斜。各层浇筑的间隔时间应不大于混凝土的凝结时间，当间隔时间超过时间时，对接槎处应按施工缝的要求处理。每个浇筑区段中混凝土的布料，一般从中间部分开始，各层浇筑方向要交错进行，并经常交换方向，尽量使布料均匀。混凝土浇筑宜用人工均匀倒入，不得用料斗直接向模板倾倒，以免对模板造成过大的侧压力。预留孔洞、门窗口等两侧的混凝土，应对称均衡浇筑，以免门窗模移位。

4) 滑升工艺

模板的滑升可分为初滑、正常滑升、末滑三个主要阶段。

(1) 初滑阶段是指工程开始时进行的初次提升模板阶段，主要对滑模装置和混凝土凝结状态进行检查。初滑的基本操作是当混凝土分层浇筑到模板高度的 2/3，且第一层混凝土的强度达到出模强度时，进行试探性的提升，即将模板提升 1～2 个千斤顶行程，观察混凝土的出模情况。滑升过程要求缓慢平稳，用手按混凝土表面，若出现轻微指印，砂浆又不粘手，说明时间恰到好处。全面检查液压系统和模板系统的工作情况，可进入正常滑升阶段。

(2) 正常滑升阶段可以连续一次提升一个浇筑层高度，等混凝土浇筑至模板顶面时再提升一个浇筑层高度，也可以随升随浇。模板的滑升速度，取决于混凝土的凝结时间、劳动力的配备、垂直运输的能力、浇筑混凝土的速度以及气温等因素。在正常气条件下，滑升速度一般控制在 150～300mm / h 范围内，两次滑升的间隔停歇时间，一般不宜超过 1.5h，在气温较高的情况下，应增加 1～2 次中间提升。中间提升的高度为 1～2 个千斤顶行程，主要是防止混凝土与模板黏结。

在滑升中必须严格按计划的滑升速度执行，并随时检查模板、支承杆、液压泵、千斤顶等各部分的情况，如有异常，应及时加以调整、修理或加固。

为保证结构的垂直度，在滑升过程中，操作平台应保持水平。各千斤顶的相对高差不得大于 40mm，相邻两个千斤顶的升差不得大于 2mm。在滑升过程中，应检查和记录结构垂直度、扭转及结构截面尺寸等偏差数值，同时采取调平措施及时纠正出现的水平升差，以保持操作平台的水平度。

(3) 末滑阶段是指当模板升至距建筑物顶部标高 1m 左右时。此时应放慢滑升速度，进行准确的抄平和找正工作。整个抄平找正工作应在模板滑升至距离顶部标高 20mm 以前做好，以便使最后一层混凝土能均匀交圈。混凝土末浇结束后，模板仍应继续滑升，直至与混凝土脱离为止。

(4) 停滑。如因气候、施工需要或其他原因而不能连续滑升时，应采取可靠的停滑措施：停滑前，混凝土应浇筑到同一水平面上；停滑过程中，模板应每隔 0.5～1h 提升一个千斤顶行程，确保模板与混凝土不黏结；当支承杆的套管不带锥度时，应于次日将千斤顶顶升一个行程；对于因停滑造成的水平施工缝，应认真处理混凝土表面，保证后浇混凝土与已硬化的混凝土之间良好的黏结；继续施工前，应对液压系统进行全面检查。

(5) 门窗及孔洞的留设。门、窗洞及其他孔洞的留设，可采用以下几种方法。

框模法——事先按照设计要求的尺寸制成孔洞框模，如图 6.12(a)所示，框模可用钢材、木材或钢筋混凝土预制件制作。其尺寸宜比设计尺寸大 20～30mm，厚度应比内外模板的上口尺寸小 5～10mm。框模应按设计要求位置与标高留设，安装时，同墙体中的钢筋或支承杆连接固定。也可利用门、窗框直接作为框模使用，在滑升的同时埋在设计要求的位置上。但需在两侧边框上加设挡条，如图 6.12(b)所示。档条可以用钢材和木材制成工具式，以螺钉和门、窗框连接。加设挡条后，门、窗口的总厚度应比内外模板上口尺寸小 10～20mm。当模板滑升后，工具式挡条可拆下周转使用。

堵头模板法——当预留孔洞尺寸较大或孔洞处不设门矿时，在孔洞两侧的内外模板之间设置堵头模板，并通过活动角钢与内外模连接，与模板一起滑升，如图 6.12(c)所示。

孔洞胎模法——对于较小的预留孔洞及接线盒等，可事先按孔洞具体形状制作空心或实心的孔洞胎模，尺寸应比设计要求大 50～100mm，厚度应比内外模上口小 10～20mm，四边应稍有倾斜，便于模板滑过后取出胎模。其材料可以用钢材、木材及聚苯乙烯泡沫塑料制成。

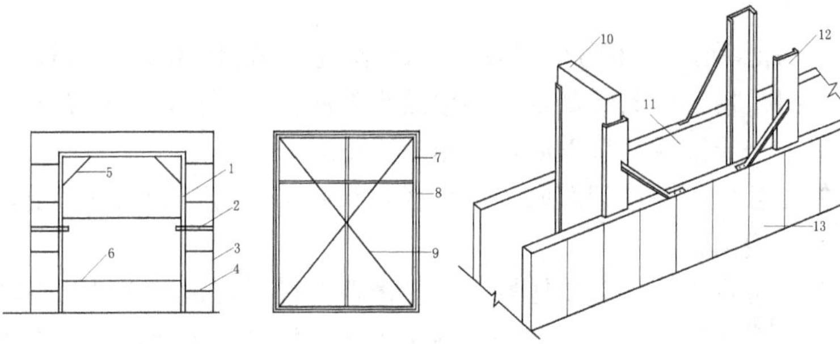

(a) 框模法　(b) 门窗框直埋法　(c) 堵头模板法

图 6.12　门、窗洞口留设方法

1—框模　2—Φ25 螺栓　3—结构主筋　4—Φ16 钢筋　5—角撑
6—水平撑　7—门窗框　8—挡条　9—临时支撑　10—堵头模板
11—门窗洞口　12—导轨　13—滑模模板

(6) 模板的拆除。滑模装置拆除应制定可靠的措施，拆除前要进行技术交底，确保操作安全。提升系统的拆除可在操作平台上进行，千斤顶留待与模板系统同时拆除。滑模系统的拆除顺序为拆除油路系统及控制台→拆除操作平台→拆除内模板→拆除安全网和脚手架→用木块垫死内圈模板桁架→拆外模板桁架系统→拆除内模板桁架的支撑→拆除内模板桁架。

高空解体过程中，必须保证模板系统的总体稳定和局部稳定，防止模板系统整体或局部倾倒坍落。拆除过程要严格按照拆除方案进行，建立可靠的指挥通讯系统，配置专业安全员，注意操作安全。

滑模装置拆除后，应对各部件进行检查、维修，并妥善存放保管，以备使用。

5. 滑框倒模施工方法

滑框倒模施工工艺是在滑模施工工艺的基础上发展而成的一种施工方法。这种方法兼有滑模和倒模的优点，因此，易于保证工程质量。但由于操作上多了模板拆除上运的过程，人工消耗大，速度略低于滑模。

1) 滑框倒模的组成与施工工艺

滑框倒模装置的提升设备和模板系统与一般滑模基本相同，亦由液压控制台、油路、千斤顶及支承杆和操作平台、围圈、提升架、模板等组成。

滑框倒模的模板不与围圈直接挂钩，模板与围圈之间增设竖向滑道，模板与围圈之间通过竖向滑道连接，滑道固定于围圈内侧，可随围圈滑升。滑道的作用相当于模板的支承系统，既能抵抗混凝土的侧压力，又可约束模板位移，且便于模板的安装。滑道的间距按模板的材质和厚度决定，一般为300～400mm；长度为1～1.5m，可采用外径30mm左右的钢管。

模板应选用活动轻便的复合面层胶合板或双面加涂玻璃钢树脂面层的中密度纤维板，以利于向滑道内插放和拆模倒模。模板的高度与混凝土的浇筑层厚度相同，一般为500mm左右，可配置 3～4 层。模板的宽度，在插放方便的前提下，应尽可能加大，以减少竖向接缝。

模板在施工时与混凝土之间不产生滑动，而与滑道之间相对滑动，即只滑框，不滑模。当滑道随围圈滑升时，模板附着于新浇筑的混凝土表面留在原位，待滑道滑升一层模板高度后，即可拆除最下一层模板，清理后，倒至上层使用。

采用滑框倒模工艺施工高层建筑时，其楼板等横向结构的施工以及水平、垂直度的控制，与滑模工程基本相同。

滑框倒模工艺与滑模工艺的根本区别在于把滑模时模板与混凝土之间滑动，变为滑道与模板之间滑动，而模板附着于新浇筑的混凝土表面无滑动。因此，模板由滑动脱模变为拆倒脱模。与之相应，滑升阻力也由滑模施工时模板与混凝土之间的摩擦阻力变为滑框倒模与滑道之间的摩擦阻力。由于该摩阻力远小于滑模工艺的摩阻力，相应地可减少提升设备。与滑模相比可节省 1/6 的千斤顶和 15%的平台用钢量。另外滑框倒模工艺只需控制滑道脱离模板时的混凝土强度下限值大于 0.05MPa，不致引起混凝土坍塌和支承杆失稳，保证滑升平台安全即可。而无需考虑混凝土硬化时间造成的混凝土粘膜、拉裂等现象，给施工创造很多便利条件。滑框倒模工艺施工方便可靠。当发生意外情况时，可在任何部位停滑，而无需考虑滑模工艺所采取的停滑措施；同时也有利于插入梁板施工。拆下的模板可以离开浇注区域清理模板和涂刷隔离剂，以防止污染钢筋和混凝土。

6. 逐层空滑楼板并进法

逐层空滑楼板并进施工工艺就是墙体用滑模施工、楼板用支模现浇，在滑模浇筑一层墙体后，模板滑空，紧跟着支模现浇一层楼板混凝土的施工方法。所以逐层空滑楼板并进又称“逐层封闭”或“滑一浇一”。

一般滑模施工，墙体由滑模连续施工，楼板采用在墙体上留孔或留槽，插筋后浇楼板(或安装预制楼板)，由于混凝土两次浇筑，结合处不易密实，削弱了节点的整体性。而逐层空滑楼板并进法工艺特点是每一层的墙体和楼板是连续施工，因此墙体与楼板连接可靠，结构整体性好。同时每个楼层逐层封闭，保证了施工阶段的墙体稳定。楼板施工的完成也为立体施工创造了条件，装饰工程可以提前插入施工。该工艺是近年来高层建筑采用滑模施工时，楼板结构施工应用较多的一种方法。

逐层空滑现浇楼板施工做法是：当每层墙体模板滑升至上一层楼板底标高位置时，停止墙体混凝土浇筑，待混凝土达到脱模强度后，将模板连续提升，直至墙体混凝土脱模，再向上空滑至模板下口与墙体上皮脱空一段高度为止(脱空高度根据楼板的厚度而定)，然后将操作平台的活动平台板吊开，进行现浇楼板支模、绑扎钢筋和浇筑混凝土的施工。如此逐层进行，直至封顶。

逐层空滑现浇楼板施工工艺，将滑模连续施工改变为分层间断周期性施工。因此，每层墙体混凝土都有初滑、正常滑升和末滑 3 个阶段。

模板空滑进程中，提升速度应尽量缓慢、均匀地进行。开始空滑时，由于混凝土强度较低，提升高度不宜过大，使模板与墙体保持一定的间隙，不致黏结即可。待墙体混凝土达到脱模强度后，方可将模板陆续提升至要求的空滑高度。另外，支承杆的接头，应躲开模板的空滑自由高度。模板脱空后，应趁模板面上水泥浆未硬结时，立即用长把钢丝刷等工具将模板面清除干净，并涂刷隔离剂一道。在涂刷隔离剂时，应尽量避免污染钢筋，以免影响钢筋的握裹力。

模板与墙体的脱空范围，主要取决于楼板结构情况。为了防止模板全部脱空后产生平移或扭转变形，当楼板为单向板，且横墙承重时，只需将横墙模板脱空，非承重纵墙可比横墙多浇筑 50cm 左右，使纵墙模板与纵墙不脱空，以保持模板的稳定；当楼板为双向板时，则内外墙模板全部需脱空，故应将外墙外模板适当加长。这样滑空后增长部分仍与外墙面接触，增强滑空时滑模装置的稳定性。

在内墙转角处设置与外模板长度一致的异形角模，使在模板滑空时异形角模和外模板同时夹住墙体，增强滑模装置的稳定性。

逐层空滑现浇楼板施工，是在吊开活动平台板后进行扎筋、支模、安预埋件、浇砼的，所以操作平台必须设计成活动可卸形式。与一般楼板施工相同，可采用传统的支模方法。即模板采用组合钢模板或钢框木(竹)胶合板模板等，下设衍架梁，通过钢管或木柱支承于下一层已施工的楼板上。为了加快模板的周转，也可采用早拆模板体系。

7. 逐层空滑预制楼板施工

逐层空滑预制楼板施工的做法是：当墙体模板向上空滑高度大于预制楼板厚度的一倍左右时，在模板下口与墙体混凝土之间的空档，插入预制楼板。安装预制楼板时，先利用起重设备将操作平台的活动平台板揭开，然后顺房间的进深方向吊入楼板，当其下放到模板下口与墙体上口之间的空位时，作 90° 的转向，进行就位。安装楼板时的墙体混凝土强度，一般不应低于 2.5MPa。如提早安装，应采取硬架支模等相应的技术措施。

8. 先滑墙体楼板跟进法

先滑墙体楼板跟进法是指当墙体连续滑动数层后，即可自下而上地进行逐层楼板的施工。即在楼板施工时，先将操作平台的活动平台板揭开，由活动平台的洞口吊人楼板的模板、钢筋和混凝土等材料或安装预制楼板。对于现浇楼板施工，也可由设置在外墙窗口处的受料挑台将所需材料吊入房间，再用手推车运至施工地点。

该工艺在墙体滑升阶段即可间隔数层进行楼板施工，墙体滑升速度快，楼板施工与墙体施工互不影响，但需要解决好墙体与楼板连接及墙体在施工阶段的稳定性问题。现浇楼板与墙体的连接方式主要有钢筋混凝土键连接和钢筋销凹槽连接两种。

钢筋混凝土键连接大多用于楼板主要受力方向的支座节点。当墙体滑升至每层楼板标高时，沿墙体间隔一定的间距(大于 500mm)预留孔洞，孔洞的尺寸按设计要求确定。一般情况下，预留孔洞的宽度可取 200～400mm，孔洞的高度为楼板的厚度或按板厚上下各加大 50mm，以便操作。相邻两间楼板的主筋，可由孔洞穿过，并与楼板的钢筋连成一体。在端头一间，楼板钢筋应在端墙预留孔洞处与墙板钢筋加以连接。然后同楼板一起浇筑混凝土，孔洞处即构成钢筋混凝土键，如图 6.13(a)所示。

钢筋销凹槽连接，楼板的配筋可均匀分布，整体性较好。但预留插筋及凹槽均比较麻烦，扳直钢筋时，容易损坏墙体混凝土，因此一般只用于一侧有楼板的墙体工程。当墙体滑升至每层楼板标高时，可沿墙体间隔一定的距离，预埋插筋及留设通长的水平嵌固凹槽，如图 6.13(b)所示。待预留插筋及凹槽脱模后，扳直钢筋，修整凹槽，并与楼板钢筋连成一体，再浇筑楼板混凝土。预留插筋的直径不宜过大，一般应小于 10mm，否则不易扳直。预埋钢筋的间距，取决于楼板的配筋。

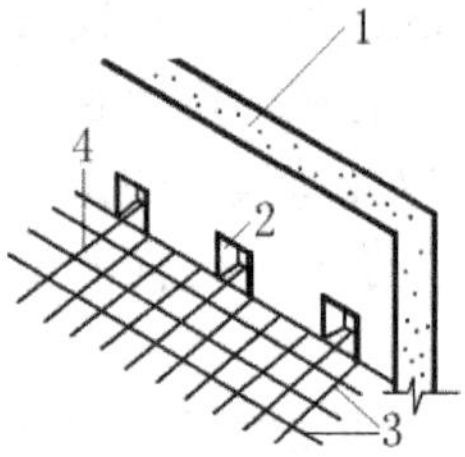

(a) 钢筋混凝土键连接

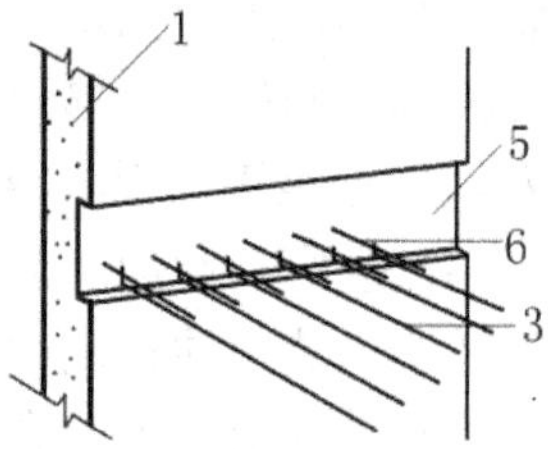

(b) 钢筋销凹槽连接

图 6.13　现浇楼板与墙体连接方式

1—混凝土墙　2—预留洞　3—楼板钢筋
4—穿洞钢筋　5—凹槽　6—预留插筋

现浇楼板的模板除可采用支柱定型钢模等一般支模方法外，还可以利用在梁、柱及墙体预留的孔洞或设置一些临时牛腿、插销及挂钩，作为支设模板的支承点。

9. 楼板降模法

先滑墙体楼板降模施工，是针对现浇楼板结构而采用的一种施工工艺。其具体做法是：当墙体连续滑升到顶或滑升至 8～10 层高度后，将事先在底层按每个房间组装好的模板，用卷扬机或其他提升机具提升到要求的高度，再用吊杆悬吊在墙体预留的孔洞中，然后进行该层楼板的施工。当该层楼板的混凝土达到拆模强度要求时(不得低于 15MPa)，可将模板降至下一层楼板的位置，进行下一层楼板的施工。此时，悬吊模板的吊杆也随之接长。这样，施工完一层楼板，模板降下一层，直到完成全部楼板的施工，降至底层为止。

对于建筑物高度不大或层数不多(12 层左右)的工程，只需配置一套降模或以滑模本身的操作平台作降模使用。即当竖向结构的滑模滑升到顶后，将滑模的操作平台改制作为楼板降模模板，自顶层依次逐层降下。为保证楼板与竖向结构的稳定性，墙体滑模施工时就在楼板高度事先预留孔(数量与尺寸通过计算确定)，在降模施工楼板时，再预留孔内配置一定数量的直筋与弯筋，并与楼板钢筋连成一体再浇筑楼板混凝土。

对于楼层较多的超高层建筑，一般应以 10 层高度为一个降模段，可以采用分段降模法按高度分段配置模板进行降模的施工。例如一幢 20 层的高层建筑，可以一次性把墙体滑升到 10 层后暂停滑升。在滑模操作平台下另外悬吊降模平台，待降模施工向下进行后，墙体再继续向上滑升。一段时间后，楼板降模施工降到底层，墙体滑模滑升到了顶层，这时将滑模平台改装成降模平台，向下降模施工楼板至 11 层。此方法需两套或两套以上降模完成。

采用降模法施工时，现浇楼板与墙体的连接方式，基本与采用先滑墙体楼板跟进法的做法相同，其梁板的主要受力支座部位，宜采用钢筋混凝土键连接方式；非主要受力支座部位，可采用钢筋销凹槽等连接方式。如果采用井字形密肋双向板结构时，则四面支座均须采用钢筋混凝土键连接方式。

10. 体外滑模

滑模施工中支承杆钢材消耗比较多，如不采取滑后抽出的措施，则施工后全部埋入混凝土，如能代替部分受力钢筋使用，尚可降低消耗，否则成本过高。另外，用钢筋作为支承杆，承载能力有限，也不能发挥大吨位的千斤顶的作用。体外滑模打破了过去的常规做法，其方法是不把滑模支承杆布置在墙体内，而是布置在墙体外，如图 6.14 所示。体外滑模施工直接地降低了施工成本，也能更好适应更大规模滑模工程的需求，是现代滑模技术发展的新趋势、新成果。

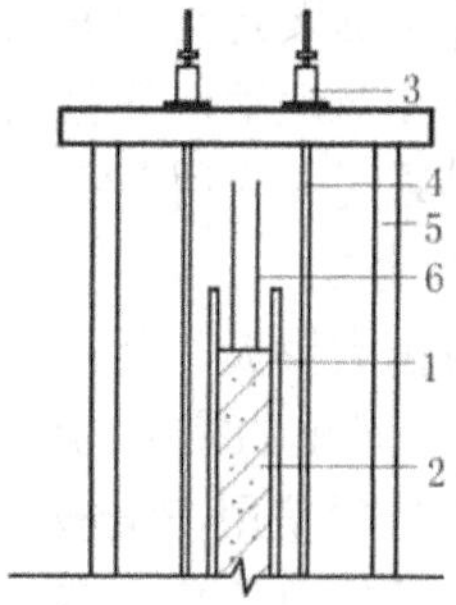

图 6.14　体外滑模

1—模板　2—现浇混凝土墙体　3—千斤顶
4—大直径支承杆　5—提升架　6—混凝土内钢筋

为适应体外滑模施工的需要，支承杆不是采用小直径的 φ25 光圆钢筋，而是采用大直径 φ48×3.5 的钢管。钢管本身就具有较大的强度和刚度，能有效提高滑模平台的稳定性。体外滑模可以配合大吨位千斤顶使用。体外滑模的支承杆采用 φ48×3.5 的钢管，便于取材，还可以简化支承杆加工和就位过程。施工时支承杆几乎可以全部回收，减少了施工用钢量，具有较好的经济效益。

6.1.3　爬模施工

1. 液压滑升模板概述

爬升模板简称爬模，是一种自行爬升、不需起重机吊运的模板，可以一次成型一个墙面，且可以自行升降，是综合大模板与滑模工艺特点形成的一种成套模板技术，同时具有大模板施工和滑模施工的优点，又避免了它们的不足。适用于高层建筑外墙外侧和电梯井筒内侧无楼板阻隔的现浇混凝土竖向结构施工，特别是一些外墙立面形态复杂，采用艺术混凝土或不抹灰饰面混凝土、垂直偏差控制较严的高层建筑。

爬模施工工艺具有以下特点：

(1) 爬升模板施工时，模板的爬升依靠自身系统设备，不需塔吊或其他垂直运输机械，减少了起重机吊运工程量，避免了塔式起重机施工常受大风影响的弊端；

(2) 爬模施工时，模板是逐层分块安装的，其垂直度和平整度易于调整和控制，施工精度较高；

(3) 爬模施工中模板不占用施工场地，特别适用于狭小场地上高层建筑的施工；

(4) 爬模装有操作脚手架，施工安全，不需搭设外脚手架；

(5) 对于一片墙的模板不用每次拆装，可以整体爬升，具有滑模的特点；一次可以爬升一个楼层的高度，可一次浇筑一层楼的墙体混凝土，又具有大模板的优点；

(6) 施工过程中，模板与爬架的爬升、安装、校正等工序与楼层施工的其他工序可平行作业，有利于缩短工期。但爬模无法实行分段流水施工，模板的周转率低，因此模板配制量要大于大模板施工。

爬模施工工艺分为模板与爬架互爬、爬架与爬架互爬、模板与模板互爬及整体爬模等类型。

2. 模板与爬架互爬

模板与爬架互爬，是以建筑物的钢筋混凝土墙体为支承主体，通过附着于已完成的钢筋混凝土墙体上的爬升支架或大模板，利用连接爬升支架与大模板的爬升设备，使一方固定，另一方作相对运动，交替向上爬升，以完成模板的爬升、下降、就位和校正等工作。该技术是最早采用并应用广泛的一种爬模工艺。

1) 构造与组成

爬升模板由大模板、爬升支架和爬升设备三部分组成。

(1) 模板。爬模的模板与一般大模板构造相同，由面板、横肋、竖向大肋、对销螺栓等组成。面板一般采用薄钢板，也可用木(竹)胶合板。横肋和竖向大肋常采用槽钢，其间距通常根据有关规范计算确定。新浇混凝土对墙两侧模板的侧压力由对销螺栓承受。

模板的高度一般为建筑标准层高度加 100～300mm，所增加的高度是模板与下层已浇筑墙体的搭接高度，用于模板下端的定位和固定。模板下端需增加橡胶衬垫，使模板与已结硬的钢筋混凝土墙贴紧，以防止漏浆。模板的宽度可根据一片墙的宽度和施工段的划分确定，可以是一个开间、一片墙或一个施工段的宽度，其分块要与爬升设备能力相适应。在条件允许的情况下，模板越宽越好，可以减少各块模板间的拼接和拆卸，提高模板安装精度，提高混凝土墙面的平整度。

根据爬升模板的工艺要求，模板应设置两套吊点，一套吊点(一般为两个吊环，在制作时焊在横肋或竖肋上)用于分块制作和吊运时用；另一套吊点用于模板爬升，设在每个爬架位置，要求与爬架吊点位置相对应，一般在模板拼装时进行安装和焊接。

模板附有爬升装置和操作脚手架。

模板上的爬升装置是用于安装和固定爬升设备的。常用的爬升设备为环链手拉葫芦和单作用液压千斤顶。采用环链手拉葫芦时，模板上的爬升装置为吊环，以便挂手拉葫芦。用于模板爬升的吊环，设在模板中部的重心附近，为向上的吊环；用于爬架爬升的吊环设在模板上端，由支架挑出，位置与爬架重心相符，为向下的吊环。施工中吊环与模板重心一致，可以避免模板倾斜，减少施工难度。采用单作用液压千斤顶时，模板爬升装置分别为千斤顶座(用于模板爬升)和爬杆支座(用于爬架爬升)。模板背面安装千斤顶的装置尺寸应与千斤顶底座尺寸相对应。模板爬升装置为安装千斤顶的铁板，位置在模板的重心附近。用于爬架爬升的装置是爬杆的固定支架，安装在模板的顶端。模板的爬升装置与爬架爬升设备的装置要处在同一条竖直线上。

外附脚手架和悬挂脚手设在模板外侧，用于模板的拆模、爬升、安装就位、校正固定、穿墙螺栓安装与拆除、墙面清理和嵌塞穿墙螺栓等操作。脚手架的宽度为 600～900mm，每步高度为 1 800mm。脚手架每步均需满铺脚手板，外侧设扶手并挂安全网。

大模板如采用多块模板拼接，由于在模板爬升时，模板拼接处会产生弯曲和切应力，所以在拼接节点处应比一般大模板加强，可采用规格相同的型钢跨越拼接缝，以保证竖向和水平方向传递内力的连续性。分块模板的拼接处尽可能设在两个爬架之间。

(2) 爬升支架。爬升支架由支承架、附墙架、吊模扁担和千斤顶架等组成。爬升支架是承重结构，主要依靠支承架固定在下层已达规定强度的钢筋混凝土墙体上，并随施工层的上升而升高，其下部有水平拆模支承横梁，中部有千斤顶座，上部有挑梁和吊模扁担，主要起悬挂模板、爬升模板和固定模板的作用。因此，要求其具有一定的强度、刚度和稳定性。

支承架用作悬挂和提升模板，一般由型钢焊成格构柱。为便于运输和装拆，一般做成两个标准桁架节，使用时将标准节拼起来，并用法兰盘连接。为方便施工人员上下，支承架尺寸不应小于 650mm×650mm。

附墙架承受整个爬升模板荷载，通过穿墙螺栓传送给下层已达到规定强度的混凝土墙体。底座应采用不少于 4 个连接螺栓与墙体连接，螺栓的间距和位置尽可能与模板的穿墙螺栓孔相符，以便用该孔作为底座的固定连接孔。支承架的位置如果在窗口处，亦可利用窗台作支承。但支承架的安装位置必须准确，防止模板安装时产生偏差。

爬升支架顶端高度，一般要超出上一层楼层高度 0.8～1.0m，以保证模板能爬升到待施工层位置的高度；爬升支架的总高度(包括附墙架)，一般应为 3～3.5 个楼层高度，其中附墙架应设置在待拆模板层的下一层；爬架间距要使每个爬架受力不要太大，以 3～6m 为宜；爬架位置在模板上要均匀对称布置；支承架应设有操作平台，周围应设置防护设施，以策安全。

吊模扁担、千斤顶架(或吊环)的位置，要与模板上的相应装置处同一竖线上，以提高模板的安装精度，使模板或爬升支架能竖直向上爬升。

(3) 爬升设备。爬升动力设备可以根据实际施工情况而定，常用的爬升设备有环链手拉葫芦、电动葫芦、单作用液压千斤顶、双作用液压千斤顶、爬模千斤顶等，其起重能力一般要求为计算值的 2 倍以上。

环链手拉葫芦是一种手动的起重机具，其起升高度取决于起重链的长度。起重能力应比设计计算值大 1 倍，起升高度比实际需要起升高度大 0.5～1m，以便于模板或爬升支架爬升到就位高度时，尚有一定长度的起重链可以摆动，便于就位和校正固定。

单作用液压千斤顶为穿心式，可以沿爬杆单方向向上爬升，但爬升模板和爬升爬架各需一套液压千斤顶，每爬升一个楼层还要抽、拆一次爬杆，施工较为繁琐。

安装时单作用液压千斤顶时，其底盘与爬升模板或爬升支架的连接底座用 4 个螺栓固定。插入千斤顶内的爬杆上端用螺钉与挑架固定，安装后的千斤顶和爬杆应呈垂直状态。

爬升模板用的千斤顶连接底座，安装在模板背面的竖向大肋上，爬杆上端与爬升支架上挑架固定。当模板爬升就位时，从千斤顶顶部到爬杆上端固定位置的间距不应小于 1m。爬升支架用的千斤顶连接底座，安装在爬升支架中部的挑架上，爬杆上端与模板上挑架固定。当爬升支架爬升就位时，从千斤顶到爬杆上端固定位置的间距不应小于 1m。

双作用液压千斤顶既能沿爬杆向上爬升，又能将爬杆上提。在爬杆上下端分别安装固定模板和爬架的装置，依靠油路用一套双作用千斤顶就分别可以完成爬升模板和爬升爬架两个动作。由于每爬升一个楼层无需抽、拆爬杆，施工较为快速。

(4) 油路和电路。与滑模施工一次提升整个施工段比较，爬模一次只提升一片墙的模板，所需的油泵和油箱都较小，但是爬模爬升一个楼层高度需要千斤顶连续进行多个冲程，因此对液压泵车的速度有较高的要求，选择液压油源时要注意爬升模板的特点。

由于爬升一个楼层的高度，千斤顶需进、排油 100 多次，为了使每个千斤顶(特别是负荷最大、线路最远处的千斤顶)进油时的冲程和排油的回程都充分以减少千斤顶的升差，又要使进、回油时间最短，在爬模所用电路中，需要装置一套自动控制线路。

2) 施工工艺

模板与爬架互爬工艺流程如下：弹线找平→安装爬架→安装爬升设备→安装外模板→绑扎钢筋→安装内模板→浇筑混凝土→拆除内模板→施工楼板→爬升外模板→绑扎上一层钢筋并安装内模板→浇筑上一层墙体→爬升爬架……如此模板与爬架互爬直至完成整幢建筑的施工，如图 6.15 所示。

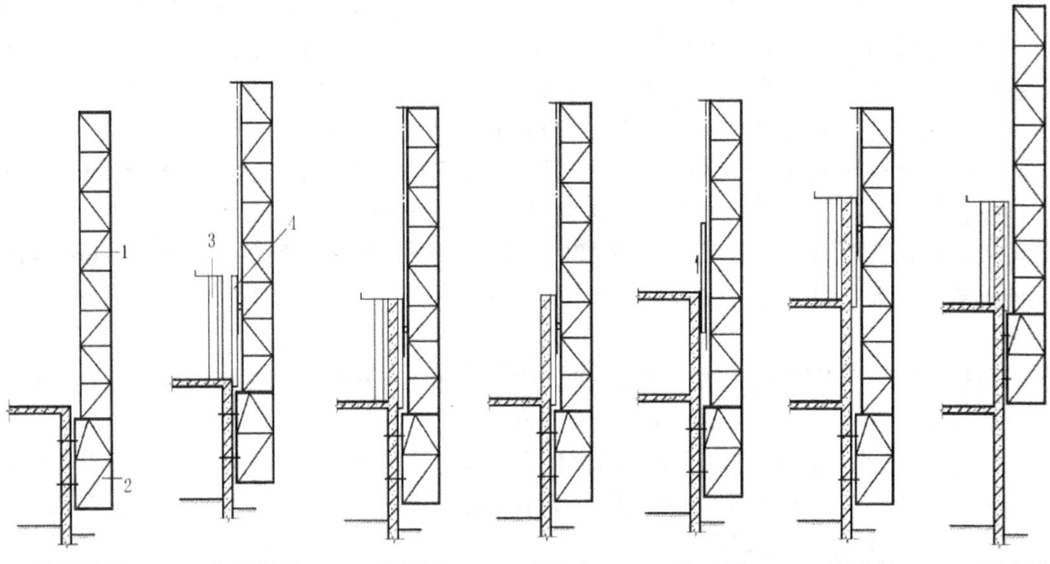

(a) 首层墙体完成后安装爬升支架　(b) 安装外模板、绑扎钢筋、安装内模板　(c) 浇筑混凝土　(d) 拆除内模板　(e) 施工楼板、爬升外模板　(f) 固定外模板、绑扎钢筋、安装内模板、浇筑混凝土　(g) 爬升模板支架

图 6.15　模板与爬架互爬施工工艺流程图

(1) 爬升模板安装。配置爬升模板时，要根据制作、运输和吊装的条件，尽量做到内、外墙均做成每间一整块大模板，以便于一次安装、脱模、爬升。内墙大模板可按流水施工段配置一个施工段的用量，外墙内、外侧模板应配足一层的全部用量。外墙外侧模板的穿墙螺栓孔和爬升支架的附墙连接螺栓孔，应与外墙内侧模板的螺栓孔对齐。各分块模板间的拼接要牢固，以免多次施工后变形。

进入现场的爬模装置(包括大模板、爬升支架、爬升设备、脚手架及附件等)，应按施工组织设计及有关图样验收，合格后方可使用。

爬升模板安装前，应检查工程结构上预埋螺栓孔的直径和位置是否符合图样要求，如有偏差应及时纠正。

爬升模板的安装顺序是：组装爬架→爬架固定在墙上→安装爬升设备→吊装模板块→拼接分块模板并校正固定。

爬架上墙时，先临时固定部分穿墙螺栓，待校正标高后，再固定全部穿墙螺栓。立柱宜采取先在地面组装成整体，然后安装的方法。立柱安装时，先校正垂直度，再固定与底座相连接的螺栓。模板安装时，先加以临时固定，待就位校正后，再正式固定。所有穿墙螺栓均应由外向内穿入，在内侧紧固。

模板安装完毕后，应对所有连接螺栓和穿墙螺栓进行紧固检查，并经试爬升验收合格后，方可投入使用。

(2) 爬架爬升。当墙体的混凝土已经浇筑并具有一定强度后，方可进行爬升。爬架爬升时，爬架的支承点是模板，此时模板需与现浇的钢筋混凝土墙保证良好的连接。爬升前，首先要仔细检查爬升设备的位置、牢固程度、吊钩及连接杆件等，在确认符合要求后方可正式爬升。

正式爬升时，应先安装好爬升爬架的爬升设备，拆除爬架上爬升模板用的爬升设备，拆除校正和固定模板的支撑，然后收紧千斤顶钢丝绳，拆卸穿墙螺栓。同时检查卡环和安全钩，调整好爬升支架重心，使其保持垂直，防止晃动与扭转。

每只爬架用两套爬升设备爬升，爬升过程中两套爬升设备要同步。应先试爬 50～100mm，确认正常后再快速爬升。爬升时要稳起、稳落，平稳就位，防止大幅度摆动和碰撞。要注意不要使爬升模板被其他构件卡住，若发现此现象，应立即停止爬升，待故障排除后，方可继续爬升。爬升过程中有关人员不得站在爬架内，应站在模板外附脚手上操作。

爬升接近就位标高时，应切断自动线路，改用手动方式将爬架升到规定标高。完毕应逐个插进附墙螺栓，先插好相对的墙孔和附墙架孔，其余的逐步调节爬架对齐插入螺栓。检查爬架的垂直度并用千斤顶调整，然后及时固定。遇六级以上大风，一般应停止作业。

(3) 模板爬升。当混凝土强度达到脱模强度(1.2～3.0N/mm^2)，爬架已经爬升并安装在上层墙上，爬升爬架的爬升设备已经拆除，爬架附墙处的混凝土强度已经达到 10N/mm^2，就可以进行模板爬升。

模板爬升的施工顺序是：在楼面上进行弹线找平→安装模板爬升设备→拆除模板对拉螺栓、固定支撑、与其他相邻模板的连接件→起模→开始爬升。先试爬升 50～100mm，检查爬升情况，确认正常后再快速爬升。爬升过程中随时检查，如有异常应停下来检查，解决问题后再继续爬升。

爬升接近就位标高时，应暂停爬升，以便进入就位的准备。利用校正螺栓严格按弹线位置将模板就位，检查模板平面位置、垂直度、水平度，如误差符合要求将模板固定。组合并安装好的爬升模板。每爬升一次，要将模板金属件涂刷防锈漆，板面要涂刷脱模剂，并要检查下端防止漏浆的橡胶压条是否完好。

(4) 爬架拆除。拆除爬升模板的设备，可利用施工用的起重机，也可在屋面上装设人字形拔杆或台灵架，进行拆除。拆除前要先清除脚手架上的垃圾杂物，拆除连接杆件，经检查安全可靠后，方可大面积拆除。

拆除爬架的施工顺序是：拆除悬挂脚手、大模板→拆除爬升设备→拆除附墙螺栓→拆除爬升支架。

(5) 模板拆除。拆除模板的施工顺序是：自下而上拆除悬挂脚手、安全设施→拆除分块模板间的连接件→起重机吊住模板并收紧绳索→拆除模板爬升设备，脱开模板和爬架→将模板吊至地面。

3. 模板与模板互爬

模板与模板互爬，是一种无架液压爬模工艺，是将外墙外侧模板分成甲、乙两种类型，甲型与乙型模板交替布置，互为支承，由爬升设备和爬杆使相邻模板互相爬升。

1) 构造与组成

(1) 模板。无爬架爬模分为两种，甲型模板为窄板，高度要大于两个层高；乙型模板要按建筑物外墙尺寸配制，高度均略大于层高，与下层外墙稍有搭接，避免漏浆。两种模板交替布置，甲型模板布置在外墙与内墙交接处，或大开间外墙的中部，乙型模板布置在甲型模板中间。

每块甲型模板的左右两侧均拼接有调节板缝钢板，以调整板缝，并使模板端部形成轨槽，以利于模板的爬升。模板爬升时，要依靠其相邻的模板与墙体的拉结来抵抗爬升时的外张力，模板背面设有竖向背楞，作为模板爬升的依托，并能加强模板的整体刚度。

在乙型模板的下面用竖向背楞做生根处理。背楞紧贴于墙面，并用螺栓固定在下层墙体上。背楞上端设连接板，用以支撑上面的模板。连接是一种简单的过渡装置，可解决模板和生根背楞的连接，同时也用以调节生根背楞的水平标高，使背楞螺孔与混凝土墙上预留的螺孔位置能相吻合。连接板与模板和生根背楞均用螺栓连接，以便于调整模板的垂直度。甲型模板下端则不放生根背楞，如图 6.16 所示。

(2) 爬升装置。爬升装置由三角爬架、爬杆、卡座和液压千斤顶组成。

三角爬架插在模板上口两端，插入双层套筒内，套筒用 U 形螺栓与竖向背楞连接。三角爬架作用是支承卡座和爬杆，可以自由回转。爬杆用 φ25mm 的圆钢制成，上端用卡座固定，支承在三角爬架上，爬升时处于受拉状态。

(3) 操作平台挑架。操作平台用三角挑架作文撑，安装在乙型模板竖向背楞和它下面的生根背楞上，上下放置三道。上面铺脚手板，外侧设护身栏和安全网。上、中层平台供安装、拆除模板时使用，并在中层平台上加设模板支撑一道，使模板、挑架和支撑形成稳固的整体，并用来调整模板的角度，也便于拆模时松动模板；下层平台供修理墙面用。

2) 施工工艺

模板与模板互爬工艺流程如图 6.17 所示。

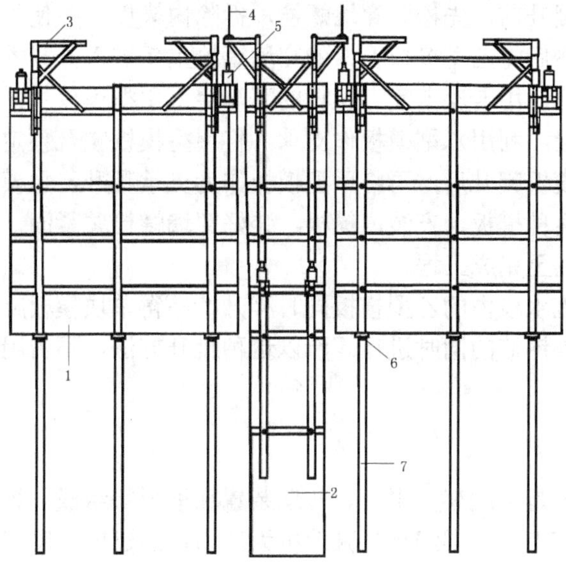

图 6.16　无架爬模示意图

1—乙型模板　2—甲型模板　3—三角爬架　4—爬杆
5—液压千斤顶　6—连接板　7—生根背楞

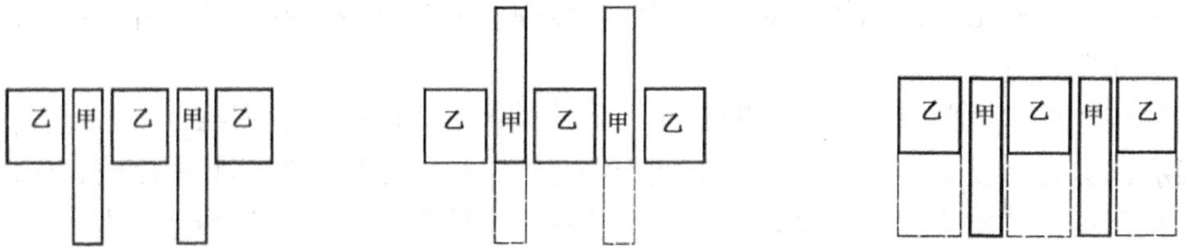

(a) 模板就位，浇筑混凝土　(b) 甲型模板爬升　(c) 乙型模板爬升，就位，浇筑混凝土

图 6.17　模板与模板互爬示意图

在地面将模板、三角爬架、千斤顶等组装好，组装好的模板用 2m 靠尺检查，其板面平整度不得超过 2mm，对角线偏差不得超过 3mm，要求各部位的螺栓连接紧固。采用大模板常规施工方法完成首层结构后再安装爬升模板，便于乙型模板支设在“生根”背楞和连接板上。

甲、乙型模板按要求交替布置。先安设乙型模板下部的“生根”背楞和连接板。“生根”背楞用 φ22mm 穿墙螺栓与首层已浇筑墙体拉结，再安装中间一道平台挑架，加设支撑，铺好平台板，然后吊运乙型模板，置于连接板上，并用螺栓连接。同时利用中间一道平台挑梁设临时支撑，校正稳固模板。

首次安装甲型模板时，由于模板下端无“生根”背楞和连接板，可用临时支撑校正稳固，随即涂刷脱模剂和绑扎钢筋，安装门、窗口模板。

外墙内侧模板吊运就位后，即用穿墙螺栓将内、外侧模板紧固，并校正其垂直度。最后安装上、下两道平台挑架、铺放平台板，挂好安全网。

模板安装就位校正后，装设穿墙螺栓，浇筑混凝土。待混凝土达到拆模强度，即可开始准备爬升甲型模板。爬升前，先松开穿墙螺栓，拆除内模板，并使外墙外侧甲、乙型模板与混凝土墙体脱离。然后将乙型模板上口的穿墙螺栓重新装入并紧固。调整乙型模板三角爬架的角度，装上爬杆，用卡座卡紧。爬杆的下端穿入甲型模板中部的千斤顶中。拆除甲型模板底部的穿墙螺栓，利用乙型模板作支承，将甲型模板爬至预定高度，随即用穿墙螺栓与墙体固定。甲型模板爬升后，再将甲型模板作为支承爬升乙型模板至预定高度并加以固定。校正甲、乙型两种模板，安装内模板，装好穿墙螺栓并紧固，即可浇筑混凝土。如此反复，交替爬升，直至完成工程。

施工时，应使每个流水段内的乙型模板同时爬升，不得单块模板爬升。模板的爬升，可以安排在楼板支模、绑钢筋的同时进行。所以这种爬升方法，不占用施工工期，有利于加快工程进度。

4. 爬架与爬架互爬

爬架与爬架互爬系统是由爬架、平台、传动装置和模板等组成。该工艺以固定在混凝土外表面的爬升挂靴为支点，以摆线针轮减速机为动力，通过内外爬架的相对运动，使外墙外侧大模板随同外爬架相应爬升。当大模板达到规定高度，借助滑轮滑动就位。爬架与爬架互爬过程中内外架互为支承，交替爬升。

5. 整体爬模施工

整体爬模施工工艺是近几年在高层建筑施工中形成的一种爬模技术。用内、外墙整体爬模技术可以同时施工内外墙体，外墙内模和内墙模板需与外墙外模同时爬升，所以除了外爬架外，还要设置内爬架。

整体爬模主要组成部分有内、外爬架和内、外模板。内爬架设置在纵、横墙交接处，通过楼板孔洞立在短横扁担上，并用穿墙螺栓将力给下层的混凝土墙体其高度略大于两个楼层高，采用格构式钢构件，截面较小。外爬架将力传给下层混凝土外墙体。内、外爬架与内、外模板相互依靠、交替爬升。

目前，整体爬模施工工艺分为环链手拉葫芦提升整体爬模施工、电动整体爬模施工、液压整体爬模施工三种类型。

6. 爬模安全要求

不同组合和不同功能的爬升模板，其安全要求也不相同，因此应分别制订安全措施，一般应满足下列要求：

(1) 施工中所有的设备必须按照施工组织设计的要求配置。爬升设备起重量应与爬模系统相匹配，不许选用过大的爬升设备，操作中禁止超爬模系统的爬升力进行爬升。

(2) 施工中要统一指挥，爬升前要专职安全员签证后方允许进行爬升，要作好原始记录。

(3) 爬升时要设置警戒区，设明显标志。

(4) 爬模时操作人员站立的位置一定要安全，不准站在爬升件上，而应站在固定件上。

(5) 拆下的穿墙螺栓要及时放人专用箱，严禁随手乱放，防止物件坠落伤人。

(6) 爬升设备每次使用前要检查，液压设备要专人负责。穿墙螺栓一般每爬升一次应全数检查一次。

(7) 外部脚手架和悬挂脚手架应满铺安全网，脚手架外侧设防护栏杆。脚手架上不应堆放材料，脚手架上的垃圾要及时清除。如临时堆放少量材料或机具，必须及时取走，且不得超过设计荷载的规定。

(8) 爬升前必须拆尽相互间的连接件，使爬升时各单元能独立爬升，以免相碰。爬升完毕应及时安装好连接件，保证爬升模板固定后的整体性。

(9) 作业中要随时检查，出现障碍时应立即查清原因，在排除障碍后方可继续作业。

(10) 拆除模板和爬架要有严密的安全措施并事前交底，拆除要有人专门指挥，保持通讯畅通。

6.1.4　台模施工

台模(又称桌模、飞模)是一种由平台板、支撑系统(包括梁、支撑、支架、支腿)和其他配件(包括升降、行走机构)组成的一种大型的工具式模板，适用于大柱网、大空间的现浇钢筋混凝土楼盖施工，尤其适用于无梁楼盖施工。台模一次组装，整支整拆，多次重复利用，节约支、拆用工加快施工速度；台模在楼层或施工段之间的周转依靠起重机进行，机械化效率高；台模随拆随转随用，不需临时堆放场地，特别适用于在场地狭窄的工程使用。

台模的规格尺寸主要取决于建筑结构的开间和进深尺寸以及起重机的吊装能力来确定。一般按开间和进深尺寸设置一台或多台。为了便于台模脱模和在楼层上运转，通常会配备一套使用方便的辅助机械，其中包括升降、行走、调运等机具。

台模按支承形式不同分类如下：

- 台模
  - 无支腿式台模 ———— 悬架式台模
  - 有支腿式台模
    - 立柱式
      - 双肢柱管架式台模
      - 钢管脚手架式台模
      - 门架式台模
    - 桁架式
      - 木、铝合金桁架式台模
      - 钢管组合桁架式台模

台模的选型要综合考虑施工项目的规模大小、是否适宜台模施工，充分利用现有的资源条件。因地制宜，组装成所需的台模，以降低施工成本。

1. 立柱式台模

立柱式台模是由传统的满堂支模形式演变而来，由面板、次梁、主梁和立柱组成，立柱上有可调支撑，立柱之间设支撑增强稳定性。

1) 钢管组合式台模

钢管组合式台模是利用组合钢模板及其配件、钢管脚手架等按结构柱网尺寸组装而成的一种台模，如图 6.18(a)所示。其材料来源容易、结构简单，一般施工企业均具备制作、组装的能力，应用非常广泛。

(1) 构造。面板全部用定型钢模板制作，钢模板之间由 U 形卡和 L 形插销连接。次梁采用 60mm×40mm×2.5mm 的矩形钢管，次梁和面板间用钩头螺栓和蝶形扣件连接。主梁采用 70mm×50mm×3.5mm 矩形钢管，主梁和次梁之间用紧固螺栓和蝶形扣件连接。立柱用 φ48×3.5mm 钢管制作，下面安可调式伸缩脚，伸缩脚下焊钢板。每个台模用 6～9 根支撑，最大荷载为 20KN/m²，立柱之间支撑也用 ϕ48×3.5mm 钢管制作。四角梁端头设 4 只吊环。以便于吊装。

(2) 组装。钢管组合式台模一般在现场安装，有正装法和倒装法两种。正装法是先组装支架，再组装模板；倒装法是在铺好的平台上先组装面板，然后组装支架，最后将模板翻转 180° 使用。钢管组合式模板支设时，先安装楼层中部，再向四周扩展，就位后用千斤顶调整标高至整个楼层标高一致，最后用 U 形卡连接。梁侧模可以挂在台模边缘上，梁底模可以直接用可调支撑支承。

(3) 拆除。模板拆除时，用千斤顶顶住台模，撤掉垫块后随即装上车轮，再撤掉千斤顶，然后将台模逐个推到楼层外搭设的临时平台上，再用起重机械吊至上层使用。台模推出也可以采用装有万向导轮的台模转运车。该车可以在平面内自由移动，并且有垂直升降部件。当脱模时，将台模转运车推入被拆台模的底部，转动该车调节丝杆，使该车上方的支撑槽钢托住台模后，把台模 4 个支承腿收缩至规定的高度固定。然后由转运车把台模转移到临时平台上，用塔式起重机吊至上一楼层。

2) 门架式台模

门架式台模是用多功能门架作为支承架，用组合钢模板、钢框木(竹)胶合板模板、薄钢板或多层胶合板作为面板，根据建筑结构的开间、进深尺寸以及起重机的吊装能力拼装而成，如图 6.18(b)所示。由于采用门架作为受力构件，与钢管组合式脚手架相比，具有用料少、重量轻、施工连接量小等特点。

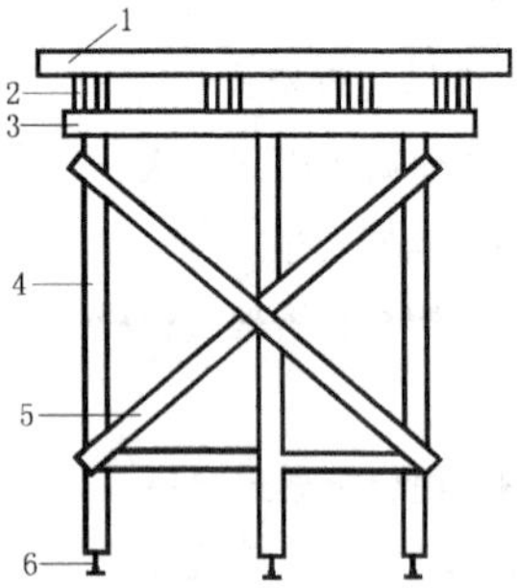

(a) 钢管脚手架式

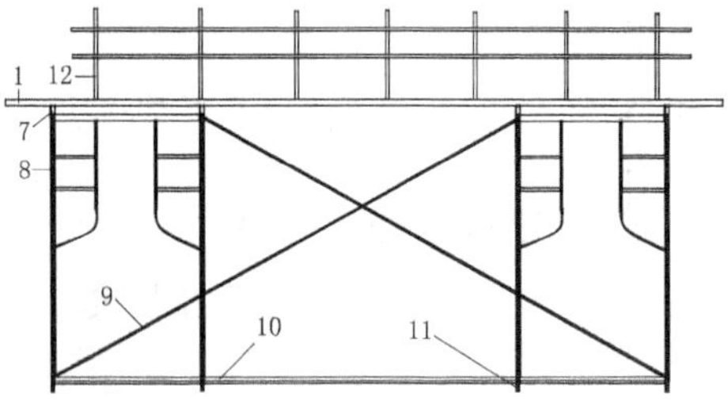

(b) 门架式

图 6.18　立柱式台模

1—面板　2—次梁　3—主梁　4—立柱　5—支撑
6—可调支撑　7—顶托　8—门式脚手架　9—人字撑
10—长角铁　11—可调底托　12—栏杆

拼装完成的台模利用塔式起重机吊至楼层。为保证起吊过程的安全性和稳定性，一般采用 4 点起吊。起吊时，可以通过电动环链的调整，使台模保持水平和平衡。

台模的推出，可以采用地滚轮直接将台模推出建筑物。门架式台模升层时，先拆除护栏，在每榀台膜下留四个底托，其他底托全部松开并升起挂住。在留下的底托处装四个起落架，挂四个手拉葫芦。手拉葫芦与台模钩紧，松开四个底托，使台模离开楼面。在台模下放置钢管，放松葫芦使台模落在钢管上，再将台模放到地滚轮上推出至起重设备吊钩处，将台模飞至上层。

2. 桁架式台模

桁架式台模主要由桁架、主梁、搁栅(龙骨)及辅助承力支腿构件组成，适合于大开间、大进深、无柱帽的现浇无梁楼盖结构。由于受荷面积较大，为减轻台模的质量，各部件宜用铝合金材料。

当浇筑的混凝土强度达到标准强度的 80%时，方可拆模；拆模前，先用 4 个液压千斤顶在支腿附近支托桁架下弦杆，并向上微微顶紧，然后将支腿的螺旋千斤顶旋松，使之不再承力。并将其推入外套之中。

为使台模顺利脱模和推出楼面，台模的下部应安装滚轮；台模降落设备采用液压降落千斤顶车，当滚轮与楼面接触时，才能移去液压千斤顶车；当台模整体下降到滚轮上后，即可水平外移。靠外墙的滚轮为摆动滚轮，靠内墙的滚轮为单滚轮；台模滚出时，因前后滚轮有高差，故应使衍架稍稍向后倾斜，以防止台模意外地向外滚出。

3. 悬架式台模

悬架式台模的特点是不设立柱，台模支承在柱子或墙体托架上，由桁架(主梁)、次梁、面板、翻转翼板、支承等组成。这种台模的支设不需要考虑楼面结构的强度，也可以不受建筑层高不同的影响，只须按开间和进深设计即可。

台模的安装应在柱的模板拆除后、混凝土强度达到施工的承载要求时才能进行，在台模安装前，先将钢牛腿与预埋螺栓相连接，然后在牛腿顶面安放木梁，再用起重机将台模吊装就位放在 4 个牛腿上，同时支起翻转翼板，并处理好柱、板、梁等处的节点。

台模下降前，在承接台模的楼面上放置 6 只地滚轮，通过操纵 4 台手拉葫芦将台模平稳下降至地滚轮上，随即将台模外移，待部分台模移至楼层口外时，就将 4 根吊索与台模吊耳扣牢，然后用起重机将台模全部出楼层，并吊至上一层楼再安装就位。

6.1.5　永久模板施工

永久性模板亦称一次性模板，其在结构构件混凝土浇筑后不拆除，并构成构件受力或非受力的组成部分，一般广泛应用于房屋建筑的现浇钢筋混凝土楼板工程。由于永久式模板无需拆出周转，大大简化了施工程序，加快了施工速度。不过，如果不能利用模板起到参与受力的作用，模板的投入成本比较高。目前，我国常用的永久性模板的材料一般有压型钢板模板和各种配筋的预制混凝土薄板。预制薄板分为预应力钢筋混凝土薄板、双钢筋混凝土薄板和冷轧扭钢筋混凝土薄板，其中较常用的是预应力钢筋混凝土薄板。

1. 压型钢板模板

压型钢板模板是采用镀锌或经防腐处理的薄钢板，经成型机冷轧成具有梯波形截面的槽型钢板或方盒状钢壳的一种工程模板材料。根据压型钢板断面形式的不同，可以分为开口式和闭口式。压型钢板模板多用于现浇密肋楼板工程中。

当压型钢板安装后，在底内面铺设受拉钢筋，在肋的顶面焊接横向钢筋或在其上部受压区铺设网状钢筋，待楼板混凝土浇筑后，压型钢板不再拆除，并成为密肋楼板结构的组成部分。为确保压型钢板与混凝土能共同作用，应作好叠合面的处理。

混凝土浇筑前，要对压型钢板端头进行封堵，并把压型钢板表面清理干净。浇筑混凝土时要采取措施，防止漏浆。压型钢板支承点少，混凝土浇筑时容易振动，应加设临时支撑，避免使邻近位置上已初凝的混凝土产生裂缝或分离。

当无吊顶天棚设置要求时，压型钢板下表面可直接喷、刷装饰涂层，并能获得较好的装饰效果。为了形成平整的天棚面，还可以在压型钢板下表面连接一层附加钢板，这样既可提高模板的刚度，又可以在空格内布置电器设备线路等。

2. 预应力薄板模板

预应力钢筋混凝土薄板一般在构件预制工厂的台座上生产，制作时施加预应力配筋，使之成为预应力钢筋混凝土构件。预应力薄板作为永久性模板，特别适用于高层建筑和大开间房屋的现浇楼板施工。一般将正弯矩钢筋设置在预制薄板内，预应力筋通常采用高强度钢丝或冷拔低碳钢丝，支座负弯矩筋设置在现浇钢筋混凝土叠合层内。预制薄板与楼板的现浇混凝土叠合后，形成预应力薄板叠合楼板，构成楼板的受力结构部分。

预应力薄板叠合楼板具有较好的整体性，此种结构可以减小板的厚度，有效地提供更多的建筑空间；减轻板的自重，有利于建筑的抗震性能。板底平整，减少了现场混凝土的浇筑量，顶棚可不做抹灰，也减少了装修工程的湿作业量。不用支模，节省了大量的模板和支模的人工。预应力薄板的钢丝保护层较厚，有较好的防火性能。

预应力混凝土薄板与现浇混凝土之间的叠合面处理构造有以下三种。

(1) 在薄板混凝土振捣密实刮平后，及时在混凝土表面进行划毛处理，其划毛深度 4mm 左右，间距 100mm。

(2) 凡大于 100mm 厚的预制薄板，在垂直于主筋的方向的板两端各预留 3 道凹槽，槽深 10mm，槽宽 80mm；对于较薄的预制薄板，待混凝土振捣密实刮平后，在混凝土表面呈梅花形分布刻小钉，钉长和宽各约 40mm，深 10～20mm，间距 100mm。

(3) 在预制薄板上预留结合钢筋。

6.1.6 无框木(竹)胶合板模板

早在 20 世纪 30 年代，欧美等国家已开始应用木胶合板模板。多年来，世界各国都很重视发展建筑用木模板，其理由是认为木材不仅在资源上是一种可再生的物质，而且在能源上是一种节能型材料。随着木胶合板模板的胶合性能和表面覆膜处理等技术的不断进步，这种模板已成为国外许多国家应用最广泛，使用量最多的模板型式。这种模板的优点是表面平整光滑，容易脱模；耐磨性强；防水性好；模板强度和刚度较好，能多次周转使用；材质轻，适宜加工大面积模板，能满足清水混凝土施工的要求，可适用于墙体、楼板等各种结构的施工。

20 世纪 80 年代初，我国开始从国外引进胶合板模板，在上海宝钢建设工程及深圳、广州、北京等一些建筑工程中应用，取得较好的效果。1987 年，青岛华林胶合板有限公司引进芬兰劳特公司的生产设备和技术，生产了酚醛覆膜木胶合板模板，青岛瑞达模板公司利用这种胶合板为面板，开发了钢框胶合板模板。这种新型模板在国内许多建设工程中得到应用，也受到有关领导部门的重视，当时曾大力宣传这种第三代模板，将全面替代组合钢模板。由于木材资源十分短缺，且木胶合板模板的成本较高，施工企业还难以接受，结果没有得到推广应用。

90 年代以来，我国建筑结构体系又有了新的发展，高层建筑和超高层建筑大量兴建，大规模的基础设施建设工程以及城市交通、高速公路迅速发展，这些现代化的大型建筑体系，对模板技术提出了新的要求。组合钢模板由于面积小、拼缝多，已不能满足清水混凝土施工的要求。为此，我国不断引进国外先进模板体系。90 年代初，我国经济建设的迅猛发展带动胶合板的需求量猛增。1998 年以来，木胶合板模板在国内一些建筑工程中开始大量使用，发展十分迅速。

目前市面常见的木胶合板尺寸一般为 2 440mm×1 220mm×12mm，但是有些厂家由于生产线不同，生产的产品尺寸也不限于此。较好的木胶合板应进行覆面处理，这样可以大大增加胶合板的周转次数。贴面胶合板能够多次使用，但在浇注混凝土前，必须使用一种带化学活性的剥离剂，使剥离更方便，并增强混凝土凝固后的表面光洁度。胶合板使用前，在其边缘应用封边剂密封。这种密封有助于防止水分在混凝土凝固时进入胶合板的边缘使其减少周转次数。施工单位经常在使用中将胶合板切割成需要的尺寸，这时需用封边涂料涂在露出的板边起保护作用。

目前我国的木胶合板发展中存在一些问题。当前国内木胶合板生产厂家很多，但是能生产覆膜木胶合板模板的厂家很少。国外木胶合板模板一般可周转使用 30～50 次，如果采用 400g/m^2 覆膜纸，则可使用 100 次以上；国内大部分厂家生产素面脲醛胶的胶合板模板，质量差，档次低，使用次数少，一般只能用 3～5 次。国内厂家应从提高产品档次、实现机械化生产、扩大生产规模等方面着手，提高木胶合板质量，使无框木胶合板在工程中得到更广泛的应用。目前，已有一些人造板厂利用国内的生产条件，开发出高质量的酚醛覆面木胶合板模板，其表面平整度、厚薄均匀度和使用寿命都有较好的表现，是应该重点推广应用的一种模板。

我国以丰富的竹材资源为基础，利用其一次成林、合理砍伐、可永续利用和生物量大、成材周期短的资源优势，特别是利用竹材的强度大、刚度好的特点，加工成各种类型的竹胶合板用作混凝土模板。竹胶合板的物理力学性能也较好，它的强度、刚度和硬度都比木材高，而其收缩率、膨胀率和吸水率都低于木材，能多次周转使用。如能从产品结构、热压工艺、胶粘剂等方面改善产品厚度偏差和板面色差大的缺陷，竹胶合板会在建筑业有更大的利用空间。目前我国推广的 10 大建筑新技术中的清水混凝土模板技术、早拆模板成套技术，都推荐使用竹(木)胶合板模板。

6.2 粗钢筋连接技术

高层建筑现浇钢筋混凝土结构工程中，粗直径钢筋连接的工作量比较大，采用合适的施工方法可以大大提高劳动效率。传统的连接方式一般是采用对焊、电弧焊等，近些年来推广了很多新的钢筋连接工艺，如钢筋机械连接、电渣压力焊、气压焊等，大大地提高了生产效率，改善了钢筋接头的质量。

6.2.1 钢筋的焊接

1. 钢筋的焊接类型

钢筋焊接的类型分为熔焊和压焊两种。

1) 熔焊

熔焊过程实质上是利用热源产生的热量，把母材和填充金属熔化，形成焊接熔池，当电源离开后，由于周围冷金属的导热及其介质的散热作用，焊接熔池温度迅速下降，并凝固结晶形成焊缝。如电弧焊、电渣焊、热剂焊。

2) 压焊

压焊过程实质上是利用热源，包括外加热源和电流通过母材所产生的热量，使母材加热达到局部熔化，随即施加压力，形成焊接接头。如电阻点焊、闪光对焊、电渣压力焊、气压焊、埋弧压力焊。

根据国家行业标准《钢筋焊接及验收规程》JGJ 18—96 规定，适用于粗钢筋连接的焊接方法有闪光对焊、电弧焊、电渣压力焊和气压焊四种。

钢筋焊接的一般规定如下：

(1) 在工程开工或每批钢筋正式焊接之前，必须进行现场条件下钢筋焊接性能试验。合格后，方能正式生产。

(2) 钢筋焊接生产之前，必须清除钢筋、钢丝或钢板焊接部位的铁锈、熔渣、油污等；钢筋端部的扭曲折应予以矫直或切除。

(3) 进行钢筋电阻点焊、闪光对焊、电渣压力焊或埋弧压力焊时，班前应试焊两个接头。经外观检查后，方可按选择的焊接参数进行生产。

(4) 在点焊机、对焊机、电渣压力焊机或埋弧压力焊机的电源开关箱内装设电压表，以便观察电压波动情况。电阻点焊或闪光对焊时，如电源电压降大于 5%，应适当提高变压器的级数；如电源电压降达到 8%时，停止焊接。电渣压力焊或埋弧压力焊时，如电源电压降大于 5%，则不宜进行焊接。

(5) 焊机经常维修保养和定期检修，确保正常使用。

2. 钢筋闪光对焊

钢筋闪光对焊是将需对焊的钢筋分别固定在对焊机的两个电极上，通以低电压的强电流，利用焊接电流通过钢筋接触点产生的电阻热，使金属熔化、蒸发、爆破，产生强烈飞溅、闪光，钢筋端部产生塑性区及均匀的液态金属层，迅速施加顶锻力使两钢筋联为一体。闪光对焊工艺生产效率高，操作简单、接头受力性能好，适用范围广，主要用于钢筋接长及预应力钢筋与螺丝端杆的连接。

1) 闪光对焊机具

对焊机有手动式、半自动式和全自动式。手动杠杆式有 75 型、100 型和 150 型，可以焊接 ϕ40mm 的钢筋。当钢筋直径大于 32mm 时，最好使用 UN150—2 型电动凸轮半自动电焊机或 UN17—150 型全自动对焊机。

2) 闪光对焊工艺

闪光对焊工艺可以分为连续闪光焊、预热闪光焊、闪光—预热—闪光焊。钢筋直径较大时，多采用后两种施工工艺。若钢筋端面比较平整用预热闪光焊，预热闪光焊是在连续闪光焊前增加一次预热过程，使钢筋受热均匀以保证焊接接头的质量。若钢筋端面不太平整用闪光—预热—闪光焊，即在预热闪光焊前增加一次闪光，把端部不平部分熔化掉。操作者需要根据钢筋情况和焊接工艺选用对焊参数，对焊参数包括调伸长度、预热留量、烧化流量、顶锻留量、烧化速度、顶锻速度等。

施工操作要领是预热要充分、闪光要强烈、顶锻要快而有力。

3) 钢筋对焊接头质量检查与验收

(1) 外观检查。外观检查时，每批抽查 10%的闪光对焊接头，并不少于 10 个。每次以不大于 200 个同类型、同工艺、同焊工的焊接接头为一批，且时间不超过一周。钢筋对焊接头外观检查的质量要求表面不能有横向裂纹；钢筋表面不得有烧伤缺陷；接头处的弯折角不得大于 4°；接头处的轴线偏移不得大于钢筋直径的 0.1 倍，且不得大于 2mm。

(2) 力学性能试验。力学性能试验，原则上是应从成品中每批随机抽取 6 个接头进行试验，其中 3 个做拉力试验，3 个做弯曲试验。

钢筋对焊接头拉力试验结果应符合以下要求：3 个试件的抗拉强度均不得小于该级别钢筋规定的抗拉强度；3 个试件中至少有 2 个试件断于焊接影响区外，并呈延性断裂。若试验结果，有 1 个试件的抗拉强度小于规定值，或有 2 个试件断裂于焊缝附近时，应再取 6 个试件进行复验。复验结果仍有不符合要求的现象出现，应确认该批接头为不合格品。

作弯曲试验时，需先清除受压面的金属毛刺和镦粗变形部分，使其与对焊钢筋的外表齐平。弯曲时，焊缝应在弯曲圆弧段的中心点，弯心直径要符合规范要求。检查结果对焊接头外侧不得出现宽度超过 0.15mm 的横向裂缝。3 个接头中如果有 2 个试件不合要求，则再取 6 个试件重新试验，如有 3 个试件不合要求，则判定该批对焊接头不合格。

3. 钢筋电弧焊

钢筋电弧焊是以焊条作为一极，钢筋为另一极，利用焊接电流通过产生的电弧热进行焊接的一种熔焊方法，其中电弧是指焊条与焊件金属之间空气介质出现的强烈持久的放电现象。其特点是轻便灵活，可用于平、立、横、仰全位置焊接，适用性强。电弧焊接适用于各种形状的钢材焊接，是金属焊接中使用较广泛的工艺。钢筋工程中的电弧焊，主要指预制构件中的钢筋与预埋铁件的搭接接头电弧焊，以及现浇构件钢筋安装中的帮条接头电弧焊或搭接接头电弧焊。

1) 电弧焊机具

(1) 电弧焊设备。电弧焊的主要设备是电弧焊机。弧焊机可分为交流和直流这两类。

① 交流弧焊机。交流弧焊机(焊接变压器)具有结构简单、价格低廉、保养维护方便等优点。建筑工地常用的型号有用 BX3—120—1、BX3—300—2、BX3—500—2、BX2—1000 等。

② 直流弧焊机。直流弧焊机有旋转式直流弧焊机和焊接整流器两种类型。旋转式直流弧焊机为焊接发电机，电动机或原动机带动弧焊发电机整流发电；焊接整流器，是一种将交流电变为直流电的手弧焊接电源。

(2) 电弧焊焊条。电焊条由焊芯和药皮组成。适用于钢筋工程的焊条叫结构钢焊条，其表示方法为“结×××”或“T×××”。三个数字中第一、二个数字表示焊缝能达到的抗拉强度，单位为 N / mm；第三个数字表示药皮类型。

钢筋焊接常用焊条的牌号。药皮类型和主要用途见表 6-5。

药皮的作用是在电弧周围形成保护性气体和起脱氧作用，使氧化物形成熔渣浮于焊缝金属表面，使焊缝不受有害气体的影响和稳定电弧燃烧。焊条直径有 2.0mm、2.5mm、3.2mm、4.0mm、5.0mm、6.0mm 等 6 种。

表 6-5　常用电焊条牌号及主要用途

焊条牌号	药皮牌号	电流种类	主要用途
结 421	钛型	交直流	焊接低碳钢薄钢板
结 422	钛钙型	交直流	焊接低碳钢和同强度等级的普通低合金钢
结 423	钛铁矿型	交直流	焊接低碳钢结构和同强度等级的普通低合金钢
结 424	氧化铁型	交直流	焊接低碳钢结构
结 426	低氢型	交直流	焊接重要的低碳钢及某些普通低合金钢结构
结 427	低氢型	直流	同上
结 502	钛钙型	交直流	焊接 16 锰钢及同强度等级普通低合金钢的一般钢结构
结 503	钛铁矿型	交直流	同上
结 506	低氢型	交直流	焊接中碳钢及某些重要的普通低合金钢结构如 16 锰钢
结 507	低氢型	直流	焊接中碳钢及 16 锰钢等重要的普通低合金钢结构
结 557	低氢型	直流	焊接中碳钢及相应强度的普通低合金钢结构
结 606	低氢型	交直流	同上
结 707	低氢型	直流	同上

2) 电弧焊接接头的主要形式

钢筋电弧焊的接头形式主要有搭接焊、帮条焊、坡口焊。

(1) 搭接电弧焊接头。搭接接头主要用于焊接φ10～φ40mm 的钢筋。此种接头应优先采用双面焊缝形式。焊缝的高度≥0.3d，且≥4mm；焊缝宽度≥0.7d，且≥10mm。

焊接前，钢筋最好预弯，以保证两钢筋的轴线在一直线上，如图 6.19(a)、(b)所示。搭接焊接时，用两点固定；定位焊缝应离搭接端部 20mm 以上。

(2) 帮条电弧焊接头。帮条接头主要用于焊接φ10～φ40mm 的级钢筋，如图 6.19(c)、(d)所示。选用帮条适宜选用与焊接筋同直径、同级别的钢筋制作，最好采用双面焊缝形式。焊缝高度、宽度要求同搭接焊。如帮条与被焊接钢筋的强度等级不同时，还应该按钢筋的计算强度进行换算。

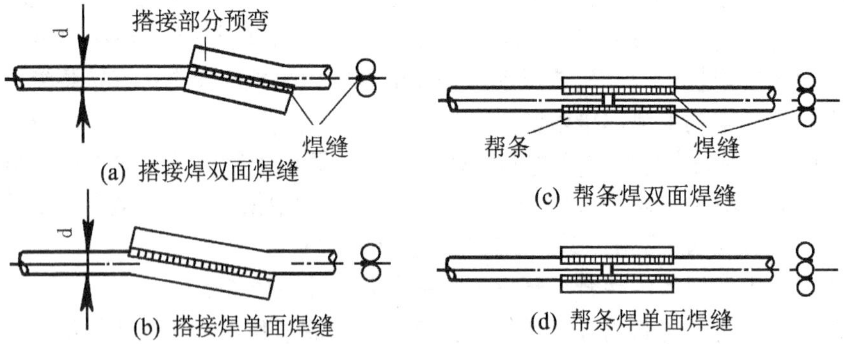

图 6.19　钢筋焊接接头

施焊前，钢筋的装配与定位，应符合以下规定：两主筋端面之间的间距应为 2～5mm；

帮条和主筋之间用四点定位焊接固定，定位焊缝应离帮条 20mm 以上。施焊时，引弧应在帮条或搭接钢筋的一端开始，收弧应在帮条上，弧坑应填满。多层施焊时，第一层焊缝应有足够的熔深，主焊缝与定位焊缝，特别在定位焊缝的始端与终端，应熔合良好。

(3) 坡口焊。坡口焊分平焊和立焊两种，适用于焊接 φ10～φ40mm 的钢筋。平焊时，V 形坡口角度为 55°～65°；立焊时，V 形坡口角度为 45°～55°，其中上钢筋为 35°～45°，下钢筋为 0°～10°，如图 6.20 所示。

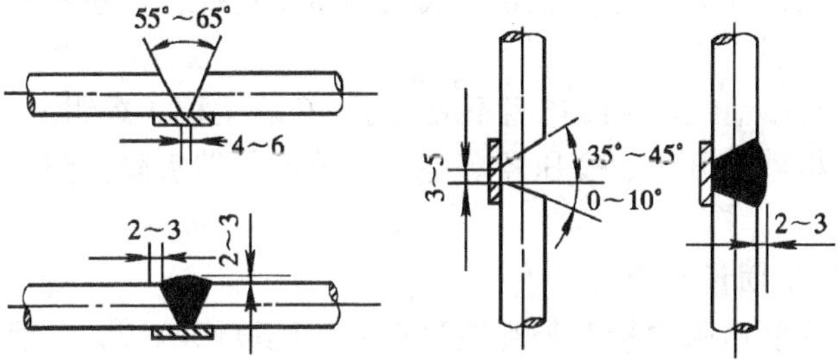

(a) 平焊　　(b) 立焊

图 6.20　钢筋坡口焊接头

(4) 铜模窄间隙电弧焊。若在现浇混凝土结构中，可采用铜模窄间隙电弧焊，适用钢筋直径 16～40mm，铜模拆卸后可以重复使用。为了固定钢筋和铜模，可采用铜模卡具。

3) 电弧焊操作要点

(1) 焊接前应将钢材的焊接区域进行清理，去油污、除浮锈、露水和粘着物等。

(2) 焊接前应对制作物件进行如下检查。

① 是否与图纸相符。

② 在搬运过程中有无变形。

③ 搭接区是否已进行预弯等。

(3) 在一般情况下，搭接接头均应采用双面焊接。只有在操作位置受阻不能采用双面焊时，才允许采用单面焊。

(4) 焊接地线均应与钢筋接触良好，防止因起弧而烧伤钢筋。

(5) 带有垫板或帮条的接头，引弧应在钢板或帮条上进行。无钢板或帮条的接头，引弧应在形焊部位，防止烧伤主筋。

(6) 引弧应在帮条或搭接钢筋的一端开始，收弧时应在帮条或搭接钢筋的端头上。第一层应有足够的熔深，主焊缝与定位缝结合应良好，焊缝表面应平顺。弧坑应填满。

(7) 采用帮条焊接时，帮条钢种及直径应与主筋相同。

(8) HRB335、HRB400 级钢筋电弧焊接头进行多层施焊时，应采用“回火焊道施焊法”，即最后回火道的长度比前层焊道在两端各缩短 4～6mm，以减少或消除前层焊道及过热区的淬硬组织，改善接头的性能。

(9) 焊接开始时应有助手扶正焊件，无助手时应先用铁丝帮扎定位，再在焊区先作两点定位焊。如钢筋变形，应先行纠正，不宜采用定位焊强行组装。

(10) 焊接操作应注意调节电流。焊接电流过大容易咬肉、飞溅、焊条发红；电流过小则电弧不稳定、夹渣或未焊透。立焊时，电流要比平焊时低 10%～15%；仰焊时，电流要比平焊时低 15%～20%。

4) 电弧焊使用与安全

(1) 在焊机周围，严禁停放易燃物品，预防火灾。焊接操作现场场地应有消防设施。

(2) 焊接工人操作时必须穿戴好劳保用品。

(3) 在室内进行手工电弧焊，应该有排气通风装置；焊接工人操作处应设置挡板，防止弧光伤害眼睛或皮肤。

(4) 焊机必须专人操作、管理，非专机人员不得擅自操作，也不允许两台焊机使用同一闸刀开关电源。

(5) 焊机必须装设接地线，地线电阻不应大于 4Ω。手柄、焊钳把手应绝缘。

(6) 不允许将焊机电源开关、变压器等电器部分的外罩拆除，防止钢材与电源或变压器接触。

5) 钢筋电弧焊接头质量检查与验收

(1) 外观检查。钢筋电弧焊接头外观缺陷对接头强度影响较大，而且比较明显，容易检查，因此要求在接头清渣后逐个进行目测或量测，目测可以借助 5～10 倍的低倍放大镜进行，焊缝尺寸的量测可以采用米尺、卡尺等。国家标准《钢筋焊接及验收规程》JSJ 18—96 规定了钢筋电弧焊接头外观检查的质量要求，表面平整不能有较大的凹陷、焊瘤；接头处不允许有裂纹；咬边深度、气孔、夹渣及焊缝的厚度宽度允许偏差不得超过有关规定。

(2) 力学性能试验。力学性能试验，原则上是切取试件进行拉伸试验。在一般建筑物中，应从成品中每批随机切取 3 个接头进行拉伸试验；对于不便切取试件的装配式结构，应模拟现场最不利的生产条件(如施焊位置、钢筋间距等)制作模拟试件。一般以 300 个同接头形式、同钢筋级别的接头为一批，同一批中有几个不同钢筋直径时，应抽取直径较大的钢筋接头。钢筋电弧焊接头拉伸试验结果应符合以下要求：3 个热轧钢筋接头试件的抗拉强度均不得小于该级别钢筋规定的抗拉强度；余热处理Ⅲ级钢筋接头试件的抗拉强度均不得小于热轧Ⅲ级钢筋规定的抗拉强度 570MPa；3 个接头试件均应断于焊缝之外，并应至少有 2 个试件呈延性断裂。

当试验结果，有 1 个试件的抗拉强度小于规定值，或有 1 个试件断裂于焊缝，或有 2 个试件发生脆性断裂时，应再取 6 个试件进行复验。复验结果当有 1 个试件的抗拉强度小于规定值，或有 1 个试件断裂于焊缝，或有 3 个试件呈脆性断裂时，应确认该批接头为不合格品。

4. 钢筋电渣压力焊

电渣压力焊是利用电流通过渣池产生的电阻热将钢筋混凝土中的竖向钢筋的端部熔化，待达到一定程度后，施加压力使钢筋焊合。这种焊接方法是一种立焊方法，能避免当钢筋采用搭接或帮条电弧焊时，所造成的错位大和焊接时间长的不足，比电弧焊容易掌握，工效高，适用于施工现场竖向焊接钢筋。不适用于水平钢筋的连接及倾斜度超过 4∶1 范围的斜筋的连接，也不得在竖向焊接后，在横置于梁、板构件中作水平钢筋之用。

电渣压力焊分为自动电渣压力焊及手工电渣压力焊两种。

1) 电渣压力焊机具

(1) 自动电渣压力焊。自动电渣压力焊设备包括：焊接电源、控制箱、操作箱、焊接机头等，如图 6.21 所示。焊接机头由电动机、减速器、凸轮、夹具、提升杆、焊剂盒等组成。焊接电源有多种型号，如 BX1—500 型、BX3—500 型、BX3—630 型、BX2—700 型、BX2—1000 型等，可根据不同钢筋直径选择，例如当钢筋直径为 25mm 时，可采用 500 型焊接电源；钢筋直径为 32mm 时，应采用 630 型、700 型；钢筋直径为 36mm 或 40mm 时，宜采 1 000 型。

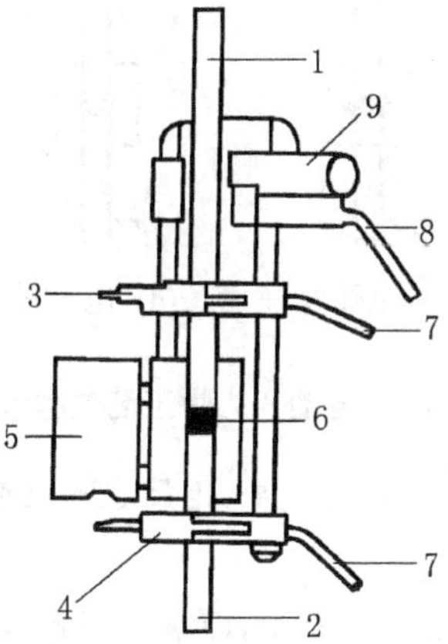

图 6.21 电渣压力焊焊机示意图

1—上钢筋 2—下钢筋 3—上夹头 4—下夹头 5—焊剂盒
6—铁丝圈 7—焊把线 8—电源线 9—电动机传动部分

自动焊机使用时，由焊工揿电钮，自动接通电源，通过电动机使上钢筋移动，引燃电弧，接着自动完成电弧、电渣及顶压过程，并切断焊接电源。使用这种焊机可以减轻焊工的劳动强度，生产效率高。

(2) 手工电渣压力焊。手工电渣压力焊设备包括：焊接电源、控制箱、焊接夹具、焊剂盒等组成。焊接电源与自动电渣压力焊相同。焊接夹具应具有一定的刚度，使用灵巧，坚固耐用，上、下钳同心。焊剂盒内径为 90～100mm，与所焊接钢筋的直径大小相适应。

手动式焊机可分为杠杆式和摇臂式，焊接过程由焊工手动完成，劳动强度较大。手动式焊机比较结实耐用，易于维修。

2) 电渣压力焊焊接工艺

竖向钢筋电渣压力焊工艺过程包括引弧、电弧、电渣和预压过程，如图 6.22 所示。

电渣压力焊工艺，根据渣池形成的不同，可分为以下三种：

(1) 导电焊剂法。当上钢筋较长而直径较大时，宜采用“导电焊剂法”。此时，要求钢筋端面预先平整，并选用粒度为 8～10mm 的导电焊剂 1～2 块，放入两钢筋端面之间。施焊时接通焊接电路，使导电焊剂及钢筋端部相继熔化形成渣池。

(2) 电弧引燃法。当上钢筋直径较小而焊机功率较大时，宜采用“电弧引燃法”。此时，钢筋断面无须加工平整。施焊前，先将钢筋端面互相接触，装满焊剂。施焊时接通电路，立即操纵压杆使两钢筋之间形成 2～3mm 的空隙而产生电弧，借助操纵杆使上钢筋缓缓上升，进行电弧过程(焊接直径 25mm 的钢筋时提升高度约为 8mm)之后，进行电渣过程和顶压过程。

(3) 铅丝球引燃法。当钢筋端面较平整而焊机功率又较小时，宜采用“铅丝球引燃法”。此时，将铅丝球(用 22 号铅丝绕成直径为 10～15mm 的紧密小球)放入两钢筋端面之间，而后装满焊剂，进行焊接。

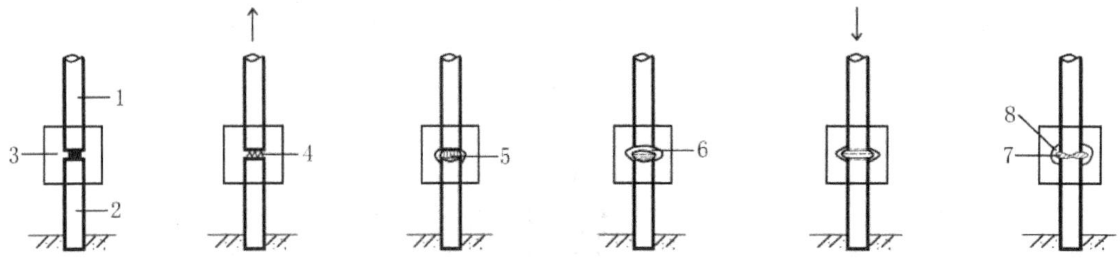

图 6.22　电渣压力焊工艺过程示意图

1—上钢筋　2—下钢筋　3—焊剂盒　4—电弧　5—熔池　6—熔渣　7—焊包　8—渣壳

3) 电渣压力焊的操作要点

在钢筋电渣压力焊中，必须采用合适的焊剂，一般采用 HJ431 型焊剂。焊剂要妥善保管，防止受潮。焊剂在焊接过程中起着保护熔池、防止氧化和氮化，使焊接过程稳定，获得良好成形接头等重要作用。

施焊前，应根据钢筋直径确定焊接参数。电渣压力焊的参数主要包括渣池电压、焊接电流、接通时间等，见表 6-6。

表 6-6　电渣压力焊焊接参数

钢筋直径(mm)	焊接电流(A)	焊接电压(V)		焊接通电时间	
		电弧过程	电渣过程	电弧过程	电渣过程
16	200～250	35～45	22～27	14	4
18	250～300			15	5
20	300～350			17	5
22	350～400			18	6
25	400～450			21	6
28	500～550			24	6
32	600～650			27	7
36	700～750			30	8
40	850～900			33	9

首先，将钢筋直径端部 120mm 范围内铁锈杂质刷净，用电极上的夹具夹紧钢筋(当上部钢筋较长时，搭设架子稳定钢筋)。钢筋端头应在焊剂盒中部，待上、下钢筋轴线对中后，在上、下钢筋间放入一个由 22 号铅丝绕成直径为 10～15mm 的铅丝小球或放入导电剂(当钢筋直径较大时)。在焊剂盒底部垫好石棉垫、合上焊剂盒，放满焊剂。施焊时，接通电路，

使导电剂、钢筋端部及焊剂熔化，形成导电的渣池，维持数秒后，借助操纵杆将上钢筋缓缓下送，且使焊接电压稳定在 20～25V 范围内。钢筋下送速度不能过快或过慢，以防止造成电流短路或断路，要维持好电渣形成过程。待熔化量达到一定数值时，即切断电源，并迅速用力顶锻钢筋，挤出全部熔渣和熔化金属，使形成坚实接头。过 1～3min 冷却后，即可打开焊剂盒，收回焊剂，卸下夹具，敲去熔渣，焊接过程完毕。

钢筋电渣压力焊时，焊接夹具的上、下钳口应夹紧上、下钢筋的合适位置，严防晃动，以免上、下钢筋错位和夹具变形；引弧宜采用导电焊剂或铅丝球引弧法，也可直接引弧；接头完毕，应停歇适当时间，才可回收焊剂和卸下夹具，以免接头与空气接触氧化；当两钢筋直径不同时，应采取措施确保上、下两钢筋同轴，并按直径较小钢筋选用焊接电流，焊接通电时间稍延长。

4) 钢筋电渣压力焊接头质量检查与验收

(1) 外观检查。电渣压力焊接头应逐个进行外观检查，外观检查结果应符合下列要求：四周焊包凸出钢筋表面的高度应大于 4mm；钢筋与电极接触处，应无烧伤缺陷；接头处的弯折角不得大于 4°；接头处的轴线偏移不得大于钢筋直径的 10%，且不得大于 2mm。

外观检查不合格的接头应切除重焊，或采取补强焊接措施。

(2) 力学性能试验。在进行力学性能试验时，每楼层或施工区段中，以 300 个同级别钢筋接头作为一批，不足 300 个亦为一批，每批随机切取 3 个接头进行拉伸试验。同一批中有几个不同钢筋直径时，应抽取直径较大的钢筋接头。电渣压力焊接头拉伸试验结果，3 个试件的抗拉强度均不得小于该级别钢筋规定的抗拉强度。当试验结果有 1 个试件的抗拉强度低于规定值，应再取 6 个试件进行复验。复验结果，当仍有 1 个试件的抗拉强度小于规定值，应确认该批接头为不合格品。

5. 钢筋气压焊

钢筋气压焊是采用氧—燃料气体火焰将两钢筋对接处进行加热，使其达到一定温度然后加压完成的一种压焊方法。钢筋气压焊可以用于钢筋在垂直位置、水平位置或倾斜位置的对接焊接，当两钢筋直径不同时，两直径之差不得大于 7mm。

1) 气压焊机具

钢筋气压焊机主要包括多嘴环管加热器、加压器、焊接夹具三部分，另加氧气瓶、乙炔气瓶等供气装置。加压器有手动和电动两种。当采用手动式时，需要一名焊工、一名辅助工加压，合作施工；当采用电动式时，只需一名焊工。

2) 钢筋气压焊施工工艺

钢筋气压焊有熔化压力焊和固态气压焊两种。

熔化压力焊是将两钢筋端面稍加离开，加热到熔化温度后再加压完成的一种方法，加压前应将钢筋端面上的熔化金属吹流出来。

固态气压焊是将两钢筋端面紧密闭合，局部间隙不大于 3mm，加热至 1200℃～1250℃左右加压完成的方法。施工过程宜多次加压，顺序如下：第一次加压(预压)→碳化焰对准钢筋接缝处集中加热→二次加压使接缝密合→中性焰反复宽帽加热→三次加压，镦粗成形。

3) 钢筋气压焊接头质量检查与验收

(1) 外观检查。气压焊接头应逐个进行外观检查，外观检查结果应符合下列要求：偏心量不得大于钢筋直径的 15%，且不得大于 4mm，超过规定值应切除重焊；两钢筋轴线的弯折角不得大于 4°，超过该值应重新加热矫正；镦粗直径应≥1.4d，小于该值应重新加热镦粗；镦粗长度应≥1.2d，且凸起部分平缓圆滑，小于该值应重新加热镦长；压焊面偏移不得大于钢筋直径的 0.2 倍。

外观检查不合格的接头应切除重焊，或采取补强焊接措施。

(2) 力学性能试验。在进行力学性能试验时，每楼层或施工区段中，以 300 个同级别钢筋接头作为一批，不足 300 个亦为一批，每批随机切取 3 个接头进行拉伸试验。同一批中有几个不同钢筋直径时，应抽取直径较大的钢筋接头。气压焊接头拉伸试验结果，3 个试件的抗拉强度均不得小于该级别钢筋规定的抗拉强度，并应断于压焊面之外，呈延性断裂。在梁、板的水平钢筋接头中，应另切取 3 个接头作弯曲试验，要求弯至 90°，3 个试件均不得在压焊面发生破断。

6.2.2 钢筋机械连接

钢筋的机械连接具有工艺简单、节约钢材、改善工作环境、接头性能可靠、技术易掌握、工作效率高、节约成本等优点，适用于钢筋在任何位置与方向的连接，尤其在高空施工条件下安全可靠。虽然机械连接接头成本较高，但其综合经济效益与技术效果明显。新修订的《高层建筑混凝土结构技术规程》(JGJ 3—2002)明确规定，粗直径钢筋宜采用机械连接。

为鼓励采用高质量接头，适应技术进步的需要，《钢筋机械连接通用技术规程》(JGJ 107—1996)局部修订条文将钢筋接头性能分为 SA 级、A 级、B 级三个等级，并规定钢筋的机械连接宜优先选用 SA 级和 A 级接头，抗震结构中的重要部位应选用 SA 级接头，钢筋受力较小或对延性要求不高的部位，可采用 B 级接头。这体现了优质优用的原则，充分发挥技术经济效益。另外《通用规程》中还补充了“受力钢筋接头百分率不宜超过 50%，SA 级接头可以不受限制”的条款，有利于方便施工、节约钢材。目前，钢筋机械连接宜在国内高层建筑混凝土结构施工中广泛应用。

钢筋的机械连接形式有带肋钢筋套筒挤压连接、钢筋锥螺纹套筒连接、镦粗直螺纹套筒连接、滚压直螺纹连接等数种，钢筋锥螺纹套筒连接因其连接可靠性存在缺陷，目前已不常使用。

1. 带肋钢筋套筒挤压连接

带肋钢筋套筒挤压连接是将两根待接钢筋插入优质钢套筒，用挤压连接设备沿径向或轴向挤压钢套筒，使之产生塑性变形，依靠变形后的钢套筒与被连钢筋纵、横肋产生的机械咬合实现钢筋的连接。挤压连接分径向挤压连接和轴向挤压连接。径向挤压连接是采用挤压机，在常温下沿套筒直径方向从套筒中间依次向两端挤压套筒，使之产生塑性变形把插在套筒里的两根钢筋紧固成一体。轴向挤压连接是沿钢筋轴线在常温下挤压金属套筒，把插入金属套筒里的两根待连接热轧钢筋紧固一体形成机械接头。

冷压连接工艺是利用金属材料在外界压力作用下发生冷态塑性变形原理而成，不存在焊接工艺中的高温熔化过程，从而避免了因焊接加热而引起的金属内部组织变化，晶粒增粗，出现氧化组织，材料变脆及接头夹渣、气孔等缺陷，故冷压连接具有工艺简单、可靠程度高、不受气候及焊工技术水平的影响、连接速度快、安全节能、对钢筋化学成分要求不如焊接时那样严格等优点。可连接φ12～φ40mmHRB335、HRB400级的同径和异径钢筋(直径相差不大于 5mm)，也可连接可焊性差的钢筋，但价格较贵。下面介绍径向挤压连接。

1) 径向挤压设备

钢筋挤压设备由压接钳、高压泵及高压胶管等配件组成，如图 6.23 所示。挤压设备有多种型号，可以提供不同的挤压力，如 YJ650 型可以提供的最大挤压力为 650KN，可根据不同的钢筋直径选用不同型号的机械。挤压接头所用套筒的材料宜选用强度适中、延性好的优质钢材，其设计屈服强度和极限强度均应比钢筋相应强度高 10%以上。不同直径钢筋的挤压参数参见表 6-7。

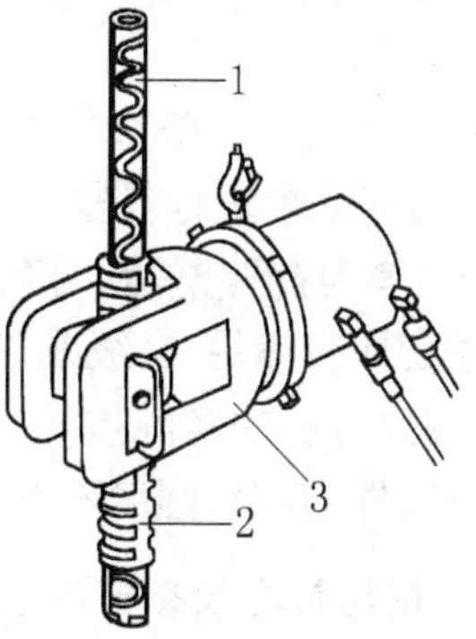

图 6.23　钢筋径向压接示意图

1—钢筋　2—钢套筒　3—径向挤压钳

表 6-7　不同直径钢筋的挤压参数

钢筋直径	φ20	φ22	φ25	φ28	φ32	φ36	φ40
钢套筒外径×长度(mm)	36×120	40×132	45×150	50×168	56×192	63×216	70×240
挤压道数(每侧)	3	3	3	4	5	6	7
挤压力(KN)	450	500	600	600	650	750	800

注：挤压力根据钢筋材质及尺寸公差可作适当调整

2) 径向挤压工艺

挤压前，钢筋端头的锈、泥砂、油污等杂物应清理干净；钢筋与套筒应进行试套，对不同直径钢筋的套筒不得串用；钢筋端部应划出定位标记与检查标记；检查挤压设备情况，并进行试压。钢筋挤压连接通常在施工场地附加预先将套筒的一侧与钢筋的一端挤压连接，另一侧随钢筋就位后在施工区插入待接钢筋后再挤压完成。压接钳就位时，应对正钢套筒压痕位置的标记，并应与钢筋轴线保持垂直；压接钳施压顺序由钢套筒中部顺序向端部进行。每次施压时，主要控制压痕深度。

3) 质量检验

工程中应用带肋钢筋套筒挤压接头时，应由技术提供单位提交有效的型式检验报告与套筒出厂合格证。现场检验，一般只进行接头外观检验和单向拉伸试验。

现场验收以 500 个同规格、同制作条件的接头为一个检验批，不足此数时也作为一个验收批。对每一验收批，应随机抽取 10%的挤压接头作外观检验；抽取三个试件作单向拉伸试验。在现场检验合格的基础上，连续 10 个验收批单向拉伸试验合格率为 100%时，可以扩大验收所代表的接头数量一倍。

(1) 外观检查。挤压接头的外观检查，应符合下列要求：挤压后套筒长度应为 1.10～1.15 倍原套筒长度，或压痕处套筒的外径为 0.8～0.9 原套筒的外径；挤压接头的压痕道数应符合型式检验确定的道数，接头处弯折不得大于 4°，挤压后的套筒不得有肉眼可见的裂缝。

如外观质量合格数大于等于抽检数的 90%，则该批为合格。如不合格数超过抽检数的 10%，则应逐个进行复验。在外观不合格的接头中抽取六个试件作单向拉伸试验再判别。

(2) 单向拉伸试验。挤压接头试件的钢筋母材应进行抗拉强度试验。三个接头试件的抗拉强度均应满足 A 级或 B 级抗拉强度的要求；对 A 级接头，试样抗拉强度应大于等于 0.9 倍钢筋母材的实际抗拉强度(计算实际抗拉强度时，应采用钢筋的实际横截面面积)。如有一个试件的抗拉强度不符合要求，则加倍抽样复验。

2. 钢筋锥螺纹套筒连接

钢筋锥螺纹套筒连接是利用钢筋端头加工成的准星螺纹与内壁带有相同内螺纹(锥形)的连接套筒相互拧紧后产生的钢筋的拉力或压力。适用于ϕ16～ϕ40mmHRB335、HRB400 级钢筋的连接，也可用于异径钢筋的连接。

一般锥螺纹接头锥坡为 1∶5，仅能满足 B 级接头要求；加强锥螺纹接头接头锥坡为 1∶10，能满足 A 级接头要求。连接套是在工厂由专用机床加工而成的定型产品，规格有ϕ16～ϕ40mm 钢筋的同径连接套、异径连接套等，施工单位根据需要订购。钢筋连接端的锥螺纹需在钢筋套丝机上加工，一般在施工现场进行，为保证连接质量，每个锥螺纹丝头都需用牙形规和卡规逐个检查，不合格者切掉重新加工，合格的丝头需拧上塑料保护帽，以避免丝头受损。一般一根钢筋只需一头拧上保护帽，另一头可直接采用扭力扳手，按规定的力矩值将锥螺纹连接套预先拧上，这样既可保护钢筋丝头又提高工作效率。待在施工现场连接另一端时，先回收钢筋端部的塑料保护帽和连接套上的密封盖，并再次检查丝头质量，检查合格后，即可将待接钢筋用手拧入一端已拧上钢筋的连接套内，再用扭力扳手按规定的力矩值拧紧钢筋接头，便完成钢筋的连接。

锥螺纹的加工水平和现场丝头加工水平是控制锥螺纹连接质量的重要环节，都要求锥度准确、牙形饱满，光洁度好，如果没有可靠的锥螺纹套筒生产厂家和过硬的施工队伍，极易造成锥螺纹连接质量的不稳定。

3. 镦粗直螺纹钢筋套筒连接

镦粗直螺纹钢筋连接是通过对钢筋端部冷镦扩粗、切削螺纹，再用连接套筒对接钢筋。适用于ϕ16～ϕ40mmHRB335、HRB400 级钢筋在各个方向和各个位置的连接。这种接头综合了套筒挤压接头和锥螺纹接头的优点，具有接头强度高、质量稳定、施工方便、连接速度快、应用范围广等优点，能满足 SA 级接头性能的要求。

钢筋端部经局部冷镦扩粗后，不仅横截面扩大而且强度也有所提高，再在镦粗段上切削螺纹时不会造成钢筋母材横截面的削弱，因而能保证充分发挥钢筋母材强度，其工艺分下列三个步骤：钢筋端部冷镦扩粗→在镦粗端切削直螺纹→用连接套筒对接钢筋。

为充分发挥钢筋母材强度，连接套筒的设计强度大于等于钢筋抗拉强度标准值的 1.2 倍。直螺纹标准套筒的标准型接头是最常用的，套筒长度均为 2 倍钢筋直径，以ϕ25mm 钢筋为例，套筒长度 50mm，钢筋丝头长度 25mm。套筒拧入一端钢筋并用扳手拧紧后，丝头端面即在套筒中央，再将另一端钢筋丝头拧入并用普通扳手拧紧，利用两端丝头相互对顶力锁定套筒位置。

镦粗直螺纹钢筋接头有标准型、加长型、扩口型、异径型、正反螺纹型、加锁螺母型等，可根据不同场合选用。如扩口型接头是在连接套筒的一端增加 5～6mm 长的 45° 角的扩口段，以利钢筋对中入扣；加长型适用于转动钢筋较困难的场合；正反螺纹型、加锁螺母型适用于钢筋不能转动的场合。

镦粗直螺纹加工的质量控制主要有下料、镦粗、套丝、套筒质量等环节。

镦粗直螺纹接头的现场拼接比较简单，不需用扭力扳手，仅用普通管钳扳手拧紧即可，现场钢筋接头的外观检查主要检查丝头是否全部拧入连接套筒，一般要求套筒两侧外露的钢筋丝头不超过一个完整丝扣。超出时应作适当调节使其居中，并确认丝头已拧到套筒中线位置。

接头的现场检验制度仍按《钢筋机械连接通用技术规程》(JGJ 107—96)中的抽检制度，同一施工条件下采用同一批材料的同等级、同型式、同规格接头，以 500 个为一个验收批进行检验与验收，不足 500 个也作为一个验收批。对接头的每一验收批，必须在工程中随机截取 3 个试件作单向拉伸试验，按设计要求的接头性能等级进行检验与评定。当 3 个试件单向拉伸试验结果符合强度要求时，该验收批评为合格。如有 1 个试件不合格，应再取 6 个试件进行复检。复检中如仍有 1 个试件不合格，则该验收批评为不合格。在现场连续检验 10 个验收批，其全部单向拉伸试件一次抽检均合格时，验收批接头数量可扩大 1 倍。

4. 滚压直螺纹连接

滚压直螺纹连接技术有挤压肋滚压直螺纹连接和等强度剥肋滚压直螺纹连接。挤压肋滚压直螺纹连接技术是用直螺纹滚压机把钢筋端部滚压成直螺纹，然后用直螺纹套筒将两根待对接的钢筋连在一起。由于钢筋端部经滚压成形，钢筋材质经冷作处理，螺纹及钢筋强度都有所提高，弥补了螺纹底径小于钢筋母材基圆直径对强度削弱带来的影响，实现了钢筋等强度连接。该项技术加工工序少、连接强度高、施工方便，但是由于钢筋本身轧制公差较大，丝头加工质量控制难度大，滚丝轮受力条件恶劣、工作寿命低而较少采用。等强度剥肋滚压直螺纹连接技术是在一台专用设备上将钢筋丝头通过剥肋、滚压螺纹自动一次成形，再利用套筒连接。由于螺纹底部钢筋原材没有被切削掉，而是被滚压挤密，钢筋产生加工硬化，提高了原材强度，从而实现了钢筋等强度连接的目的，接头强度可以达到行业标准 JGJ 107—96 中 A 级接头性能要求。此技术以其操作简单，加工工序少，滚丝轮工作寿命长，施工速度快，无污染，接头连接质量可靠稳定而正得到大力推广。适用于直径 16～50mm 钢筋在任意方向和位置的同、异径连接。

等强度剥肋滚压直螺纹连接技术的工艺流程为钢筋平头→加工丝头→丝头检验→带帽保护丝头→连接施工→接头质量检验。

在施工中，钢筋端面平头的目的是让钢筋端面与母材轴线方向垂直，接头拧紧后能让两个丝头对顶，更好地消除螺纹间隙，宜采用砂轮切割机或其他专用切断设备。使用钢筋剥肋滚压直螺纹机将待连接钢筋的端头加工成螺纹后，操作者对加工的丝头进行的质量检验，检查牙型是否饱满、无断牙、秃牙缺陷，已检查合格的丝头用专用的钢筋丝头保护帽或连接套筒将钢筋丝头进行保护，防止螺纹被磕碰或被污物污染。经自检合格的丝头，应由质检员随机抽样进行检验，以 500 个同种规格丝头为一批，随机抽检 10%，进行复检。加工钢筋螺纹的丝头牙型、螺距、外径必须与套筒一致，并且经配套的量规检验合格。如果有一个丝头不合格时，即应对该加工批丝头全部进行检验，切去不合格的丝头，查明原因并解决后重新加工螺纹，经再次检验合格后方可使用。检验合格的钢筋按规格型号分类码放待用。直螺纹接头的现场连接时，必须检查钢筋规格和套筒的规格是否一致，钢筋和套筒的丝扣干净、完好无损。连接钢筋时应对正轴线将钢筋拧入连接套筒，并使两个丝头在套筒中央位置互相顶紧。

对于外观检查，每一台班接头完成后，抽检 10%进行外观检查，钢筋与套筒规格要一致，接头丝扣无完整丝扣外露。梁柱构件按接头数的 15%进行抽检，且每个构件的接头抽检数不少于 1 个接头。基础、墙、板以 100 个接头为一个批次(不足 100 个接头时也作为一个验收批)进行抽检，每批抽检 3 个接头。如果有一个不合格，则该验收批接头应逐个检查，对查出的不合格接头应进行补强，如无法补强则应弃置不用。对于接头的力学性能检查应按验收批进行，同一施工条件下的同批材料、同等级、同规格接头，以 500 个为一个验收批进行检验与验收，不足 500 个也应作为一验收批。每批应在工程结构中随机截取 3 个试件，按设计要求的接头性能等级做单向拉伸试验。在现场连接检验 10 个验收批，全部单向拉伸试件一次抽样合格时，验收批接头数量可扩大一倍。

5. 套筒灌浆连接

目前，国外还采用一种新型、快捷的连接工艺为套筒灌浆连接，尤其是在日本应用较为广泛。钢筋套筒灌浆连接技术就是将连接钢筋插入内部带有凹凸部分的高强圆形套筒，再由灌浆机灌入高强度无收缩灌浆材料，当灌浆材料硬化后，套筒和连接钢筋便牢固地连接在一起。这种连接方法在抗拉强度、抗压强度及可靠性方面均能满足要求。

采用套筒灌浆连接对钢筋不施加外力和热量，不会发生钢筋的变形和内应力。该工艺适用范围广，可应用于不同种类、不同外形、不同直径的变形钢筋的连接。施工操作时无需特殊设备，对操作人员无特别技能要求，安全可靠、无噪音、无污染、受气候环境变化影响小。可见套筒灌浆连接是一项值得推广和发展的连接技术。

6.3 围护结构施工

随着国民素质的提高，提高能源利用率越来越受到重视。房屋结构散热热损失中，围护结构的传热热损失占 70%～80%。高层建筑中的外墙围护结构，是确保建筑物的隔热、保温、装饰、密闭等功能的重要组成部分，而且高层房屋的体表面积大，隔热保温降低能耗就显得更为重要。目前，在剪力墙结构中，如大模板工程、装配式大板工程，均已采用了与其结构工艺配套的现浇或预制外墙，如何处理好已有外墙围护的保温、隔热问题，是高层建筑外墙围护结构施工中的重要问题。

在高层结构中，采用轻质隔墙作为围护结构有助于减轻房屋自重，节约投资，并且对提高建筑的抗震性能也有帮助。

本章以介绍高层建筑外墙围护结构保温墙体与轻质板材隔墙工程为主，简要介绍填充墙砌体工程。

6.3.1 外墙围护工程保温工程

要提高建筑外墙的保温隔热效果，就要提高墙体的热阻值(即减小外墙的传热系数)，在各类外墙材料中，加气混凝土墙板和加气混凝土砌块由于相比之下的热导率较小，作为单一材料的外墙，是唯一能达到节能标准要求的材料。而其他墙体材料如：黏土空心砖、黏土实心砖、混凝土空心小砌块、钢筋混凝土墙等，则都必须与保温材料复合才能达到节能标准要求。复合的方式有：在主体墙的内侧复合保温材料，即外墙内保温形式；在主体墙的外侧复合保温材料，即外墙外保温形式；将能承受外力作用的结构材料与具有保温隔热作用的功能材料组合在一起，形成复合墙体，即复合墙体保温技术。

1. 外墙内保温施工

外墙内保温是把保温材料设在外墙内侧的一种施工方法，其优点是对面层无耐候性要求、施工不受外界气候影响、操作方便、造价低，其缺点是对抗震柱、楼板、隔墙等周边部位不能保温，产生热桥，降低墙体隔热性能；占用建筑面积较多；在墙上固定物件困难，尤其在进行二次装修时，损坏较多，影响保温效果；温差变化引起内保温开裂等。外墙的内保温形式虽然有上述一些缺点，但仍然可以达到节能 30%的效果，如果能对抗震柱、圈梁等易产生热桥的部位进行外侧保温，则内保温形式仍是一种行之有效的节能措施。

采用外墙内保温形式的复合墙体，其典型的构造有(由外至里)：①主体墙+空气层(20mm)+保温层+饰面层，其代表做法有饰面石膏聚苯板外墙内保温施工；②主体墙+空气层(20mm)+内保温板，常用的内保温板有 GRC 内保温板、玻纤增强石膏内保温板。

1) 饰面石膏聚苯板外墙内保温施工

饰面石膏聚苯板是采用聚苯板现场加工、安装，满贴一层玻纤布，石膏饰面的构造做法。

聚苯乙烯板使用可发性聚苯乙烯树脂与适量的发泡剂(如碳酸氢钠)经预发泡后，再放在模具中加压成型得到的，其表皮层不含气孔，中心层含有大量微细封闭气孔。具有质轻保温、吸音防震、吸水性小、耐低温性能好、对水、弱酸、弱碱、植物油、醇类相当稳定等特点，热导率为 0.04W/(m.K)左右。

(1) 施工条件。当屋面防水层及结构工程分别施工和验收完毕，外墙门窗口安装完毕，水暖及装饰工程分别需用的管卡、炉钩和窗帘杆耳子等埋件埋设完毕，电气工程的暗管线、接线盒等必须埋设完毕，并应完成暗管线的穿带线工作之后，可以开始外墙内保温的施工。操作地点环境温度不低于 5℃。

(2) 施工程序。饰面石膏聚苯板外墙内保温施工程序是：结构墙面清理→分档弹线→抹出冲筋→粘贴防水保温踢脚板→安装聚苯板→抹饰面石膏并内贴一层玻纤布→抹门窗护角→满刮腻子。

(3) 施工要点。

① 结构墙面清理：凡凸出墙面 20mm 的砂浆、混凝土块必须剔除并扫净墙面。

② 分档弹线：门窗洞口两侧及其刀把板边各弹一竖筋线然后依次以板宽间距向两侧分档弹竖筋线，不足一块板宽的留在阴角处。沿地面、顶棚、踢脚上口及门洞上口、窗洞口上下均弹出横筋线。

③ 冲筋：在冲筋位置，用钢丝刷刷出不少于 60mm 宽的洁净面并浇水润湿，刷一道水泥浆。检查墙面平整、垂直，找规矩贴饼冲筋，并在须设置埋件处亦做出 200mm×200mm 的灰饼。冲筋材料为 1∶3 水泥砂浆，筋宽 60mm，厚度以保证空气层厚(20mm)为准。

④ 用聚苯胶粘贴踢脚板：在踢脚板内侧，上下各按 200～300mm 的间距布设黏结点，同时在踢脚板底面及其相邻已粘贴上墙的踢脚板侧面满刮胶粘剂，按弹线粘贴踢脚板。粘贴时用橡皮锤轻轻敲实，并将碰头缝挤出的胶粘剂随时清理干净。

⑤ 安装聚苯板：按配合比调制聚苯胶胶粘剂，一次调制不宜过多，以 30min 内用完为宜；按梅花形或矩形布设黏结点，间距 250～300mm，直径不小于 100mm。板与冲筋黏结面以及板的碰头缝必须满刮胶粘剂；抹完胶粘剂，立即将板立起安装；安装时应轻轻均匀挤压，碰头缝挤出的胶粘剂应及时刮平清理。粘接过程中须注意检查板的垂直度、平整度。

⑥ 抹饰面石膏并内贴一层玻纤布：共分三次抹完。将饰面石膏和细砂按 1∶1 的比例拌匀加水调制到所需稠度，分二次抹，共厚 5mm，随即横向贴一层玻纤布，擀平压光；过 20min 后再抹一遍，厚度为 3mm。饰面石膏面层不得空鼓、起皮和有裂缝，面层应平整、光滑，总厚度不小于 8mm。玻纤布要去掉硬边，压贴密实，不能有皱折、翘曲、外露现象，交接处搭接不小于 50mm。

⑦ 抹门窗护角：用 1∶3 水泥砂浆或聚合物砂浆抹护角，其与饰面石膏面层交接处先加铺一层玻纤布条以减少裂缝。

施工中要注意与水电专业的配合，合理安排，不得因各种管线和设备的埋件破坏保温层的施工；若有因固定埋件出现的聚苯板的孔洞用小块聚苯板加胶粘剂填实补平；电气接线盒预埋设深度应考虑保温层施工后的影响，凹进面层不大于 2mm，以免影响使用。

(4) 质量要求

① 内墙常用的聚苯板通常会加阻燃剂，制成自熄型聚苯乙烯板，其物理性能指标详见表 6-8。胶粘剂配制原料的质量必须符合有关标准。

表 6-8　自熄型聚苯乙烯板的物理性能

项目	指标	项目	指标
密度(kg/m³)	≥18	弯曲强度(Mpa)	≥0.22
吸水性(kg/m²)	≤0.08	氧指数	≥30
热导率[W/(m•k)]	≤0.041	尺寸稳定性(-40℃～70℃)(%)	±0.5

② 聚苯板必须与结构墙面粘接牢固，无松动现象；空气层厚度不得小于 20mm；聚苯板与墙面黏结点的间距不得大于 300mm；聚苯板碰头缝应用胶粘剂嵌实、刮平。聚苯板安装的允许偏差应符合表 6-9 的规定。

表 6-9　聚苯板(内保温板)安装允许偏差及检验方法

项目	允许偏差(mm)	检查方法
表面平整	±4	用 2m 靠尺检查
立面垂直	±5	用 2m 托线板检查

续表

项目	允许偏差(mm)	检查方法
阴阳角垂直	±4	用 2m 托线板检查
阴阳角方正	±4	用 200mm 方尺检查
接缝高差	±1.5	用直尺和塞尺检查

2) GRC 内保温复合板外墙内保温施工

GRC 内保温复合板是以水泥、砂子、水(必要时可加入膨胀珍珠岩)经搅拌制成料浆，再用料浆包裹玻璃纤维网格布制成上、下层 GRC 面层，中间夹聚苯乙烯塑料板制成的内保温板。可用铺网抹浆法、喷射真空脱水法、立模浇注法生产。GRC 内保温板复合墙体的构造如图 6.24 所示。

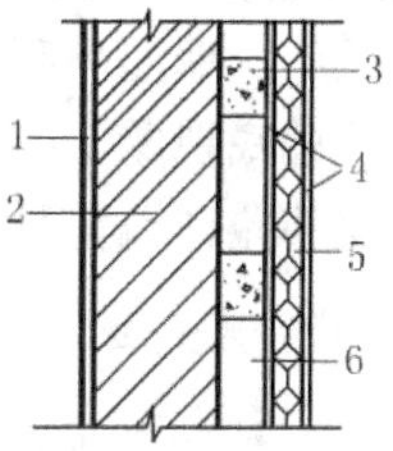

图 6.24　GRC 内保温复合板示意图

1—抹灰层　2—主体墙(结构层)　3—冲筋　4—GRC 面层　5—聚苯板　6—空气层

(1) 施工用辅助材料。用于 GRC 保温板与墙体的黏结，板缝黏结，板缝玻纤网带黏结的黏结剂采用水泥类黏结剂(如 891 胶砂浆)，粘贴时间＞0.5h，熟结强度＞1.0Mpa；用于满刮墙面的石膏腻子抗压强度大于 2.5MPa，抗折强度大于 1.0MPa，终凝时间＜3h，黏结强度大于 0.2Mpa；玻纤网带采用网孔目数 8 目的耐碱玻纤网格布，经向断裂强度大于 30kg，纬向断裂强度大于 15kg，板缝用玻纤网带宽度为 50mm，墙面转角用玻纤网带宽度为 200mm。

(2) 施工程序。首先在主体墙内侧水平方向抹 20mm 厚、60mm 宽的水泥砂浆冲筋带，留出 20mm 厚的空气层，并作为保温板的找平层和黏结带，每面墙自下向上冲 3～4 道筋；然后在板侧、板上端和冲筋上满刮黏结剂；一人将保温板撬起，另一人揉压挤实使板与冲筋贴紧，检查保温板的垂直度和平整度，然后用木楔临时固定保温板，溢出表面的黏结剂要及时清理；板下部空隙内用 C10 细石混凝土填实，达到一定强度后，撤去木楔。撤木楔时应轻轻敲打，防止板缝裂开。整面墙的内保温板安装后，在两板接缝处的凹槽内刮一道黏结剂，用 50mm 宽的玻纤网带粘贴一层，压实粘牢，再用黏结剂刮平。墙面转角处用 200mm 宽的玻纤网带粘贴一层。在板面处理平整后，刮两道石膏腻子，最后作饰面处理。

(3) 玻纤增强石膏内保温板外墙内保温施工。玻纤增强石膏内保温板以石膏为基料，掺适量的水泥、膨胀珍珠岩、外加剂加水制成浆料，用中碱玻璃纤维网格布增强，芯部加入自熄性聚苯乙烯泡沫塑料制成。该板适用于粘土砖外墙或钢筋混凝土外墙内侧的保温，因其防水性能较差，不能在厨房、卫生间等处使用。该板由于石膏凝结硬化快，生产周期短，且收缩小，安装后墙面不易开裂，而获得了很好的应用效果。复合板的规格为 2 400～2 700mm×595mm×50(60)mm，50mm 厚的保温板适用于砖墙，60mm 厚的保温板适用于混凝土墙。

① 施工条件。当内隔墙及外墙门窗口、窗台板安装完毕，尺寸已校核；窗台以及内墙面、顶棚、外檐抹灰等湿作业施工完毕；水电安装工作已配合完成后，可以开始外墙内保

温的施工。

② 施工程序。首先将结构墙面清理干净，再根据开间或进深尺寸及保温板实际规格，预排保温板。排板应从门窗口开始，不足一块板宽的留在阴角。在墙体内侧用 1∶3 水泥砂浆做 20mm 厚冲筋(点)。粘贴防水保温踢脚板，注意粘贴踢脚板必须平整和垂直，并及时将碰头缝挤出的胶粘剂清理干净。在冲筋点、相邻板侧面和上端满刮胶粘剂，并且在板中间须用大于 10%板面面积的胶粘剂作梅花状布点，且间距不大于 300mm，将保温板粘贴上墙，揉挤安装就位，板顶留 5mm 缝，确认其垂直度和平整度满足要求后，用木楔子临时固定。板缝挤出胶粘剂应随时刮平；板缝以及门窗口的板侧，均应另用胶粘剂嵌填或封堵密实。清除保温板面的浮灰及残留胶粘剂，在两板拼缝处刮嵌缝腻子一道，贴 50mm 宽玻纤布条一层，压实粘牢，表面再用嵌缝腻子刮平。墙面阴角和门窗口阳角处加贴 200mm 宽玻纤布一层(角两侧各 100mm)。保温板安装完毕后，用聚合物水泥砂浆抹门窗口护角。待玻纤布黏结层干燥后，墙面满刮 2～3 遍石膏腻子，总厚度 3mm。墙面腻子应刮平整，表面无裂缝、起皮及透底现象。

保温板安装允许偏差可参考表 6-9。

2. 外墙外保温施工

外墙外保温是指在垂直外墙的外表面上设置保温层。外保温做法克服了内保温的各种弊病，保温效果好，是高层建筑外墙围护结构重点推广的施工技术。

外保温体系的优点表现在：

(1) 可消除或减少热桥。由于外墙外保温体系的主体墙位于室内一侧，因蓄热能力较强，故对室内保持热稳定有利。当外界气温波动较大时提高了室内的舒适感。

(2) 可减少室外气候条件变化对主体的影响，使热应力减小，延长了主体的使用寿命。

(3) 不降低建筑物的室内有效使用面积。

(4) 有利于旧房的节能改造，保温施工对室内居民干扰较小。

不足之处是：

(1) 在室外安装保温板的施工难度比在室内安装保温板要大。

(2) 外饰面要有常年承受风吹、日晒、雨淋和反复冻融的能力。同时板缝要求注意防裂、防水。

(3) 造价较高。

外墙外保温形式的典型构造有(由外至内)：(1)饰面层+增强材料+保温层+结构墙，其代表做法有保温层采用发泡型聚苯乙烯板，耐碱玻璃纤维网布增强或用岩棉半硬板作保温层，镀锌钢丝网增强；(2)预制外保温板(外面层+绝热层+内面层)+空气层+结构墙，其常用的外保温板有 GRC 外保温板、钢丝网架聚苯乙烯外保温板；(3)饰面层+保护层+保温涂料+结构墙，如聚苯颗粒复合硅酸盐保温浆料外保温施工法。

1) 聚苯板玻纤网格布聚合物砂浆外墙外保温施工

聚苯板玻纤网格布聚合物砂浆外墙外保温的构造由外到内分为饰面层、保护层、保温层、黏结层、结构层。饰面层可以为涂料、面砖或其他重量不超过 20kg / m² 的饰面材料；保护层通常采用耐碱玻纤网格布增强，抹 5～7mm 聚合物水泥砂浆；保温层采用聚苯乙烯泡沫塑料板；黏结层是为了使结构层与保温层有更好的黏结，常使用界面处理剂；结构层为主体墙，可以为钢筋混凝土墙、砌块墙等。

(1) 施工工艺。当外墙和外门窗口施工及验收完毕，基面达到现行规范的规定要求后，可以开始外墙外保温的施工。

其施工程序为清理基层→弹线定位→涂刷界面剂→粘贴聚苯板→钻孔及安装固定件→抹底层砂浆→贴玻纤网格布→抹面层砂浆→膨胀缝处理→饰面施工。

(2) 施工要点。

① 施工气候条件。环境温度不低于 5℃，风力不大于 5 级，雨天施工要采取措施，避免施工墙面淋雨。

② 基底准备。结构墙体基面必须清理干净，墙面松动应清除，孔洞应用聚合物水泥砂浆填补密实，并检验墙面平整度和垂直度。底层墙外表面在墙体防潮以下，要做防潮处理，以防止地面水份通过毛细作用被吸到保温层中影响保温层的使用寿命。防潮处理采用涂刷氯丁型防水涂料。

③ 弹线定位。在墙面弹出膨胀缝线及膨胀缝宽度线。墙面阴角应设置膨胀缝。经分格后的墙面板块面积不宜大于 $15m^2$，单向尺寸不宜大于 5m。

④ 粘贴聚苯板。聚苯板宜用电热丝切割器切割，为保证聚苯乙烯板的尺寸稳定性，应在板件切割后常温下静置 6 周以上或在高温(70℃)室内养护一周才能使用。

胶粘剂用专用聚苯胶与硅酸盐类水泥配制，一次配制量不宜过多，以 45min 内用完为宜。聚苯板黏结可用点粘法或条粘法。点粘法是沿聚苯板的周边用抹子将配制好的黏结聚合物砂浆涂抹成宽为 4～5mm，厚为 8～10mm 的宽带，板中间按梅花形布置黏结点，间距 150～200mm，直径 100mm。条粘法是将聚苯板满涂粘接聚合物砂浆，然后将黏结聚合物砂浆刮出宽厚均为 10mm 左右的平行条纹。抹完胶粘剂后，立即将板立起就位粘贴，粘贴时应用橡皮锤轻敲或揉拍，防止虚粘。每贴完一块板，应及时清除挤出的胶粘剂，板间不留间隙，并随时用托线板检查垂直平整。阳角处相邻的两墙面所粘聚苯板应交错咬合连接，如图 6.25 所示。

⑤安装固定件。在贴好的聚苯板上用冲击钻钻孔，孔洞深入墙基面 25～30mm，数量为每平方米 2～3 个，但每一单块聚苯板不少于 1 个。用胀钉套上塑料胀管塞入孔内胀紧，把聚苯板固定在墙体上。螺钉拧到与聚苯板面平。

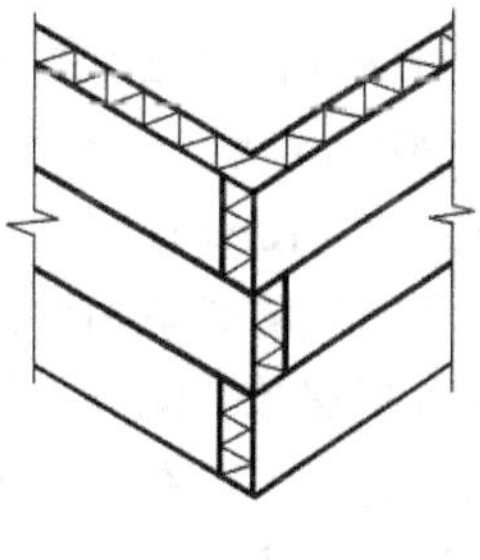

图 6.25　聚苯板垂直接缝交错排列

⑥ 贴网格布。将大面网格布沿水平方向绷平，用抹子由中间向上、下两边将网格布抹平，使其紧贴底层聚合物砂浆。网格布左、右搭接宽度不小于 100mm，上、下搭接宽度不小于 80mm，局部搭接处可用胶粘剂补充胶浆不足，不得使网格布皱折、空鼓、翘边。在阳角处还需局部加铺宽 400mm 网格布一道。门、窗洞口四角如不靠膨胀缝，沿 45°方向各加一层 400×200mm 网格布进行加强。为防止首层墙面受冲击，在首层窗台以下墙面加贴一层玻纤布。

⑦ 抹聚合物砂浆。在底层聚合物水泥砂浆凝结前，抹面层聚合物砂浆，抹灰厚度以盖住网格布约 1～2mm 为准。如在抹面层砂浆前，底层砂浆已凝结，应先用界面剂涂刷一遍，

再抹面层砂浆。面层聚合物水泥砂浆厚度要掌握在 3～5mm，过厚易裂。

⑧ 膨胀缝做法。膨胀缝做法是在膨胀缝处填塞发泡聚乙烯圆棒，其直径应为膨胀缝宽 1.3 倍左右，分两次勾填嵌缝膏，深度为缝宽的 50%～70%。

(3) 质量要求

① 聚苯板、网格布的规格和各项技术指标，胶粘剂、聚合物砂浆的配制原料的质量，必须符合设计要求。

② 聚乙烯胀塞尖全部进入结构墙体，螺钉进入胀塞长度应不小于 30mm。

③ 聚苯板碰头缝不抹胶粘剂。

④ 网格布应横向铺设，压贴密实，不能有空鼓、皱折、翘曲、外露等现象，搭接宽度左右不得小于 100mm，上下不得小于 80mm.

⑤ 聚苯板安装的允许偏差应符合表 6-10 的规定。

表 6-10 外保温聚苯板安装允许偏差及检查方法

项目		允许偏差(mm)	检查方法
表面平整		±3	用 2m 靠尺和塞尺检查
垂直度	每层	±5	用 2m 托线板检查
	全高 *H*	*H*/1000 且不大于 20	用经纬仪或吊线和尺量检查
阴、阳角垂直		±4	用 2m 托线板检查
阴、阳角方正		±4	用 200mm 方尺和塞尺检查
接缝高差		±1.5	用直尺和塞尺检查

2) 预制外保温板外保温施工

GRC 外保温板是指由玻璃纤维增强水泥(GRC)面层与高效保温材料预制复合而成的外墙外保温板，有单面板与双面板两种构造形式。单面板是将保温材料嵌在 GRC 槽形板内，双面板是将保温材料置于两层 GRC 板之间，GRC 外保温板目前所用的板形为小块板，板长 550～900mm，板宽 450～600mm，板厚 40～50mm，其中聚苯板的厚度为 30～40mm，GRC 面层厚为 10mm。用 GRC 外保温板与主体墙复合组成的外保温复合墙体的构造有紧密结合型和空气隔离型两种，如图 6.26(a)、(b)所示。

钢丝网架聚苯乙烯外保温板是指由三维空间焊接成的钢丝网骨架和聚苯乙烯泡沫塑料板构成网架芯板，再在两面(或单面)喷抹水泥砂浆面层后形成的外保温板。该板有着质轻、高强、保温、隔声、抗震等众多优点。其结构可分为两部分，一是芯板部分，是由钢丝焊接成的网架，中间夹有聚苯乙烯泡沫塑料板，另一部分是两侧面(或外侧)铺抹(或喷涂)的水泥砂浆，该砂浆层可现场喷涂或工厂预制。按照网架钢丝直径的不同，板又可分为承重和非承重两种，钢丝直径全部为 2mm 时，一般作非承重用；网架钢丝直径在 2～4mm 之间，插筋直径在 4～6mm 之间的可作承重墙板用。用钢丝网架聚苯乙烯外保温板与主体墙复合组成的外保温复合墙体的构造如图 6.28(c)所示。

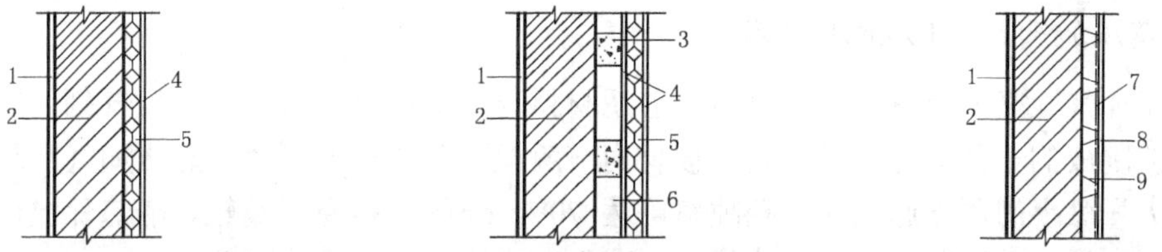

(a) GRC 外保温板复合墙体紧密结合型　(b) GRC 外保温板复合墙体空气隔离型　(c) 钢丝网架聚苯乙烯外保温板复合墙体

图 6.26　外保温板施工构造示意图

1—抹灰层　2—主体墙(结构层)　3—冲筋　4—GRC 面层　5—聚苯板
6—空气层　7—单侧方格钢丝网　8—水泥砂浆　9—斜插短钢筋

3) 聚苯颗粒复合硅酸盐保温浆料外保温施工

聚苯颗粒复合硅酸盐保温浆料是由复合硅酸盐胶粉料、聚苯颗粒轻骨料与各种外加剂按一定比例复合而成，其中聚苯颗粒是用回收的废聚苯板粉碎而成。该施工方法适用于新建或改建的工业及民用建筑。一般在高层施工中用喷涂法。

(1) 结构构造。聚苯颗粒复合硅酸盐保温浆料外保温的构造由外到内分为饰面层、保护层、保温层、黏结层、结构层。饰面层可以为涂料、面砖或干挂石材等；保护层通常采用抗裂砂浆、复合耐碱玻纤网格布；保温层采用聚苯颗粒复合硅酸盐保温浆料与复合镀锌钢网；黏结层是为了使结构层与保温层有更好的黏结，常使用界面处理剂；结构层可以为钢筋混凝土墙、混凝土空心砌块墙、陶粒砌块墙等。

(2) 施工工艺。在施工前，首先对基层墙体进行清理、修补。如果墙面过干，在喷保温浆料前一天用水浇一遍，在清洁干净的墙面上薄薄涂一层界面剂砂浆。在墙面按要求做好冲筋和灰饼，安装钢网，注意钢网的平整度一定要好。按 1 : 1 : 1 的比例将界面剂、水泥、砂混和，在墙上作出拉毛。采用机械泵送喷涂保温涂料，注意将保温浆料压入钢网之中，用刮杠从上向下刮实。保温浆料终凝后，按设计要求做分格线。保温浆料干燥 7d 固化后，可进行保护层施工。铺好复合耐碱玻纤网格布，网布之间要保证搭接宽度。抹配制好的抗裂砂浆，一定要将网布压入抗裂砂浆中，以表面不见网布只看到暗格为宜。保护面层施工 24h 后，分格缝上、下口连接保护层处涂 50mm 宽的高弹防水涂料。

6.3.2　隔墙工程

高层建筑分室分户的非承重隔墙主要采用轻质板材和轻质砌块墙。这里的轻质板材是指那些用于墙体的、密度较混凝土制品低的、采用不同工艺预制而成的建筑制品，可以分为轻质面板和轻质条板两大类。轻质面板是指那些厚度较薄，断面为实心的平板。由于自身的强度和刚度都较低，一般不能单独作墙体使用，常依附于其他的结构件，如龙骨、结构墙等，作面层使用。轻质条板是指那些面密度较小、厚度相对较大，可以单独作为隔墙使用的板材。按照截面不同，可以分为空心型、实心多孔型、夹心型三种。目前常用的轻质隔墙板材有蒸压加气混凝土板、石膏空心板、GRC 轻质多孔条板、金属夹芯板、钢丝网架水泥夹芯板(泰柏板)等。本节以介绍轻质条板的施工为主。

1. 蒸压加气混凝土板隔墙工程

蒸压加气混凝土板材，是以钙质和硅质材料为基本原料，以铝粉为发气剂，经蒸压养护等工艺制成的一种多孔轻质板材。板材内一般配有单层钢筋网片。蒸压加气混凝土板内部含有大量微小的非连通气孔，孔隙率可达 70%～80%，自身质量轻、隔热保温性能好，还具有较好的耐火性和一定的承载能力，可作为建筑内墙板及外墙板。

加气混凝土内隔墙板材宽度有 500mm、600mm，厚度有 75mm、100mm、120mm，长度按设计要求确定。加气混凝土隔墙板厚度的选用，一般应考虑便于安装门窗，其最小厚度不应小于 75mm；墙板的厚度小于 125mm 时，其最大长度不应超过 3.5m；分户墙的厚度，应根据隔声要求决定，原则上应选用双层墙板。

1) 施工工艺

先按设计要求在楼板(梁)底部和楼地面弹好墙板位置线并架设靠放墙板的临时方木后，即可安装隔墙板。

墙板安装前，先将黏结面用钢丝刷刷去油垢并清除渣末。涂抹一层胶粘剂，厚约 3mm。然后将板立于预定位置，用撬棍将板撬起，使板顶与上部结构底面粘紧；板的一侧与主体结构或已安装好的另一块墙板粘紧，并在板下用木楔楔紧，撤出撬棍，板即固定。每块板安装后，应用靠尺检查墙面垂直和平整情况。

板与板间的拼缝，要满铺黏结砂浆(可以采用 107 胶水泥砂浆，注意 107 胶掺量要适当)拼接时要以挤出砂浆为宜，缝宽不得大于 5mm。挤出的砂浆应及时清理干净。

墙板固定后，在板下填塞 1∶2 水泥砂浆或细石混凝土。如采用经防腐处理后的木楔，则板下木楔可不撤除；如采用未经防腐处理的木楔，则待填塞的砂浆或细石混凝土凝固具有一定强度后，应将木楔撤除，再用 1∶2 水泥砂浆或细石混凝土堵严木楔孔。

墙板的安装顺序应从门洞口处向两端依次进行；当无门洞口时，应从一端向另一端顺序安装。若在安装墙板后进行地面施工，需对墙板进行保护。对于双层墙板的分户墙，安装时应使两面墙板的拼缝相互错开。隔墙板原则上不得横向抠槽埋设电线管，竖向走线时，抠槽深度不宜大于 25mm。

2) 节点构造

(1) 上、下部位连接：加气混凝土隔墙板与楼板或梁底部黏结一般采用在板的上端抹黏结砂浆的方法，板的下端先用木楔顶紧，最后再在下端木楔空间填入细石混凝土，然后再做地面。

(2) 转角和丁字墙节点连接：隔墙板转角和丁字墙交接处，主要采用黏结砂浆黏结，并在一定距离(700～800mm)斜向钉入经过防腐处理的钉子或 φ8mm 磨尖过的钢筋，钉入长度不小于 200mm。

(3) 隔墙板板材间连接：加气混凝土隔墙板一般垂直安装，板与板之间用黏结砂浆黏结，并沿板缝上下各 1/3 处，按 30°角斜钉入铁销或铁钉。

2. 石膏空心条板隔墙工程

石膏空心条板是以天然石膏或化学石膏为主要原料，掺入适量粉煤灰或水泥、适量的膨胀珍珠岩，加入少量增强纤维，加水拌合成料浆、浇筑成型、抽芯、干燥等工艺制成的轻质空心条板，具有重量轻、强度高、隔热、隔声、防水等性能，施工简便。石膏空心条板按原材料的不同可以分成石膏珍珠岩空心条板、石膏粉煤灰硅酸盐空心条板。石膏空心条板适用于住宅分室墙的一般隔墙、公共走道的防火墙、分户墙的隔声墙等。

石膏空心条板安装拼接的黏结材料，主要为 107 胶水泥砂浆，其配合比为 107 胶：水泥：砂＝1：1：3 或 1：2：4，板缝处理可采用石膏腻子。

墙板安装时，应按设计弹出墙位线，并安好定位木架。安装前在板的顶面和侧面刷涂 107 胶水泥砂浆，先推紧侧面，再顶牢顶面。在顶面顶牢后，立即在板下两侧各 1/3 处楔紧两组木楔，并用靠尺检查。确定板的安装偏差在允许范围内后，在板下填塞干硬性混凝土。板缝挤出的黏结材料应及时刮净。板缝的处理，可在接缝处先刷水湿润，然后用石膏腻子抹平。

墙体连接处在板面或板侧刷 791 胶液一道，用 791 石膏胶泥黏结。

3. GRC 轻质多孔条板

GRC 轻质多孔条板是以耐碱玻璃纤维为增强材料，以低碱度的硫铝酸盐水泥轻质砂浆为基材，采用一定工艺技术制成的中间有若干孔洞的条形板材。与早期的玻璃纤维水泥板比较，降低了水泥碱性对玻璃纤维的腐蚀，近年来发展很快，国家也制定了相应的标准，如“玻璃纤维增强水泥轻质多孔隔墙条板”(JC 666—1997)等。

4. 金属面夹芯板

金属面夹芯板是用厚度为 0.5～0.8mm 的金属板为面材，以硬质聚氨酯泡沫塑料、聚苯乙烯塑料或岩棉等绝热材料为芯材，经过粘接复合而成的夹芯板材。主要特点是质量轻、强度高，具有高效绝热性；外形美观、施工便捷；可多次拆卸，重复安装使用，耐久性较高。

金属面夹芯板可用于冷库、仓库、车间、仓储式超市、商场、办公楼、旧楼房加层、活动房、战地医院、展览馆和候机楼等场所。

金属面夹芯板主要有三个类型：金属面硬质聚氨酯夹芯板、金属面聚苯乙烯夹芯板和金属面岩棉、矿渣棉夹芯板。

5. 钢丝网架水泥夹芯板隔墙工程

钢丝网架夹芯板是用高强度冷拔钢丝焊接成三维空间网架，中间填以阻燃型聚苯乙烯泡沫塑料或岩棉等绝缘材料。现场安装后，两侧喷抹水泥砂浆，可用作建筑内隔墙或外填充墙。保温板喷抹的水泥砂浆既能保护主体墙和保温层，又能在外饰面中喷刷涂料和粘贴面砖；先按设计要求在地面、顶面、侧面弹出墙的中心线和墙的厚度线，划出门窗洞口的位置。若设计无要求时，按 400mm 间距划出连接件或锚筋的位置。再按设计要求配钢丝网架夹芯板及配套件。若设计无明确要求时，当隔墙宽度小于 4m 时，可以整板上墙。隔墙高度或长度超过 4m 时，应按设计要求增设加劲柱。各种配套用的连接件、加固件、埋件要防锈处理。按放线位置安装钢丝网架夹芯板。板与板的拼缝处用箍码或 22 号镀锌铁丝扎牢。

要注意夹芯板与四周的连接：墙、梁、柱上已预埋锚筋的，用 22 号镀锌铁丝将锚筋与钢丝网架扎牢，扎扣不少于 3 点；用膨胀螺栓或用射钉固定 U 形连接件作连接的，用 22 号镀锌铁丝将 U 形连接件与钢丝网架扎牢；夹芯板与混凝土墙、柱、砖墙连接处，阴角用 300mm 宽角网加固，角网一边用箍码或 22 号镀锌铁丝与钢丝网架连接，另一边用钢钉与混凝土墙、柱固定或用骑马钉与砖墙固定；夹芯板与混凝土墙、柱连接处的拼缝，用 300mm

宽平网加固，平网一边用箍码或22号镀锌铁丝与钢丝网架连接，另一边用钢钉与混凝土墙、柱固定。

按图样要求预埋的各种预埋件、铺电线管、稳接线盒等，与夹芯板的安装同步进行，固定牢固。

当确认夹芯板、门窗框、各种预埋件、管道、接线盒的安装和固定工作完成后，可以开始抹灰。抹灰前将夹心板适当支顶，在夹芯板上均匀喷一层面层处理剂，随即抹底灰，以加强水泥砂浆与夹芯板的黏结。底灰的厚度为12mm左右。底灰要基本平整，并用带齿抹子均匀拉槽，以利于与中层砂浆的黏结。抹完底灰随即均匀喷一层防裂剂。48h 以后撤去支顶，抹另一侧底灰。在两层底灰抹完48h以后才能抹中层灰。

6. 板材隔墙工程质量要求

板材隔墙工程应符合《建筑装饰装修工程质量验收规范》(GB 50210—2001)的规定。其质量要求是：

(1) 隔墙板材安装所需预埋件、连接件的位置、数量及连接方法应符合设计要求。板材安装必须牢固。

(2) 隔墙板材安装应垂直、平整、位置正确，板材不应有裂缝或缺损。

(3) 板材隔墙表面应平整光滑、色泽一致、洁净，接缝应均匀、顺直。

(4) 隔墙上的孔洞、槽、盒应位置正确、套割方正，边缘整齐。

(5) 板材隔墙安装的允许偏差和检验方法应符合表6-11的规定。

表6-11　板材隔墙安装允许偏差和检验方法表

项目	允许偏差 / mm				检验方法
	复合轻质墙板		石膏空心板	钢丝网水泥板	
	金属夹芯板	其他复合板			
立面垂直度	2	3	3	3	用2m垂直检测尺检查
表面平整度	2	3	3	3	用2m靠尺和塞尺检查
阴阳角方正	3	3	3	4	用直角检测尺检查
接缝高低差	1	2	2	3	用钢直角和塞尺检查

6.3.3　填充墙砌体工程

多层与高层房屋建筑常须设置填充墙，填充墙一般采用空心砖、蒸压加气混凝土砌块、轻骨料混凝土小型空心砌块等砌筑而成。

1. 填充墙一般施工技术要求

(1) 在填充墙块材的运输、装卸过程中，严禁抛掷和倾倒。进场后应按品种、规格分类堆放整齐，堆置高度不宜超过2m。加气混凝土砌块应防止雨淋。

(2) 当采用蒸压加气混凝土砌块、轻骨料混凝土小型空心砌块砌筑时，其产品龄期应超过28d。

(3) 填充墙砌体砌筑时，块材应提前两天浇水湿润。蒸压加气混凝土砌块砌筑时，应向砌筑面适量浇水。

(4) 预埋在柱中的拉结钢筋和网片，必须准确地砌入填充墙的灰缝中。

(5) 填充墙与框架柱之间的缝隙应采用砂浆填实。

(6) 填充墙砌筑时应错缝搭砌，灰缝的厚度和宽度应正确。

(7) 填充墙接近梁板底时应留有一定的空隙，在抹灰前采用侧砖、立砖或砌块斜砌挤紧，倾斜度宜为 60 度左右，砌筑砂浆应饱满。

2. 填充墙施工工艺

1) 空心砖砌体工程

(1) 空心砖的砖孔如无设计具体要求时，一般将砖孔置于水平位置；如有特殊要求，砖孔也可垂直放置。

(2) 砖墙应采用全顺侧砌，上下皮竖缝相互错开 1/2 砖长。灰缝应为 8～12mm，应横平竖直，砂浆饱满。

(3) 空心砖墙不够整砖部分，宜用无齿锯加工制作非整砖块，不得用砍凿方式将砖打断。

(4) 留置管线槽时，弹线定位后用凿子凿出或用开槽机开槽，不得用斩砖预留槽的方法。

(5) 空心砖墙应同时砌起，不得留斜槎。砖墙底部至少砌三匹普通砖，门窗洞口两侧也应用普通砖实砌一砖。

2) 蒸压加气混凝土砌块砌体工程

(1) 加气混凝土砌块一般有 200mm、250mm、300mm 厚，立面砌筑形式只有全顺一种。上下皮竖缝相互错开 1/3 砌块长，如不满足，应在水平灰缝中设置 2ϕ6 钢筋或者 ϕ4 钢筋网片，加筋长度不小于 400mm。水平、竖直灰缝厚度宜为 15mm、20mm。

(2) 为了减少现场切锯砌块的工作量，砌筑前应进行砌块排列设计，并根据排列图制作皮数杆。

(3) 砌筑前应检查砌块外观质量，清除砌块表面污物，并应适当洒水湿润，含水率一般不超过 15%。

(4) 在加气混凝土砌块墙底部应用烧结普通砖或烧结多孔砖砌筑，也可用普通混凝土小型空心砌块砌筑，其高度不宜小于 200mm。

(5) 不同密度和强度等级的加气混凝土砌块不能混砌。灰缝要饱满均匀。

(6) 砌块墙的转角处，应隔皮纵、横墙砌块墙的转角处。应隔皮纵、横墙砌块同时相互搭砌；砌块墙的 T 字交接处，应使横墙砌块隔皮端部露头。

(7) 墙体洞口上方应放置 2 根直径 6mm 钢筋，伸过洞口两边的长度，每边不小于 500mm。

(8) 砌块墙与柱的交界处，应依靠拉结筋拉结。拉结钢筋应沿柱高每 500mm 左右设一道，每道为 2 根直径 6mm 的钢筋(带弯钩)，伸出柱面长度不小于 1 000mm，在砌筑砌块时，将此拉结钢筋伸出部分埋至于砌块的水平灰缝内。

(9) 穿越墙体的水管，要严防渗漏。穿墙、附墙或埋入墙内的铁件应做防腐处理。

(10) 加气混凝土砌块如无有效措施，不得使用在以下部位：建筑物±0.000 以下；长期浸水或经常受干湿交替部位；受酸碱化学物质侵蚀的部位；制品表面湿度高于 80°C 的部位。

3) 轻骨料混凝土空心砌块砌筑工程

(1) 轻骨料混凝土空心砌块的主要规格是 390mm×190mm×190mm，采用全顺砌筑形式，墙厚等于砌块宽度。

(2) 上下皮竖缝相互错开 1/2 砖长，并不小于 120mm。如不满足，应在水平灰缝中设置 2 ϕ6 钢筋或者 ϕ4 钢筋网片。灰缝应为 8～12mm，应横平竖直，砂浆饱满。

(3) 对轻骨料混凝土空心砌块，宜提前 2 天以上适当浇水湿润。严禁雨天施工，砌块表面有浮水时不得进行砌筑。

(4) 墙体转角处及交接处应同时砌起。每天砌筑高度不得超过 1.8m。

3. 填充墙砌体工程施工质量验收

1) 主要材料质量控制

砖、砌块和砌筑砂浆的强度等级应该符合设计要求，主要依靠检查砖或砌块的产品合格证书、产品性能检测报告和砂浆试块试验报告。

2) 填充墙砌筑质量控制

填充墙砌体尺寸允许偏差详见表 6-12，砌体砂浆饱满度要求详见表 6-13。另外有无混砌现象、拉结钢筋设置情况、搭砌长度、灰缝厚度、宽度、梁底砌法均在检查之列。

表 6-12　填充墙砌体允许偏差

项次	项目		允许偏差(mm)	检查方法
1	轴线位移		10	用尺检查
	垂直度	≤3m	5	用 2m 托线板或吊线检查
		>3m	10	
2	表面平整度		8	用 2m 靠尺和楔形塞尺检查
3	门窗洞口高、宽(后塞口)		5	用尺检查
4	外墙上、下窗口偏移		20	用经纬仪或吊线检查

表 6-13　砌体砂浆饱满度

砌体种类	灰缝	饱满度要求	检验方法
空心砖砌体	水平	≥80%	采用百格网检查
	竖直	填满砂浆，不得有透明缝、瞎缝、假缝	
加气混凝土砌块和轻骨料混凝土砌块砌体	水平	≥80%	
	竖直	≥80%	

第 7 章 钢结构高层建筑施工

教学提示：随着大城市的人口高度密集、地价日益昂贵等，城市建筑逐渐向高空发展，高层和超高层建筑迅速出现。有着综合优势的钢结构已经成为我国高层建筑的主要结构类型，钢结构建筑被称为 21 世纪的“绿色工程”。

教学要求：本章让学生了解钢结构高层建筑工程关于结构体系、结构用钢材、结构的连接技术、构件制作、结构安装及结构的防腐与防火等等几大方面的内容。重点让学生掌握钢结构高层建筑钢材的选用、零件不同的加工方式、结构安装的顺序和施工要点、构件制作和结构安装的焊接及螺栓连接的施工工艺、钢结构防腐和防火的涂装工艺。

我国钢结构有着悠久的历史，远在古代就有铁链悬桥、铁塔等建筑物。20 世纪中期，先后建成了许多钢桥、工业厂房、体育馆等。几十年来，我国的大城市由于人口高度密集，生产和生活用房紧张，交通拥挤，地价昂贵，城市建筑逐渐向高空发展，高层和超高层建筑迅速出现。钢结构由于强度高，自重轻，有良好的塑性、韧性，抗震性能好，工业化程度高，安装容易，施工周期短，投资回收快，环境污染少，建筑造型美观等综合优势。随着我国钢铁结构的发展，国家建筑技术政策由以往限制使用钢结构转变为积极合理推广应用钢结构，从而推动了建筑钢结构的快速发展。旅馆、饭店、公寓、办公楼等多高层及超高层建筑采用钢结构也越来越多，北京、上海、深圳等地区已陆续建造了数十幢钢结构高层建筑。如北京的京城大厦(183.35m)、深圳的地王大厦(384m)、上海的金茂大厦(421m)等著名的钢结构高层建筑。目前，钢结构高层建筑已成为我国高层建筑的主要结构类型，并且由于我国已生产钢结构高层建筑用厚钢板、热轧 H 型钢等多种钢材品种，也为钢结构高层建筑的发展提供了重要的物质保证。钢结构建筑被称为 21 世纪的绿色工程。表 7-1 列举了国内较有代表性的一些钢结构高层建筑。

表 7-1 国内较有代表性的钢结构高层建筑

建筑名称	城市	建筑高度(m)	建筑层数(地下+地上)	建筑面积(m^2)
香格里拉饭店	北京	82.75	2+26	57 710
长富宫饭店	北京	94	2+25	40 632
静安希尔顿酒店	上海	143.6	1+43	52 000
新锦江大酒店	上海	153.2	1+43	48 200
北京国际贸易中心	北京	155.25	2+39	85 764
京城大厦	北京	183.35	4+52	110 273
京广中心	北京	208	3+53	137 733
瑞金大厦	上海	106.9	1+29	36 167
上海国际贸易中心	上海	140	2+37	90 000

续表

建筑名称	城市	建筑高度(m)	建筑层数(地下+地上)	建筑面积(m^2)
深圳发展中心大厦	深圳	165.8	1+43	75 00
地王大厦	深圳	384	3+78	151 100
金茂大厦	上海	421	3+88	290 000
赛格广场	深圳	278.6	4+70	158 000

7.1　钢结构高层建筑的结构体系

目前，钢结构高层建筑的结构体系主要有纯框架结构体系、框架—支撑(剪力墙)结构体系、错层桁架结构体系、外筒式结构体系、筒体结构体系等几种，如图 7.1 所示。

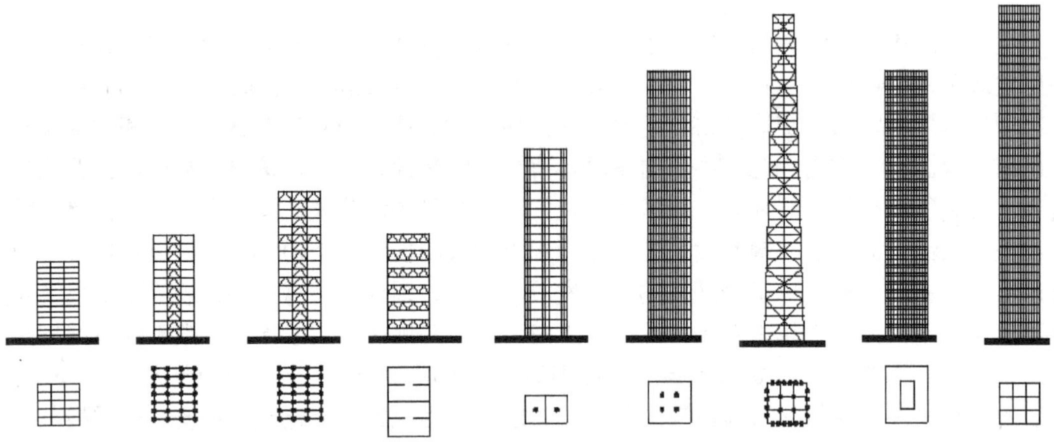

(a) 框架　(b) 框架—支撑　(c) 框架—支撑—腰(帽)桁架　(d) 错列桁架　(e) 开口筒　(f) 框筒　(g) 桁架筒　(h) 筒中筒　(i) 筒束

图 7.1　钢结构高层建筑结构体系

7.1.1　纯框架结构体系

纯框架结构体系是由水平梁和垂直柱通过节点的刚性构造连接而成的多个平面刚接框架结构组成的空间杆系结构，承受作用于各个平面的荷载。框架结构在垂直平面上不设支撑，可以形成较大的空间，为平面布置提供了最大的灵活性，框架结构可以有多种结构平面，如图 7.2 所示。

框架结构体系各部分的刚度比较均匀，构造简单，易于施工。其整体性取决于各柱和梁的刚度、强度以及节点刚接构造的可靠性，在竖向荷载作用下的承载能力取决于梁、柱的强度和稳定性，在这方面与其他结构体系的情况基本相同，在水平荷载作用下其抗侧力的强度和刚度主要取决于杆件的抗弯能力。据此，该体系对于 30 层以下的建筑较为合适。25 层的北京长富宫饭店，即为钢框架结构体系。当建筑超过 30 层后，楼层剪力很大，这种体系的刚度不易满足要求，靠加大梁、柱截面来提高框架的抗侧力能力，已不再经济合理，常需采用剪力墙或筒体结构来加强刚接框架而另成别的体系。框架结构体系的优点是建筑平面布置灵活，能适用于各类性质的建筑，有较大延性，有利于抗震；缺点是侧向刚度较差，在风载或地震荷载等水平荷载作用下，层间位移较大，会导致非结构部件破坏。

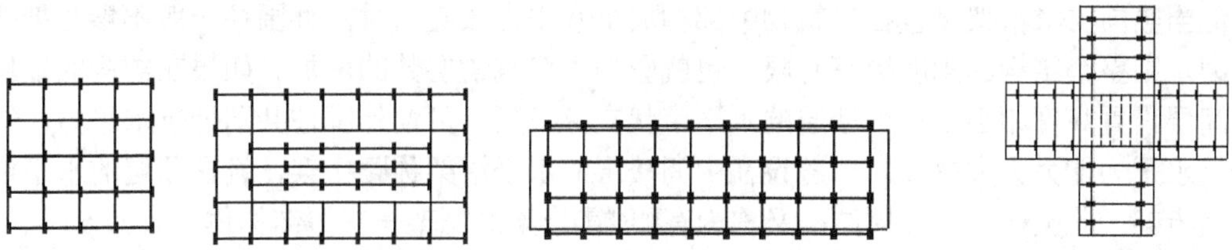

(a) 双向十字交叉框架　(b) 踏步式平行内柱的平行框架　(c) 平行横向框架　(f) 双轴平行双向框架

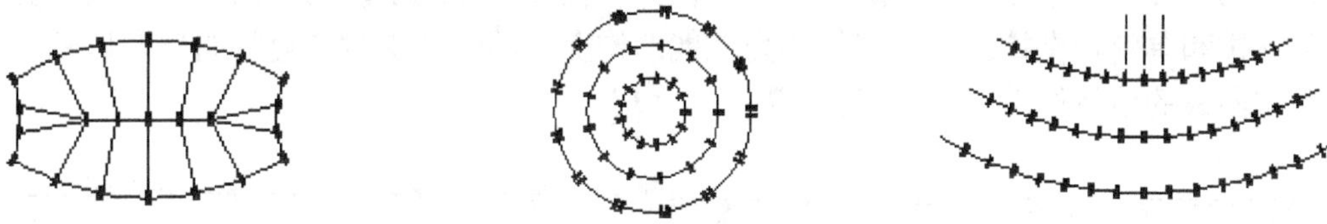

(d) 曲线柱网横向框架　(e) 圆弧包络径向框架　(g) 径向柱网横向框架

图 7.2　框架结构体系的平面形式

7.1.2　框架—支撑(剪力墙)结构体系

高层建筑结构设计的重要内容之一是控制建筑物顶点的水平位移在规定的限值范围内，上述纯框架结构体系到达一定高度后，难以承受水平荷载作用下的水平剪力，通过在框架结构某些节间的竖向平面内增设起剪力墙作用，由钢支撑构成的竖向抗剪支撑桁架，来承受水平剪力。即能有效地提高结构体系的抗剪刚度而大大减少水平位移，这种结构型式一般称之为框架—支撑结构，其类型如图 7.3(a)、(b)所示。

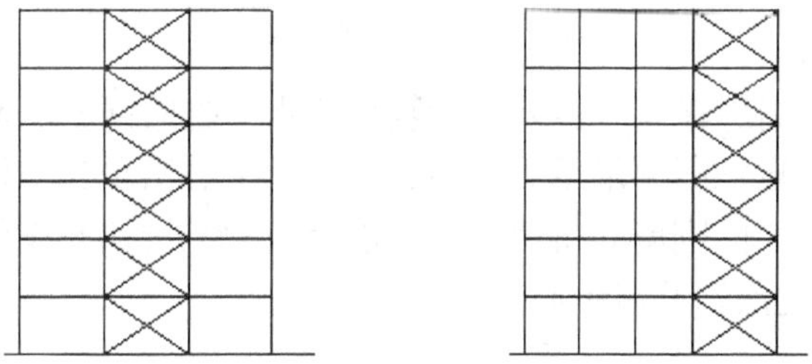

(a)　(b)

图 7.3　由交叉支撑组成的框架—支撑结构体系

当刚接框架和抗剪支撑共同工作而成为框架—支撑结构体系时，框架主要作为承受竖向荷载的结构，也承受一部分水平荷载(一般约占 15%～20%)，大部分水平荷载由抗剪支撑承受。在水平力作用下，抗剪支撑桁架的支撑构件只承受拉、压轴向应力，无论从强度或变形的角度看，都是十分有利的。

这种结构中因柱子主要承受墙、梁和楼板传递的竖向荷载，用钢量较纯框架结构小，框架梁—柱节点相对简单，可视为铰接或半刚接。由于竖向抗剪支撑桁架提高了结构的抗水平力能力，增加了结构的整体刚度。因而此结构体系的建筑高度可以加大。可建到 60 层左右。如 53 层的北京京广中心(208m)即为钢框架—支撑结构。

但当竖向支撑桁架设置在建筑物中部构成抗水平力核心筒时，外围柱一般不参与抵抗水平力，则整个结构的刚度提高有限，也就影响了建筑物层数的增加。如果在结构的顶层或中间层设置高度相当于一个楼层的水平带状支撑桁架，可使外围柱共同抵抗水平力，结构抵抗水平力能力大大提高。一般设在中间楼层的水平桁架称腰桁架，设在顶层的水平桁架称帽桁架。此类框架—支撑结构又称为有腰(帽)桁架的框架—支撑结构体系。如 52 层的北京京城大厦(183.35m)就采用了此结构体系。

支撑的类型很多，如图 7.4 所示，采用何种类型支撑、其数量多少及刚度大小，主要依建筑物高度和水平力的大小加以调整。在钢结构高层建筑中，用的最多的是人字支撑、交叉支撑和单斜杆支撑。为保持抗侧力性能的均衡，单斜杆支撑应对称布置，以承受左、右两方向来的地震作用。

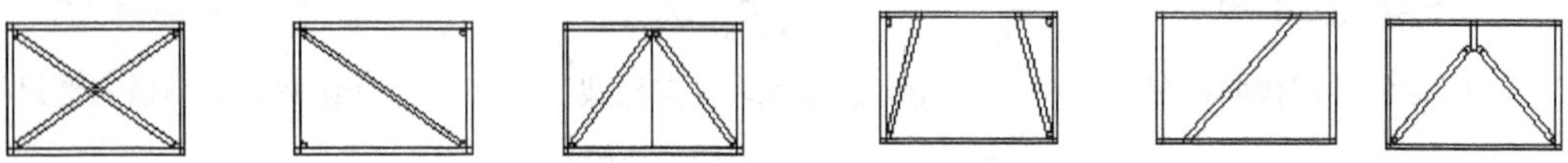

(a) X 形支撑　(b) 单斜杆支撑　(c) 人字支撑　(d) 偏心人字支撑　(e) 偏心单斜杆支撑　(f) Y 形支撑

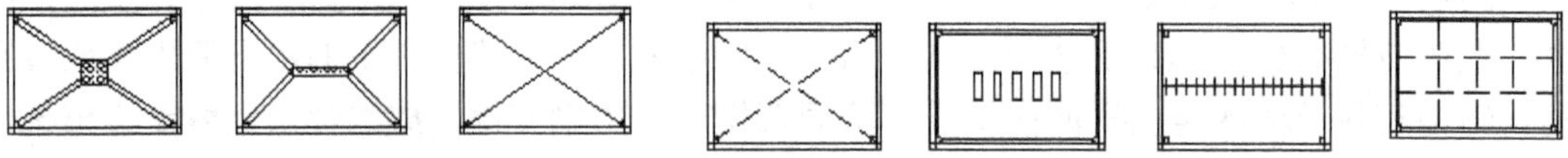

(g) 带中心屈服块的支撑　(h) 带中心屈服梁的支撑　(i) 圆钢支撑　(j) 混凝土板内藏钢板支撑　(k) 带竖缝剪力墙板　(l) 带水平缝剪力墙板　(m) 带肋钢剪力墙板

图 7.4　支撑和剪力墙板

另外有时在钢结构高层建筑中多采用带竖缝或水平缝的混凝土墙板代替支撑桁架，这种墙板的变形能力比普通混凝土墙板大得多。它的上下边沿全长与框架梁连接。由于混凝土墙板的断面大，有很大的刚度和抗剪能力，能有效地抵抗地震作用引起的剪力，显著地节约了钢材，如 43 层的深圳发展中心(165m)。

7.1.3　错列桁架结构体系

由框架—支撑结构派生演变成。其特点是下一楼层的桁架位于上一楼层两榀桁架间距的中线上，使相邻两个楼层桁架呈“品”字形交错排列，如图 7.5 所示。此结构的楼板架设在下层桁架的上弦杆和上层桁架的下弦杆上，楼板参与桁架传递水平力，起刚性隔板作用。水平力作用于每层桁架上弦，经腹杆传至下弦，又由楼板传至相邻桁架

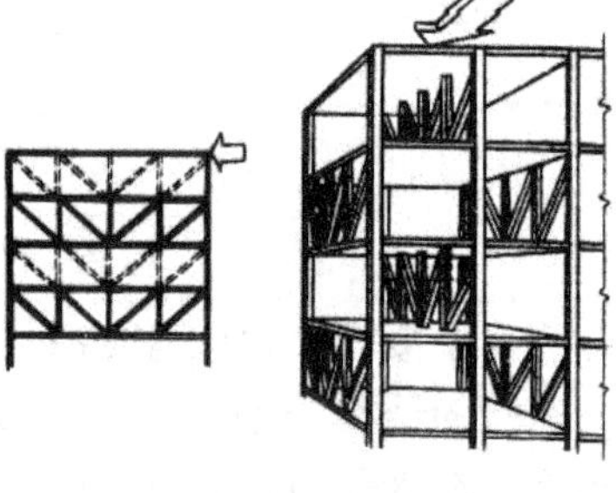

图 7.5　空间错列桁架

的上弦。这一过程的重复，就可以使水平力传至基础。这种结构适用于公寓、旅馆等狭长建筑物，因为狭长矩形平面高层建筑，短边刚度往往较小，而短边方向的风载又较大。错列桁架结构的优点是短边刚度较大，容易满足以上设计要求，而且此结构的经济效果非常突出，国内尚无这种结构实例，据国外报道此体系非常省钢，其用钢量比框筒结构低 40%。

又因桁架在工厂制作后整体吊装，结构安装速度快，施工周期短，美国已有此类结构实例。

7.1.4　外筒式结构体系

外筒式结构体系如图 7.1(e)、(f)、(g)所示，有开口筒、框架筒、桁架筒等几种。当建筑物高度超过 60 层后，水平荷载作用的影响愈来愈严重，结构体系必须具有更强有力的承受水平荷载的有效部分。由于框架—核心筒结构的内筒平面尺寸较小，其侧向刚度受到限制，所以有时把抗剪结构在外围延伸至建筑短边全宽，长边则在中间断开，在平面两端形成槽形悬臂构件，称为半框筒式结构或开口筒结构。如长边较长，中间可再加工字形抗剪悬臂构件或加一个封闭的中间筒。此结构的抗水平力构件可采用支撑桁架或密柱解决，其抗水平力能力加大，内部空旷，使用较灵活，但楼盖梁跨度较大，可建到 70 层。国内尚无此结构体系实例。

如果采用密排的柱和各层楼盖处的横梁(或以窗下墙作为横梁)刚接组成密间距矩形网格，四周成圈，形成一个封闭空心箱形悬臂筒(竖直方向)，来承受水平荷载，则大大提高了体系的抗侧移刚度和抗扭转性能。竖直重力荷载则主要由内部少量中间柱承受。劲性楼面作为横隔把侧力分布到周边结构上，无需楼板梁的弯矩约束作用来抵抗和传递水平力，楼板可做成密肋板或无梁平板，则可获得较大的楼层净高。这种结构的外筒是由空腹格网组成的框架式结构，因而称为框架筒。其合适高度为 80 层左右，其平面具有很大的多功能灵活性，且其外圈密排式空腹格网可直接作为安装玻璃的窗框。

但这种外筒不是实腹外墙而是密网框架，框架的柔性在传力过程中易造成应力损失，使正应力两边大中间小，角柱轴力大于中间轴力，形成剪力滞后现象。因此框架筒结构在水平荷载作用下，仍存在一定的缺点，为克服缺点可将外筒的刚性框架结构改为桁架式结构，也称为桁架式外筒结构。因框架筒依靠梁柱的弯曲抵抗水平剪力，而桁架筒则主要靠斜撑的轴向力来抵抗水平剪力，水平剪力引起的斜撑拉力将会被重力荷载产生的压力抵消，斜撑的这种双重作用使这种结构有很高的效能，用钢量也降低约 10%，应用此结构体系，建筑物高可达 100 层以上。其缺点是开窗受斜撑影响，大量交叉节点使结构变的复杂。如图 7.6 所示美国芝加哥 100 层的约翰·汉考克中心即为桁架式外筒结构，强大的交叉支撑外露于建筑物的立面上。

7.1.5　筒体结构体系

筒体结构体系如图 7.1(h)、(i)所示，主要有筒中筒、筒束等几种。加强框架外筒式结构体系的另一种方法是在内部设置强劲的钢结构或钢筋混凝土结构剪力墙式的核心内筒，外围结构为密柱深梁钢框筒，从而发展形成筒中筒结构体系。此结构体系的内筒和外筒由楼盖结构连接起来形成一个整体，共同承受水平荷载和竖直荷载，可以十分有效地抵抗侧力。由于有内筒参与抵抗侧力，框筒的剪力泄后现象得到改善，其合适高度也可达到 100 层左右。

筒式结构的发展，从单筒到筒中筒，进而又把许多个筒体排列而成筒束结构体系。此体系合适高度约为 110～120 层，如采用桁架式筒束结构体系，有可能把合适高度提高到 140 层以上。美国芝加哥西尔兹大厦是采用筒束结构的典型实例。其平面形式及外形特征如图 7.7 所示。110 层的西尔兹大厦平面尺寸 67.5×67.5m，高 445m。50 层以下结构由 9 个 22.5×22.5 的框筒相互连接组成筒束，平面呈正方形；51～66 层去掉 2 个角部框筒，平面呈双菱形；67～90 层又去掉另两个角部框筒，平面呈十字形；91～110 层再去掉 3 个框筒，平面呈长方形。

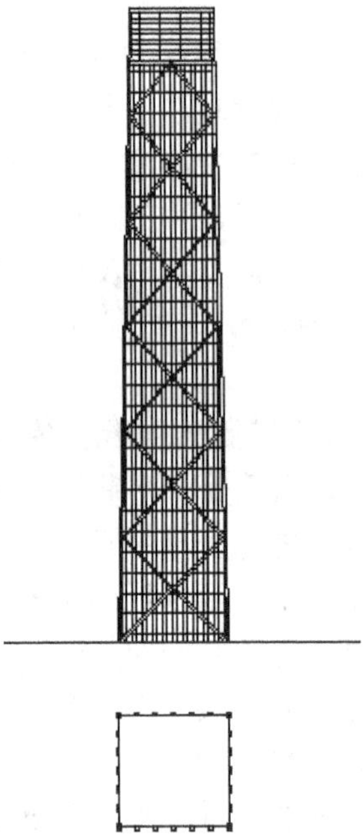

图 7.6　桁架式外筒结构

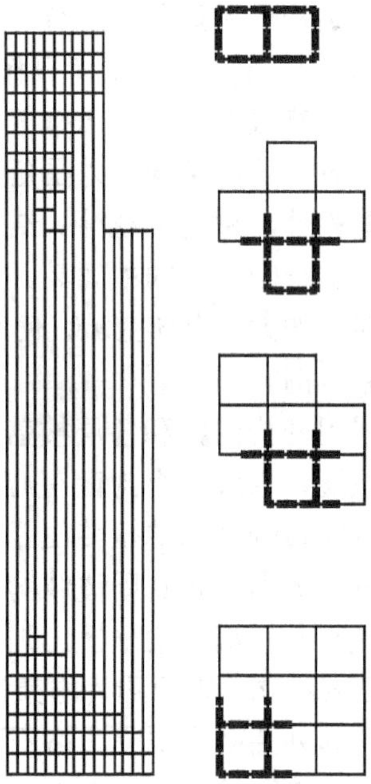

图 7.7　筒束结构体系

7.2　钢结构用钢材

结构钢主要由铁元素组成，约占化学成分的 98%或更高，但是影响钢材材质的却是所占百分比含量很小的其他元素，如碳、其他合金元素以及杂质元素。钢化学成分的微量变化，会直接影响钢材的机械性能、加工性能和使用性能。有时为获得更高的强度和韧性，必须加入少量其他元素，特别是碳和锰。对于焊接结构钢，除了抗拉强度外，塑性、韧性和可焊性都是主要指标，因而含碳量一般控制在 0.22%以下，对碳、磷极限含量都严格控制，防止热脆和冷脆等。

7.2.1　结构用钢材的种类

钢材的品种繁多，性能各异，但在钢结构中采用的钢材按其化学元素组成，主要有以下几类：

1. 碳素结构钢

碳素结构钢是最普通的工程用钢，其中碳是形成钢材强度的主要元素，直接影响着钢材的可焊性。按其含碳量的多少，可分为低碳钢、中碳钢、高碳钢，见表 7-2。其中低碳钢是最主要并最多使用的钢材品种。

表 7-2　碳素结构钢的含碳量

碳素结构钢	低碳钢	中碳钢	高碳钢
含碳量	0.03%~0.25%	0.26%～0.60%	0.61%～2%

碳素结构钢又可以分为普通碳素结构钢和优质碳素结构钢。

1) 普通碳素结构钢(GB 700—1988)

根据现行的国家标准《碳素结构钢》(GB 700—1988)的规定，碳素结构钢的牌号由代表屈服点的字母(Q)、屈服点数值(N/mm^2)、质量等级代号(A、B、C、D)、脱氧方法代号(F、b、Z、TZ)等四个部分符号按顺序组成。Q 是“屈”字汉语拼音的首位字母；质量等级中 A 级最差，D 级最优；F、b、Z、TZ 则分别是“沸”、“半”、“镇”及“特镇”汉语拼音的首位字母，分别代表沸腾钢、半镇静钢、镇静钢及特殊镇静钢(表示脱氧程度不同)。其中代号 Z、TZ 可以省略。如：Q235-A.F 表示屈服点为 235N/ mm^2 的 A 级沸腾碳素结构钢。Q235-D 表示屈服点为 235N/ mm^2 的 D 级特殊镇静碳素结构钢。

碳素结构钢按屈服点的大小，分为 Q195、Q215、Q235、Q255、及 Q275 等五种牌号。由平炉或氧气顶吹转炉冶炼、交货时，供方应提供力学性能和化学成分的质保书，其内容包括屈服强度、极限强度、伸长率、弯曲实验及碳、锰、硅、硫、磷等的含量。不同，牌号、不同质量等级的钢材对化学成分和拉伸、冲击韧性、冷弯等力学性能指标要求也不同，应符合有关规定。

根据老标准《普通碳素结构钢技术条件》(GB 700—1979)的规定，碳素结构钢分为甲、乙、特三类。甲类钢主要按力学性能供应；乙类钢按化学成分供应；特类钢则按力学性能和化学成分供应。碳素结构钢按含碳量的大小分为 1、2、3、4、5、6、7 七个钢号，钢号越大，含碳量就越多，钢材的强度和硬度也就越高，塑性则越低。现行标准中的 Q235 即为 3 号钢。

2) 优质碳素结构钢(GB 699—1988)

优质碳素结构钢是用以满足不同加工要求而赋予相应性能的碳素钢，是碳素钢经过热处理(如调质处理和正火处理)得到的优质钢。按《优质碳素结构钢技术条件》(GB 699—1988)的规定，共有 31 个品种，根据其含锰量的不同分为两组：普通含锰量的钢，其含锰量小于 0.8%；较高含锰量的钢，其含锰量为 0.7%～1.2%。优质碳素钢与普通碳素钢的主要区别在于钢中含杂质元素较少，硫、磷的含量均不大于 0.035%，都属平炉或电炉冶炼的镇静钢，且严格限制其他缺陷，并且有较好的综合性能。

优质碳素钢钢号的写法是用其平均含碳量的万分之几表示，如“45 号钢”是表示平均含碳量 0.45%的优质碳素钢，用作高强螺栓的热圈等。优质碳素钢在建筑工程中应用较少，国家标准《优质碳素结构钢》(GB/T 699—1988)中可用于建筑钢结构的牌号有 15(U20152)、

20(U20202)、15Mn (U21152)、20 Mn (U21202)，其化学成分与力学性能应符合有关规定。

2. 低合金钢(GB/T 1591－1994)

低合金钢是一种在普通碳素钢基础上添加少量的一种或多种合金元素(总量低于5%)如钒、铌、钛、铬、镍等，以提高其强度，耐腐蚀性、耐磨性或低温冲击韧性的钢材。加入钒、铌、钛等元素能明显提高钢材的强度、细化晶粒、改善可焊性；镍、铬属于残余元素，本身就是不锈钢的主要元素，它能提高强度，淬硬性和耐磨性等综合性能，但是对可焊性不利；有时加入少量钼和稀土(RE)元素，可以改善其综合性能，使低合金结构钢可以比碳素结构钢节省约20%的用钢量。

根据现行国家标准《低合金高强度结构钢》(GB/T 1591—1994)规定，低合金高强度结构钢的牌号表示由代表屈服点的汉语拼音字母(Q)、屈服点数值(N/mm²)。质量等级符号(A、B、C、D、E)等三个部分组成，其中质量等级由A到E质量从低到高。钢牌号按屈服点大小，分为Q295、Q345、Q390、Q420、Q460等五种，其中常用的钢种为Q345和Q390。如按老标准GB/T1591-88规定，共列出了十几种钢号，随着低合金钢在钢结构中的推广使用，用于土木工程中的低合金钢除了常用的16锰钢和15锰钒钢外，还有16锰铌半、16锰稀土、14锰铌半、18铌半、15锰钛、09锰等。表7-3列示了新国标GB/T 1591—1994的低合金结构钢牌号表示方法与原国标GB 1591—1988不同。

表7-3　新旧低合金结构钢标准牌号对照

GB/T 1591—1994	GB 1591—1988
Q295	09MnV、09MnNb、09Mn2、12Mn
Q345	12MnV、14MnNb、16Mn、16MnRE、18Nb
Q390	15MnV、15MnTi、16MnNb
Q420	15MnVNb、14MnVTiRE
Q460	

低合金钢由氧气顶吹转炉、平炉和电炉冶炼，交货时供方应提供力学性能和化学性能的质保书，其内容包括屈服强度、极限强度、伸长率、冲击韧性、冷弯实验等及碳、锰、硅、硫、磷、钒、铌和钛等的含量。不同牌号、不同质量等级的低合金钢其化学成分和力学性能应符合相关规定。

3. 耐候钢

在钢的冶炼过程中，加入少量的Cu、P、Cr、Ni等特定合金元素，可以在金属基体表面上形成保护层，以提高钢材耐大气腐蚀性能，这类钢材称为耐候钢或耐大气腐蚀钢，按照国家标准GB/T 4171的规定，耐候钢适用于耐大气腐蚀的建筑结构，产品通常在交货状态下使用。在暴露初期，腐蚀速度与普通钢并没有太多的区别，然而，随着稳定锈层的形成，腐蚀速度就会延缓下来。但是在海边等氯离子多的地区或雨量充沛的地区，表面缓蚀层很容易丧失其作用。以使用耐候钢为借口而降低防腐蚀涂装的质、涂膜厚度或者想着可以延长更新涂装周期都是不合理的。我国目前生产的耐候钢分为高耐候结构钢和焊接结构用耐候钢两种：

1) 高耐候结构钢

其性能比焊接结构用耐候钢好，故称作高耐候性结构钢。按化学成分可分为：铜磷钢和铜磷铬镍钢两类。其牌号表示方法是由代表“屈服点”的拼音字母 Q、屈服点的数字及“高耐候”的拼音字母 GNH 按顺序组成，含 Cr、Ni 的高耐候钢在牌号后加代号“L”。可分为 Q295GNH、Q295GNHL、Q345GNH、Q345GNHL、Q390GNH 五种牌号。各牌号的化学成分与力学性能要求应符合有关规定。

2) 焊接结构用耐候钢

这类钢材具有良好的焊接性能，适用厚度为 100mm。焊接结构用耐候钢的牌号表示由代表“屈服点”的字母 Q、钢材的屈服点数值及“耐候”的字母 NH 按顺序组成。分为 Q235NH、Q295NH、Q355NH、Q460NH 四种牌号，各牌号的化学成分和力学性能应符合有关规定。

4. 其他钢材

1) 桥梁用结构钢

有着专门的三个沿用标准，即《桥梁建筑用热轧碳素钢技术条件》(GB 714—1965)、《桥梁用碳素钢及普通低合金钢钢板技术条件》(YB 168—1970)及《桥梁用结构钢》(YB(T) 10—1981)。桥梁用结构钢比一般的建筑用结构钢的技术要严格得多，所以，如果钢结构建筑中使用了桥梁用结构钢，属于以优代劣。

2) 耐火钢

普通建筑用钢在 350℃以上高温时屈服强度迅速下降到室温的 2/3 以下，不能满足设计要求。为了提高普通建筑用的钢结构抵抗火灾的能力，必须喷涂耐火涂层，而这样会费工费时，增加建筑结构重量，减少使用面积，延长工期，提高建筑成本。20 世纪 80 年代日本提出了耐火钢的概念，研制和应用耐火钢正是为了减薄或取消耐火涂层。日本研究者通过在钢中添加微量的 Cr、Mo、Nb 等合金元素开发出来，在 600℃的高温屈服强度相当于室温下的 2/3 以上屈服强度的耐火温度为 600℃的建筑耐火钢，其用途广泛，可用于办公楼、商场、宾馆、钢结构高层建筑大厦等建造。

3) 铸钢、不锈钢及高强度钢等

高强度钢是通过冶炼加进多种的合金元素及热处理工艺而获得，用在受强度控制的大跨度、特重型结构中时，可以明显的节约钢材。如应用在高层建筑的底部几层承重结构中。

7.2.2 结构钢材的品种

目前随着钢结构的大力发展，建筑形式多种多样，应用的钢材品种也有了很大变化。钢材的主要品种有以下类型。

1. 钢板、钢带

钢板和钢带的主要区别在于钢板是平板状矩形的钢材，而钢带是指成卷交货的钢材。

钢板按轧制方法可以分为冷轧钢板和热轧钢板，在建筑钢结构中主要用热轧钢板。根据厚度、长度与宽度的变化，钢板分为薄板、厚板、特厚板和扁钢等。薄板主要用来制造冷弯薄壁型钢；厚板用做梁、柱、实腹式框架等构件的腹板和翼缘，以及桁架中心节点板；特厚板用于钢结构高层建筑箱形柱等；扁钢可作为组合梁的翼缘板、各种构件的连接板等。

2. 普通型材

工字钢、槽钢、角钢三种类型是工程结构中使用最早的型钢。

1) 工字钢

有普通热轧工字钢和轻型工字钢两种。翼缘内表面有着 1：6 倾斜度，使翼缘外薄而内厚，就造成工字钢在两个主平面内的截面特性相差极大。不宜单独用做轴心受压构件或承受斜弯曲和双向弯曲的构件，在应用中难以发挥钢材的强度特性，已逐渐被 H 型钢所淘汰。

2) 槽钢

有普通热轧槽钢和轻型槽钢两种，其伸出肢较大，可用于屋盖檩条，承受斜弯曲或双向弯曲。另外槽钢翼缘内表面斜度 1：10 比工字钢平缓，安装螺栓较容易，但其腹板较厚，使槽钢组成的构件用钢量较大。相比而言，型号相同的轻型槽钢比普通槽钢的翼缘宽而薄，腹板厚度更小，截面特性更好。

3) 角钢

是传统钢结构工程中应用非常广泛的型材，有等边角钢和不等边角钢两大类，可以组成独立的受力构件，或作为受力构件之间的连接零件。

3. H 型钢

H 型钢有热轧 H 型钢和焊接 H 型钢两种。其中热轧 H 型钢又分为宽翼缘 H 型钢(HW)、中翼缘 H 型钢(HM)、窄翼缘 H 型钢(HN)和 H 型钢柱等。焊接 H 型钢由平钢板用高频焊接组合而成。H 型钢与工字钢相比，其翼缘宽，两个主轴方向的惯性矩接近，抗弯、抗扭、抗压、抗震能力强；翼缘内表面没有斜度，上下表面平行，便于机械加工、结构连接和安装。H 型钢的截面特性要明显优于传统的普通型钢，受力更加合理，故已广泛用于钢结构高层建筑建筑中。具体内容后面有阐述。经过剖分 H 钢而成的 T 型钢相应分为 TW、TM、TN 三种。

4. 冷弯型钢

是由薄钢板或钢带经冷轧(弯)或压模而成，其截面型式有等边角钢、卷边等边角钢、Z 型钢、卷边 Z 型钢、槽钢、卷边槽钢等开口截面以及方形和矩形闭口截面等，如图 7.8 所示。

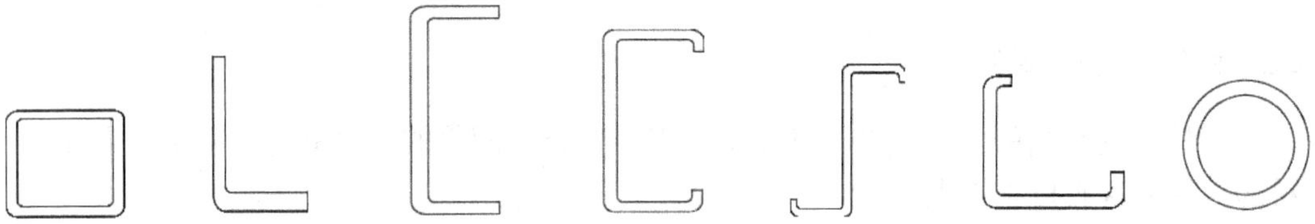

(a) 方钢管　(b) 等肢角钢　(c) 槽钢　(d) 卷边槽钢　(e) 卷边 Z 型钢　(f) 卷边等肢角钢　(g) 焊接薄壁钢管

图 7.8　冷弯薄壁型钢

冷弯型钢在轻型钢结构、大跨度钢结构中有着不容忽视的地位。

5. 厚度方向性能钢板

国家标准《厚度方向性能钢板》(GB/T 5313)是对有关标准的钢材要求做厚度方向性能

试验时的专用规定，适用于板厚为 15～150mm、屈服点不大于 500 N/mm² 的镇静钢板。要求内容有两方面：含硫量的限制和厚度方向断面收缩率的要求值。据此分为 Z15、Z25、Z35 三个级别，相应的技术要求见表 7-4。

表 7-4　厚度方向性能钢板的级别和技术要求

厚度方向性能级别	含硫量(%)不大于	断面收缩率 ψ_z (%)	
		三个试样平均值	单个试样值
		不小于	
Z15	0.01	15	10
Z25	0.007	25	15
Z35	0.005	35	25

7.2.3　钢材的选用

各种结构对钢材各有要求，建筑钢材选择时根据规范要求对钢材的强度、塑性、韧性、耐疲劳性能、焊接性能、耐锈性能等全面考虑，确定钢材的牌号及其质量等级。钢材的选用原则是既能使结构安全可靠和满足要求，又要最大可能节约钢材和降低造价，不同的使用条件应有不同的质量要求。一般应考虑：结构的重要性、荷载情况、连接方法、结构所处的温度和工作环境等几方面的情况。

1. 选用钢结构高层建筑钢材的有关规定

《钢结构高层建筑技术规程》(JGJ 99—1998)规定：钢结构高层建筑的钢材，不采用 Q235—A 级钢，宜采用 Q235 等级 B、C、D 的碳素结构钢，以及 Q345 等级 B、C、D、E 的低合金高强度结构钢。其质量标准应分别符合我国现行国家标准《碳素结构钢》(GB 700—1988)和《低合金高强度结构钢》(GB/T 1591—1994)的规定。当有可靠根据时，可采用其他牌号的钢材。

采用焊接连接的节点，当板厚≥50mm，并承受沿板厚方向的拉力作用时，应按现行国家标准《厚度方向性能钢板》(GB 5313)的规定，附加板厚度方向的断面收缩率，并不得小于该标准 Z15 级规定的允许值(Z15 级断面收缩率：三个试样平均值大于 15%，单个试样值大于 10%)，以防止发生层状撕裂。

抗震钢结构高层建筑的钢材应保证：强屈为 1.2～1.8、有明显屈服台阶、伸长率大于 20%、有保持延性的良好可焊性。不应采用 15MnV 或 15MnVq 钢，可采用 Q235 和 16Mn 钢材。

2. 钢结构高层建筑选用的钢材

根据以上有关规定，钢结构高层建筑选用的钢材种类和品种分别有以下一些。

1) 钢材的种类

有三大类：

(1) 低碳钢(普通碳素钢)

(2) 普通低合金钢

(3) 热处理低合金钢(淬火回火合金钢)

我国低碳钢应用最普遍的是 Q235 钢，类似 Q235 钢材的外国钢材有美国的 A36、日本的 SM41、德国的 ST37、俄罗斯的 CT3 等。这些钢材已使用了半个多世纪，加工和使用性能都好，成本较低。但因其强度较低，在现代钢结构高层建筑中，一般只用于次要构件，如次梁、梯段、工字梁腹板等。

普通低合金钢国产的有 16Mn，外国钢材有美国的 A440、A242，日本的 SS50、SM51，德国的 ST52、ST62 等。60 年代以来，低合金钢大量进入高层建筑市场，在钢结构高层建筑中广泛采用的合金钢的国家除美国、日本外还有欧洲国家。我国新建的钢结构高层建筑中，已有多幢建筑采用外国进口的低合金钢材建造。

热处理低合金钢，是对低合金钢进行热处理，来进一步提高强度而又不显著降低其塑性和韧性。目前这种钢材的屈服点已可达 700N/mm^2，如美国的 T—1、日本的 HT70、俄罗斯的 70/80 级钢以及我国的 14 锰钼铌钢。虽然其强度高，但伸长率小，脆性大，塑性差，应力重分布能力低，可焊性不好，在钢结构高层建筑中采用很少，而且仅用于受拉或受弯构件。

2) 钢材的品种

在现代钢结构高层建筑中，广泛采用 H 型钢、厚度方向性能钢板、压型钢板、薄壁钢管等。

(1) 型钢。有热扎 H 型钢和 H 型钢。热轧 H 型钢，欧美国家称宽翼缘工字钢、日本称 H 型钢，它用四轮万能轧机轧制而成，如图 7.9 所示；焊接 H 型钢，将钢板裁剪、组合后再用自动埋弧焊或手工焊、二氯化碳气体保护焊、高频电焊工艺焊接而成。

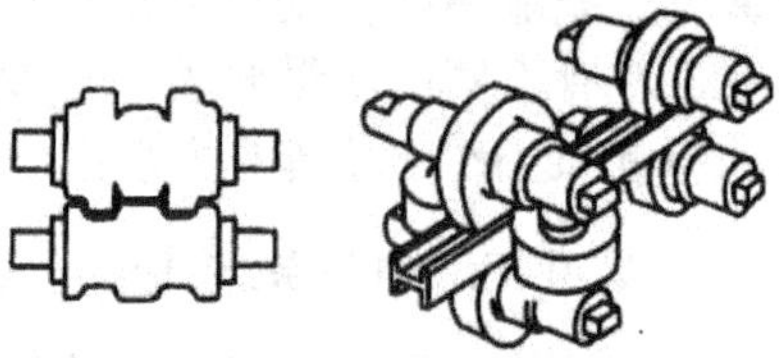

(a) 普通轧机　　(b) 万能轧机

图 7.9　普通轧机和万能轧机比较

H 型钢因为力学性能好(沿两轴方向惯性矩比较接近)，翼缘板内外侧相互平行，连接施工方便。明显用这种型钢做钢结构高层建筑的框架非常适合。钢结构高层建筑中的柱子，当结构高度不十分高时，一般选用轧制 H 型钢；当荷载较大时可用焊接的 H 型钢。钢结构高层建筑的梁，多为轧制或焊接的 H 型钢。当然还有一些其他的组合截面，如箱形截面、十字形截面在钢结构高层建筑中的框架中使用。箱形截面一般由 H 型钢加焊钢板或由四块钢板焊接而成，钢板厚度由计算确定，用于荷载很大或存在双向弯矩的高度很大的钢结构高层建筑的柱子截面(如美国纽约 110 层世贸中心，我国金茂大厦等建筑的柱)，或钢结构高层建筑的大梁、悬臂梁及悬挂构件的悬臂梁截面；十字形截面由两个轧制工字钢或钢板组成，用于承受双向弯矩的柱子截面(如上海 27 层的瑞金大厦的柱)。但钢结构高层建筑的柱、梁仍多为 H 型截面，所以轧制和焊接的 H 型钢在国外发展很快。我国近年来在 H 型钢的生产方面取得很大进展，目前国内已经有多家生产 H 型钢的厂家，如马钢、莱钢和鞍山一轧等，生产的 H 型钢的规格有 70 余种。它的规格标记采用高度 H(mm)×宽度 B(mm)×腹板厚度 t_1(mm)×翼缘厚度 t_2(mm)表示，生产的 HW 型钢截面高度为 100～400mm，宽高比 B/H=1；HM 型钢截面高度为 150～600mm，宽高比 B/H=1/2～2/3；HN 型钢截面高度为 100～700mm，宽高比为 B/H=1/2～1/3。对于焊接 H 型钢，冶金工业部颁布了 YB 3302—1981 轻型焊接 H 型钢和 YB 3301—1981 焊接 H 型钢的部颁布标准。轻型焊接 H 型钢的规格为 100×50mm～454×300mm；焊接 H 型钢的规格为 300×200mm～1200×600mm，后者一般采用的是自动埋弧焊工艺焊接，规格较大，宜用作钢结构高层建筑建筑的柱和梁。上海施工的一些钢结构高层建筑建筑，有的即采用国产的焊接 H 型钢。焊接 H 型钢的翼缘突伸的最大宽厚比为 $15t_2$(t_2 翼缘厚度)，最大的腹杆高厚比为 $70t_1$(t_1 为腹板厚度)，钢板厚度采用以 2mm 的级差递增，但保留 25mm 一级。钢板的下料，板厚小于 8mm 时用机械剪切；大于 8mm，采用氧一丙烷或氧一乙炔精密切割工艺和多头自动切割机或半自动切割机进行加工，翼缘板边缘的光洁度应达到有关要求。

(2) 厚度方向性能钢板。厚度方向性能钢板，也称 Z 向钢，是在某一级结构钢(母级钢)的基础上，经过特殊冶炼、处理的钢材。其含硫量控制更严，为一般钢材的 1/5 以下，截面收缩率 ψ 在 15%以上。钢结构高层建筑是首先提出有厚度性能要求的建筑结构，为防止发生层状撕裂，国家制定和颁布了相关的行业标准。包括以下几项。

① 适用于制作钢结构高层建筑建筑厚度为 6～100mm 的钢板分为 2 个强度等级、4 个牌号，分别为 Q235GJ、Q235GJZ、Q345GJ、Q345GJZ。各牌号钢力学性能应符合有关规定。

② 冶炼由转炉和电炉冶炼。

③ 交货状态为热轧、正火或温度—变形控制轧制(TMCP)，控轧是使合金元素最佳化和对从加热到轧制及其后冷却所包括的整个工艺过程进行控制的综合热加工技术。交货状态应在合同种注明，否则由供应方选择。

(3) 压型钢板、薄壁钢管。这几种钢材应用在钢和混凝土组合构件中，是一种各取所长的结合。钢的强度高，宜受拉，混凝土则宜受压，两种材料结合，都能充分发挥各自优势，是一种合理的结构。

采用压型钢板作钢筋混凝土楼板翼缘板的底模，钢筋混凝土板受压，压型钢板受拉，各得其所，是非常经济的结构形式。

采用薄壁钢管(圆管或方管)，内灌素混凝土的钢管混凝土结构。在压力作用下，钢管和混凝土之间产生相互作用的紧箍力，使混凝土处于三向受压的应力状态下工作，大大提高了混凝土的抗压强度，改善了塑性，提高了抗震性能；而薄壁钢管在混凝土的挤压下不易屈曲，提高了钢管的局部稳定性，使钢材强度得到充分发挥。试验研究，钢管混凝土强度比单钢管或同样截面的混凝土强度提高了好几倍，特别适用于轴心受压构件。

以上两种组合构件在高层建筑中已有很多应用，是很有发展前景且承载力高，塑性、韧性好，节省材料，方便施工，有较好经济效益等特点的新型组合结构。

7.2.4　钢材的代用

钢结构应按照选用钢材的原则选用钢材的钢号并提出对钢材的性能要求。钢结构工程所采用的钢材必须附有钢材的质量证明书，各项指标应符合设计文件的要求和国家现行有关标准的规定。施工单位不宜随意更改或代用。只有在供方无法满足设计要求又没有其他货源的情况下，经原设计单位同意时方可代换，并可根据钢材选择的原则灵活调整。对材质的要求，受拉构件高于受压构件；焊接结构高于螺栓连接的结构；厚钢板结构高于薄钢板结构；低温结构高于常温结构；受动力荷载的结构高于受静力荷载的结构。一般确定钢材必须代换时，应注意以下各点。

(1) 代用钢材的化学成分和机械性能与原设计应一致。钢号虽然满足设计要求，但生产厂提供的材质保证书中缺少设计部门提出的部分性能要求时，应做补充试验。

(2) 钢材性能虽然满足设计要求，但钢号的质量优于设计提出的要求时，应注意节约。

(3) 如钢材性能满足设计要求，而钢号质量低于设计要求时，一般不允许代用。如结构性质和使用条件允许，在材质相差不大的情况下，经设计单位同意亦可代用。

(4) 钢材的钢号和性能都与设计的要求不符时，如 Q235 钢代 Q345 钢，首先应根据上述 1 和 2 的规定检查是否合理，然后按钢材的设计强度重新计算，根据计算结果改变结构的截面，焊缝尺寸和节点构造。

(5) 对于成批混合的钢材，如用于主要承重结构时，必须逐根按现行标准对其化学成分和机械性能分别进行试验，如检验不符合要求时，可根据实际情况用于非承重结构构件。

(6) 采用进口钢材时，应验证其化学成分和机械性能是否满足相应钢号的标准。

(7) 当采用代用钢材而引起构件的强度、稳定性和刚度变化较大，并产生较大的偏心影响时，要重新进行设计。

(8) 钢材的规格尺寸与设计要求不同时，不能随意以大代小，须经计算后才能代用。

7.2.5　钢材的验收

对钢结构的钢材进行验收是保证钢结构工程质量的重要环节，应该遵照《钢结构工程施工质量验收规范》(GB 50205—2001)对钢材的有关规定执行。其主要内容包括以下几项。

(1) 钢材的数量和品种是否与订货单符合。

(2) 钢材的质量保证书是否与钢材上打印的记号符合。每批钢材必须具备生产厂家提供的材质证明书，写明钢材的炉号、化学成分和机械性等项目。应检查各项目是否齐全，并根据国标 GB 700—1988 和 GB/T 1591—1994 中的有关规定，核对钢材的各项指标。

以上验收检查的数量为全数检查；检验的方法是检查质量合格证明文件及检验报告等。

(3) 检验钢材的表面质量，其表面不得有结疤、裂纹、折叠和分层等缺陷，其深度不得大于该钢材厚度负允许偏差值的 1/2。

本项检查验收的数量为全数检查；检验方法是观察检查。

(4) 根据国标中的有关规定核对钢材的规格尺寸以及各类钢材外形尺寸的允许偏差。在 YB 3301—1992 中规定了焊接 H 型钢外形尺寸的允许偏差，见表 7-5。

表 7-5　焊接 H 型钢的外形尺寸公差

项目			公差(mm)
高度 H	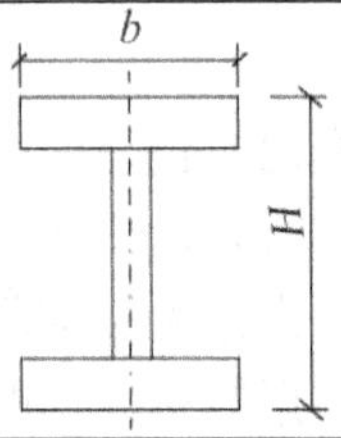	$H \leqslant 400$ $H > 400$	± 2 ± 3
宽度 b			± 3
长度 L			± 3
腹板偏心距 S	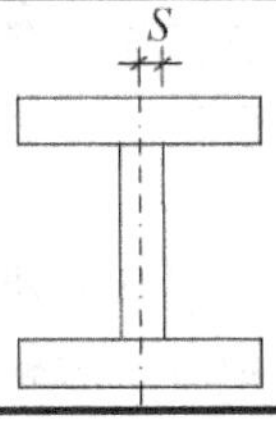	$b \leqslant 200$ $b > 200$	$\pm \frac{b}{100}$ ± 2

续表

项目			公差(mm)
直角度 P	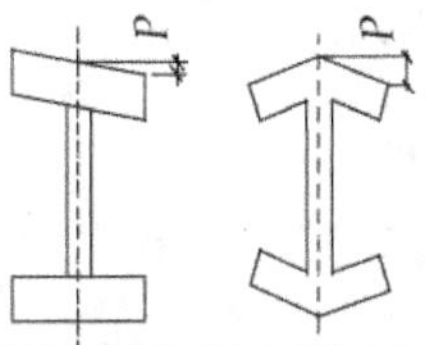	$b \leqslant 200$ $b > 200$	$\pm \frac{b}{100}$ ±2 轨道接触范围不超过±1

本项检查验收的数量为每一品种、规格的钢材或型钢抽查 5 处；检验的方法是用钢尺或游标卡尺量测。

(5) 属于下列情况之一的钢材，钢材必须具备材质质量保证书和试验报告。同时应进行抽样复验，复验结果应符合现行国家产品标准和设计要求。

① 国外进口钢材。

② 钢材混批。

③ 钢材质量保证书的项目少于设计要求(应提供缺少项目的试验报告)。

④ 板厚大于 40mm 且设计有几项性能要求的厚板。

⑤ 设计有复验要求的钢材。

⑥ 对质量有疑义的钢材。

本项检查验收的数量为全数检查；检验的方法是检查质量保证书、试验报告及复验报告。

其中(1)、(2)、(5)为钢材验收的主控项目；(3)、(4)为钢材验收的一般项目。

7.3　钢结构的连接技术

钢结构的连接是通过一定的方式将各个板件或杆件连成整体。板件、杆件间要保持正确的相互位置，连接部位应有足够的静力强度和疲劳强度，来满足传力和使用要求。因此连接是钢结构制作和施工中重要的环节。一般好的连接，应当符合安全可靠、节省钢材、构造简单和施工方便的原则。

我国钢结构高层建筑在制作和安装施工时采用的连接方法，根据结构的特点，主要是焊接连接和高强度螺栓连接等。

7.3.1　焊接连接的方法、原理及操作工艺

1. 手工电弧焊

凡电极的送给、前进和摆动三个动作均靠手工操作来实现的都称为手工电弧焊。它是钢结构中常用的焊接方法，其设备简单，操作灵活方便，适用于各种位置的焊接；但生产效率较差，质量较低。在钢结构高层建筑的制造过程中一般用作焊缝打底；在现场焊接中，是广泛采用的一种焊接技术。

1) 原理

图 7.10 是手工电弧焊的原理示意图。它是由焊条、焊钳、焊件、电焊机和导线等组成电路。通过引弧后，在涂有焊药的焊条端和焊件间的间隙产生电弧，使焊条熔化，熔滴滴

入被电弧吹成的焊件熔池中，同时焊药燃烧，在熔池周围形成保护气体，稍冷后在焊缝熔化的金属表面又形成熔渣，隔绝熔池中的液体金属和空气中的氧、氮等气体的接触，避免形成脆性易裂的化合物。焊缝金属冷却后就与焊件熔成一体。

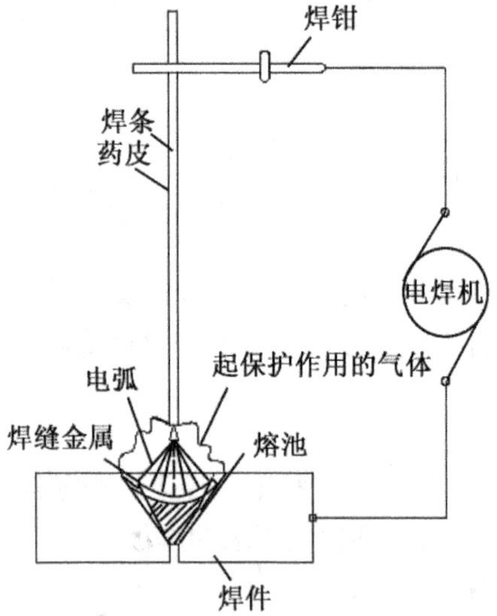

图 7.10　手工电弧焊原理

2) 操作工艺

(1) 焊接参数的选择。焊接参数工艺的选择，应在保证焊接质量的条件下，采用大直径焊条和大电流焊接，以提高劳动生产率。

① 焊条直径的选择。主要根据焊件厚度选择，一般焊件的厚度越大，选用的焊条直径也越大。另外应注意：多层焊的第一层以及非水平位置焊接时，焊条直径应选小一点；在同样厚度条件下，平焊比在其他位置用的焊条直径大一些；立、横、仰焊位置的焊条，最大直径一般不超过 4mm；对某些要求防止过热及控制线能量的焊件，宜选用小直径焊条。

② 焊接电流电压的选择。手工电弧焊的电源可分为交流电或直流电，交流电手工电弧焊是建筑工地上应用最广泛的焊接方法。直流电焊接技术一般应用焊接要求较高的钢结构。

手工电弧焊电流主要根据焊条直径选择。电压主要取决于弧长，电弧长，则电压高；反之，则低。而手工电弧焊的电弧长度，大致应等于焊条直径，电弧过长，热量不集中，焊缝变宽，溶深不一致；过短，则易短路，焊缝变窄，表面凹凸不平。手工焊电流、电压参数选择参考有关手册。一般焊接电流初步选定后，要通过试焊调整，电流过大或过小都有弊端。

(2) 焊条的选用。在选用焊条时，应注意以下原则。

① 应与主体金属相匹配。

② 不同材质的母材焊接，焊条匹配强度低的母材。

③ 对于易裂的母材或结构的塑性、韧性要求高的重要结构，应选用塑性、韧性好，含氢量低及坑裂性能好的碱性焊条(低氢焊条)。

④ 应选用低氢焊条而无直流焊接电源时，可选用低氢钾型焊条。

一般与主体金属钢材相匹配国产焊条的选用可参见表 7-6。

表 7-6　与钢材匹配国产焊条的选用

钢号	焊条型号		备注
	型号	国标	
Q235	E4303 E4316 E4315 E4301	J 422 J 426 J 427 J 423	厚板结构的焊接宜选用低氢型焊条。
16Mn	E5016 E5015 E5003 E5001	J 506 J 507 J 502 J 503	主要承重构件、厚板结构及应力较大的低合金结构钢的焊接，应选用低氢型和超低氢型焊条，以防氢脆。

注：焊条型号中，E 表示焊条；前两位数字表示熔敷金属的最小坑拉强度(kg/mm²)；第三位数字表示适用的焊接位置；第三、四两位数字的组合则表示焊接电流种类和药皮类型。

(3) 焊缝的起头、接头及收尾。

① 焊缝的起头。焊缝的起头就是指刚开始焊接的操作。起头部分往往容易出现气孔、未熔透、宽度不够及焊缝堆积过高等缺陷。为了避免和减少这种现象，应该在引弧后稍将电弧拉长，对焊缝端头进行适当预热，并且多次往复运条，达到熔深和所需要宽度后再调到合适弧长进行正常焊接。

② 焊缝的接头。在手工电弧焊操作中，焊缝接头的好坏，影响焊缝外观成形和焊缝质量。必须准确掌握接头部位，如过于推后，会出现焊肉重叠高起现象；反之，又会出现脱节凹陷。接头处应在熔池温度没有完全冷却时更换焊条，换焊条的动作越快越好，这样能增加电弧稳定性，保证和前焊缝的结合性能，减少气孔，并使接头美观。

接头一般是在弧坑前约 15mm 处引弧，然后移动到原弧坑位置进行焊接。用酸性焊条时，引燃电弧后可稍拉长电弧，待移到接头位置时再压低电弧；用碱性焊条时，电弧不可拉长，否则容易出现气孔。

③ 焊缝的收尾。指焊缝结束时的收尾，焊缝收尾操作时，应保持正常的熔池温度，做无直线移动的横摆点焊动作，逐渐填满熔池后再将电弧拉向一侧熄弧。每条焊缝结束时必须填满弧坑。过深的弧坑不仅会影响美观，还会使焊缝收尾处产生缩孔、应力集中。为了填满弧坑，一般采用以下三种操作方法。

- 划圈收尾法：当焊条移至焊缝终点时，作圆圈运动，直到填满弧坑再拉断电弧。此法适合于厚板收尾。
- 反复断弧收尾法：当焊接进行到焊缝终点时，在弧坑处反复熄弧和引弧数次，直到填满弧坑为止。此法适用于薄板和大电流焊接，但不适用于碱性焊条，容易产生气孔。
- 回焊收尾法：焊条移至焊缝收尾处稍加停顿，接着改变焊条角度往回焊一小段，相当于收尾处变成一个起头。此法适用于碱性焊条的焊接。

2. 自动埋弧焊

埋弧焊是利用电弧作为热源的焊接方法，焊接时电弧在颗粒状的焊剂下层燃烧而完成焊接过程。

1) 原理

其原理如图 7.11 所示，一般焊丝成卷装置在焊丝转盘上，焊丝外表裸露不涂焊剂，焊剂成散状颗粒装置在焊剂漏斗中。通电使焊丝末端和焊件之间产生电弧后，电弧下的焊丝和附近焊件金属熔化形成熔池，焊剂也熔化并不断地从漏斗流下，将熔融的焊缝金属覆盖，焊剂将熔成焊渣浮在熔融的焊缝金属表面。部分蒸发的焊剂蒸汽将电弧周围的焊剂熔渣排开，形成封闭空间，使电弧与外界空气隔绝，故而焊接时看不见强烈的电弧光，称为埋弧焊。当埋弧焊的全部装备固定在小车上，由小车按规定的速度沿轨道前进进行焊接时，这种方法就称为自动埋弧焊。自动埋弧焊由于焊剂对电弧空间保护可靠，电弧热量集中，熔深大，焊接速度快，热影响区较小，焊接变形小；且自动化操作，焊接工艺条件好，焊缝质量稳定，光洁平直，内部缺陷少，化学成分和机械性能较均匀，生产效率也高。广泛用于焊接中厚度板的有规律的直长对接和贴角焊缝，可焊接碳素钢低合金钢、不锈钢、耐热钢及其复合钢等。但由于采用颗粒状焊剂，一般只适用于平焊位置。

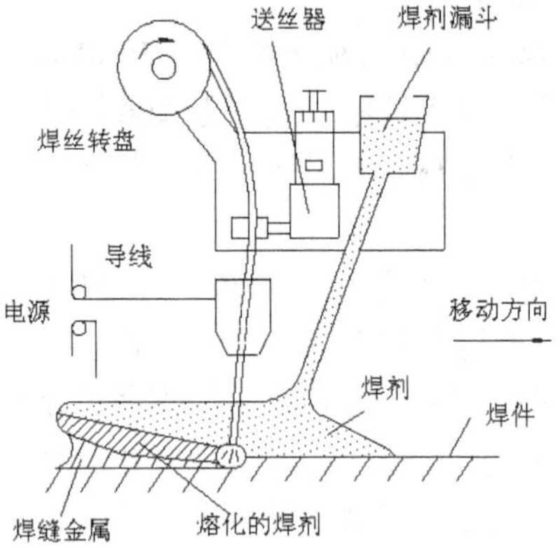

图 7.11　埋弧焊原理

2) 操作工艺

(1) 焊丝的选择。我国《钢结构高层建筑设计与施工规程》推荐自动埋弧焊的焊丝和焊剂见表 7-7。

表 7-7　自动埋弧焊焊丝和焊剂的选用

钢号	埋弧焊丝牌号	焊剂牌号	焊剂类型
Q235	H08A	HJ431	中锰或高锰型
	H08A	HJ430	
	H08MnA	HJ230	无锰或低锰型
16Mn	H08MnA	HJ431	中锰或高锰型
	H08MnA	HJ430	
	H10Mn2	HJ230	无锰或低锰型

3) 焊剂

(1) 堆放高度。高度太小时，对电弧的保护不全，影响焊接质量；太大时，易使焊缝产生气孔和表面成形不良。因此必须根据使用电流的大小适当选择焊剂堆放高度，一般为 25～50mm。当电流及弧压大时，应适当增大焊剂堆放高度和宽度。

(2) 粒度。电流大时，应选用细粒度焊剂，否则焊缝外形不良；电流小时，应选用粗粒度焊剂，否则焊缝表面易出现麻坑。一般粒度为 8～40 目，细粒度为 14～80 目。

(3) 回收次数。焊剂反复使用次数过多时应与新焊剂混合使用，否则影响焊缝质量。

4) 焊丝的数目

目前埋弧焊发展很快，已有双丝、三丝、多丝埋弧焊等工艺。其中双丝焊是用 2 根焊丝沿焊缝方向排列并同时施焊，可一次得到大量熔敷金属，焊接速度提高，焊接变形小。

双丝焊机应用 H 形截面和箱形截面贴角焊缝的焊接已相当普及。双丝焊机焊接贴角焊缝的前后丝布置如图 7.12 所示。

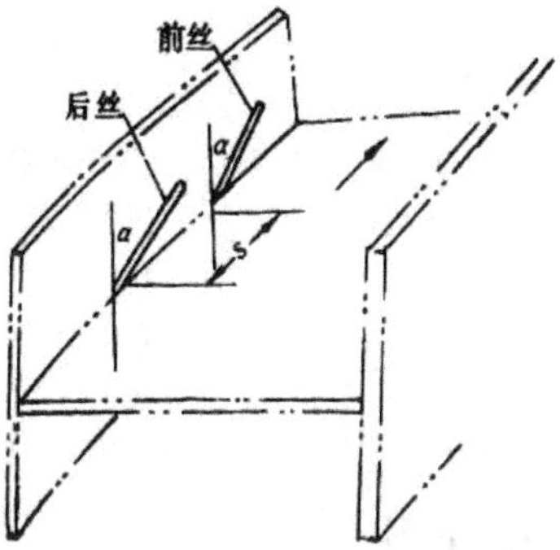

图 7.12　双丝焊机前后焊丝布置示意图

5) 对接直焊缝的焊接技术

对接直焊缝的焊接方法有单面焊和双面焊两种基本类型；根据钢板厚度又可分为单层焊、多层焊。

(1) 焊剂热法或焊剂—铜热法埋弧自动焊。在焊接对接焊缝时，为了防止熔渣和熔池金属的泄漏，采用焊剂热作为衬热进行焊接(热焊剂与焊接用焊剂相同)。焊剂要与焊件背面贴紧，以便能够承受一定的均匀的托力。如选用较大的焊接规范，使工件熔透，则达到双面成形。

如用焊剂—铜热板取代焊剂热，则可以克服焊剂热托力不均匀的现象，同时在工件与铜热板之间的焊剂也起到了对熔池背面的保护和合金作用，以保护焊缝背面的成形。

(2) 手工焊封底埋弧自动焊。对无法使用衬热的焊缝，可先行用手工焊进行封底，然后再采用埋弧焊。

(3) 多层埋弧焊。对于较厚钢板，一次不能焊完的，可采用多层焊。一般要求：第一层焊时，规范不要太大，即要保证焊透，又要避免裂纹等缺陷；每层焊缝的接头要错开，不可重叠；每层焊高一般为 4～5mm。

6) 角接焊缝焊接技术

埋弧自动焊的角接焊缝主要出现在 T 形接头和搭接接头中，一般可采取船形焊和斜角焊两种形式。

3. CO_2 气体保护焊

CO_2 气体保护焊是利用 CO_2 气体为保护气体，依靠焊丝与焊件之间产生的电弧热来熔化金属，并与焊丝形成焊缝的一种电弧焊方法。如图 7.13 所示。

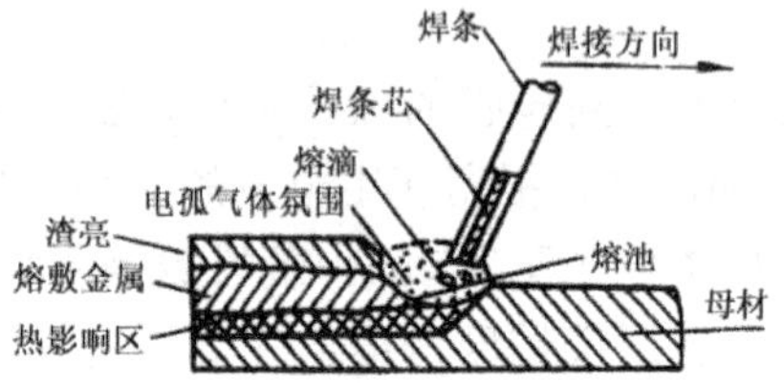

(a) 焊接区状态

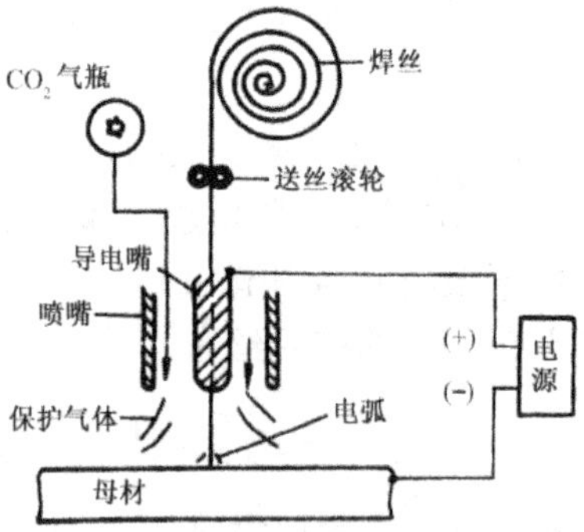

(b) 焊接装置

图 7.13　CO_2气体保护焊示意图

1) 原理

CO_2气体保护焊的原理是在焊接时焊丝由送丝机构通过软管经导电嘴送出，而 CO_2气体从喷嘴以一定的流量喷出。当焊丝与焊件接触引燃电弧后，电弧下的焊丝和附近焊件金属熔化形成熔池，连续给送的气体把电弧、熔池与大气隔离，从而保持焊接过程的稳定，获得高质量的焊缝。操作时可用自动或半自动焊方式。由于焊接时没有熔渣，便于观察焊缝的成型过程，但操作时须在室内避风处，若在工棚施焊须搭设防风棚。

气体保护电弧加热集中，焊接速度较快，焊件熔深大，热影响区较窄，焊接变形和应力较小；CO_2 在高温下具有的强氧化性可减少金属熔池中游离态氢的含量，其熔焊金属中的含氢量比低氢焊条施焊的还小，大大降低了金属的冷脆倾向；另外其耗量也仅为交流电手工焊的一半左右，且清渣工作量极小，效率比手工焊高 1～2 倍；但设备复杂，电弧光较强，金属飞溅多，焊表面成型较差。难用交流电进行焊接。

CO_2 气体保护焊可用于构件长焊缝自动焊及半自动焊接短焊缝，主要用于焊接低碳钢及低合金钢等黑色金属。

2) 操作工艺

(1) 焊接参数的选择。

① 焊丝直径的选择。根据工件厚度、施焊位置及生产率的要求来选择。焊丝直径的选择参照有关手册。

② 焊接电流和电弧电压的选择。一般 CO_2 焊接的电流应根据工件的厚度、焊丝直径、施焊位置以及要求的熔滴过渡形式来选择。电弧电压选择时必须与焊接电流恰好配合，应在 16～24V 范围内。最佳电弧电压有时只有 1～2V 之差，应仔细调整。常用的焊接电流和电弧电压的范围参考有关手册。

(2) 焊丝的选择。焊丝成分应与母材成分接近，具有良好的焊接工艺性能。焊丝含 C 量一般要求< 0.11%。其表面一般有镀铜等防锈措施。根据《高层建筑结构设计与施工规程》推荐，CO_2 气体保护焊焊接 Q235 钢材的焊丝是 $H08Mn_2Si$、低合金结构钢材(16mm)的焊丝是 $H08Mn_2SiA$ 等低合金钢焊丝，必要时还应根据冲击韧性和其他要求(如减小飞溅等)，通过焊丝添加适当的微量元素。

(3) CO_2 气体保护半自动焊操作技术。

① 引弧与熄弧。CO_2 气体保护半自动焊中，引弧前要把焊丝伸出长度调好。这取决于焊丝直径，约等于直径的 10 倍为合适。如果焊丝端部有球形头，应当剪掉，引弧时要选好适当的引弧位置，采用短滴引弧法。起弧后，要掌握好焊接速度，避免焊缝始端出现熔化不良和焊肉过高。

为了引弧与熄弧时 CO_2 气体能很好地保护熔池，也可以采取提前送气和滞后停气的措施。熄弧后，熔池未完全凝固前，不要将焊柱立即抬起。

② 各种位置的焊接技术。

● 平焊和横焊

一般有左向和右向焊两种操作方法。左向焊法，喷嘴不会挡住视线，能清楚地看到熔池和焊缝，便于控制焊缝的成形。熔池受电弧的冲击作用较小，能得到较大的熔宽，焊缝成形比较美观，所以左向焊法应用比较普通；右向焊法，气体保护效果较好，但因焊丝指向熔池，电弧对熔池一定的冲击作用，如果操作不当，会影响焊缝成形。

平焊多采用左向焊法。薄板平位置对接焊时，焊柱作直线运动，如果间隙较大，可以适当横向摆动，但幅度不要太大，以免影响气体对熔池的保护；中厚板 V 形坡口对接焊时，底层焊缝采用直线运动，上层焊缝可采用横向摆动的多层焊，也可采用多道焊法。

横焊多采用右向焊法。焊柱作直线运动，必要时也可作小幅度的往复摆动。

平角焊和搭接焊时，采用左向焊法和右向焊法均可以。

● 立焊

有向上和向下两种操作方法。向上立焊的熔深较大，多用于中厚板的细丝焊接，操作时适当地作三角形摆动，可以控制熔宽、改善焊缝的成形；向下立焊的焊缝成形良好，生产率高，但熔深较小，多用于薄板焊接。向下立焊必须选择合适的焊接规范，焊柱一般不作横向摆动。

● 仰焊

应采用较细的焊丝及较小的焊接电流。薄板件仰焊时，一般多采用小幅度的往复摆动。中厚板仰焊时，应适当横向摆动，并在接缝或坡口两侧稍停片刻，以防焊肉中间凸起及液态金属下淌。

(4) CO_2 气体保护自动焊接操作技术。自动焊时对工件的坡口、装配间隙要求都较严格，焊接规范的选择也要求较严格。一般自动焊采用短滴过渡，或采用大滴过渡，以减少飞溅，并保证焊接过程的稳定。采用的焊丝一般不超过 2mm。

自动焊对于平焊位置的对接、角接和 T 形接头等平直焊缝。可采用无热板的单面焊双面成形工艺。为防止烧穿也可采用铜热板，由焊机的行走小车沿焊缝作匀速自动行进，靠自动化程序控制，实现焊接过程。

(5) 特种 CO_2 气体保护焊简介。

① 粗丝 CO_2 气体保护焊。粗丝(焊丝直径 3～5mm)自动焊用于中厚板的水平位置焊接。它的特点是焊接熔化系数高，电弧穿透力强，熔深大。与埋弧焊比，在相同条件下，有较高的生产率，较低的焊接成本。虽然使用较大的焊接电流，但是电流密度比用细丝焊时低得多，而电弧电压也较低。焊接过程中，电弧深入熔池，形成所谓的“潜弧”现象，使飞溅减少，焊接过程稳定焊缝成形良好。

② 药芯焊丝 CO_2 气体保护焊。药芯焊丝是一种新型的焊接材料。用普通 08 号钢带加焊药芯轧制而成，截面形式如图 7.14 所示。(a)多为小直径焊丝，φ=1.6～2.4mm，与平外特性直流电源匹配；(b)、(c)直径为 2.4～3.2mm，与交流电源匹配。所用机械与 CO_2 气体保护焊相似，成盘的焊丝由送丝机软管连续自动送入焊柱，焊工手持焊柱施焊。这种焊接工艺靠空心焊丝中含有造渣剂、合金剂、脱氧剂、稳弧剂等成分的焊药产生的气体保护熔池金属，它兼有引弧、稳弧、造渣和向焊缝金属掺合金的作用。有利于获得质量优良的焊缝，具有熔敷率比 CO_2 保护焊更高，坑风能力强等优点，在美、俄、日等国家采用广泛。

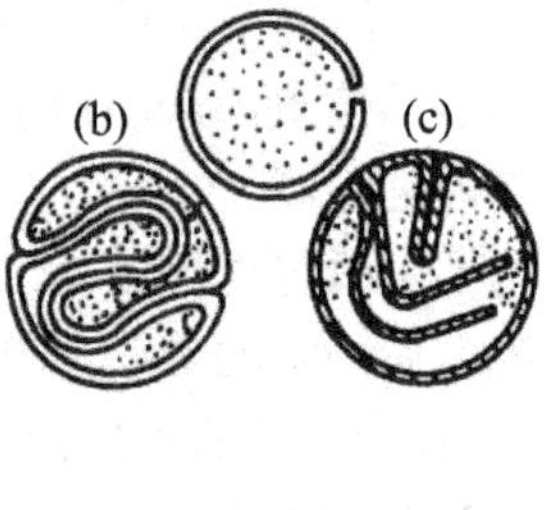

图 7.14　粉芯焊丝截面形式

(6) CO_2 保护焊注意事项。在一定的焊丝直径、焊接电流和电弧电压条件下，熔宽与熔深都随着焊接速度的增加而减小。如果焊接速度过快，容易产生咬边和未熔合等缺陷，同时气体保护效果变坏，可能出现气孔；焊速过低，产生率不高，焊接变形增大。一般自动焊速度应在 15～40m/h 范围内，自动焊则不超过 90m/h。

CO_2 气体用 40L 的钢瓶灌装，瓶内压力随外界温度升高而增大，所以 CO_2 气瓶不可靠近热源或置于烈日下暴晒，防爆炸。当压力小于 1.0N/mm² 时，CO_2 气体中的含水量大大增加，不能继续使用，否则极易在焊缝跟部及热影响区域出现细微氢致裂纹，危害很大。CO_2 气流量根据焊接电流速度、焊丝伸长度及喷嘴直径等来选择。一般短滴过渡时，气体流量约为 8～15L/min，大滴过渡时约为 15～25L/min。坡口两侧各大于 2 倍板件厚且不小于 100mm 宽度范围内对母材均匀预热，焊缝层间温度应保持在 120℃以上；焊后热处理 0.5～1h，加热温度 200℃～250℃，用石棉布包裹保温 2h。

4. 电渣焊

1) 原理

电渣焊也是一种自动焊，主要用于中碳钢及中、高强度结构钢在竖直位置上的对接焊接。其原理同电弧焊有本质区别。电渣焊开始一般先在电极和引弧板之间产生电弧，利用其热量使周围的焊剂熔化而变成液态熔渣。当液态熔渣在焊件和冷却滑块的空间内达到一定深度(即形成渣池)时，电弧熄灭，此时电弧过程即转变为电渣过程。当焊接电流由电极经过渣池至焊件时，渣池产生的电阻热使电极和焊件熔化，在渣池下面形成金属熔池。随着金属熔池的不断升高，远离热源的熔池金属逐渐冷却而形成焊缝。其过程如图 7.15 所示。

电渣焊有丝极、板极、熔嘴和管状熔嘴等数种，其中管状熔嘴是一种新的工艺方法。其特点是焊丝的外面套一根细钢管(直径 d=12mm，壁厚 3mm)，其外壁涂有一层厚 2mm 的药皮，焊接时管状熔嘴与焊丝一起不断送进和熔化。其药皮既自动补充熔渣，又向焊缝金属过渡一定的合金元素。而其他电渣焊要通过焊剂向焊缝过渡合金元素相当困难，因而不得不采用低合金钢焊接材料(如丝极、板极等)。熔嘴电渣焊适用于建筑结构的厚板对接、角接焊缝，尤其是钢结构高层建筑中的箱形柱柱面板与内置横隔板的立缝焊接。如图 7.16 所示为管状熔嘴。

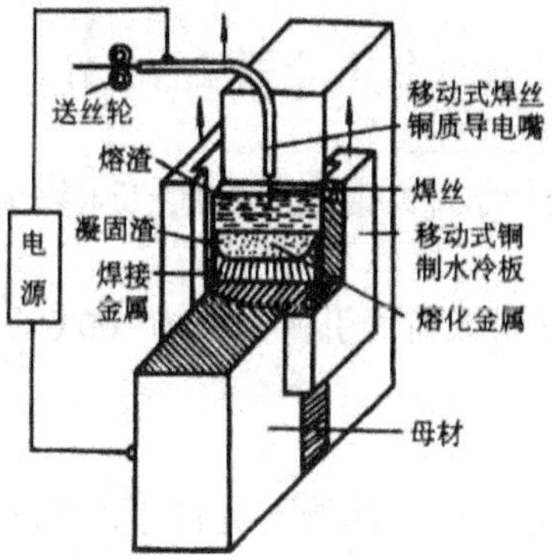

图 7.15　电渣焊接法

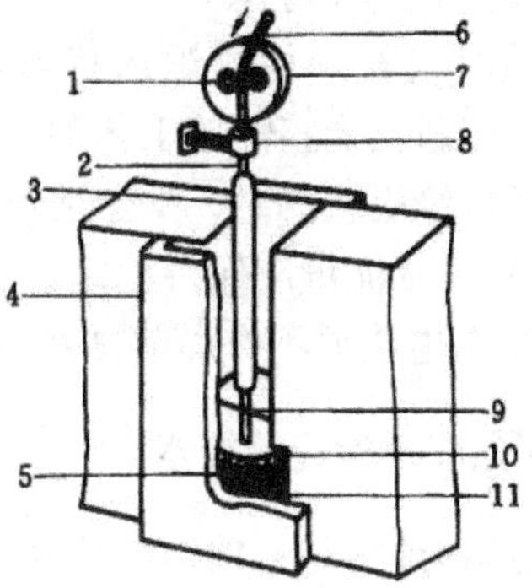

图 7.16　管状熔嘴电渣焊

1—送进压轮　2—管状熔嘴　3—药皮　4—水冷铜块　5—焊缝表面渣壳　6—焊丝　7—电动机　8—管状熔嘴夹持器　9—渣池　10—熔融金属　11—焊缝

2) 操作工艺

(1) 焊接电流和电压。

① 焊接电流的选择。可按经验公式计算 $I=KF$(I：平均焊接电流，A；F：管状熔嘴截面积，mm^2；K：比例系数，一般取 5～7)。

② 电压与熔缝的熔宽成正比，在起弧阶段电压稍高，一般为 50～55V，便于尽快熔化母材边缘和形成稳定的电渣过程。在保证焊透的情况下，电压尽可能低一些。正常焊接阶段所需电压稍低，一般可在 35～55V 之间选取。焊缝收尾时应适当减小焊接电压，并断续送进焊丝，将焊缝引到熄弧板上收尾。焊接电压随焊接过程而变化，焊接过程随时注意调整电压。

(2) 焊剂。国产电渣焊专用焊剂有 170 和 360 两种。170 为无锰、低硅、高氟型焊剂；360 为中锰、高硅、中氟型焊剂。另外某些埋弧焊焊剂(如 HJ430、431 等)亦可配合适当焊丝用于电渣焊。焊接含碳量低于 0.30%～0.35%的碳素钢和低合金钢时，常用焊丝有 H08Mn2Si、H10Mn2 等牌号。

焊接启动时，慢慢投入少量焊剂，一般为 35～50g，焊接过程中应逐渐少量添加焊剂。

(3) 速度。

① 焊接速度可在 1.5～3m/h 的范围内选取。

② 送丝速度常用的范围为 200～300m/h，造渣过程中选取 200m/h 为宜。

(4) 渣池深度。渣池深度稳定，所产生的热量稳定，焊接过程也稳定。一般深度与产生的电阻热成正比，取值常为 35～55mm。

(5) 引弧、熄弧板。焊道两端应按工艺要求设置引弧板和熄弧板，一般引弧板长度应达到板厚的 2～2.5 倍，熄弧板长度应达到板厚的 1.5～2 倍。

(6) 熔嘴。

① 熔嘴不应有明显锈蚀和弯曲。

② 安装管状熔嘴并调整对中，熔嘴下端距引弧板底面距离一般为 15～25mm。

③ 焊接过程中，应随时检查熔嘴是否在焊道的中心位置上，严禁熔嘴和焊丝过偏。

(7) 焊接过程中注意。

① 随时检查焊件的炽热状态，一般约在 800℃(樱红色)以上为熔合良好。当不足 800℃时，应适当调整焊接工艺参数，适当增加渣池内总热量。

② 当翼缘板较薄时，翼缘板外部的焊接部位应安装水冷却装置，随时控制冷却水温在 50℃～60℃，水流量应保持稳定。

(8) 熔嘴电渣焊不作焊前预热和焊后热处理，只是引弧前对引弧器加热 100℃左右。

7.3.2　高强度螺栓连接技术

高强螺栓连接是目前钢结构建筑最先进的连接方法之一。其特点是施工方便，可拆可换，传力均匀，没有铆钉传力的应力集中高，接头刚性好，承载能力大，疲劳强度高，螺母不易松动，结构安全可靠。在我国钢结构高层建筑中广泛应用，如上海的瑞金大厦、金茂大厦等钢结构高层建筑中亦采用高强螺栓连接。

1. 高强度螺栓连接的方法。

高强螺栓的连接方法分为摩擦型连接，承压型连接两种，如图 7.17 所示。

1) 摩擦型连接

该连接是拧紧螺母后，螺栓杆产生强大拉力，把接头处各层钢板压得很紧，以巨大的抗滑移力来传递内力，连接件之间产生相对滑移作为承载能力极限状态。摩擦力的大小是根据钢板表面的粗糙程度(与摩擦面处理的方法有关)和螺栓杆对钢板施加压力的大小来决定。摩擦型连接螺栓形式有六角头型和扭剪型两种，两者的连接性能和本身的力学性能都是相同的，都是以扭矩的大小取决螺栓轴向力的大小；其区别在于外形和施工方法不同，前者的扭矩是由施工工具来控制，后者的扭矩是由螺栓尾部切口的扭断力矩来控制。两者相比，扭剪型更具有施工简便、检查直观、受力良好、质量可靠等优点。近年来钢结构高层建筑工程上绝大部分采用这种形式。

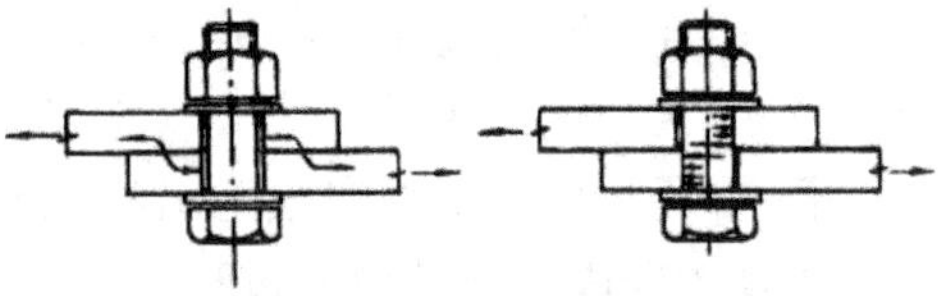

(a) 摩擦型连接　　(b) 承压型连接

图 7.17　高强螺栓的连接方法

2) 承压型连接

该连接是由螺栓拧紧后所产生的抗滑移力及螺栓杆在螺孔内和连接钢板间产生的承压力来传递应力的一种方法。在荷载设计值下，以螺栓或连接件达到最大承载能力，作为承载能力极限。承压型连接不得用于直接承受动力荷载的构件连接、承受反复荷载作用的构件连接和冷弯薄壁型钢构件连接。所以在钢结构高层建筑中都是应用摩擦型连接。

2. 高强度螺栓的材料要求。

大六角头高强螺栓连接副由一个螺栓杆、一个螺母和二个垫圈组成。螺栓性能等级分为 8.8 级和 10.9 级，前者用 45 号钢或 35 号钢制作，后者用 20MnTiB、40B 或 35VB 钢制作。扭剪型高强螺栓连接副由一个螺栓杆、一个螺母和一个垫圈组成。螺栓性能等级只有 10.9 级，用 20MnTiB 制作。钢结构用高强度螺栓、螺母、垫圈的性能等级及机械性能要求见表 7-8。其规格尺寸和钢材的化学成分、性能要求应符合有关规定。

表 7-8 高强度螺栓、螺母、垫圈的性能等级及机械性能

类别		性能等级	推荐材料	机械性能				
				抗拉强度	屈服强度	伸长率	收缩率	冲击韧性
					不小于			
大六角头高强度螺栓	螺栓	10.9S 8.8S	20MnTiB、40B、35VB 35、45	1 040～1 240 830～1 030	940 660	10 12	42 45	59 78
	螺母	10H 8H	45、35 15MnVB 35					
	垫圈	HRC35～45	45、35					
扭剪型高强度螺栓	螺栓	10.9S	20MnTiB	1 040～1 240	940	10	42	59
	螺母	10H	45、35 15MnVB					
	垫圈	HRC35～45	45、35					

3. 施工工艺

高强螺栓的施工，包括摩擦面处理、安装、初拧、终拧和检验等工作。

1) 栓杆长度确定

长度计算：$L=A+B+C+D$

式中 L：螺栓需要总长度，(mm)；A：节点各层钢板厚度总和，(mm)；B：垫圈厚度(mm)；C：螺母厚度，(mm)；D：拧紧后露出 2～4 扣的长度，(mm)。

2) 备料数量：按计算的数量增加 5%的施工损耗

3) 工艺要点

(1) 安装前注意。

① 高强螺栓连接副应按批号分别存放，并应在同批内配套使用。在储存、运输和施工过程中不得混用，轻装、轻卸，防止受潮、生锈、玷污和碰伤。

② 高强螺栓节点钢板的抗滑移面，应按规定的工艺进行摩擦面处理，并达到设计要求的抗滑移动系数(摩擦系数)。

③ 高强螺栓使用前，应按有关规定对高强螺栓的各项性能进行检验。

④ 安装高强螺栓时，接头摩擦面上不允许有毛刺、铁屑、油污、焊接飞溅物。摩擦面应干燥、没有结露、积霜、积雪、并不得在雨天进行安装。

⑤ 使用定扭矩扳子紧固高强度螺栓时，班前应对定扭矩扳子进行核校，合格后方能

使用。

(2) 安装时注意以下几点。

① 一个接头上的高强螺栓，应从螺栓群中部开始安装，逐个拧紧。初拧、复拧、终拧都应从螺栓群中部开始向四周扩展逐个拧紧，每拧紧一遍均应用不同颜色的油漆做上标记，防止漏拧。终拧后应用腻子封严四周，防止雨水侵入，初拧、复拧、终拧必须在同一天内完成。

② 接头如有高强度螺栓连接又有电焊连接时，是先紧固还是先焊接，应按设计要求规定的顺序进行。当设计无规定时，按先栓后焊的施工工艺顺序进行。

③ 高强螺栓应自由穿入螺栓孔内，高强度螺栓应自由穿入孔内，严禁用榔头等工具强行打入或用扳手强行拧入螺孔，否则螺杆产生挤压力，使扭矩转化为拉力，使钢板压紧力达不到设计要求。当板层发生错孔时，允许用铰刀扩孔。扩孔时，铁屑不得掉入板层间。扩孔数量不得超过一个接头螺栓孔的 1/3，扩孔直径不得大于原孔径再加 2mm。严禁用气割进行高强螺栓孔的扩孔工作。

④ 一个接头多颗高强螺栓穿入方向应一致。垫圈有倒角的一侧应朝向螺栓头和螺母，螺母有圆台的一面应朝向垫圈，螺母和垫圈不应装反。并以扳手向下压的紧固方向为最佳。

⑤ 安装中出现板厚差(δ)时，δ≤1mm 可不处理；δ＞1mm，将厚板一侧磨成 1∶5 缓坡，使间隙<1mm；δ>3mm 时，要加设填板，填板制孔、表面处理与母材相同。

⑥ 当气温低于－10℃和雨、雪天气时，在露天作业的高强螺栓应停止作业。当气温低于 0℃时，应先做紧固轴力实验，不合格者，当日应停止作业。

⑦ 高强螺栓紧固方法。高强螺栓的紧固是用专门扳手拧紧螺母，使螺栓杆内产生要求的拉力。

大六角头高强螺栓一般用两种方法拧紧，即扭矩法和转角法。扭矩法分初拧和终拧二次拧紧，进行初拧扭矩用终拧扭矩的 60%～80%，其目的是通过初拧，使接头各层钢板达到充分密贴。再用终拧扭矩把螺栓拧紧。如板层较厚，板叠较多，初拧后板层达不到充分密贴，还要增加复拧，复拧扭矩和初拧扭矩相同。转角法也是以初拧和终拧二次进行。初拧用扭矩法，终拧用转角法。初拧用定扭矩扳子以终拧扭矩的 50%～80%进行，使接头各层钢板达到充分密贴，再在螺母和螺栓杆上面通过圆心画一条直线，然后用扭矩扳子转动螺母一个角度，使螺栓达到终拧要求。转动角度的大小在施工前由实验确定。

扭剪型高强螺栓紧固也分初拧和终拧二次进行。初拧用定扭矩扳手，以终拧扭矩的 50%～80%进行，使接头各层钢板达到充分密贴，再用电动扭剪型扳子把梅花头拧掉，使螺栓杆达到设计要求的轴力。电动扭剪型扳子一般有大小两各套管，大套管卡住螺母，小套管卡住梅花头，接通电源后，两个套管按反向旋转，螺母逐渐拧紧，梅花头切口受剪力逐渐加大，螺母达到所需要的扭矩时，梅花头切口剪断，梅花头掉下。这时螺栓达到要求的轴力，如图 7.18 所示。

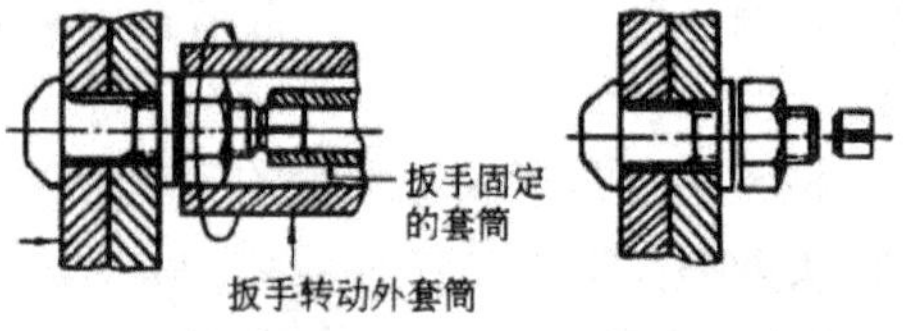

(a) 拧紧中　　(b) 拧紧完成

图 7.18　扭剪型高强螺栓终拧示意图

7.4　钢结构高层建筑的制作和安装

7.4.1　钢结构构件的制作

由于钢结构高层建筑建筑工程规模大、构件类型多，技术复杂、制作工艺要求严格，一般均由专业工厂来加工制作，组织大流水作业生产。这样做有利于结合工厂条件，便于采用先进技术。钢结构生产工艺流程如图 7.19 所示。

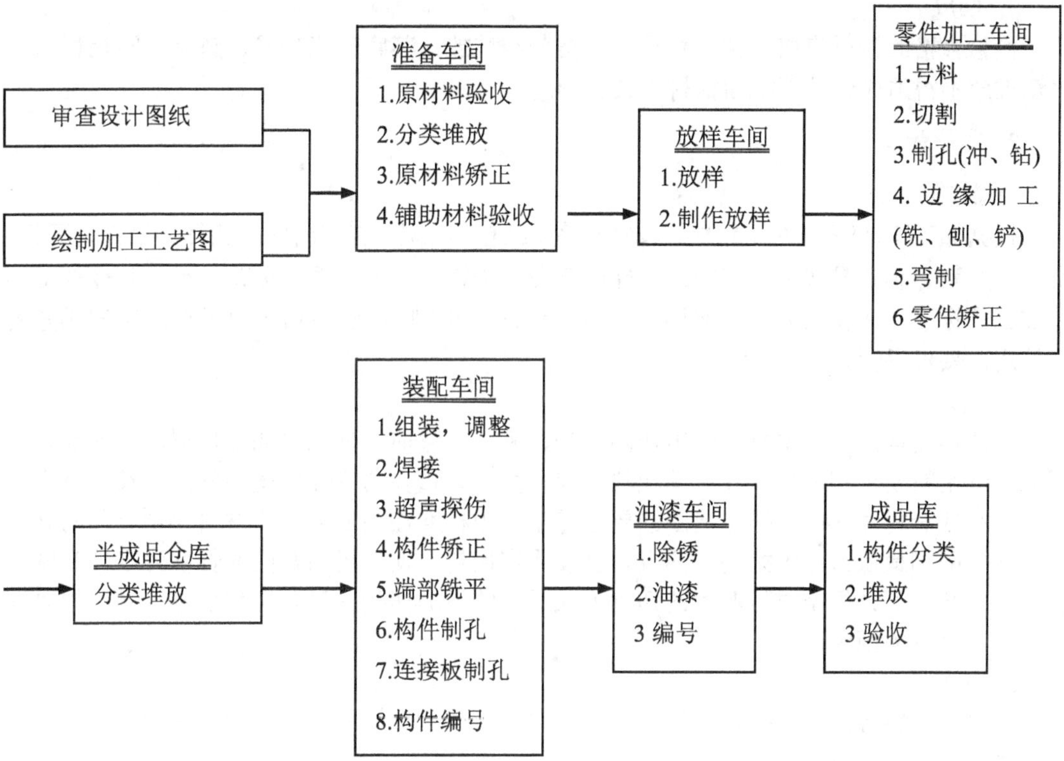

图 7.19　钢结构构件制作工艺流程

1. 加工制作前的准备工作

1) 审查设计图纸

即核对图纸中的构件数量，各构件的相对关系，接头的细部尺寸等；审查构件之间各部分尺寸有无矛盾，技术上是否合理，构件分段是否符合制作、运输、安装的要求。一般采取在平整地面上以 1∶1 的比例放样的方法进行。如审查过程发现问题，应会同设计单位、安装单位进行协商统一，再进行下一步工作。

2) 绘制加工工艺图

一般根据设计文件及相应的规范、规程等技术文件、材料供应的规格(尺寸、重量、材料)，结合工厂加工设备的条件进行。根据加工工艺图，应编制构件制作的指导书。

3) 备料

根据设计图、加工工艺图算出各种材质、规格的材料净用量，并根据构件的不同类型和供货条件，增加一定的损耗量。目前国内外都以采用增加加工余量的方法来代替损耗。

4) 钢材的准备

检验钢材材质的质量保证书(记载着本批钢材的钢号、规格、长度、根数、出产单位、日期、化学成分和力学性能)；检查钢材的外形尺寸、钢材的表面缺陷；检验钢结构用铺助材料(包括螺栓、电焊条、焊剂、焊丝等)的化学成分，力学性能及外观。所有检验结构均应符合设计文件要求和国家有关标准。

5) 堆放

检验合格的钢材应按品种、牌号、规格分类堆放，其底部应垫平、垫高，防止积水。注意堆放不得造成地基下陷和钢材永久变形。

2. 零件加工

1) 放样

根据加工工艺图，以 1∶1 的要求放出整个结构的大样，制作出样板和样杆以作为下料、铣边、剪制、制孔等加工的依据。放样应在专门的钢平台或平板上进行，样板和样杆是构件加工的标准，应使用质轻、坚固、不宜变形的材料(如铁皮、扁铁、塑料板等)制成并精心使用，妥善保管。

2) 号料

以放样为依据，在钢材上画出切割、铣、刨边、弯曲、钻孔等加工位置。号料前，应根据图纸用料要求和材料尺寸合理配料，尺寸大、数量多的零件应统筹安排、长短搭配、先大后小或套材号料；根据工艺图的要求尽量利用标准接头节点，使材料得到充分的利用而耗损率降到最低值；大型构件的板材宜使用定尺料，使定尺的宽度或长度为零件宽度或长度的倍数；另外根据材料厚度的切割方法适当的增加切割余量。切割余量、号料的允许偏差应符合有关规定。

3) 下料

钢材的下料方法有气割、机械剪切、等离子切割和锯切等，下料的允许偏差应符合相应的规定。

(1) 气割。利用氧气和燃料燃烧时产生的高温熔化钢材，并以高压氧气流进行吹扫，使金属按要求的尺寸和形状切割成零件。可以对各种钢材进行切割，它用的氧气的纯度对气体消耗量、切割速度、切割质量有很大的关系。

氧气切割是钢材切割工艺中最简单、最方便的一种，近年来又通过提高切割火焰的喷射速度使效率和质量大为提高，为了提高气割下料的效率和精度，目前多头切割和电磁仿形、光电跟踪等自动切割也已经广泛使用。适用于多头切割和曲线切割。

(2) 机械剪切。使用机械力(剪切、锯割、磨削)切割，适合于厚度在 12～16mm 以下钢板的直线性切割。相应的机械有剪板机、锯床、砂轮机等。剪刀采用碳工具钢和合金工具钢，剪刀的间隙应根据板厚调整。

(3) 等离子切割。利用特殊的割炬，在电流、气流及冷却水的作用下，产生高达 20 000℃～30 000℃的等离子孤线流实现切割，切割时不受材质的限制，具有切割速度高、切口狭窄、热影响区小，变形小且切割质量好的特点，适用于切割用气割所不能切割或难以切割的不锈钢等高熔点的钢材。

4) 制孔

制孔分钻孔和冲孔两类，各级螺栓孔、孔距等的允许偏差应符合相关规定。

(1) 钻孔。钻孔适用性广，孔壁损伤小，孔的精度高。对于重要结构的节点，先预钻一级孔眼的尺寸，在装配完成调整好尺寸后，扩成设计孔径；一次钻成设计孔径时，为了使孔眼位置有较高的精度，一般均先制成钻模，钻模贴在工件上调好位置，在钻模内钻孔。为提高钻孔效率，可以把零件叠在一起钻几块钢板，或用多头钻进行钻孔。一般钻孔在钻床上进行，若工件太大，不便在钻床上进行时，可用电磁座钻加工。

(2) 冲孔。冲孔一般只能用冲较薄的钢板和型钢，且孔径大小一般大于钢材厚度，否则易损坏冲头。冲孔效率高，但孔的周围会产生冷作硬化，孔壁制质量差，只用于次要连接。冲孔一般用冲床。当碳素结构钢在环境温度低于−20℃、低合金结构钢在环境温度低于−15℃时，不得进行冲孔。

5) 边缘加工

边缘加工包括：为消除切割造成的边缘硬化而将板边刨去 2～4mm；为了保证焊缝质量而将钢板边刨成坡口；为了装配的准确性及保证压力的传递，而将钢板刨直或铣平。

边缘加工的方法有刨边、铣边、铲边、碳弧气刨、气割坡口等。刨边使用刨床，可刨直边也可刨斜边；铣边为端面加工，光洁度比刨边差一些，用铣床加工；铲边可以用手工或风铲，加工精度较差；碳弧气刨利用碳棒与被刨削的金属产生的电弧将工件熔化，压缩空气随即将熔化的金属吹掉；气割坡口将割炬嘴偏斜成所需要的角度，然后对准开坡口的位置运行割炬。边缘加工的允许偏差应符合相应的规定。

6) 弯曲

根据设计要求，利用加工设备和一定的工装模具把板材或型钢弯制成一定形状的工艺方法。一般油冷弯和热弯两种方法。

(1) 冷弯。钢板或型钢冷弯的工艺方法有滚圆机滚弯、压力机压弯以及顶弯、拉弯等，各种工艺方法均应按型材的截面形状、材质、规格及弯曲半径制作相应的胎膜，并经试弯符合要求后方准正式加工。冷弯后零件的自由尺寸的允许偏差应符合相应的规定。

(2) 热弯。也称煨弯，是将钢材加热到 1 000℃～1 100℃(暗黄色)时立即进行煨弯，并在 500℃～550℃(暗黑色)之前结束。钢材加热如超过 1 100℃，则晶格将会发生裂隙，材料变脆，致使质量急剧降低而不能使用；如低于 550℃，则钢材产生蓝脆而不能保证煨弯的质量，因此一定要掌握好加热温度。

7) 变形矫正

钢材在运输、装卸、堆放和切割过程中，有时会产生不同的弯曲波浪变形，如变形值超过规范规定的允许值时，必须在下料以前及切割之后进行变形矫正。钢结构的矫正时通过外力和加热作用，迫使已发生变形的钢材反变形，以使材料或构件达到平直及设计的几何形状的工艺方法。常用的平直矫正方法有人工矫正、机械矫正、火焰矫正和混合矫正等。钢材校正后的允许偏差符合相应规定。

(1) 人工矫正。人工矫正采用锤击法，锤子使用木锤，如用铁锤，应设平垫；锤的大小、锤击点的着力的轻重程度应根据型钢的截面尺寸和板料的厚度合理选择。该法适用薄板或截面比较小的型钢构件的弯曲、局部凸出的矫正，但普通碳素钢在低于−16℃、低合金钢低于−12℃时，不得使用本法，以免产生裂纹。矫正后的钢材表面不应有明显的凹面和损伤，锤痕深度不应大于 0.5mm。

(2) 机械矫正。机械矫正采用多辊平板机，利用上、下两排辊子将板料的弯曲部分矫正调直；型钢变形多采用型钢调直机。适用于一般板件和型钢构件的矫正，但普通碳素钢在低于−16℃，低合金钢在低于−12℃时不得使用本法，以免产生裂纹。

(3) 火焰矫正。用氧乙炔焰或其他火焰对构件或成品变形部位进行矫正，加热方式有点状加热，线状加热和三角形加热三种。点状加热适于矫正板料局部弯曲或凹凸不平，加热点直径一般为 10～30mm，点距为 5～100mm；线状加热多用于 10mm 以上板的角变形和局部圆弧、弯曲变形的矫正，线的宽度应控制在工件厚度的 0.5～2.0 倍范围；三角形加热面积大，收缩量也大，适于型钢、钢板及构件纵向弯曲及局部弯曲矫正，三角加热面面积的高度与底边宽度应控制在型材高度的 1/5～2/3 范围内，三角形顶点在内侧，底面在外侧。火焰加热的温度一般为 700℃，最高不应超过 900℃。一般只适用于低碳钢和 16Mn 钢，对于中碳钢、高含金钢、寿铁和有色金属等脆性较大的材料，由于冷却收缩变形产生裂纹而不宜采用。

3. 构件的组装和预拼装

1) 组装

组装是将设备完成的零件或半成品按要求的运输单元，通过焊接或螺栓连接等工序装配成部件或构件。组装应按工艺方法的组装次序进行，当有隐蔽焊缝时，必须先施焊，经检验合格后方可覆盖；为减少大件组装焊接的变形，一般采用小件组装，经矫正后再整体大部件组装；组装要在平台上进行，平台应测平，胎膜须牢固地固定在平台上；根据零件的加工编号，对其材料、外形尺寸严格检验考核，毛刺飞边应清除干净，对称零件要注意方向以免错装；组装好的构件或结构单元，应按图纸用油漆编号。钢构件组装的方法见表 7-9。

表 7-9　钢构件组装方法及适用范围

名称	装配方法	适用范围
地样法	用比例 1 : 1 在装配平台上放出构件实样。然后根据零件在实样上的位置，分类组装起来成为构件。	桁架、框架等少批量结构组装
仿形复制装配法	先用地样法组装成单面(单片)结构，并且必须定位点焊，然后翻身作为复制胎膜，在上装配另一单位结构，往返 2 次组装。	横断面互为对称的桁架结构
立装	根据构件的特点，及其零件的稳定位置，选择自上而下或自下而上的装配。	用于放置平稳，高度不大的结构或大直径圆筒
卧装	构件放置平卧位置配置。	用于断面不大但长度较大的细长构件
胎膜装陪法	把构件的零件用胎摸定位在其装配位置上的组装(布置胎膜时，必须注意各种加工余量)。	用于制造构件批量大、精度高的产品

2) 预拼装

由于受运输、安装设备能力的限制，或者为了保证安装的顺利进行，在工厂里将多个成品构件按设计要求的空间设置试装成整体，以检验各部分之间的连接状况，称为预拼装。

预拼装一般分平面预拼装和立体预拼装两种状态，拼装的构件应处于自由状态，不得强行固定。预拼装检验合格后，应在构件上标注上下定位中心线、标高基准线、交线中心点等必要标记，必要时焊上临时撑件和定位器等。其允许偏差应符合相应的规定。

4. 成品涂装、编号

1) 涂装

钢结构高层建筑件一般只作防锈蚀处理，不刷面漆。通常是在加工验收合格后，对焊缝处、高强螺栓摩擦面处刷两遍防锈油漆，待现场安装完后，再对焊缝和高强螺栓接头处补刷防锈漆。

涂刷前必须将构件表面的毛刺、铁锈、油污以及附着物清除干净，使钢材露出铁灰色，以增加油漆与表面的黏结力，其方法、质量等级见表 7-10。

表 7-10　除锈方法和除锈等级

除锈方法	喷射或抛射除锈		手工和动力工具除锈		
除锈等级	Sa2	Sa2 ½	Sa3	St2	St3

2) 编号

涂装完毕后，应在构件上标记构件的原编号，大型构件应表明重量、重心位置和定位标记。

5. 钢构件验收

钢构件制作完成后应按照施工图和《钢结构工程施工质量验收规范》(GB 50205—2002)、《高层民用建筑钢结构技术规程》(JGJ 99—1998)的规定进行成品验收。构件外形尺寸的允许偏差应符合相应的规范规定。

构件出厂时，制造单位应提交下列资料。

(1) 产品合格证。

(2) 钢结构施工图和设计更改文件，设计变更的内容在施工图中相应部位注明。

(3) 钢构件制作过程中的技术协商文件。

(4) 钢材、连接材料和涂装材料的质量证明书和试验报告。

(5) 焊接工艺评定报告。

(6) 高强度螺栓接头处的摩擦系数试验报告及涂层的检测质料。

(7) 焊缝质量无损检验报告。

(8) 主要构件验收记录和预拼装记录。

(9) 构件的发运和包装清单。

7.4.2　钢结构的安装

1. 基本要求

在高层建筑结构的施工中，钢结构的安装是一项很重要的分部工程，由于其规模大、结构复杂、工期长、专业性强，因此操作时除应执行国家现行《钢结构设计规范》、《钢结构工程施工质量验收规范》和《高层民用建筑钢结构技术规范》外，还应注意以下几点：

(1) 在钢结构详图设计阶段，应与设计单位和生产厂家相结合，根据运输设备、吊装机械、现场条件以及城市交通规定的要求确定钢构件出厂前的组装单元的规格尺寸，尽量减少现场或高空的组装，以提高钢结构的安装速度。

(2) 安装前，应按照施工图纸和有关技术文件，结合工期要求、现场条件等，认真编制施工组织设计，作为指导施工的技术文件；另外还应根据施工单位的技术文件，组织进行专业技术培训工作，使参加安装的工程技术人员和工人确实掌握有关钢结构高层建筑的安装专业知识和技术，并经考试取得合格证。

(3) 钢结构高层建筑安装，应在具有钢结构高层建筑安装资格的责任工程师指导下进行。

(4) 安装用的专用机具和检测仪器，如塔式起重机、气体保护焊机、手工弧旱机、气割设备、碳弧气刨、电动和手动高强螺栓扳手、超声波探伤仪、激光经纬仪、测厚仪、水平仪、风速仪等，应满足施工要求，并应定期进行检验。土建施工、构件制作和结构安装三个方面使用的钢尺，必须用同一标准进行检查鉴定，并应具有相同的精度。安装用的连接材料(焊条、焊丝、焊剂、高强螺栓等)应具有产品质量证明书并符合设计图纸和有关规范规定。

(5) 在确定安装方法时，必须与土建、水电暖卫、通风、电梯等施工单位结合，作好统筹安排、综合平衡工作；安装顺序应保证钢结构的安全稳定和不导致永久变形，且能有条不紊地较快进行。

(6) 钢结构高层建筑安装时的主要工艺，如测量校正、厚钢板焊接、高强螺栓节点的摩擦面加工及安装工艺等，必须在施工前进行工艺试验，在其基础上确定各项工艺参数，并编出各项操作工艺。

2. 安装前的准备工作 0

1) 技术准备

(1) 加强与设计单位的密切结合。确保设计图纸实施的可能性，减少出图后的设计变更。

(2) 了解现场情况，掌握气候条件。全面的了解现场施工场地各方面的条件，进行统一规划。并对温差、风力、湿度及各个季节的气候变化等自然气候条件进行了解，便于采取相应的技术措施，编制好钢结构安装的施工组织设计。

(3) 编制施工组织设计。在了解和掌握总承包施工单位编制的施工组织总设计安排的基础上，择优选定施工方法和施工机具。对于需要采用的新材料、新技术，应组织力量进行试制、试验工作(如厚钢板的焊接等)。

2) 施工组织与管理准备

(1) 明确承包项目范围，签订分包合同。

(2) 确定合理的劳动组织，进行专业人员技术培训工作。

(3) 进行施工部署安排，对工期进度、施工方法、质量和安全要求等进行全面交底。

3) 物质准备

(1) 各种机具、仪器的准备。

① 塔式起重机。钢结构高层建筑的安装采用的机械主要是塔式起重机。应根据结构平面的几何形状和尺寸，构件的质量等进行选用。静安希尔顿酒店选用内爬式塔式起重机，深圳发展中心大厦工程选用了外附着式塔式起重机。一般情况下，应尽可能采用外附着式起重机，拆装方便，其塔基可选在地下层或另设塔基；当选择内爬塔式起重机时，塔式起重机一般设在电梯井处。

塔式起重机的位置和性能应能满足以下要求：臂杆长度对建筑物具有足够的覆盖面；有足够的起重机能力，并满足不同位置构件起吊质量的要求；钢丝绳容量需满足起吊高度和起重能力的要求；起吊速度要有足够的档次，以满足安装需要。当多机作业时，应考虑当塔式起重机为水平臂杆时，臂杆要有足够的高差，能够安全运转而不碰撞；各塔式起重机之间应有足够的安全距离，确保臂杆与塔身互不相碰。

塔式起重机的顶升、锚固或爬升应注意的问题：对外附着式塔式起重机，其吊钩的高度应满足安装高度和各塔式起重机之间的高差要求，并根据塔身允许的自由高度来确定锚固次数；塔式起重机的锚固点应选择有利于钢结构加固，并能先形成框架整体结构以及有利于幕墙安装的部位，锚固点应进行计算。对内爬式塔式起重机，其爬升的位置应满足塔身自由高度和钢结构每节柱单元安装高度的要求；塔式起重机的基座与钢结构梁柱的连接方法，应进行计算确定；塔式起重机所在位置的钢结构应在爬升前焊接完毕，以形成整体。

② 焊接设备与辅助设备。焊接设备常用的有：焊接发电机、焊接整流器、焊接变压器、埋弧焊机、明弧焊机，电渣焊机和栓钉焊机等，目前国产的电焊机种类很多，分直流和交流两大类。

辅助设备有远红外线烘干箱(烘干焊条)和空气压缩机(作为碳弧气刨、空气等离子切割机及风动机具的风源)等。

③ 切割设备。一般下料、加工常用的切割设备有手动和自动割枪、各种切(气)割机、切断机、下料机、剪切机、联合剪冲机等。

压型钢板及薄钢板的切割设备为空气等离子弧切割机和空气等离子弧切割机。

④ 焊接与气割工具及仪器仪表。焊接与气割工具包括用于打磨的各种砂轮机、用于清焊渣的风动打渣机、电焊条保温桶、焊接多用尺、用于预热和后热 4 个喷嘴的散发式火焰抢、碳弧气刨枪等。

焊接与气割仪器仪表包括找寻焊缝中缺陷与裂纹的超声波探伤仪、检测焊缝表面缺陷与裂纹的磁粉探伤仪、检测焊缝表面延迟裂纹的着色颜料、各种温度计、手持风速仪、气压表、电流表、电压表、测厚仪、百分表、游标卡尺、放大镜等。

⑤ 紧固工具。主要是高强螺栓扳子，包括扭剪型和扭矩型螺栓用扳子，后者分电动与手动两种。

⑥ 测量仪器与工具。测量仪器包括激光经纬仪和激光铅直器(竖向投点，夜间作业放线)、经纬仪(一般放线，柱子校正，垂直放线)、水平仪或精密水平仪、弯管目镜(垂直投点)、全站仪(工程测量、放样、体积计算)等。

测量工具包括：各种尺，弹簧秤，温度计，铁水平，激光靶，记号笔，油漆，报话机等。

⑦ 安装设备与工具。包括千斤顶、铁扁担、钢丝绳及卡子、滑轮及附件等。

(2) 按施工平面布置的要求，组织钢构件及大型机械进场，并对机械进行安装及试运行。

(3) 构件的配套、预检。

① 构件配套按安装流水顺序进行，以一个结构安装流水段为单元，将所有钢构件分别由堆场整理出来，集中到配套场地，在数量和规格齐全之后进行构件预检和处理修复，然后根据安装顺序，分批将合格的构件由运输车辆供应到工地现场。配套中应特别注意附件(如连接板等)的配套，否则小小的零件将会影响到整个安装进度，一般对零星附件是采用螺栓或铅丝直接临时捆扎在安装节点上。

② 钢构件在出厂前，制造厂根据制作规范、规定及设计图纸的要求进行产品检验，填写质量报告，实际偏差值。钢构件交付结构安装单位后，结构安装单位再在制造厂质量报告的基础上，根据构件性质分类，再进行复检或抽检。结构安装单位对钢构件预检的项目，主要是同施工安装质量和工效有关的数据，如几何外形尺寸、螺孔大小和间距、预埋件位置、焊缝坡口、节点摩擦面、构件数量规格等。构件的内在制作质量应以制造厂质量报告为准。预检数量，关键构件全部检查；其他构件抽检 10%～20%，应记录预检数据。

构件预检最好由结构安装单位和制造厂联合派人参加(其计量工具、质量标准应统一)。同时还应组织构件处理小组，将预检出的偏差及时给予修复，严禁不合格构件送到工地现场，更不应到高层去处理。现场施工安装应根据预检数据，采取措施，以保证安装顺利进行。

(4) 安装前，应对建筑物的定位轴线、底层柱的安装位置线、柱间距、柱基地脚螺栓、基础标高和基础混凝土强度进行检查，待合格后才能进安装。

3. 钢结构高层建筑安装

1) 安装流水段

钢结构高层建筑安装须按照建筑平面形状、结构形式、安装机械的数量和位置等，合理划分安装施工流水区段。

(1) 平面流水段的划分。应考虑钢结构在安装过程中的对称性和整体稳定性，安装顺序一般应由中央向四周扩展，以便于减少和消除焊接失误。从如图 7.20 所示可以看出北京长富宫钢结构结构柱和梁安装，在平面上是划分成了两个流水段，其安装顺序符合从中央向四周扩展的安装原则。

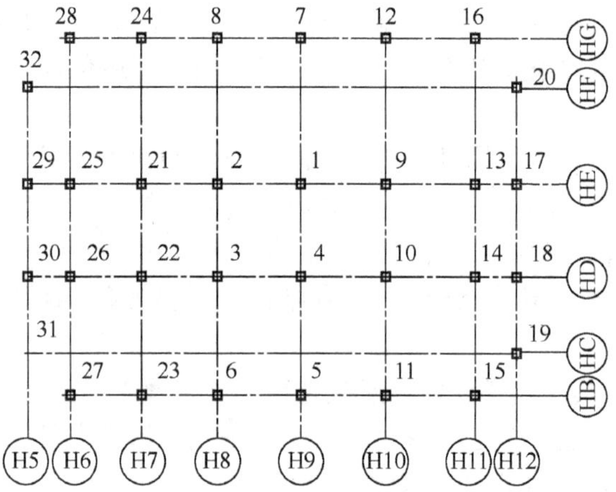

(a) 柱子安装顺序图

图 7.20　北京长富宫结构安装平面流水段划分

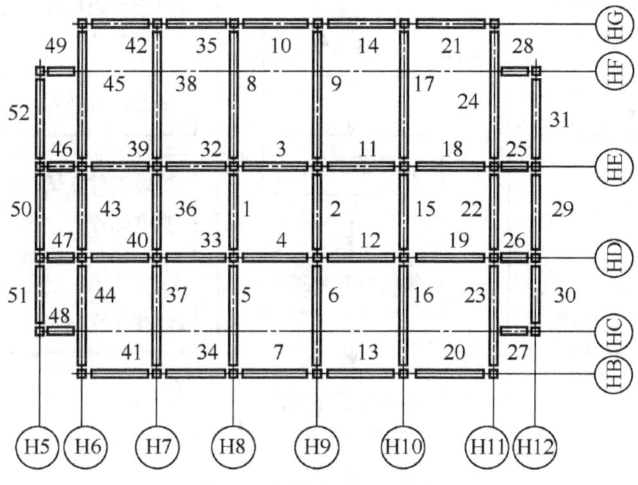

(b) 主梁安装顺序图

续图 7.20

(2) 立面流水段划分。以一节钢柱(各节所含层数不一)高度内所有构件作为一个流水段。每个流水段先满足以主梁或钢支撑带状桁架安装成框架的原则，再进行次梁、楼板及非结构构件的安装。塔式起重机的提升、顶升与锚固均应满足组成框架的需要。

2) 安装

(1) 安装顺序。安装多采用综合法，其顺序一般是：平面内从中间的一个节间(标准节框架)开始，以一个节间的柱网为一个安装单元，先安装柱，后安装梁，然后往四周扩展。

垂直方向自下而上组成稳定结构后分层次安装次要构件，一节间一节间钢框架，一层楼一层楼安装完成，以便消除安装误差累积和焊接变形，使误差减低到最小限度。

筒体结构的安装顺序一般为先内筒后外筒，对称结构采用全方位对称方案安装。凡有钢筋混凝土内筒体的结构，应先浇注筒体。

(2) 安装要点。一般高层及超钢结构高层建筑建筑的安装工艺流程如图 7.21 所示。

① 凡在地面拼装的构件，须设置拼装架组拼(立拼)，易变形的构件应先进行加固，组拼后的尺寸经校检无误后，方可安装。

② 各类构件的吊点，宜按下述方法设置：

钢柱平运两点起吊，安装一点立吊。立吊是须在柱子根部垫以垫木，以回转法起吊，严禁根部拖地。

钢梁，用特制吊卡两点平吊或串吊。

钢构件的组合件因组合件形状、尺寸不同，可通过计算重心来确定吊点，并可采用两点、三点或四点吊。

③ 钢构件的零件及附件应随构件一并起吊，对尺寸较大、质量较大的节点板，应用铰链固定在构件上；钢柱上的爬梯，大梁上的轻便走道也应牢固固定在构件上。

④ 每个流水段一节柱的全部钢构件安装完毕并验收合格后，方能进行下一流水段钢结构的安装。

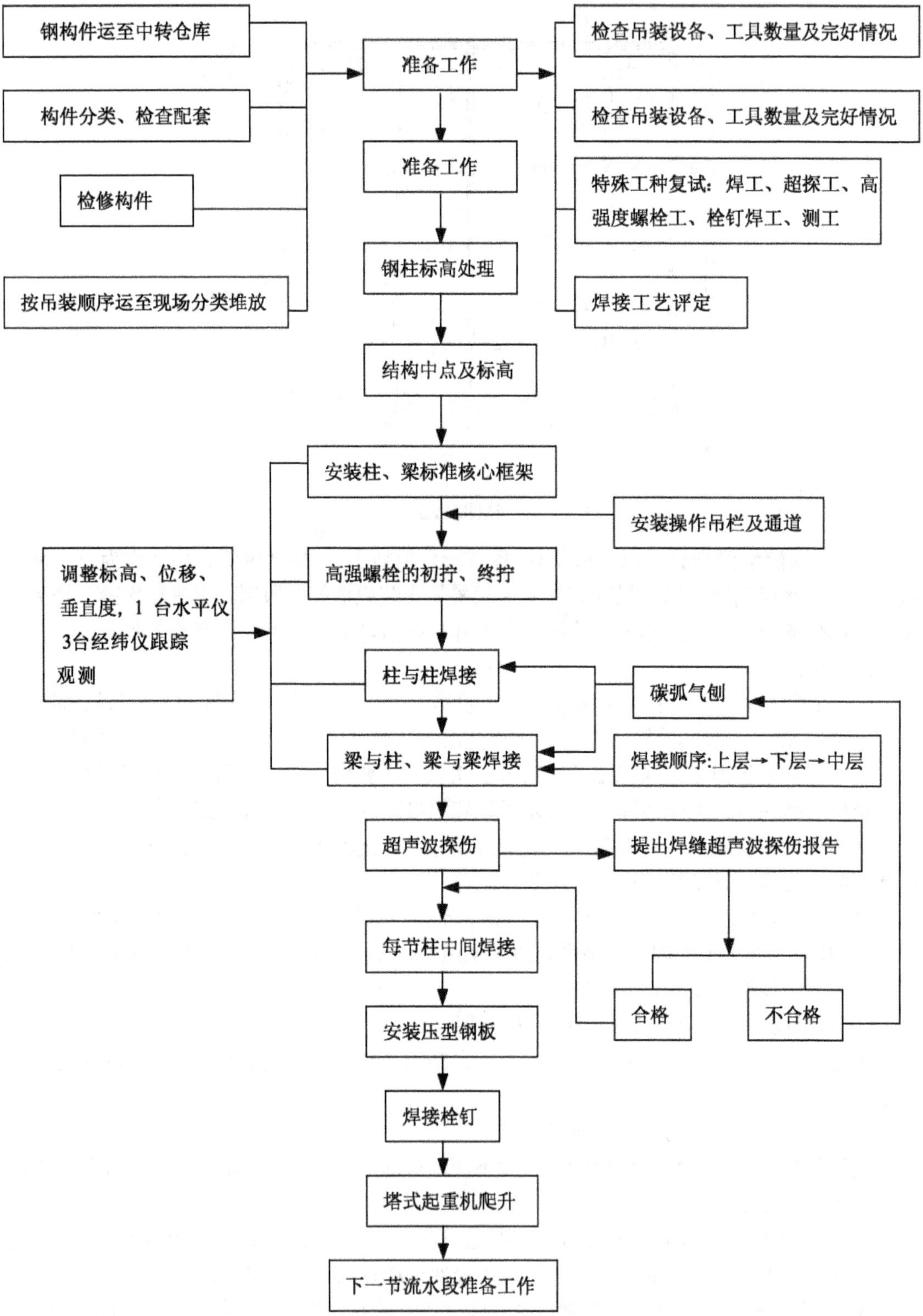

图 7.21　高层及超高层钢结构安装工艺流程

⑤ 在安装前、安装中及竣工后均应采取一定的测量手段来保证工程质量测量，测量预控程序如图 7.22 所示。

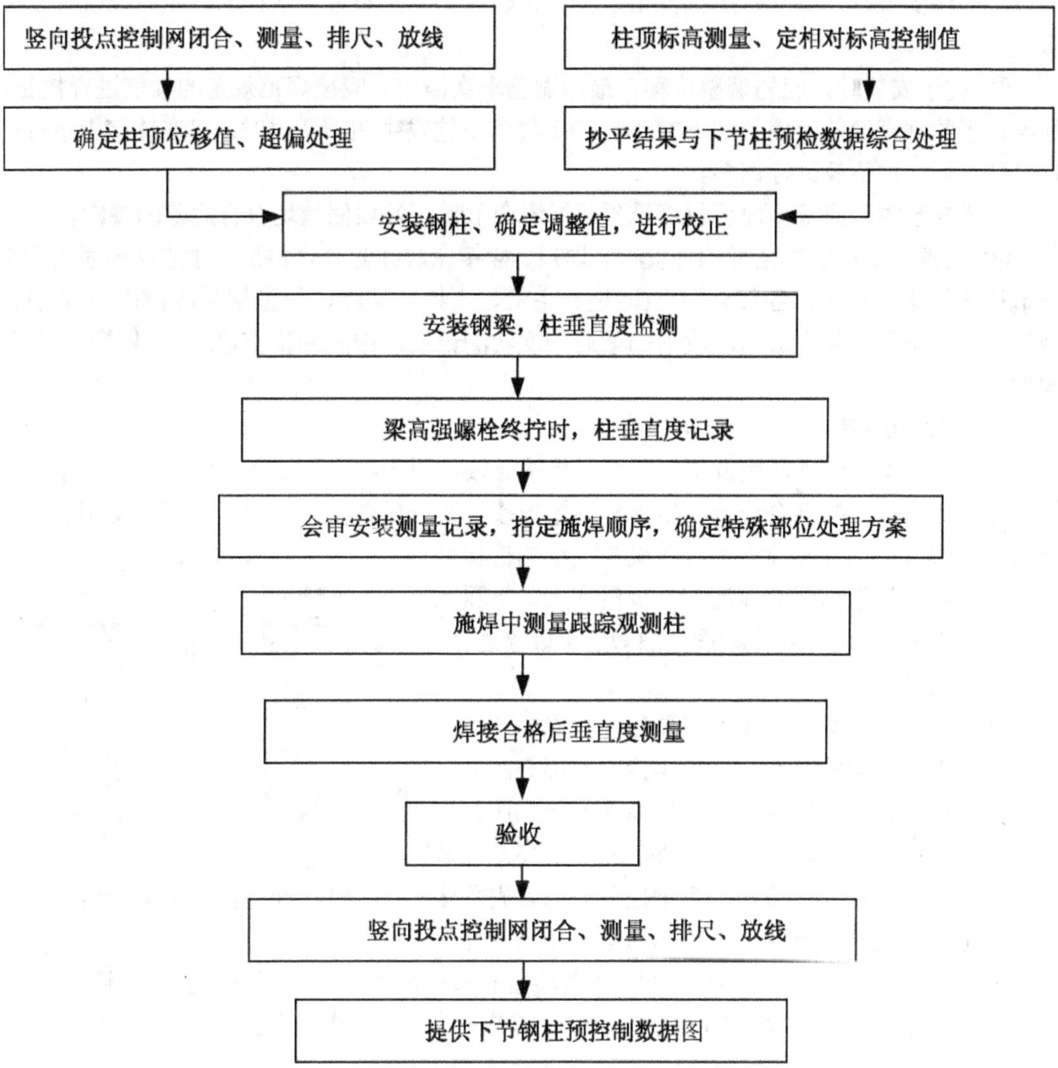

图 7.22　钢结构安装测量预控程序

⑥ 当天安装的构件，应形成空间稳定体系，以确保安装质量和结构的安全；当一节柱的各层梁安装校正后，应立即安装本节各层楼梯，铺好各层楼面的压型钢板；预制外墙板应根据建筑物的平面形状对称安装，使建筑物各侧面均匀加载；楼面上的施工荷载不得超过梁和压型钢板的承载力；叠合楼板的施工应随着钢结构的安装进度进行，两个工作面相距不宜超过 5 个楼层。

⑦ 安装时，应注意日照、焊接等温度引起的热影响，施工中应有调整因构件伸长、缩短、弯曲而引起的偏差的措施。

⑧ 为控制安装误差，对钢结构高层建筑先确定标准柱(能控制框架平面轮廓的少数柱子)，一般选平面转角柱为标准柱。其垂直度观测取柱基中心线为基准点用激光经纬仪进行。

(3) 安装校正。

① 安装前，首先要确定是采用设计标高安装还是采用相对标高安装。柱子、主梁、支撑等大构件安装时，应立即进行校正，校正正确后，应立即进行永久的固定，以确保安装质量。

② 柱子安装时，应先调整位移，最后调整垂直偏差，应按规范规定的数值进行校正，标准柱子的垂直偏差应校正到±0.000；当上柱和下柱发生扭转错位时，可在连接上下柱的临时耳板处，加垫板进行调整。

主梁安装时，应根据焊缝收缩量预留焊缝变形量。各项偏差均符合规范的规定。

③ 当每一节柱子的全部构件安装、焊接、栓接完成并验收合格后，才能从地面引测上一节柱子的定位轴线。各部分构件(即柱、主梁、支撑、楼梯、压型钢板等)的安装质量检查记录，必须是安装完成后验收前的最后一次实测记录，中间的检查记录不得作为竣工验收的记录。

(4) 钢结构连接。

目前钢结构的现场连接方法主要有：焊接连接，用于柱—柱连接，钢柱之间常用坡口焊连接；螺栓—焊接混合连接，用于柱—梁连接、梁—梁连接，一般上、下翼缘用坡口焊连接，而腹板用高强螺栓连接，次梁与主梁的连接基本上是在腹板处用高强螺栓连接，少量在上、下翼缘处用坡口焊连接，混合连接如图 7.23 所示；螺栓连接，用于支撑连接。

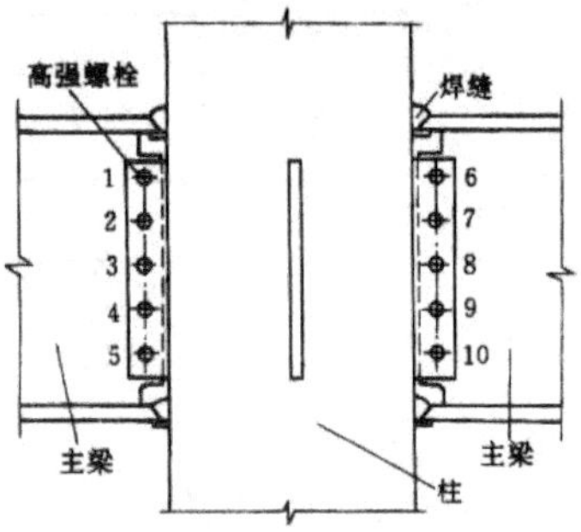

图 7.23　螺栓—焊接混合接头

柱与梁的焊接顺序是先焊接顶部柱、梁的节点，再焊接底部柱、梁的节点，最后焊接中间部分的柱、梁节点。高强螺栓连接两个连接构件的紧固顺序是先主要构件，后次要构件；H 形构件的紧固顺序是上翼→下翼缘→腹板；同一节柱上各梁柱节点的紧固顺序是柱子上部的梁柱节点→柱子下部的梁柱接点→柱子中部的梁柱节点；每一节点安装紧固高强螺栓的顺序是摩擦面处理→检查安装连接板(对孔，扩孔)→临时螺栓连接→高强螺栓紧固→初拧→终拧。操作要点见本章 7.3.2 相关内容。

7.4.3　钢结构高层建筑制作和安装焊接工艺

钢结构高层建筑的制造和安装焊接连接有以下特点：结构构件钢板多为厚板或超厚板；钢材多为高强低合金钢，焊接性能较差，工艺复杂；接头形式复杂，坡口形式多样；焊接材料质量要求严格，焊缝金属的强度与质量等级要求高；焊缝多为半熔透和全熔透；焊接工作量大。为做好钢结构高层建筑的焊接工作，在焊接工作开始前，应针对所用的钢材材质焊缝的质量要求，焊缝的形式、位置、厚度等选定合适的焊接方法；并选用相应的焊条、焊丝、焊剂的规格和型号；需要烘烤的条件；需要的焊接电流电压；厚钢板焊前预热温度；焊接顺序；引弧板的设置；层间温度的控制；可以停焊的部位；焊后热处理(后热)和保温等，确定各项参数及相应的技术措施。

1. 焊接方法

钢结构高层建筑的焊接方法多采用 CO_2 保护焊、自动埋弧焊、电渣焊等，手工电弧焊则一般用作焊缝打底。

在钢构件的制作中，翼缘板和腹板的长度拼接及 H 形、箱形柱和梁等构件纵向组合主焊缝的焊接，广泛采用埋弧焊。在要求全焊透的接头中，为了避免坡口底部因漏焊而破坏焊缝成型，还采用药皮焊条手工点弧焊或 CO_2 气体保护焊打底，然后用埋弧焊填充和盖面；如图 7.24 所示为 H 形截面采用埋弧焊的操作示意图。箱形截面柱与梁翼缘连接部位的柱内设置的横隔板，与柱身面板间的立缝一般采用熔嘴电渣焊焊接，箱形结构封闭后，通过预留孔用两台焊机同时进行电焊。由两根热轧 H 型钢(其中一根从腹部中线切开)组成或者用钢板组焊而成的一个 H 型截面和两个 T 型截面组成的十字型钢柱，由于十字型构件翼缘的障碍，腹板焊接可用手工电弧焊或 CO_2 保护半自动焊，整个焊接工作必须在模架上进行，利用丝杠、夹县把零件固定在模架上点焊，然后按十字形腹板的焊接顺序施焊。

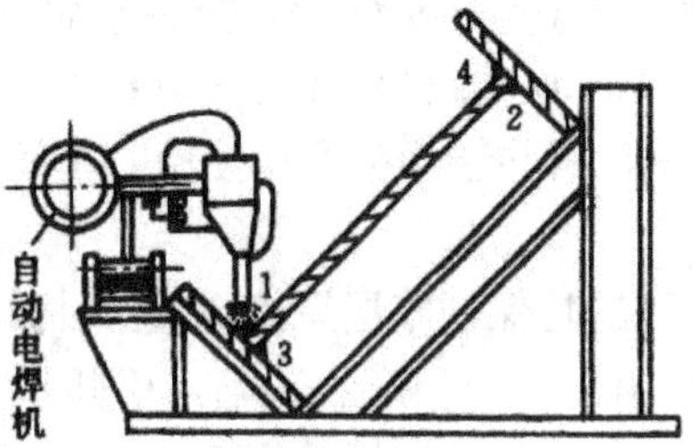

(a) 船形位置全自动焊

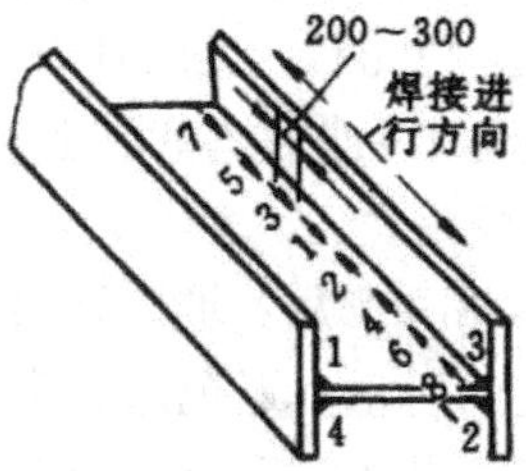

(b) 手工焊逆向分段法

图 7.24　H 型截面的埋弧全自动焊和手工焊

在钢结构的现场安装中，柱与柱的连接用横坡口焊，柱与梁的连接用平坡口焊；焊接母材厚度不大于 30mm 时采用手工焊，焊接母材厚度大于 30mm 时采用 CO_2 气体保护半自动焊。

2. 焊接前的准备工作

1) 焊条、焊丝、焊剂规格和型号等的选择

先根据焊接工艺试验确定的焊接方法，再由不同的焊接方法的操作工艺来进行选择，参见本章 7.3.1 相关内容。

2) 检查焊接操作条件，工具、设备和电源

焊工操作平台，脚平放风等操作条件都安装到位；焊机型号应正确、完好；事先放好设备平台，必要的工具应配备齐全，且放在操作平台上的设备排列应符合安全规定；电源线路要合理和安全可靠，安装稳压器。

3) 焊条(丝)、焊剂的烘烤

焊条和粉芯焊丝使用前必须按质量要求进行烘烤，严禁使用湿焊条。焊条的烘烤制度见表 7-11。

表 7-11　焊条的烘烤制度

焊条种类	焊条的烘烤要求
酸性焊条	1. 包装好、未受潮、储存时间短者，可不烘烤。 2. 视受潮情况，一般在 70℃～150℃烘箱中焙烘 1h。
低氢碱性焊条	1. 使用前必须焙烘，在 300℃～350℃温度下焙烘 1～2h，然后放入低温烘箱保持 100℃恒温。 2. 对含氢量有特殊要求时，在 350℃～400℃下烘烤 1～2h，然后放入 100℃低温烘箱中保持恒温。 3. 焊接时从烘箱内取出焊条，应放在特制的具有 120℃保温功能的手体式保温筒内携带到焊接部位，随取随用，在 4h 内用完，超过 4h 则焊条必须重新焙烘，当天用不完的焊条重新焙烘后用。重复焙烘不得超过三次。

焊剂不应受潮结块，焊剂在使用前必须烘干，烘干温度一般为中锰型焊剂(如 HJ430、HJ431)250℃～300℃，烘烤时间 2h；无锰或低锰型焊剂(如 HJ230)300℃～400℃，烘烤 2h 后使用。使用中回收的焊剂经过筛除，去杂物后烘干，再与新焊剂配比使用。车间要定期回收焊剂以免浪费。

4) 热板和引弧板：坡口焊均用热板和引弧板，目的是保证底层焊接质量。引弧板可保证正式焊缝的质量，避免起弧和收弧时对焊接件增加初应力和产生缺陷，引弧板安装如图 7.25 所示。热板和引弧板均用低碳钢制作，间隙过大的焊缝宜用紫铜板。

5) 定位点焊

焊接结构在拼接组装、安装时，要确定零件、构件的准确位置，要先进行定位点焊，如果定位点焊的质量不好，这种短焊缝的焊接缺陷留在焊缝中，将会影响焊接结构的质量。定位点焊的尺寸可参考有关手册。

进行定位点焊时，应注意的事项如下。

(1) 定位焊采用的焊材型号应与焊件材质相匹配。定位焊必须由持有相应合格证的焊工施焊，定位焊焊缝应与最终焊缝有相同的质量要求。

(2) 点焊时，对要求预热的钢板要用高于正式焊缝的预热温度进行预热。

(3) 严禁在母材上引弧和收弧，应设引弧板。

(4) 定位焊的位置应布置在焊道以内，且尽量避开构件的端部、边角等应力集中的地方，如图 7.26 所示。如遇到焊缝交叉时，定位焊缝应离交叉处 50mm 以上。

(5) 为了与正式焊缝搭接，定位焊缝的余高不应过高，定位点焊的起点和终点要与母材平缓过渡，防止正式焊接时产生未焊透等缺陷。

(6) 焊条直径比正式焊缝的直径小一些；电流要比正式焊缝提高 10%～15%，以防止点焊缝出现夹渣缺陷。

(7) 焊前必须清除焊接区的有害物，定位焊缝不得有裂纹、夹渣、焊瘤等缺陷。当定位焊缝上有气孔、裂纹时，必须清除后重新进行焊接。

(8) 定位焊焊缝厚度不宜超过设计焊缝厚度的 2/3，且不应大于 6mm。长焊缝焊接时，定位焊缝长度不宜小于 50mm，焊缝间距宜为 500～600mm，并应填满弧坑。

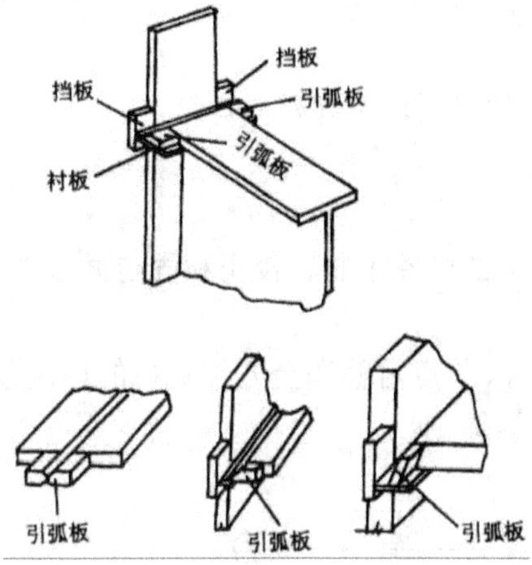

图 7.25　引弧板安装示意图

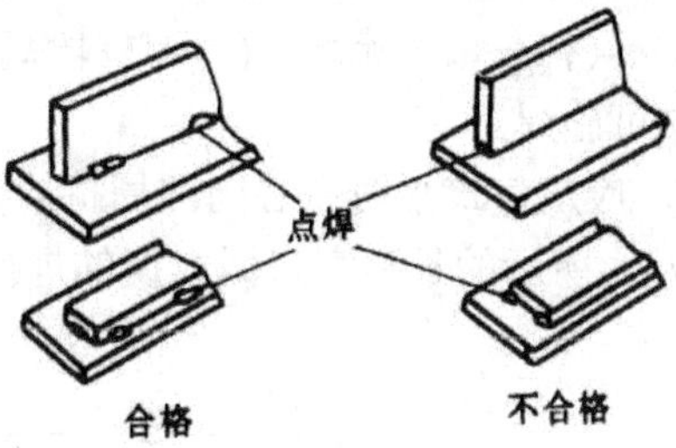

图 7.26　点焊位置示意图

6) 坡口检查

采用坡口焊的焊接连接，焊前应对坡口组装的质量进行检查，如误差超过规范所允许的误差，则应返修后再进行在进行焊接。同时，焊接前对坡口进行清理，去除对焊接有妨碍的水分、垃圾、油污和锈等。

7) 焊工岗前培训

焊工必须事先培训和考核，培训内容同规范一致。考核合格后发合格操作证明(发证单位须具有发证资格)，严禁无证操作。

3. 焊接工艺要点

1) 焊接顺序

采用合理的焊接顺序，可以防止产生过大的焊接变形，并尽可能减少焊接应力，保证焊接质量。

(1) 构件制作时合理的焊接顺序。

① 钢板较厚需要分多层焊时，从焊接区内部由下向上逐层堆焊。如图 7.27 所示的 H 形柱组拼、十字形构件的焊接顺序。

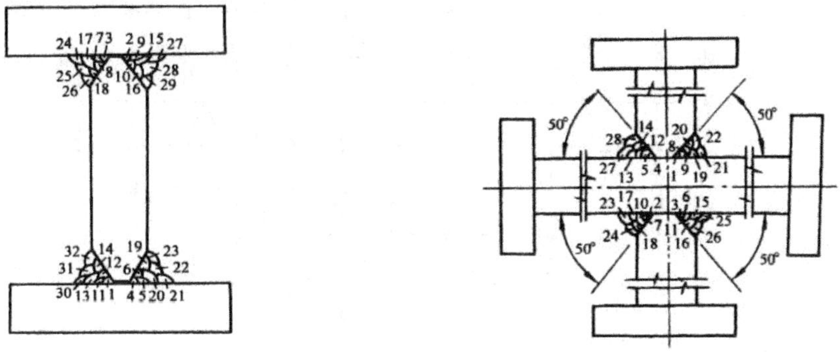

(a) H 型钢组拼焊接顺序　　(b)十字形构件焊接顺序

图 7.27　堆焊焊接顺序示意图

② 先焊收缩量大的焊缝，后焊收缩量小的焊缝。

③ 尽可能对称施焊，使产生的变形互相抵消。

④ 焊缝相交时，先焊纵向焊缝，待焊缝冷却到常温后，再焊横向焊缝。

⑤ 从焊件的中心开始向四周扩展。

(2) 钢结构安装时应遵从的合理顺序。

① 只有在每一流水段(一节柱段高度范围内)的全部构件吊装、校正和固定并检查合格后，方可施焊。

② 应从建筑平面中心向四周扩展，采用结构对称、节点对称和全方位对称的焊接顺序。如图 7.28 所示的长富宫京城大厦的焊接顺序遵循了该原则。

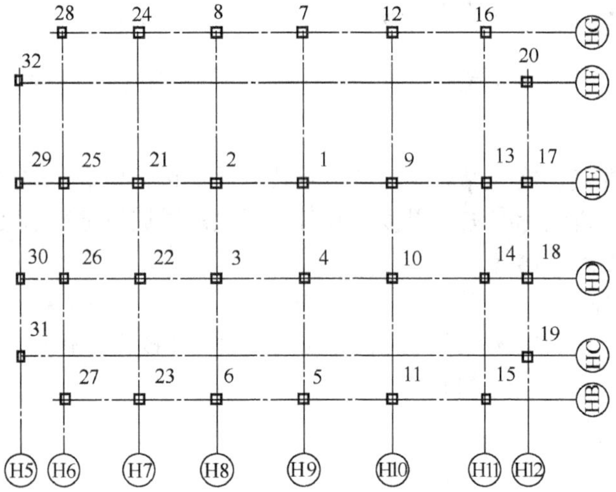

(a) 长富宫柱子的焊接顺序

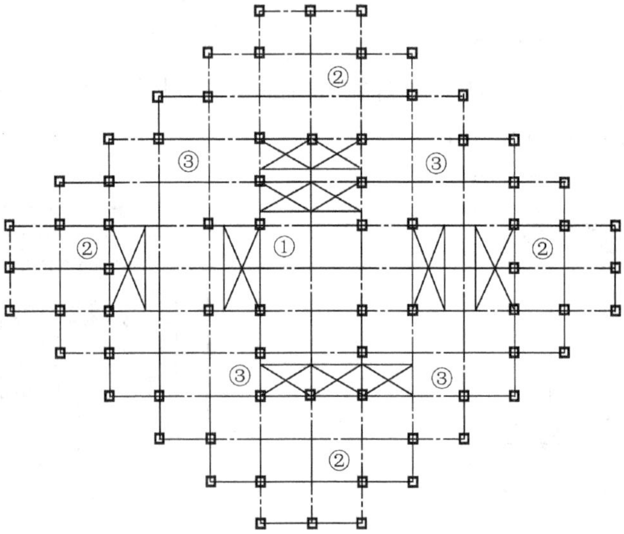

(b) 京城大厦的焊接顺序

图 7.28　高层钢结构的焊接顺序

③ 立面一个流水段，即一节柱(三层)竖向焊接顺序是：上层主梁→压型钢板支托→压型钢板点焊；下层主梁→压型钢板支托→压型钢板点焊；中间层主梁→压型钢板支托→压型钢板点焊；上柱与下柱焊接。

④ 柱与柱的焊接，应由两名焊工在两相对面等温、等速对称施焊。

加引弧板进行柱与柱接头焊接时施焊方法：先第一个两相对面施焊(焊层不宜超过 4 层)→切除引弧板→清理焊缝表面→再第二个相对面施焊(焊层可达 8 层)→再换焊第一个两相对面→如此循环直到焊满整个焊缝。如图 7.29 所示。

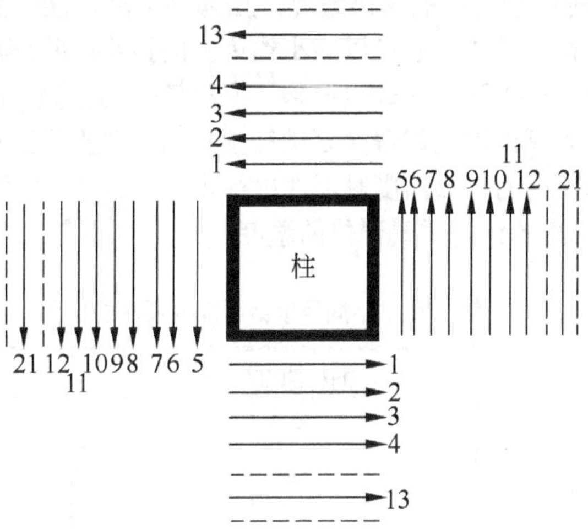

图 7.29　箱形柱使用引弧板的焊接顺序

不加引弧板焊接柱接头时，一个焊工可焊两面，也可以两个焊工从左向右逆时针转圈焊接。起焊在离柱棱 50mm 处，焊完一层后，以后施焊各层均在前一层起焊点相距 30～50mm 处起焊。每焊一遍后要认真清渣。焊到柱棱角处要放慢施焊速度，使柱棱成为方角焊逢，最后一层为盖面焊缝，可以用直径较小的焊条和电流施焊。不用引弧板，此操作可避免在焊缝端头、转角等应力集中部位，因焊缝的起焊点和收尾点的起弧和收弧产生未焊透等缺陷。如图 7.30 所示。

H 型钢柱的施焊顺序为先腹板后翼缘板，如图 7.31 所示。

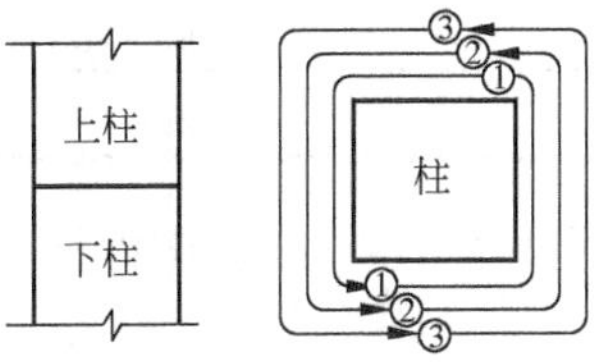

图 7.30　柱接头围焊顺序

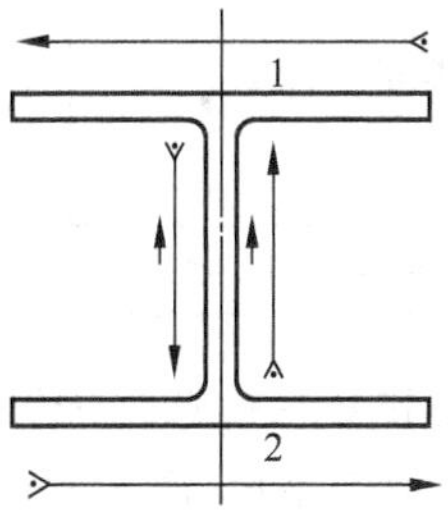

图 7.31　H 形钢柱接头施焊顺序

⑤ 梁和柱接头的焊接，必须在焊缝两端头加引弧板。引弧板安装见图 7.25。引弧板长度为焊缝厚度的 3 倍，厚度与焊缝厚度相对应。施焊时，一般先焊 H 型钢的下翼缘板，再

焊上翼缘板；一根梁的两个端头先焊一个端头，等其冷却至常温后，再焊另一端头。焊完后割去引弧板时，应留 5～10mm。

2) 焊前预热、层间温度控制、焊后热处理

焊接过程，实质上是熔池位置随时间不断变化的冶金过程。热传导速度以及能否保证熔入焊缝金属组织中的氢有充裕时间逸出，形成理想的晶体，是防止氢脆和冷裂纹产生的关键。因此在焊接施工中，除了选用相应的低氢碱焊条和既定的规范外，还须特别注意对钢板焊接前预热、层间温度控制、焊后热处理等措施，并作出相应规定。

(1) 预热。焊接时由于局部的激热速冷，在焊接区域可能产生裂纹。预热可以减缓焊接区的激热和速冷过程；预热后还可以减小约束大的接头的收缩应力；另外预热还可以排除焊接区的水分和湿气，排除了水分也排除了产出氢气的根源，防止了裂纹产生。所以正式焊接工作开始前，对厚钢板的焊缝区要进行预热。一般根据工作地点的环境温度、钢材的材质和厚度，选择相应的预热温度对焊件进行预热。表 7-12 列举了厚钢板预热的条件；表 7-13 列举了不同材质的钢材需要预热的温度。

表 7-12　不同厚度钢材需要预热的条件

钢材品种	钢材厚度(mm)	气温低于(℃)
低碳钢构件	≤30	−30
	31～50	−10
	51～70	0
高强低合金钢构件	≤10	−26
	10～16	−10
	17～24	−5
	25～40	0
	40 以上	任何温度

表 7-13　不同材质钢材需要预热的温度

钢材品种	含碳量(%)	预热温度(℃)
碳素钢	<0.20	不预热
	0.20～0.30	<100
	0.30～0.45	100～200
	0.45～0.80	200～400
低含金钢		100～150

凡需预热的构件。焊前应在焊道两侧板厚的 2 倍且不大于 100mm 范围内均匀预热，预热温度的测量应在距焊道 50mm 处进行。

当工作地点的环境温度为 0℃以下时，焊接件的预热温度、后热温度应通过试验确定。

(2) 层间温度控制。高强低合金钢厚板焊接中，要严格控制焊缝层间温度，使焊缝冶炼处于恒温状态，有利于氢的逸出。一般层间温度控制在 100℃～120℃范围内，应定时检测。当温度低于 100℃时重新加热至控制温度，再继续施焊。

(3) 焊后热处理。焊接厚度较大的钢材，当焊缝急速冷却时，焊缝区会存在很大的残余应力。随着时间的推移，由于应力腐蚀等原因，还会产出裂缝(延迟裂纹)，造成结构的破坏。所以在构件焊接后必须进行后热处理，以消除强大的残余应力，同时利用残留氢的溢出。焊后热处理操作：在焊缝区焊厚 2～3 倍范围内，用多排预热气焊柱均匀地加热到 150℃～200℃，具体时间应根据施工环境气温条件，钢板材质、钢板厚度来决定，一般时间控制在 1～2h。焊缝后热达到规定温度后，应使用石棉布覆盖按规定时间保温，使焊缝区缓慢冷却至常温。后热处理应于焊后立即进行。

对于板厚超过 30mm，具有淬硬倾向和约束度很大的低含金钢的焊接，必要时可进行后热处理，后热处理的温度一般为 200℃～300℃，后热时间为每 30mm 板厚 1h。

3) 焊接

应根据焊接工艺试验所确定的焊接方法及有关技术措施，遵循构件制作及现场安装时施焊的合理顺序对不同部位、不同接头的焊缝进行施焊。施焊过程中应注意：

(1) 每条焊缝一经施焊原则上要连续操作一次完成。大于 4h 焊接量的焊缝，其焊缝必须完成 2/3 以上才能停焊，然后再二次施焊完成。间隔后的焊缝；开始工作后中途不能停止。

(2) 凡在雨雪天气中施焊，必须没有防护措施，否则应停止作业。对于正在施焊而未冷却的部位遇雨，应用碳刨铲除后重焊。冬期施工时，应根据有关规定采取缓冷措施，如 CO_2 加热、防冻、焊后包裹石棉布等。

(3) 采用手工电弧焊，风力大于 5m/S(三级风)时；采用气体保护焊，风力大于 2m/S(二级风)时，均要采取防风措施。

(4) 为了减少焊缝中扩散氢的含量，防止冷裂和热影响区延迟裂纹的发生，在坡口的尖部均应采用超低氢型焊条打底 2～4 层，然后用低氢型焊条或气体保护焊做填充。

(5) 由于构件制作和安装均存在允许偏差，因此当柱和主梁安装校正预留偏差后，构件焊缝的间隙不符合要求时，必须进行处理。

柱子间缝过大的处理方法是选用 f 4 焊条把间隙焊满，并进行清理，再按焊接工艺将焊缝焊好，如图 7.32(a)所示。上柱和下柱的连接板，应在焊肉达到母材厚度的 1/3 时才允许割除，切割时应距母材表面 10～15mm，并要求均匀平整。

主梁与柱子间缝隙过小的处理方法是先用气割垂直切一条 5mm 的间隙，再在柱子面上附上一块薄钢板以保护柱面，然后用气割切出斜面，最后想用角向砂轮将坡口磨平，如图 7.32(b)所示。

(6) 柱与柱、梁与柱的焊接接头，应在实验完毕将焊接工艺全过程记录下来，测量出焊缝收缩值，反馈到钢结构制作厂，作为柱、梁加工时增加长度的依据。现场焊缝收缩值受周围已安装柱，梁的影响，约束程度不同收缩亦各异。

(7) 焊接时，焊工应遵守焊接工艺，不得自由施焊及在焊道外的母材上引弧。

(8) 多层焊接宜连续施焊，每一层焊道焊完后应及时清理检查，清除缺陷后再焊。

(9) 角焊缝转角处宜连续绕角施焊，起落弧点距焊缝端部宜大于 10.0mm，弧坑应填满。

(10) 焊缝出现裂纹时，焊工不得擅自处理，应查清原因，订出修补工艺后方可处理。

(11) 焊缝同一部位的返修次数，不宜超过两次。当超过两次时，应按返修工艺进行。

(12) 焊接完毕，焊工应清理焊缝表面的熔渣及两侧飞溅物，检查焊缝外观质量。检查合格后应在工艺规定的焊缝部位打上焊工钢印。

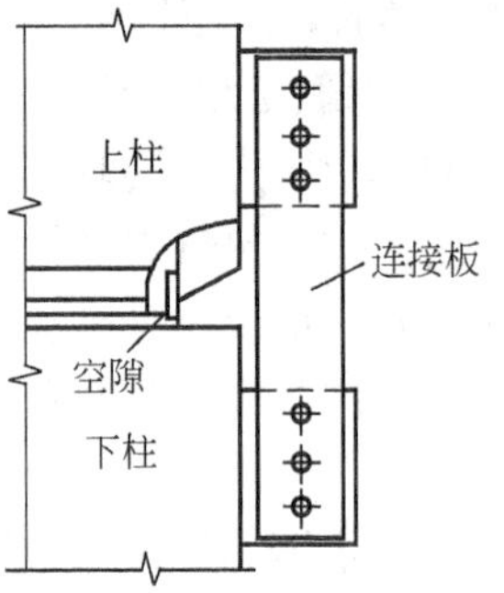

(a) 上下柱接头

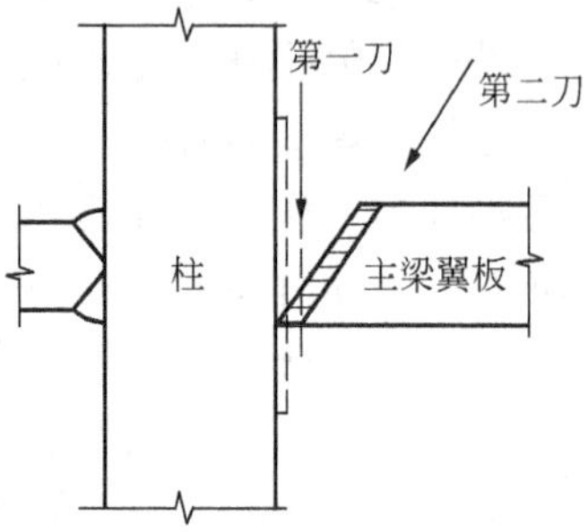

(b) 梁柱接头

图 7.32　接头缝隙处理示意图

(13) 30mm 以上厚板在焊接时，除了按正确顺序施焊外，为防止在厚度方向出现层状撕裂，还是采取以下措施。

① 将易发生层状撕裂部位的接头设计成约束度小，能减小层状撕裂的构造形式。

② 焊接前，对母材焊道中心线两侧各 2 倍板厚加 30mm 的区域进行超声波探伤检查，母材不得有裂纹、夹层及分层等缺陷的存在。

③ 严格控制焊接顺序，尽可能减小垂直于板面方面的约束。采用低氢型焊条施焊，必要时可以采用超低氢型焊条。

④ 如果由于焊接原因而导致母材出现裂纹或层状撕裂时，原则上应更换母材，如得到设计部门和质检部门同意，亦可局部处理。

4. 焊接质量检验

焊接质量检验分为焊接施工检查和验收检验。

施工检查是为了进行良好的焊接施工，在焊接前、焊接中、焊接后等过程中进行的一系列检查；验收检验是对焊接工作结果，对焊接区进行的质量检验。要确保焊接质量，应先把重点放在施工检查上，如果施工检查合格，验收检验也就比较容易了。

1) 施工检查

(1) 焊接前的检查。

检查项目包括焊接设备、木材、焊条、焊剂、焊接工艺和焊工技术水平等。为主控项目，应全数检查。

① 检查焊接材料的质量合格证明文件、中文标志及检验报告等。其品种、规格、性能等应符合现行国家产品标准和设计要求。

② 重要钢结构采用的焊接材料应进行抽样复验，复验结果应符合现行国家产品标准和设计要求。

③ 焊条、焊丝、焊剂、电渣熔嘴等焊接材料与母材的匹配应符合设计要求和国家现行行业标准《建筑钢结构焊技术规程》(JGJ 81)的规定。焊条、焊剂、药芯焊丝、熔嘴等在使用前，应按其产品说明书及焊接工艺文件的规定进行烘烤和存放。焊条外观不应有药皮脱落、焊芯生锈等缺陷；焊剂不应受潮结块。

④ 焊工必须经考试合格并取得合格证书。持证焊工必须在其考试合格项目及其认可范

围内施焊。

⑤ 施工单位对其首次采用的钢材、焊接材料、焊接方法、焊后热处理等，应进行焊接工艺评定，并应根据评定报告确定焊接工艺。

(2) 焊接中的检查。

主要检查母材的预热温度、焊接电流、电弧电压、焊接速度、焊接顺序、运条方法、焊接位置、层间温度等，是否符合工艺规程的规定要求。对于需要进行焊前预热或焊后热处理的焊缝，其预热温度或后热温度应符合国家现行有关标准的规定或通过工艺试验确定。

2) 验收检验

也即焊缝质量检验，分三级。碳素结构钢应在焊缝冷却到环境温度后进行检验；低合金结构纲在焊完 24h 后进行检验。各级的检验项目、检查数量和检查方法见表 7-14。

表 7-14　焊缝质量检验级别

级别	检验项目	检查数量	检查方法
一	外观检查	全部	检查外观缺陷及几何尺寸，有疑点时用磁粉复验
	超声波检验	全部	
	X 射线检验	检查焊缝长度的 2%，至少应有一张底片	缺陷超出相应的规定时，应加倍透照，如不合格，100%透照
二	外观检查	全部	检查外观缺陷和几何尺寸
	超声波检验	抽查焊缝长度的 50%	有疑点，用 X 射线透照复验，如果发现有超标缺陷，应用超声波全部检验
三	外观检查	全部	检查外观缺陷及几何尺寸

钢结构高层建筑的焊缝质量检验，属于二级检验。二级焊缝不得有表面气孔、夹渣、焊瘤、裂纹、弧坑裂纹、电弧檫伤等缺陷。一般采用观察检查或使用放大镜、钢尺和焊缝量规检查二、三级。二、三级焊缝外观质量应符合《钢结构工程施工验收规范》(GB 50205—2001)规定。三级对接焊缝应按二级焊接标准进行外观质量检验。

5. 焊缝的修补

凡经过外观检查和超声波检验不合格的焊缝，都必须进行修补，对不同缺陷的采取不同的修补方法：

(1) 焊缝出现焊瘤，对超过规定的突出部分必须进行打磨。

(2) 出现超过规定的咬边、低洼(弧坑)尺寸不正等缺陷，首先应清除熔渣，然后重新补焊。

(3) 对产生气孔过多、熔渣过多、熔渗差等缺陷，应打磨缺陷处，重新补焊。

(4) 对严重的飞溅，应在开始就立即查出原因，并改正之。

(5) 对未焊透焊缝应铲除重焊。

(6) 利用超声波探伤检查出的内在质量缺陷，如气孔过大、裂纹、夹渣等，应表明部位，用碳弧气刨机将缺陷处及周围 50mm 的完好部位全部刨掉，重新修补。

(7) 修补焊缝时必须把焊缝缺陷除掉，并用原定的焊接工艺进行施焊，完成后用同样检验方法对修补的焊缝进行质量检验，如检查仍然有缺陷，允许第二次修补。一条焊缝修补不得超过三次，否则要更换母材。

7.5　钢结构的防腐与防火

7.5.1　钢结构的防腐

1. 钢结构的大气腐蚀

1) 钢铁的电化学腐蚀

钢铁的腐蚀在绝大多情况下是化学腐蚀过程。电气化腐蚀是钢铁和介质发生电气化学反应而引起的腐蚀，在金属表面形成原电池是电气化学腐蚀最主要的条件。当两种不同的金属放在电解质溶液中，并以导线连接，可以发现导线上有电流通过，这种装置称之为原电池。在腐蚀过程中有隔离的阴极区和阳极区，电流可以通过金属在一定的距离内流动。原电池放电所产生电化学反应，在阳极进行的是氧化反应，在阴极进行的是还原反应。

2) 大气腐蚀的机理

钢结构的腐蚀环境主要为大气腐蚀，大气腐蚀是金属处于表面水膜层下的电化学腐蚀过程。这种水膜实质上是电解质水膜，它是由于空气中相对湿度大于一定数值时，空气中水气在金属表面吸附凝聚及溶有空气中的污染物而形成的。

3) 影响大气腐蚀的因素

(1) 空气中的污染源：污染的大气中含有的硫化物、氮化物、碳化物，以及尘埃等污染物，对金属在大气中的腐蚀影响很大。二氧化硫(SO_2)吸附在钢铁表面，极易形成硫酸对钢铁进行腐蚀，与干净大气的冷凝水相比，被 0.1%的二氧化碳所污染的空气能使钢铁的腐蚀速度增加 5 倍。有氯化钠颗粒尘埃溶于钢铁的液膜中，氯离子又有着极强的吸湿性，对钢铁会造成极大的腐蚀危害。尘埃会吸附腐蚀性介质和水汽，冷凝后就会形成电解质溶液。

(2) 相对湿度：相对湿度达到某一临界点时，水分在金属表面形成水膜，从而促进了电化学过程的发展，表现出腐蚀速度迅速增加。

(3) 温度：环境温度的变化影响金属表面水汽的凝聚，也影响水膜中各种腐蚀气体和盐类的浓度，以及水膜的电阻等。

4) 大气腐蚀的破坏形式

大气腐蚀的主要破坏形式可以分为两大类，即全面腐蚀和局部腐蚀，全面腐蚀又称均匀腐蚀，局部腐蚀则又可以分为点蚀、缝隙腐蚀、电偶腐蚀、晶间腐蚀、选择性腐蚀、应力腐蚀和腐蚀疲劳等。

(1) 均匀腐蚀。均匀腐蚀是最常见的腐蚀形态，其特征是腐蚀分布于整个金属表面，并以相同的速度使金属整体厚度减小。在一般情况下，大气腐蚀多数表现为均匀腐蚀，但大气腐蚀并不都是均匀腐蚀；均匀腐蚀造成大量金属损失，但由于腐蚀速度均匀，可以进行预测和防护，只要进行严格的工程设计和采取合理的防腐蚀措施，不会发生突然的腐蚀事故。

(2) 点蚀。点蚀是局部性腐蚀状态，可以形成大大小小的孔眼，但绝大多数情况下是相对较少的空隙。这种腐蚀破坏主要集中在某些活性点上，并向金属内部深处发展。其腐蚀深度要大于孔径。从表面上看，点蚀互相隔离或靠得很近，看上去呈粗糙表面。点蚀是大多数内部腐蚀形态的一种，即使是很少的金属腐蚀也会引起设备的报废。在不锈钢上最常见的是点蚀。

防止点蚀的发生，主要是选用高铬量或同时含有大量钼、氮、硅等合金元素的耐海水不锈钢。要选用高度纯度的不锈钢，因为钢中含硫、碳等级少，提高了耐孔蚀性能。碳钢要防止点蚀发生，方法也是提高钢的纯度。

(3) 缝隙腐蚀。缝隙腐蚀是因金属与金属、金属与非金属相连接时表面存在缝隙，在有腐蚀介质存在时发生的局部腐蚀形态。

(4) 应力腐蚀。应力腐蚀是指在拉伸应力和腐蚀环境介质共同作用产生的腐蚀现象。这里强调的是应力和腐蚀的共同作用。因为产生腐蚀的介质至多也只是很轻微的腐蚀性。如没有任何应力存在，大多数材料在这种环境介质下都认为是耐腐蚀的；单独考虑应力的影响时，发生应力腐蚀破坏的应力通常是很小的，如不是处在腐蚀环境中，这样小的应力是不会使材料和结构发生机械破坏的。

(5) 电偶腐蚀。电偶腐蚀也称之为双金属腐蚀。许多设备都是由多种金属组合而成的，如铝与铜、铁与锌、铜与铁等。电偶腐蚀首先取决于异种金属之间的电位差，电位差越大，其他条件不变，腐蚀可能性就越大。

(6) 腐蚀疲劳。腐蚀疲劳是指材料或构件受交变应力和腐蚀环境共同作用产生的失效。如果钢材在施工时除锈、防锈技术不好，或构件在使用中防锈层失效而出现锈层，由于钢材和锈层具有不同的电位，一旦出现锈层，会加速腐蚀作用。

5) 钢材的耐腐蚀性

(1) 碳素钢的耐腐蚀性。碳素钢的耐腐蚀性较差，在大气、土壤、海水和甚至中性的淡水都不耐蚀。在腐蚀环境中使用在结构钢材，应尽量选用含碳和含硫量低的钢材。碳和硫等元素加速钢在大气中在耐腐蚀速度。

(2) 低合金钢的耐腐蚀性。在钢铁中加入一定量的合金元素，如铬、镍、铜等(总含量不超过 5%)，改善碳素钢的性能，以得到具有某些性能的低合金钢。加入稀土元素也能提高耐大气腐蚀性，稀土元素与铝共存，耐久性能还能提高。

低合金的耐大气腐蚀性能要比碳钢高，一般在 1～1.5 倍，高的达 2～6 倍。

(3) 耐候钢的耐腐蚀性。耐候钢主要的防腐蚀机理是借助其表面生成的稳定的铁锈来阻止锈蚀向内部的入侵。国内现行生产的耐候钢有焊接结构用耐候钢和高耐候结构钢两种类型。焊接结构用耐候钢在提高耐腐蚀的同时，还保持了它的可焊接性能。高耐候钢的耐腐蚀性能要强于焊接结构用耐候钢。高耐候钢按其化学成分可以分为铜磷钢和铅磷铬镍钢。这种钢材在表面会形成保护层，以提高耐大气腐蚀性能。

(4) 铸铁的耐腐蚀性。铸铁在钢结构建筑中应用很少，铸铁可以分为普通铸铁和耐蚀性铸铁。普通铸铁中大量的石墨和渗碳体在铁中形成了许多的微电池，其耐腐蚀性能较低；耐蚀性铸铁中含有铬、镍、铜和硅等合金元素。一般情况下，高硅铸铁能耐 30%以下的沸腾硫酸，对任何温度和浓度的有机酸溶液的耐蚀性均好，但是对热强碱耐蚀性不强，不耐氢氟酸。

高铬铸铁对硝酸和亚硫酸溶液的耐蚀性较好，不耐盐酸和氢氟酸等还原性介质的腐蚀。

高镍铸铁的耐蚀性并不强，在碱性溶液中的耐蚀性要优于硫酸溶液中的表现。对于海洋大气，中等盐溶液和海水的耐蚀性很好，抗缝隙和抗孔蚀的能力要强于不锈钢。

(5) 镀锌钢材。镀锌钢材在钢结构中的使用很广泛，镀锌层的防锈机理是：形成致密的保护膜，防止环境中的腐蚀介质与钢铁表面接触；锌的阴极保护作用，为最主要的防锈作用。

现在的镀锌钢材都趋向于涂装保护，一是可以增加它的保护性能；二是也为了装饰美观的要求。镀锌钢材的使用寿命取决于腐蚀环境和锌层厚度。

2. 建筑结构防腐蚀方法

1) 钢结构防腐蚀设计的构造要求

(1) 中等腐蚀环境中的承重结构：尽量采用管形封闭截面、实腹式(工字型，H 型和 T 型)截面。

(2) 主梁、柱等重要的构件的传力焊缝，应采用连续焊缝。角焊缝的焊脚尺寸不应小于 8mm 及所焊板件的厚度(当板件厚度大于 8mm 时)。

(3) 钢结构所在室内环境的湿度不宜过高，一般控制长期环境湿度在 75%以下。当在高湿度环境下作业时，应采取有效的通风排湿措施。

室内外湿度较大的侵蚀环境中，构件的螺栓连接处，应增设防水垫圈，防水帽或以防水油膏封闭连接处缝隙。

(4) 钢结构节点及连接构造应避免易于积灰和积湿的角、槽等，连接零件之间应有可供检查与维修的空间(净空不宜小于 120mm)。

(5) 钢柱脚埋入地下部分，应以 C10 混凝土包覆(厚度不小于 50mm)，并包出地面 120～150mm。所埋入部分表面应做除锈处理，但不用做涂装处理。当地下有侵蚀作用时柱脚不应埋入地下。

(6) 钢结构件直接与铝合金金属制品接触时，会引起接触电偶腐蚀，应在构件接触表面涂 1～2 道铬酸锌底漆及配套面漆阻隔，或设置绝缘层隔离，相互间的连接紧固件应采用热镀锌的紧固件。

2) 采用铝合金、不锈钢等建筑材料

相比来说，这些合金材料用使造价显得很高，但有以下三个好处：

(1) 抵御大气腐蚀：铝合金和不锈钢不需要进行涂料的腐蚀，可省去防腐蚀施工费和材料费。

(2) 减轻结构自重：铝合金网壳的自重要比同等跨度的钢网壳至少要轻 50%以上。

(3) 提高建筑美学效果：铝合金和不锈钢有着很美的外观，组合建成的构件，很富有现在气息，是建筑物中局部构件的绝好选材。

3) 长效防腐蚀方法

(1) 热浸渡锌。热浸锌是将除锈后在钢结构件浸入 600℃高温融化的锌液中，使钢构件表面附着锌层，锌层厚度对 5mm 以下薄板不得小于 65μm，从而起到防腐蚀的目的。这种方法的优点是耐久年限长，生产工业化程度高，质量稳定，因而被大量用于受大气腐蚀较严重且不宜维修的室外钢结构中，近年来大量出现轻钢结构体系中的压型钢板等，也较多采用热浸锌防腐蚀。热浸锌是在高温下进行的。对于管形构件应该让其两端开敞，否则易造成安全事故或锌液流通不畅，在管内积存。

(2) 热喷铝(锌)复合涂层。一种与热浸锌防腐蚀效果相当的长效防腐蚀方法。具体做法是先对构件表面作喷砂除锈，使其表面露出金属光泽并打毛。再用乙炔氧焰将不断送出的铝(锌)丝融化，并用压缩空气附到钢构件表面，以形成蜂窝状的铝(锌)喷涂层(厚度约 80～100μm)。最后用环氧树脂或氯丁橡胶等涂料填充毛细孔，以形成复合涂层。其优点是对构件尺寸适用性强，构件形状尺寸几乎不受限制；工艺的热影响是局部的、受约束的、不会产生热变化。与热浸锌相比，这种方法的工业化程度较低，喷砂喷铝(锌)的劳动强度大，质量的优劣受操作者的情绪影响。

4) 涂料防护

涂料防护是一种价格适中、施工方便、效果显著及适用性强的防腐蚀方法，在钢结构的防腐蚀应用中最为广泛。由于建筑钢结构多为室内结构，除了处在特殊的海滨或工业环境中之外，腐蚀环境一般不太恶劣时，用涂料进行防腐蚀，可以保持 20～30 年的防护效果。

现代涂料是化学物质的复杂混合物，它由四大类成分组成：主要成膜物质(油料、油脂)、次要成膜物质(颜料、体质颜料)、辅助成膜物质(助剂)、挥发性物质(浴剂)。防腐蚀涂料的成膜物质在腐蚀介质中具有化学稳定性，其屏蔽性可以起到隔离及防电化学腐蚀作用。颜料在涂料中起到着色作用，体质颜料则可用来调节漆膜的力学性能或涂料的流动性。另外还有以防腐蚀为目的的颜料，一类是利用其化学性能抑制金属腐蚀的防锈颜料(锌粉、铬酸盐颜料等)；另一类是通过物理作用提高涂层的屏蔽性的片状颜料(云母粉、铝粉、玻璃鳞片等)。

5) 常用涂料品种

(1) 沥青涂料。沥青是防腐蚀涂料中重要的原材料，主要有天然沥青、石油沥青和煤焦沥青三种。在现代防腐蚀涂料中使用的是主要煤焦沥青。沥青的缺点是寒冬发脆，夏暑发软，曝晒后有些成分挥发逸出会使漆膜龟裂。与其他树脂拼用，可改善这些缺点，与氯化橡胶拼用可提高干性，改善冬脆夏软的缺点；与环氧树脂拼用得到的环氧沥青涂料，兼具沥青涂料和环氧涂料的优点，在防腐蚀中获得非常满意的效果。

(2) 醇酸树脂涂料。用于涂料配制的醇酸树脂主要有纯干性油醇酸树脂、改性的干性油醇酸树脂和非干性油醇酸树脂。与以往的油性涂料相比，醇酸树指涂料的干性、保色性、耐候性、附着力等均有很大程度的提高，主要用于户内外钢结构的干燥环境中。醇酸树脂涂料耐酸碱性差，耐水性差，不能用于水下结构。如果用于弱腐蚀性的乡村或室内干燥环境，醇酸涂料系统可以达到 10～20 年使用寿命。

醇酸树脂在现代重防腐蚀涂料应用之前，是防腐蚀最为主要的涂料品种，目前也仍然应用广泛。醇酸树脂涂料可以自成体系，常用的涂料品种有醇酸红丹防锈漆(防锈底漆)、醇酸铁红防锈漆(钢铁表面防锈打底)、醇酸云铁防锈漆(防锈底漆和中间层打底)、醇酸磁漆等，在钢结构方面应用广泛。

(3) 酚醛树脂涂料。主要有醇溶性酚醛树脂、改性酚醛树脂、纯酚醛树脂等。醇溶性酚醛树脂涂料抗腐蚀性能较好，但施工不便，柔韧性、附着力不太好。应用受到一定限制。纯酚醛树脂涂料附着力强，耐水、耐湿热、耐腐蚀、耐候性好。钢结构防腐方面，酚醛树脂涂料主要有 F53-31 酚醛红丹防锈漆和 F53-34 酚醛锌黄防锈漆。锌黄底漆后者可以用于轻金属表面防锈。酚醛云铁防锈漆主要作为醇酸/酚醛涂料体系中的中间漆使用。

(4) 环氧树脂涂料。环氧涂料附着力好，对金属、混凝土、木材、玻璃等均有优良的附着力；耐碱、油和水，电绝缘性能优良，但抗老化性差。环氧防腐蚀涂料通常由环氧树脂和固化剂两个组分组成。环氧树脂涂料是现在最为重要的防腐蚀涂料，并发展有多种类别用途的产品，见表 7-15。

表 7-15　环氧树脂常用涂料

环氧涂料产品	用途
环氧红丹防锈底漆	传统的防锈底漆，由于红丹的毒性，现在已经不再使用。
环氧富锌底漆	高性能防锈底漆，常与其他高性能防腐蚀涂料构成重防腐蚀涂料系统。
环氧铁红防锈底漆	传统的防锈底漆。
环氧磷酸锌防锈底漆	重要的防锈底漆，也可以作为环氧富锌涂料上面的中间漆使用。
环氧云铁防锈漆/中间漆	更多的是作为重防腐蚀涂料系统中的中间漆，起到很好的屏蔽作用。
环氧煤沥青涂料	主要用于水下、埋地或潮湿的地方，可以厚膜型施工。
各色环氧磁漆	具有良好耐化学品性能，不适用于外部环境，受紫外线作用会粉化。

(5) 氯磺化聚乙烯涂料。目前，用于防腐蚀涂料生产的氯磺化聚乙烯有两种规格：H-20 和 H-30。该类涂料具有优良的耐酸碱性、耐油性、耐溶剂性和耐水性，适合在低温的环境下使用，适用温度－50℃～120℃，且具有优良的耐老化、耐臭氧性能，并具有弹性和抗冲击磨损。但很低的固体分意味着有机溶剂含量高，不利于环境保护。近年来此涂料已经慢慢退出了应用市场。

(6) 高氯化聚乙烯涂料。高氯化聚乙烯涂料是选用高密度、线性低分子、含氯量在 60% 以上的聚乙烯为主要成膜物质，配以改性树脂、各种助剂、颜料和填料制成。

高氯化聚乙烯涂料综合防腐蚀性能要优于氯磺化聚乙烯、氯化橡胶涂料，发展的产品有富锌底漆、铁红防锈底漆、云铁防锈涂料，面漆和清漆等一系列产品。其中一些产品的性能如下。

① X53-1 高氯化聚乙烯云铁防锈涂料的涂层有着优良的防锈性、耐水性。

② X53-2 高氯化聚乙烯铁红防锈涂料，漆膜具有良好的防锈性能，耐盐雾性能和干湿交替性能，漆膜坚韧，附着力强。

③ X53-4 高氯化聚乙烯防腐蚀中间漆，漆膜有优异的耐潮湿、耐水、耐化学药品和耐化工大气老化性能及防锈性能良好。与底漆和面漆的附着力强，干燥快，适用于化工大气腐蚀和酸碱盐类腐蚀的各种钢结构表面防腐蚀中间漆涂层。

④ X53-11 各色高氯化聚乙烯磁漆，漆膜具优异的耐候老化性，耐化工大气腐蚀，漆膜耐粉化，保光、保色性好，色泽鲜艳漂亮，有良好的户外钢结构的防腐蚀和装饰。

⑤ X53-13 高氯化聚乙烯铝粉防腐蚀面漆，漆膜中含有金属铝粉，分两个组分包装，耐候、耐老化、耐化工大气腐蚀、耐反射光和热的能力强，漆膜物理力学性能强，适用于各种钢结构表面防腐蚀。

(7) 氯化橡胶涂料。氯化橡胶涂料的主要品种有氯化橡胶铁红防锈涂料、氯化橡胶铝粉防锈涂料、氯化橡胶云铁防锈涂料和氯化橡胶面漆。氯化橡胶面漆近来已经由丙烯酸面漆所替代。

(8) 聚氨酯涂料。聚氨酯涂料具有优良的防腐蚀和力学性能。按美国材料试验协会(ASTM)的划分为五类：改性氨酯油(ASTM-1)、湿固化(ASTM-2)、封闭型(ASTM-3)(主要用作绝缘漆和特殊的烤漆)、催化固化型(ASTM-4)羟基固化型(ASTM-5)。

在钢结构防腐蚀涂料中，主要为改性氨酯油、湿固化和羟基固化型三种涂料。

丙烯酸聚氨酯面漆是目前在钢结构中应用最为广泛的、经济有效的面漆品种，也是各家涂料厂家的主要产品。

6) 钢结构重防腐涂料

重防腐涂料是相对一般防腐蚀涂料而言的。它是指在严酷的腐蚀条件下，防腐蚀效果比一般腐蚀涂料高数倍以上的防腐蚀涂料。其特点是耐强腐蚀介质性能优异，耐久性突出，使用寿命达数年以上。目前常用的钢结构重防腐蚀涂料见表 7-16。

表 7-16　钢结构重防腐蚀涂料类别

底漆	改性厚膜型醇酸涂料 环氧磷酸锌防锈底漆 环氧富锌底漆 无机富锌底漆	**中间漆**	厚浆型环氧云铁中间漆 改性厚浆型环氧树脂涂料
厚浆型或无溶剂涂料	改性厚浆型环氧涂料 低表面处理厚浆型环氧树脂涂料 少溶剂或无溶剂玻璃鳞片涂料	**面漆**	丙烯酸聚氨酯面漆 含氟聚氨酯面漆 聚硅氧烷面漆

注：对于厚浆型、无溶剂涂料以及玻璃鳞片涂料等，很难一定要把它列入底漆或中间漆的类别，在很多情况下，它可以直接作为底漆，也能用于富锌底漆上面作为中间漆使用，甚至可以当作不需要装饰性场合的面漆使用。

(1) 改性醇酸重防腐蚀涂料。改性重防腐蚀醇酸树脂涂料固体分高，在施工性能、防腐蚀性能方面都有很大的提高。

佐敦油漆(Jotun Paints)和 Mammut 厚浆型醇酸树脂涂料为氨酯改性后的醇酸树脂涂料，分底漆和面漆，施工性能优良，防腐蚀性能良好，在 2002 年被选用于著名的艾菲尔铁塔防腐蚀维修保养。

有机硅改性醇酸树脂涂料保留有醇酸树脂涂料室温固化和涂膜物理、力学性能好的优点，又具有有机硅树脂耐热、耐紫外线老化及耐水性好的特点，是一种综合性能优良的涂料。主要用于防腐蚀面漆，耐候性能大大超过丙烯酸面漆。比传统的醇酸树脂面漆的耐候性能要提高 50%以上，保光性和保色性增加二倍。

(2) 环氧重防腐蚀涂料。环氧重防腐蚀涂料区别于原有的环氧防腐蚀涂料，结合钢结构应用的实际情况，在耐蚀性能、适用低表面处理的钢材、低溶剂含量、高固体涂料、优良的干燥性能等技术方面已有提高。有三类：环氧云铁中间漆、低表面处理改性环氧涂料、快干性环氧涂料。

(3) 富锌涂料。最主要的产品是环氧富锌底漆和无机富锌底漆。

环氧富锌底漆防腐蚀性能优良，与钢材的附着力强，与环氧云铁中间漆和其他高性能面漆也有着很好的黏结力。

无机富锌底漆开发出三个类别，即水溶性后固化无机富锌底漆、水溶性自固化无机富锌底漆、醇溶性自固化无机富锌底漆。

无机富锌底漆与环氧富锌底漆的比较：在防腐蚀性能上，无机富锌底漆应比环氧富锌底漆要好，耐蚀性能和耐久性能、耐热和耐溶剂、耐化学品性能以及导静电方面优于环氧富锌底漆；但漆膜的柔韧性方面较差些。无机富锌底漆在施工时有一些特殊的要求，其固化要依靠较高的相对湿度，表面多孔性要求进行雾喷技术等，而环氧富锌底漆的施工要求相比之下要简单得多。

(4) 玻璃鳞片涂料。以具有良好的耐化学性能的玻璃鳞片作为主要防锈颜料的涂料，称之为玻璃鳞片涂料。

涂层的抗渗透性能强、附着力强、耐热、耐寒性能好、耐磨性能突出及其他力学性能，再配合优良性能的树脂组成的玻璃鳞片涂料，有优异的重防腐蚀性能。一般有环氧玻璃鳞片涂料(性能同环氧树脂涂料一样)、聚酯玻璃鳞片涂料(对钢结构有长效的防腐蚀效果，特别是耐压)。

(5) 超耐候性防腐蚀面漆。有日本发展的氟树脂面漆，欧美将发展的聚硅氧烷技术。氟树脂面漆多用聚氨酯来改性，耐候性能可以达到10年以上，而光泽没有大的变化；聚硅氧烷面漆耐候性是目前最佳的。其耐腐蚀性能、与无机硅酸锌涂料好的相容性，使传统的高性能三道涂层系统(富锌底漆/环氧中间漆/聚氨酯面漆)，变成两道涂层系统(富锌底漆/丙烯酸聚硅氧烷涂料)。见表7-17、表7-18。

表7-17　传统的重防腐蚀涂料方案

车间内施工方案			工地修被方案		
涂层	涂料	干膜厚度(μm)	涂层	涂料	干膜厚度(μm)
底漆	环氧/无机富锌底漆	75	底漆	环氧富锌底漆	75
中间漆	环氧云铁中间漆	125	中间漆	环氧云铁中间漆	125
面漆	丙烯酸聚氨酯面漆	50	面漆	丙烯酸聚氨酯面漆	50

表7-18　丙烯酸聚硅氧烷涂料重防腐蚀体系

车间内施工方案			工地修被方案		
涂层	涂料	干膜厚度(μm)	涂层	涂料	干膜厚度(μm)
底漆	环氧/无机富锌底漆	75	底漆	环氧富锌底漆	75
面漆	丙烯酸聚硅氧烷涂料	125	面漆	丙烯酸聚硅氧烷涂料	125

(6) 金属质感面漆。钢结构建筑以往把白色作首选面漆颜色，现在一般用金属质感的面漆。在涂膜中采用云母化铁和铝粉颜料可达到这种效果。如聚氨酯改性醇酸云铁面漆，双组分丙烯酸低光泽云铁灰面漆等。铝粉为金属感面漆最重要的颜料，有漂浮型和非漂浮型。铝粉颜料与底材平行排列，片与片之间又被基料所封闭，这样的涂膜结构完全可以屏蔽外界的气体、水分、光线等对底材的侵蚀，具有耐久的保护作用。金属质感人面漆太多采用非浮型铝粉，它具有很好的遮盖力、着色力、闪烁性、随角异角效应、鲜艳性、光泽等，从而使涂膜产生美学效果。如北京的国家大剧院，就使用了具有铝粉的金属光泽的丙

烯酸聚氨酯金属面漆，该面漆是在原有的丙烯酸聚氨酯面漆基础上配制而成的，具有突出了的户外耐久性能和长期重涂性。

7) 涂料的配套性

一般涂料产品的配套以相同品种为最好，如：醇酸底漆配醇酸面漆、氯化橡胶涂料配氯化橡胶涂料等，常见的不同涂料配套主要有以下几种：环氧底漆/中间漆+氯化橡胶面漆；环氧底漆/中间漆+丙烯酸面漆；环氧底漆/中间漆+聚氨酯面漆；环氧底漆/中间漆+含氟聚氨酯面漆/聚硅氧烷涂料；无机富锌底漆+环氧中间漆/面漆；环氧富锌+氯化橡胶/高氯化聚乙烯中间漆/面漆。

不能配套的涂料类别有：富锌底漆(环氧和无机富锌)上面不能涂油性和醇酸类，否则会引起漆膜皂化而使醇酸漆剥皮脱落；醇酸底漆上面涂氯化橡胶/环氧/聚氨酯等含强溶剂的涂料，会引起起皱、开裂、剥落等问题。

7.5.2 钢结构的防火

1. 钢结构在燃烧中的特点

钢结构已在建筑工程中发挥着独特且日益重要的作用，高层建筑、特别是超高层建筑中，采用钢结构承重的日益增多。钢材赋予这些建筑物以宽阔、轻盈而又不失稳固的建筑风格。钢结构在火的作用下是不会燃烧的，但是钢材在高温火焰的直接灼烧下，强度会随着温度的上升而下降，当到达一个临界点温度(550℃，大多数据标准定为538℃)时，就会显著地降低强度而失去承载力。而且钢材的热导率高，在大火中，热量会在钢材内部迅速传递，由火焰直烧处很快地影响到临近的低温部分。所以钢结构建筑受到大火的作用，很快就会变形坍塌，根本没有灭火的时间，最多只能扑灭余火。而火灾后的钢结构失去了强度且会变形成为麻火状，已经没有使用价值，因此钢结构建筑一旦损坏也就无法修复。火灾的影响很大，会造成大量的人员伤亡和财产损失，社会影响极大。2001 年震惊世界的“9 •11”事件中被飞机撞毁的纽约世界贸易大厦双子楼，事后专家分析，飞机其实并没有将大厦撞倒，而是由于飞机在撞到大楼的同时破坏了大楼钢结构上的防火涂层，并爆炸起火，使得钢结构暴露在熊熊烈火中，一个多小时后，结构软化，强度丧失，终于承载不动如此沉重的重量，轰然倒下，造成几千人命丧废墟，损失多达几百亿美元。

据此，只有 15min 耐火极限的钢结构，远远达不到国家规定的防火规范要求，会很快失去其承载能力。一旦发生这种情况，将对整个建筑物造成灾难性的后果。正因为如此，对钢结构采取有效的保护，使其避免受高温火焰的直接灼烧，从而延缓其坍塌时间，为消防救火提供宝贵的时间就显得十分重要。

2. 钢结构的火灾防治

1) 防治的意义

由于钢结构耐火能力差，在发生火灾时因高温作用下很快失效倒塌，耐火极限仅 15min。若采取措施，对钢结构进行保护，使其在火灾时温度升高不超过临界温度，钢结构在火灾中就能保持稳定性。进行钢结构防火具有的意义如下：减轻钢结构在火灾中的破坏，避免钢结构在火灾中整体倒塌造成人员伤亡，减少火灾后钢结构的经济损失。

2) 保护措施

对钢结构采取的保护措施，从原理上来讲，主要可划分为两种：截流法和疏导法。

(1) 截流法。阻滞火灾产生的热流量的向构件的传输，从而使构件在规定的时间内温升不超过其临界温度，分为喷涂法、包封法、屏蔽法和水喷淋法。这些方法的共同特点是设法减少传到构件热流量，因而称之为截流法。

(2) 疏导法。与截流法不同，疏导法允许热量传到构件上，然后设法把热量导走或消耗掉，同样可使构件温度不至升高到临界温度，从而起到保护作用。截流法和疏导法的特点比较见表 7-19。

其中防火涂料进行阻燃是有效的措之一，钢结构防火涂料在 90%钢结构防火工程中发挥着重要的保护作用。

3. 防火涂料

1) 防火原理

钢结构防火涂料的防火原理有三个：一是涂层对钢基材起屏蔽作用，使钢结构不至于直接暴露在火焰高温中；二是涂层吸热后部分物质分解放出的水蒸汽或其他不燃气体，起到消耗热量、降低火焰温度和燃烧速度、稀释氧气的作用；三是涂层本身多孔轻质和受热后形成炭化泡沫层，阻止了热量迅速向钢基材传递，推迟了钢基材强度的降低，从而提高了钢结构的耐火极限。

表 7-19　截流法和疏导法的特点比较

防火方法		原理	保护用材料	适用范围
截流法	喷涂法	用喷涂机具将防火涂料直接喷涂到构件的表面	各种防火涂料	任何钢结构
	包封法	用耐火材料把构件包裹起来	防火板材、砼、轻质砼、加气砼、灰股泥	钢柱、钢架
	屏蔽法	把钢构件包藏在耐火材料组成的墙体或吊顶内	防火板材	钢屋盖
	水喷淋	设喷淋管网，在构件表面形成	水	大空间
疏导法	充水冷却法	蒸发消耗热量或通过循环把热量导走	充水循环	钢柱

2) 防火涂料的分类

(1) 接防火原理分有膨胀型和非膨胀型两大类。

① 非膨胀型：非膨胀型防火涂料是通过下述作用来防火的，其一是涂层自身的难燃性或非燃性；其二是在火焰或高温的作用下能释放出灭火性气体，并形成非燃性的无机层隔绝空气，非膨胀型防火涂料按照成膜物质的特点，可分为无机和有机两种类型。

② 膨胀型：膨胀型防火涂料成膜后，在常温下是普通的漆膜。在火焰或高温作用下，涂层发生膨胀炭化，形成一个比原来厚度大几十倍，甚至上百倍的非易燃的海绵状的碳质

层，它可以隔断外界火源对基材的加热，从而起到阻燃作用。

(2) 按溶剂类型分有溶剂型和水溶型两大类。两类涂料所选用的防火组分基本相同，其选用的溶剂以采用的成膜物而定。

溶剂型成膜物质一般选用氯化聚烯烃、丙烯酸树脂、氨基树脂、环氧树脂、酚醛树脂等，采用的溶剂为汽油、醋酸丁酯等。

水溶型防火涂料的成膜物质一般选用氯偏乳液、丙烯酸乳液、苯丙乳液、聚醋酸乙烯酯等。这些材料均以水为溶剂。

这两类涂料在涂料的防火性能、理化性能以及耐候性能等方面，溶剂型防火涂料都优于水溶型防火涂料，但是，由于成本、环境污染等原因，水溶型防火涂料也发展得较快。

(3) 按涂层厚度来分，可分为厚型、薄型、超薄型钢结构防火涂料。其中超薄型用量最大，约占钢结构防火涂料的 70%；其次是厚型，约占 20%；薄型钢结构防火涂料目前用量较少。

① 超薄型：指防火涂层厚度在 3mm 以下，以溶剂型为主，具有良好的装饰和理化性能，受火时膨胀发泡形成致密、强度高的防火隔热层，该防火隔热层极大地延缓了被保护钢材的温升，提高钢结构构件的耐火极限，为一类新型防火涂料。超薄膨胀型钢结构防火涂料一般使用在耐火极限要求在 2.0h 以内的建筑钢结构上，如，可对一类建筑物中的梁楼板与屋顶承重构件及二类建筑中的柱、梁、楼板等进行有效防火保护。

由于该类防火涂料涂层超薄，工程中使用量较厚型、薄型钢结构防火涂料大大减少，从而降低了工程总费用，又使钢结构得到了有效的防火保护，是目前消防部门大力推广的品种。

② 薄型：指防火涂层厚度在 3mm 到 7mm 之间，主要是水溶型，具有较好的装饰性和理化性能，受火时能膨胀发泡，以膨胀发泡所形成的耐火隔热层延缓钢材的温升，保护钢构件。一般使用合适的乳液聚合物作基料，再配以复合阻燃剂、防火添加剂、矿物纤维等组成。其选用的乳液聚合物必须对钢基材有良好的附着力、耐久性和耐水性。其装饰性优于厚浆型防火涂料，稍差于超薄型钢结构防火涂料，一般耐火极限在 2h 以内。因此常用在≤2h 耐火极限的钢结构防火保护工程中，常采用喷涂施工。如，可对高层民用建筑中的梁，一般工业与民用建筑中支承单层的柱、梁、楼板以及屋顶承重构件中的钢结构进行防火保护。

③ 厚型：指防火涂层厚度在 8～50mm 之间，在火灾中利用材料的不燃性、低导热性或涂层中材料的吸热性，延缓钢材的温升，保护钢材。是用合适的黏结剂(如水玻璃、硅溶胶、磷酸铝盐、耐火水泥等)，再配以无机轻质材料(如，膨胀珍珠岩、膨胀蛭石、海泡石、漂珠、粉煤灰等)和增强材料(如，硅酸铝纤维、岩棉、陶瓷纤维、玻璃纤维等)组成，具有成本较低的优点。施工常采用喷涂或抹涂，一般用在耐火极限大于或等于 2h 的钢结构防火保护。如高层居用建筑的柱、一般工业与民用建筑中的支承多层的柱的耐火极限均应达到 3h，须采用该厚型防火涂料保护。

(4) 按应用环境来分，可以简单地划分为室内和室外两大类钢结构防火涂料。

3) 防火涂料的选用

民用建筑及大型公共建筑的承重钢结构要采用防火涂料进行防火，一般由建筑师与结构工程师按建筑物耐火等级及构件耐火时限，根据中国工程建设标准化协会标准《钢结构防火涂料应用技术规范》(CECS 24—1990)的规定要求施工，各类防火涂料的特性及适用范围见表 7-20，选用时要优先选用薄涂型防火涂料，选用厚型防火涂料时，外表面需要做装饰面隔护。装饰求较高的部位可以选用超薄型防火涂料。

表 7-20　防火涂料的特性及适用范围

防火涂料类别	特性	厚度/mm	耐火时限/h	适用范围
薄型防火涂料	附着力强、可以配色，一般不需要外保护层	2～7	1.5	工业与民用建筑楼盖与屋盖钢结构
超薄型防火涂料	附着力强、干燥快、可以配色、有装饰效果，一般不需要外保护层	3～5	2.0～2.5	工业与民用建筑梁、柱等钢结构
厚涂型防火涂料	喷涂施工，密度小、物理强度和附着力低，需要装饰面层隔护	8～50	1.5～3.0	有装饰面层的建筑钢结构柱、梁等
露天防火涂料	喷涂施工，有良好的耐候性	薄涂 3～10 厚涂 25～40	0.5～2.0 3.0	露天环境中的框架、构架等钢结构

4. 防火涂料涂装系统

防火涂料的涂装系统包括钢材表面喷砂到 ISO Sa2 ½级→防锈底漆→膨胀型防火涂料→面漆

1) 防锈底漆

防火涂料作为功能性涂料，主要作用是防火。钢结构的防腐蚀仍需要由防锈底漆完成，用于钢结构防火涂料的防锈底漆，必须与防火涂料相兼容，两者间具有良好的附着力。防火涂料的底漆类型见表 7-21。

表 7-21　防火涂料的底漆系统

涂料系统	漆膜厚度/μm	涂料系统	漆膜厚度/μm
醇酸磷酸锌防锈底漆(快干型)	75	改性环氧	125
环氧磷酸锌防锈底漆	75	无机富锌底漆	75
环氧云铁防锈底漆	125	无机富锌底漆+封闭漆	75+25～40
环氧富锌底漆	75	无机富锌车间底漆	15
环氧富锌底漆+封闭漆	75+25～40	无机富锌车间底漆+封闭漆	15+25～40

2) 封闭面漆

封闭面漆在防火涂料系统中非常重要。由于防火涂料的本身的装饰性都比较差，因此有必要涂上一道面漆，且由于防火涂料的耐久性一直没有经过长期的实际考察，理论上说，有机物都会老化、降解等，这对防火涂料的性能是比较致命的。如果涂有耐老化的面漆涂层，可以解决这个问题。

(1) 面漆作用：一是抵抗腐蚀性介质和外应力对防火涂料的破坏，有效地封闭和阻挡水分、湿气渗透到涂料表层，与防火涂料上下配合，发挥保护钢材的总体效果；二是对建筑总体起装饰美化作用，如良好的光泽、丰富的色彩、平整光滑的外表等。

(2) 类型：防火涂料的面漆主要有醇酸涂料、丙烯酸涂料氯化橡胶涂料、聚氨脂涂料、硅氨烷类涂料、环氧涂料类等。

(3) 选用面漆注意的问题：首先考虑罩面漆与防火涂料层之间要有良好的附着力；尽量选同一种涂料的防火涂料与面漆(如氨基型防火涂料与氨基涂料或醇酸涂料配合使用较好)；选同一漆膜干燥机理的防火涂料与面漆(如同属常温干燥固化的氯化橡胶防火涂料与丙烯酸面漆之间的附着力好；溶剂型防火涂料与涂料之间的附着力好。但溶剂型防火涂料切勿用水溶性罩面漆配套罩面；常温干燥型防火涂料切勿用反应干燥型罩面漆配套)；不可选用强溶剂型的面漆涂在弱溶剂型防火涂料表面(如脂肪族聚氨酯面漆、特别是丙烯酸聚氨酯面漆主要用于膨胀型环氧防火涂料上面起装饰和耐老化的作用。其他类的防火涂料表面会因为强溶剂而引出涂层不兼容问题)。

7.5.3 涂装施工

1. 钢结构防腐涂装工艺

1) 材料要求

(1) 建筑结构工程防腐材料品种、规格、颜色应符合国家有关技术指标和设计要求，应具有产品出厂合格证。

(2) 钢结构防腐蚀材料使用前，其应按照国家现行相关标准进行检查和验收

2) 操作工艺

(1) 表面清理。基面清理除锈质量的好坏，直接影响到涂层质量的好坏。因此涂装工艺的基面除锈的质量等级应符合设计文件的规定要求。钢结构除锈质量等级应执行《涂装前钢材表面锈蚀等级和除锈等级》(GB 8923)标准规定。

油漆涂刷前，应采用适当的方法将需要涂装部位的铁锈、焊缝药皮、焊接飞溅物、油污、尘土等杂物清理干净。为了保证涂装质量，根据不同需要可以分别选用以下表面清理工艺：

油污的清除方法根据工件的材质、油质的种类等因素来决定，通过常采用溶剂清洗或碱液清洗。清洗方法有槽内浸洗法、擦洗法、喷射清洗和蒸汽法等。

结构件表面锈等杂物的清除根据要求不同可采用方法：

① 手动工具清理：用在不需要进行喷砂处理的小面积部位。清理去除所有松散的氧化皮、锈、涂料和其他有害的外来物质。这种方法不能除去黏附的氧化皮，锈和涂料。常用的工具有砂纸、无纺砂盘、钢丝刷、气锤、凿子等。

② 动力工具打磨：是一种使用动力协助手动工具进行钢表面处理的方法。可以除去所有松散的氧化皮、铁锈、旧漆膜和其他有害物质，不能除去附着牢固的氧化皮、铁锈和旧漆膜。

常用的工具有砂轮、砂纸盘、钢丝盘、气铲、笔形钢丝刷、小砂轮等。

③ 抛丸处理：利用离心力的作用使高速旋转的叶轮把磨料抛出来进行表面清理。

最常用的磨料是钢丸和钢砂，两者混合使用能够达到所要求的表面清洁度和粗糙度。

④ 喷砂处理：喷砂处理使用压缩空气将磨料从喷砂机中喷射出去，在需要清理的表面形成巨大的冲击力，除去锈、氧化皮和其他杂质等。

钢材表面进行处理达到清洁度后，一般应在 4～6h 内涂第一道底漆。涂装前钢材表面不允许再有锈蚀，否则应重新除锈。处理后表面沾上油迹或污垢时，应用溶剂清洗方可涂装。

(2) 涂装工艺。

① 涂装施工环境条件的要求。

环境温度：应按照涂料产品说明书的规定执行。

环境湿度：一般应在相对湿度小于 80%的条件下进行。具体应按照产品说明书的规定执行。

控制钢材表面温度与露点温度：钢材表面的温度必须高于空气露点温度 3℃以上，方可进行喷涂施工(露点是空气中水蒸汽开始凝结成露水时的温度点，与空气温度和相对湿度有关)。在雨、雾、雪和较大灰尘的环境下，必须采取适当的保护措施、方可进行涂装施工。

② 设计要求或钢材结构施工工艺要求禁止涂装的部位，为防止误涂，在涂装前必须进行遮蔽保护。如地脚螺栓和底板、高强度螺栓结合面与混凝土紧贴或埋入的部位等。

③ 涂料开桶前，应充分摇匀。开桶后，原漆应不存在结皮、结块、凝胶等现象，有沉淀应能搅起，有漆皮应除掉。为保证漆膜的流平性而不产生流淌，必须把涂料的黏度调整到一定范围之内。

④ 涂装施工过程中，应控制油漆的黏度、兑制时应充分地搅拌，使用漆色泽均匀一致。调整黏度时必须使用专用稀释剂。如需代用，必须经过试验并取得业主的同意。

⑤ 涂刷顺序应自上而下、从左到右、先里后外、先难后易、纵横交错地进行涂刷。涂刷遍数及涂层厚度应执行设计要求规定。

⑥ 合理的施工方法对保证涂装质量、施工进度、节约材料和降低成本有很大的作用。所以正确选择涂装方法是涂装施工管理工作的主要组成部分。常用的涂装方法有刷涂法、手工滚涂法、浸涂法、空气喷涂法、雾气喷涂法，其操作工艺要求分别如下。

● 刷涂法：适用干性较慢且塑性小的油性漆、酚醛漆、醇酸漆等。

油漆刷的选择：刷涂底漆、调和漆和磁漆时，应选用扁形和歪脖形弹性大的硬毛刷；刷涂油性清漆时，应选用刷毛较薄、弹性较好的猪鬃或羊毛等混合制作的板刷和圆刷；涂刷树脂漆时，应选用弹性好，刷毛前端柔软的软毛刷或歪脖形刷。

涂刷时，应蘸少量涂料，刷毛浸入油漆的部分应为毛长的 1/3～1/2。

对干燥速度较慢的涂料，应按涂敷、抹平和修饰三道工序进行。

对于干燥速度较快的涂料，应从被涂物一边按一定的顺序快速连续地刷平和修饰，不宜反复涂刷。

涂刷顺序一般应按自上而下、从左向右、先里后外、先斜后直、先难后易的原则，使漆膜均匀、致密、光滑和平整。

刷涂的走向：刷涂垂直平面时，最后一道应由上向下进行；刷涂水平表面时，最后一道应按光线照射的方向进行。

刷涂完毕后，应将油漆刷妥善保管，若长期不使用，须用溶剂清洗干净，晾干后用塑料薄膜包好，存放在干燥的地方，以便再用。

● 滚涂法：适用干性较慢且塑性小的油性漆、酚醛漆、醇酸漆等。

涂料应倒入装有滚涂板的容器里，将滚子的一半浸入涂料，然后提起在滚涂板上来回涂几次，使滚子全部均匀浸透涂料，并把多余的涂料滚压掉。

把滚子按 W 形轻轻滚动，将涂料大致地涂布于被涂物上，然后滚子上下密集滚动，将涂料均匀地分布开，最后使滚子按一定的方向滚平表面并修饰。

滚动时，初始用力要轻，以防流淌，随后逐渐用力，使涂层均匀。

滚子用后，应尽量挤压点残存的油漆涂料，或使用涂料的稀释剂清洗干净，晾干后保存好，以备后用。

- 浸涂法：适用干性适当，流平性好，干燥速度适中且触变性好的各种合成树脂涂料。建筑钢结构工程中应用较少。
- 空气喷涂法：适用挥发快、干燥速度适中且黏度小的各种硝酸基漆、橡胶漆、建筑乙烯漆、聚氨脂漆等。

空气喷涂法是利用压缩空气的气流将涂料带入喷枪，经喷嘴吹散成雾状，并喷涂到被涂物表面上的一种涂装方法。

进行喷涂时，必须将空气压力、喷出量和喷雾幅度等参数调整到适当程度，以保证喷涂质量。

喷涂距离控制：喷涂距离过大，油漆易散落，造成漆膜过薄而无光；喷涂距离过近，漆膜易产生流淌和橘皮现象。喷涂距离应根据喷涂压力和喷嘴大小来确定，一般使用大口径喷枪距离为 200～300mm，使用小口径喷枪的喷涂距离为 150～250mm。

喷涂时，喷枪的运动速度应控制在 30～60cm/s 范围内，并应运行稳定。

喷枪应垂直于被涂物表面。如喷枪角度倾斜，漆膜易产生条纹和斑痕。

喷涂时，喷幅搭接的宽度，一般为有效喷雾幅度的 1/4～1/3，并保持一致。

暂停喷涂工作时，应将喷枪端部浸泡在溶剂中，以防涂料干固堵塞喷嘴。

喷枪使用完后，应立即用溶剂清洗干净。枪体、喷嘴和空气帽应用毛刷清洗。气孔和喷漆孔遇有堵塞，应用木钎疏通，不准用金属丝或铁钉疏通，以防损伤喷嘴孔。

- 雾气喷涂法：适用具有高沸点溶剂、高不挥发性且有触变性的厚浆型涂料和高不挥发性涂料。

雾气喷涂法是利用特殊形式的气动或其他动力驱动的液压泵，将涂料增至高压，当涂料经由管道通过喷枪的喷嘴喷出后，使喷出的涂料体积骤然膨胀而雾化，高速地分散在被涂物表面上，形成漆膜。

喷枪嘴与被涂物表面的距离，一般应控制在 300～380mm 之间。

喷幅宽度：较大物件 300～500mm 为宜，较小物件 100～300mm 为宜，一般为 300mm。

喷嘴与文件表面的喷射角度为 30°～80°。

喷枪运行速度为 30～100cm/s。

喷幅的搭接宽度为喷幅的 1/6～1/4。

雾气喷涂法施工前，涂料应经过过滤后才能使用。

喷涂过程中，吸入管不得移出涂料液面，应经常注意补充涂料。

发生喷嘴堵塞时，应关枪，取下喷嘴，先用刀片在喷嘴口切割数下(不得用刀尖凿)，用毛刷在溶剂中清洗，然后再用压缩空气吹通或用木钎捅通。

暂停喷涂施工时，应将喷枪端部置于溶剂中。

喷涂结束后，将吸入管从涂料桶中提起，泵空载运行，将泵内过滤器、高压软管和喷枪内剩余涂料排出，然后利用溶剂空载循环，将上述个器件清洗干净。

高压软管弯曲半径不得小于 50mm。且不允许重物压在上面。

高压喷枪严禁对准操作人员或他人。

⑦ 在涂刷第二层防锈底漆时，第一层防锈底漆必须彻底干燥，否则会产生漆层脱落

⑧ 注意油漆流挂、皱纹、发黏、粗糙、脱皮、出现气泡、针孔等。

⑨ 涂装完成后，经自检和专业检并记录。涂层有缺陷时，应分析并确定缺陷原因，及时补修。修补的方法和要求与正式涂层部分相同。

(3) 两次涂装的表面处理和修补。两次涂装，一般是指由于作业分工在两地或分两次进行施工的涂装。当两道漆涂完后，超过一个月以上再涂下一道漆，也应算作两次涂装的规定进行表面处理。如果涂漆间隔时间长，前道漆膜可能因老化而粉化(特别是环氧树脂漆类)，则要求进行“打毛”处理，使表面干净并增加粗糙度，来提高附着力。修补漆和补漆：修补所用的涂料品种、涂层层次与厚度，涂层颜色应与原设计要求一致。表面处理可采用手工机械除锈方法，但要注意油脂及灰尘的污染。在修补部位与不修补部位的边缘处，宜有过渡段，以保证搭接处的平整和附着牢固。对补涂部位的要求也应与上述相同。

3) 质量验收要点

(1) 涂装前用铲刀检查和用现行国家标准《涂装前钢材表面锈蚀等级和除锈等级》(GB 8923)规定的图片对照观察检查，钢材表面除锈应符合设计要求和国家现行有关标准的规定。处理后的钢材表面不应有焊渣、焊疤、灰尘、油污、水和毛刺等。

(2) 涂料、涂装遍数、涂层厚度均应符合设计要求。当设计对涂层厚度无要求时，涂层干漆膜总厚度：室外应为 150μm，室内应为 125μm，其允许偏差为−25μm。每遍涂层干漆膜厚度的允许偏差为−5μm。用干漆膜测厚仪检查。每个构件检测 5 处，每处数值为 3 个相距 50mm 测点涂层干漆膜厚度的平均值。

(3) 构件表面不应误涂、漏涂、涂层不应脱皮和返锈等。涂层应均匀、无明显皱皮、流坠、针眼和气泡等。

(4) 防腐涂料和防火涂料的型号、名称、颜色及有效期与质量证明文件相符。开启后，不应存在结皮、结块、凝胶等现象。

(5) 当钢结构处在有腐蚀介质环境或外露且设计有要求时，应进行涂层附着力测试，在检测处范围内，当涂层完整程度达到 70%以上时，涂层附着力达到合格质量标准的要求。

(6) 涂装完成后，构件的标志、标记和编号应清晰完整。

2. 钢结构防火涂装工艺

1) 材料要求

(1) 建筑钢结构工程防火涂料的品种和技术性能应符合《钢结构防火涂料通用技术条件》(GB 14907)和《钢结构防火涂料应用技术规范》(CECS 24—1990)标准规定和工程设计要求。

(2) 所选用的防火涂料必须有防火监督部门核发的生产许可证和厂方的产品合格证。

(3) 露天钢结构，应选用适合室外用的钢结构防火涂料。

(4) 用于保护钢结构的防火涂料应不含石棉，不用苯类溶剂，在施工干燥后应没有刺激性气味，不腐蚀钢材。

2) 操作工艺

(1) 涂漆前应对基层进行彻底清理，并保持干燥。在不超过 8h 内，尽快涂头道底漆。

(2) 涂刷底漆时，应根据面积大小来选用适宜的涂刷方法。不论采用喷涂法还是手工涂刷法，其涂刷顺序均为先上后下、先难后易、先左后右、先内后外。保持厚度均匀一致，做到不漏涂、不流坠为好。待第一遍底漆充分高燥后(干燥时间一般不少于 48h)，用砂布、水砂纸打磨后，除去表面浮粉再刷第二道底漆。

(3) 涂刷面漆时，应按设计要求的颜色和品种的规定来进行涂刷，涂刷方法与底漆涂刷方法相同。对于前一遍漆面上留有的砂粒、漆皮等应用铲刀刮去。对于前一遍漆表面过分光滑或干燥后停留时间过长(如两遍漆之间超过 7d)，为了防止离层应将漆面打磨清理后再涂漆。

(4) 应正确配套使用稀释剂。当油漆黏度过大需用稀释剂稀释时，应正确控制用量，以防掺用过多，导致涂料内固体含量下降，使得漆膜厚度和密实性不足，影响涂层质量。同时应注意稀释剂与油漆之间的配套问题，油基漆、酚醛漆、长油度醇酸磁漆、防锈漆等用松香水(即 200 号溶剂汽油)、松节油调配；中油度醇酸漆用松香水与二甲苯 1∶1(质量比)的混合溶剂；短油度醇酸漆用二甲苯调配；过氯乙烯采用溶剂性强的甲苯、丙酮来调配。如果错用就会发生沉淀离析、咬底或渗色等害病。

(5) 厚涂型钢结构防火涂料工艺及要求

① 涂料配备。单组分湿涂料，现场采用便携式搅拌器搅拌均匀；单组分干粉涂料，现场加水或其他稀释剂调配，应按照产品说明书的配比混合搅拌。

搅拌和调配涂料，使之均匀一致，且稠度适当，既能在输送管道中流动畅通，而且喷涂后又不会产生流淌和下坠现象。

防火涂料配置搅拌，应边配边用，当天配置的涂料必须在说明书规定时间内使用完。

② 涂装施工工艺及要求。喷涂应分若干遍完成，通常喷涂 2～5 遍。第一遍喷涂以基本盖住钢材表面即可，以后每遍喷涂厚度 5～10mm，一般为 7mm 左右为宜。

在每层涂层基本干燥或固化后，方可继续喷涂下一遍涂料，通常每遍间隔 4～24h 喷涂一次。

喷涂保护方式、喷涂遍数和涂层厚度应根据防火设计要求确定。

喷涂时，喷枪要垂直于被喷钢构件表面，喷枪口直径宜为 6～10mm，喷枪气压保持在 0.4～0.6N/mm^2。喷枪运行速度要保持稳定，不能在同一位置久留，避免造成涂料堆积流淌。喷涂过程中，配料及往喷涂机内加料均要连续进行，不得停留。

施工过程中，操作者应采用测厚针或测厚仪检测涂层厚度，直到符合规定的厚度，方可停止喷涂。

喷涂后，对明显凹凸不平处，采用抹灰刀等工具进行剔除和补涂处理，以确保涂层表面均匀。

当防火涂层出现下列情况之一时，应重喷：

- 涂层干燥固化不好，黏结不牢固或粉化、空鼓、脱落时；
- 钢结构的接头，转角处的涂层有明显凹陷时；
- 涂层表面有浮浆或裂缝宽度大于 1.0mm 时；
- 涂层厚度大小设计规定厚度的 85%时，或涂层厚度虽大于设计规定厚度的 85%，但未达到规定厚度的涂层之连续面积的长度超过 1m 时。

(6) 薄涂型钢结构防火涂料涂装工艺及要求。

① 涂料配备。运送到施工现场的钢结构防火涂料，应采用便携式电动搅拌器予以适当搅拌，使用均匀一致，方可用于喷涂。双组分涂料应按说明书规定的配比进行现场调配，边配边用。

搅拌已调配好的涂料，应稠度适宜，喷涂后不发生流淌和下坠现象。

② 底层涂装施工工艺及要求。一般应喷涂 2～3 遍，施工间隔 4～24h。待前一遍涂层基本干燥后再喷涂后一遍。第一遍喷涂以盖住钢材基面 70%即可，二、三遍喷涂每遍厚度不超过 2.5mm。

喷涂保护方式、喷涂层数和涂层厚度应根据产品说明书及防火设计要求确定。

喷涂时，操作工手握喷枪要稳、喷嘴与钢材表面垂直成 70° 角，喷口到喷面距离为 40～60cm。要求旋转喷涂的，需注意交接处的颜色一致，厚薄均匀，防止漏涂和面层流淌。确保涂层完全闭合，轮廓清晰。

施工过程中，操作者应随时采用测厚针或测厚仪检测涂层厚度，确保各部位涂层达到设计规定的厚度要求。

喷涂后，如果喷涂完最后一遍，应采用抹灰刀等工具进行抹平处理，以确保涂层表面均匀平整。

③ 面层涂装工艺及要求。当底涂层厚度符合设计要求，并基本干燥后，方可进行面层涂料涂装。

面层涂料一般涂刷 1～2 遍。如第一遍是从左到右涂刷，第二遍应从右到左涂刷，以确保覆盖底部涂层。面层喷涂用料为 0.5～1.0kg/m^2。

面层涂装施工应保证各部分颜色均匀一致，接头平整。

对于露天钢结构的防火保护，喷好防火底涂层后，也可选用适合建筑外墙用的面层涂料作为防水装饰层，用量为 1.0kg/m^2。

3) 质量验收要点

(1) 钢结构防火涂料的品种和技术性能符合设计要求，并经检测符合规定。

(2) 防火涂料涂装前钢材表面除锈及防锈底漆涂装符合设计要求和有关标准的规定。表面除锈用铲刀检查和用《涂装前钢材表面锈蚀等级和除锈等级》(GB 8923)规定的图片对照观察检查。防火涂料涂装基层不应有油污、灰尘和泥砂等污垢。

(3) 钢结构防火涂料的黏结强度、抗压强度应符合《钢结构防火涂料应用技术规程》(CECS)的规定。检验方法应符合《建筑构件防火喷涂材料性能实验方法》(GB 9978)的规定。

(4) 薄涂型防火涂料的涂层厚度应符合有关耐火极限的设计要求。厚涂型防火涂料涂层厚度的 80%及以上面积应符合有关耐火极限的设计要求。且最薄处厚度不应低于设计要求的 85%。

(5) 薄涂型防火涂料涂层表面裂纹宽度不应大于 0.5mm；厚涂型防火涂料涂层表面裂纹宽度不应大于 1mm。

(6) 防火涂料的型号、名称、颜色及有效期与质量证明文件相符。开启后不存在结皮、结块、凝胶等现象。

(7) 防火涂料不应有误涂、漏涂，涂层应闭合，无脱层、空鼓、明显凹陷、粉化松散和浮浆等外观缺陷，乳凸已剔除。

第 8 章　高层建筑装饰工程施工

教学提示： 高层建筑装饰工程施工因其高大而与多层建筑存在不同，尤其是幕墙工程、饰面工程（石材、瓷砖、金属饰面）等现代做法及其保证垂直、平整、牢固方面。

教学要求： 本章主要介绍幕墙工程、饰面工程（石材、瓷砖、金属饰面）。要求重点掌握这些现代装饰做法保证垂直、平整、牢固的技术原理。

8.1　概　　述

8.1.1　外装饰的功能及其发展

外装饰对建筑物主要是起保护作用，同时亦是对建筑物表面进行艺术处理的手段。随着国家经济建设的发展和人民生活水平的提高，外装饰不再是简单的抹灰工程，而更趋向注重装饰的艺术效果。

我国在 20 世纪 50～60 年代的建筑外装饰，基本停留于一般水平，除国家重点的公共建筑和纪念性建筑物以外，大部分建筑物是采用清水外墙，以红砖青瓦衬托和协调环境色彩。60 年代末随着混凝土构件和砌块的发展与应用，以及黏土砖外表质量的退步，清水外墙大幅度减少，外装饰逐步趋向普通抹灰饰面。因而在 20 世纪 70 年代形成了外装饰“灰面孔”的统一格局。后来随着各类建筑涂料的开发，才逐渐丰富了外装饰的色彩。近年来在装饰工程中新材料和新工艺不断涌现，改善了装饰面的质感，提高了装饰效果。水刷石、斩假石、泰山面砖等传统施工工艺的推陈出新，在外装饰中起到了画龙点睛的作用。

随着高层建筑的兴起，对建筑外装饰的要求越来越高。为了减少大气污染对外墙面的影响，要求外装饰表面不易积灰，并能保持持久的光泽，因此在 20 世纪 80 年代马赛克和面砖外饰面得到应用，一般的高层住宅已较普遍地采用了马赛克饰面。高级宾馆和酒楼等除采用装饰面砖以外，还开发应用了玻璃幕墙和铝合金幕墙，把装饰材料推向更高的层次。

建筑物外装饰除达到装饰效果以外，还须具备以下功能：

(1) 防水和防潮。为了防止室外雨水或潮湿渗入室内，要求装饰材料本身具有一定的密实性，对接缝要进行防水处理。

(2) 保温和隔热。对于严寒和炎热地区，外装饰的保温和隔热更为突出。除了对结构材料和其厚度正确选择以外，装饰材料对建筑物的保温、隔热亦可起到辅助的作用。

(3) 隔声和吸声。对于有较大噪声的环境可利用装饰材料作隔声处理以防止噪声传播。

8.1.2　高层建筑室内装饰工程的发展

随着我国高层建筑的发展，高层建筑室内装饰工程亦不断发展。20 世纪 70 年代以前，我国高层建筑室内装饰基本上都是采用传统的材料和做法。平顶装饰常用的是在黄砂石灰底纸筋灰面上刷石灰浆、大白浆与可赛银浆；在木龙骨纤维板面上刷无光调合漆；在木龙骨胶合板面上刷清水油漆；石膏粉刷等。内墙面装饰常用的是在黄砂石灰底纸筋灰面上刷无光调合漆、石灰浆、大白浆、可赛银浆，或贴锦缎、胶合板清水腊克护壁，大理石墙面，瓷砖墙面，石膏粉刷等。地面装饰常用的是细石混凝土地面、油漆地面、硬木地板、羊毛地毯、大理石地面、磨光花岗石地面、现磨水磨石地面、马赛克地面和红缸砖地面等。施工工艺多为湿作业，手工操作，工具亦较简单。

70 年代开发应用了一些高层建筑室内装饰的新材料、新工艺和新机具。如在黄砂石灰底纸筋灰面上刷各色乳胶漆、聚乙烯醇涂料(106)、聚乙烯醇缩甲醛涂料(SJp803)，贴纸基塑料纸、玻璃纤维墙布的平顶和墙面，以及预制水磨石和涂料地面等。施工工艺和机具，除研制应用了涂料滚涂的涂料滚筒、油漆喷斗等小机具以外，主要仍为湿作业，手工操作和传统工具。

从 80 年代初开始，广泛地开发应用了高层建筑室内装饰的新型建材、干作业工艺和先进的小型机具。在平顶装饰方面，有轻钢龙骨石膏板衬底的矿棉板平顶、喷涂点状涂料平顶、贴纸基塑料纸和玻璃纤维墙布平顶，无衬底板的硅酸钙板平顶、有孔石膏板平顶、水泥石棉板平顶、轻钢龙骨或木龙骨的胶合板衬底的镜面平顶、T 型轻钢龙骨轻质石膏板平顶等。在内墙面装饰方面，有在轻钢龙骨石膏板面上喷涂点状涂料、贴纸基塑料纸和玻璃纤维墙布的墙面、镜面和彩色铝合金板的墙面、胶粘瓷砖墙面等。在地面装饰方面,有化纤地毯、塑料地板、塑料石棉板地面、胶粘薄型硬木地板、印刷仿木纹地面、釉面地砖地面等。同时，胶体粘结剂得到广泛使用，胶质材料成了增强涂料附着力的重要成分。另外，干作业施工工艺的采用越来越普遍。在机具方面，出现了锯断、刨平、刨线条、钻孔、凿眼等多功能木工机具、自攻螺丝钉枪、冲击电钻、射钉枪、瓷硅切割机、墙布涂胶机、角向磨光机、型钉射钉枪和点状涂料喷枪等。从而使我国高层建筑室内装饰的现代化水平日益提高，经济效益和社会效益也有了明显改善。

8.1.3 高层建筑室内装饰技术开发的重要性

高层建筑室内装饰的目的是保护基体，美化建筑，给人们创造一个幽雅舒适的工作、生活和娱乐的环境。它所用的材料、施工工艺和机具的先进与落后，直接影响到建筑装饰效果和经济效益。过去，由于长期采用传统的材料和手工操作的湿作业工艺，以及落后而简单的工具，因而劳动强度大、工效低、耗工多和工期长，施工麻烦，质量不易保证，装饰标准不高，装饰效果不能满足现代化使用要求，经济效益也较低。在我国大、中城市为改善居民居住、工作和娱乐环境，而雨后春笋般地建造高层建筑的今天，若不进行高层建筑室内装饰技术开发，必定会严重影响城市建设的效果和速度。因此，近几年来上海、北京、广州、天津、深圳等地，在高层建筑室内装饰工程中，广泛开发应用了轻质新型建筑装饰材料和干作业施工工艺，并采用一部分装饰施工小机具代替繁重的手工操作，不仅使房屋装饰效果和等级有了明显提高，而且，劳动强度大大降低，施工工效成倍提高，工期明显缩短，有效地加快了高层建筑的施工速度，收到了良好的经济效果。

今后，还必须努力进一步开发高层建筑室内装饰技术。新型建筑装饰材料要进一步提高质量，由单一品种向多品种发展，由进口向国产化方向发展；要制订已有新型室内装饰材料的生产质量标准、施工操作规程和验收规范；要进一步开发应用彩色装饰玻璃、彩色铝合金装饰板、防水石膏板、塑料地板、保色耐久的内装饰涂料和喷涂机具；要使塑料墙纸、化纤地毯、矿棉板、石膏板、轻钢龙骨等材料和铝合金门窗在国产化的基础上进一步提高质量、增加品种和降低成本。要发展以塑代木、以塑代钢的制品，争取获得更好的装饰效果和经济效益，为使我国高层建筑室内装饰技术赶上世界先进水平，为加快城市建设的施工速度作出新的贡献。

8.2　幕 墙 工 程

我国目前在高层建筑中常用的幕墙有铝合金幕墙和玻璃幕墙。

8.2.1　铝合金幕墙

铝合金幕墙的构造，根据建筑物结构的不同其做法亦有所区别，一般有下述两种。

1. 混凝土剪力墙面的铝板饰面

这种饰面构造比较简单，因为墙面上不设窗孔，铝板内不作保温层处理，铝板饰面为一个整片，因此节点构造和规格比较统一，同时有混凝土墙身作为依靠，固定较方便。下面以某工程为例介绍混凝土剪力墙表面满贴铝合金幕墙的节点处理和饰面构造。该工程采用美国国际铝业有限公司的铝挂板，规格为 1 000×1 500×3mm，幕墙以角铁为骨架，通过角铁扣件用膨胀螺栓将角铁骨架固定在混凝土墙面上，然后将铝板固定在骨架上，形成了整片铝合金墙面，其具体构造参见图 8.1。

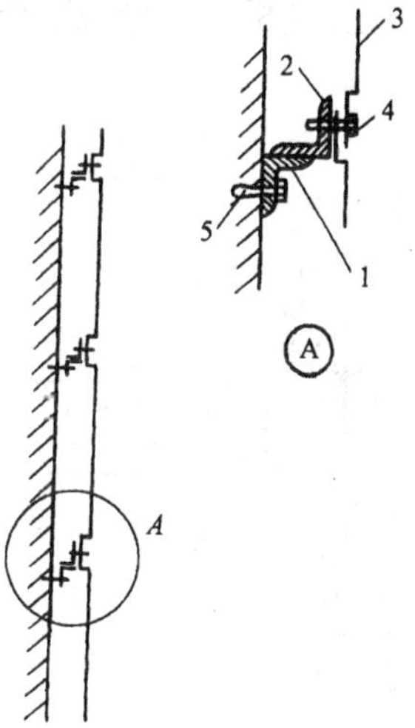

图 8.1　铝板饰面节点构造图

(a) 铝板构造图；　(b) 节点详图；　(c) 角钢扣件大样图

1—角钢扣件　2—角钢骨架　3—铝板　4—膨胀螺栓　5—安装孔(椭圆)　6—铆钉

铝板饰面的安装步骤如下：

(1) 以建筑物的垂直控制线和楼层标高为依据，分别在混凝土墙面上弹出分块竖线和水平线。

(2) 在混凝土墙面上做出塌饼，作为控制铝板和混凝土墙面安装距离的依据，如个别墙面外凸尺寸过大则要先行修正，为了减少修正的工作量，混凝土墙身施工时要求以负公差控制墙身断面厚度。

(3) 打设膨胀螺栓，螺栓进墙深度要求大于 20mm。

(4) 安装角钢扣件，扣件为 L40×40 角钢，长 300mm，其上面的螺孔为椭圆形，以便调正安装距离。

(5) 安装角钢骨架，经过测定平整度和垂直度，满足质量要求后将角钢骨架用电焊固定在扣件上。

(6) 安装铝板，用铆钉枪将铝板逐块固定在骨架上。

(7) 板缝处封防水硅胶。

(8) 清除板面保护胶纸，进行板面清理。

2. 框架结构墙面的铝合金幕墙

框架结构铝合金幕墙，一般为铝板和铝合金窗的组合幕墙。在框架结构上固定幕墙，是利用楼层结构的预埋件用扣件连接固定。由于墙身需设置保温层，因此构造比较复杂，施工难度相对较高。现以某工程铝合金窗和铝板组合幕墙为例介绍其构造和节点处理。该工程标准层每个房间的幕墙由一樘铝合金窗、一块窗肚墙铝板和二块窗间墙铝板组合而成。每个单件均以金属骨架为框，表面覆盖铝合金板，内侧粘贴厚度为 50mm 的矿棉墙体保温层。每块铝板由金属框通过钢扣件和结构楼面上的预埋件连接固定，如图 8.2 所示，而铝窗则用螺栓安装固定在四周铝板金属框上，形成整块铝合金组合面，在板面安装结束后，再在室内安装石膏板，外贴墙纸。

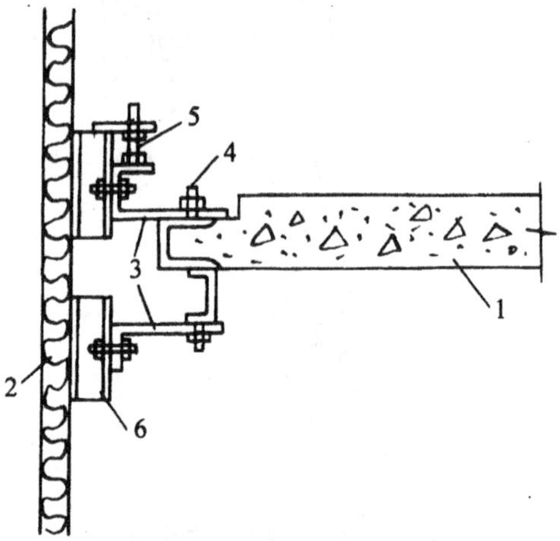

图 8.2　安装钢扣件示意图

1—楼层结构　2—金属板　3—钢扣件　4—前后调节螺栓　5—水平调节螺栓　6—连接槽钢

1) 铝板和铝窗组合墙面的安装步骤

(1) 预埋件整理。将混凝土楼面的预埋件表面凿出，并清理干净。

(2) 弹线。在楼面混凝土上根据建筑物的轴线弹出横轴基准线和纵轴基准线。水平标高线从楼面标高向上翻高 1m，作为统一的标高基准线。

(3) 安装钢扣件。在预埋件面先打设扣件螺杆，其位置以横轴和纵轴基准线为依据。钢扣件分别安装在螺杆上，钢扣件螺孔呈长圆形槽口，以便前后调整位置，如图 8.2 所示。

(4) 安装铝板。三块单件铝板的安装顺序是为先安装窗间墙，然后安装窗肚墙铝板，它们分别由连接片和钢扣件连接，再由扣件支承在结构预埋件上。

(5) 安装铝窗框。在铝板安装后，最后安装铝窗，窗的四周和铝板连接固定。

(6) 安装玻璃。

(7) 嵌缝和防水处理。用专用注入枪将硅酮封缝料嵌入铝板间缝隙。

(8) 幕墙表面清洗。要随装随清洗，及时清除飞在上面的砂浆等污泥，并在交工前做一次系统的清洗。

铝合金蜂窝板及铝塑板的安装节点如图 8.3、图 8.4 所示。

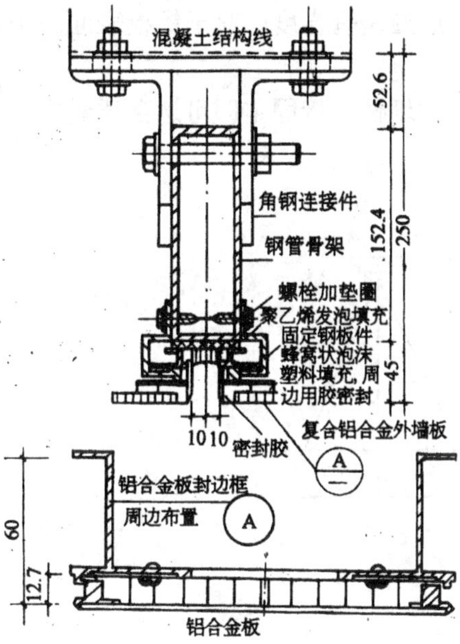

图 8.3　铝合金蜂窝板固定示意图

1—铝窗　2—窗肚墙铝板
3—窗间墙铝板　4—柱子

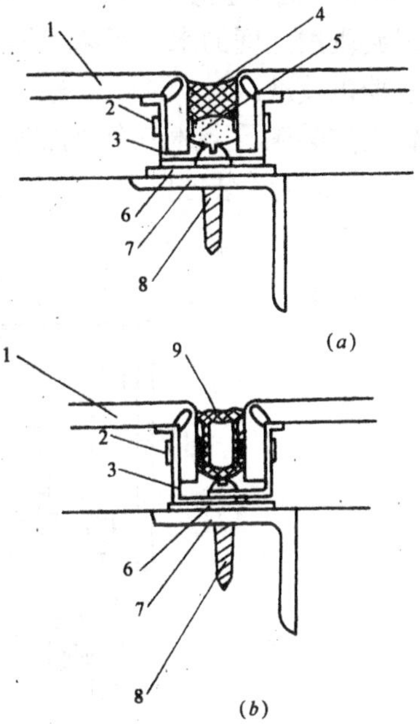

(a) 安装节点之一；(b) 安装节点之二

图 8.4　铝塑板的安装节点

1—饰面板　2—铝铆钉　3—直角铝型材
4—密封材料　5—支撑材料　6—垫片
7—角钢　8—螺钉　9—密封材料

2) 铝合金组合墙面安装的质量控制

墙面的安装要严格控制三个要点：

(1) 每块铝板安装高度的控制。安装高度直接关系到铝板水平分格缝能否在同一水平线上，是外观质量的关键，要求较高。用水准仪测量水平，以基准标高线为准调节连接片上的水平螺栓，控制铝板的安装高度。

(2) 铝板饰面平整度控制。用悬挂线锤于基准轴线上来控制铝板面的平整度，如有误差则前后移动钢扣件槽口来进行凋正。对于钢扣件的位置确定可在横轴基准线的外侧 50cm 处拉一根钢丝作为控制线，如图 8.4 所示，钢扣件则利用长圆形螺孔前后调节到需要的位置。

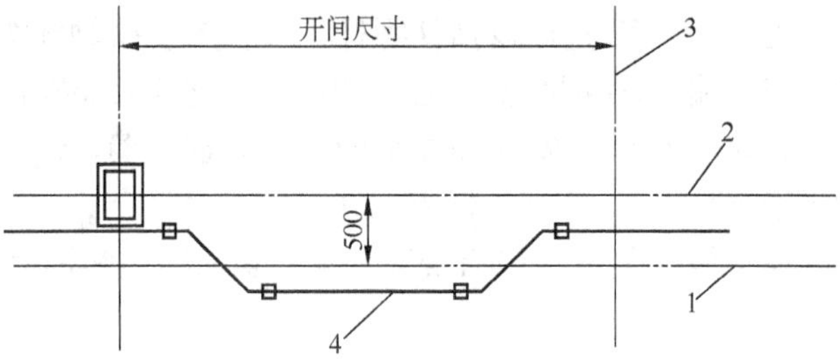

图 8.5　安装控制线示意图

1—控制线(钢丝)　2—横轴基准线　3—纵轴基准线　4—楼面边线

(3) 铝板表面垂直度控制。从结构外侧用钢弦线引下一垂线作为基准垂线，以每层横轴基准线到垂线之间的水平距离相等并连续校正三层控制垂直度。对于铝板表面的垂直度可用测垂器来校准。

当铝板安装满足上述三个要点时，将钢扣件和预埋件焊接固定即可达到质量要求，如图 8.6 所示：铝板安装位置测定示意图。

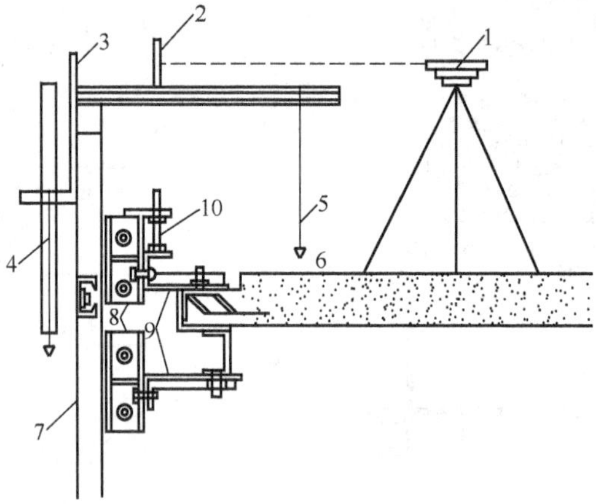

图 8.6　铝板安装位置测定示意图

1—水平仪　2一直尺　3—曲尺　4-测垂器　5—线锤

6—基准轴线　7—铝板　8—连接片　9—钢扣件　10—水平调节螺丝

3) 施工脚手架

幕墙安装不搭设脚手架，主要采用吊篮。吊篮可根据墙面形状加工成矩形、弧形以适应操作的需要。

8.2.2　玻璃幕墙

1. 铝框玻璃幕墙

一般用于办公用房的外墙，它以铝合金为框中间镶嵌玻璃，形成以固定玻璃为主体的玻璃幕墙立面。

1) 节点构造

以统长幕墙竖筋为支承骨架，和结构楼板混凝土上的预埋件用角钢扣件焊接固定，玻璃分块镶嵌在骨架的竖横筋之间，最后用硅胶作防水嵌缝处理，其构造如图 8.7 所示。

2) 安装步骤

(1) 将楼板面的预埋铁件表面清理干净。

(2) 根据建筑物轴线弹出纵横两个方向的基准线和水平标高控制点。

(3) 安装幕墙竖筋，以基准线为准确定竖筋位置，并挂直后固定。

(4) 安装幕墙横筋。

(5) 镶嵌玻璃，并用硅胶嵌缝作防水处理。

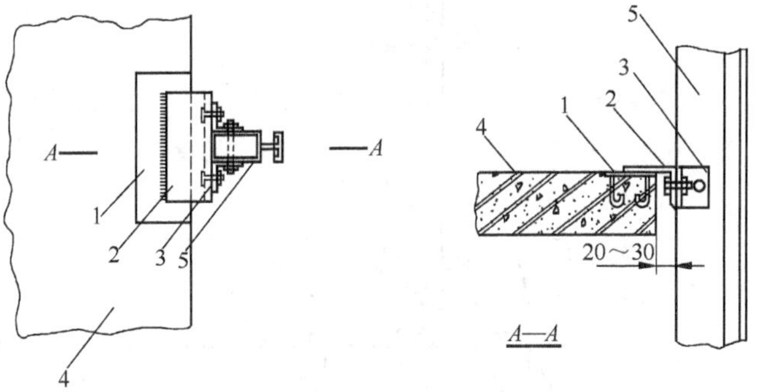

图 8.7　铝框玻璃幕墙节点构造示意图

1—预埋铁板　2、3—角钢连接件　4—混凝土楼板　5—玻璃幕墙竖筋

2. 大块玻璃幕墙

大块玻璃幕墙用于高层建筑裙房外围，一般玻璃高度接近建筑物层高，以玻璃自身支承，端头固定，节点构造如图 8.8 所示。大块玻璃厚度为 10～19mm。整块玻璃高度在 5m 以内一般由玻璃本身支承自重，两端嵌入金属框内，用硅胶嵌缝固定。当高度过高时，除底部支承以外，需在玻璃顶部增设吊钩悬吊玻璃，以减少底部支承压力，如图 8.8 所示。

大玻璃安装有一定难度，由于整块玻璃高度大、自重重、又容易碎裂，起重时不宜用吊索，操作者又无法用手扶托，因此要采用吸盘机，如图 8.9 所示。利用玻璃表面平整度高、吸附力强的特点，将玻璃平稳的吸牢并移动到安装地点。大块玻璃幕墙的安装顺序和安装方法如下。

(1) 按设计要求先固定好玻璃的顶框和底框。

(2) 玻璃就位。一般成品玻璃运到工地是装箱立放，长边着地，在拆除包装箱后，在玻璃两侧用手工吸盘由人工将其搬运至安装地点。

(3) 用吸盘机在玻璃一侧将玻璃吸牢，利用单轨电动葫芦将吸盘机连玻璃一起升高到一定高度，然后转动吸盘，将横卧的玻璃转动至竖直，并将玻璃上口先插入顶框，继续往上提，使玻璃下口对准底框槽口，然后将玻璃放入底框并安装支承在设计标高位置，如图 8.8 所示。

(4) 在玻璃与玻璃之间、玻璃与顶框或底框的凹槽内用硅胶嵌缝固定。

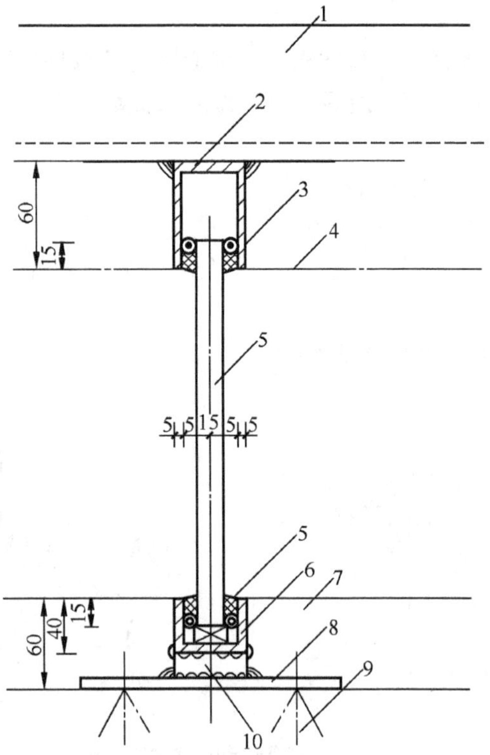

图 8.8 大块玻璃幕墙节点示意图

1—顶部角铁吊架 2—5mm厚钢顶框 3—硅胶嵌缝 4—平顶面 5—15mm厚玻璃
6—5mm厚钢底框 7—地平面 8—3mm厚铁板 9—M12锚栓 10—垫铁

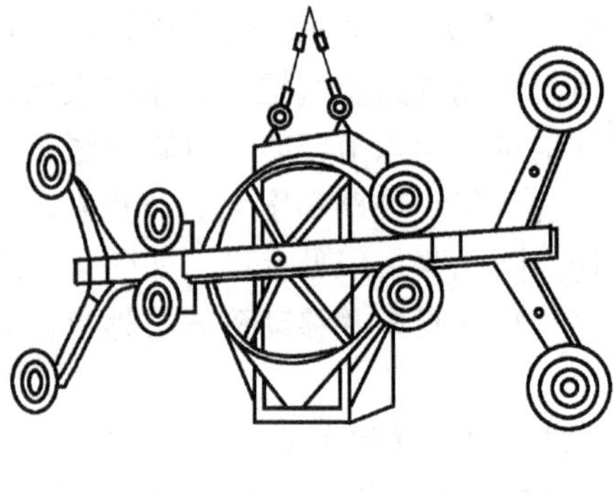

图 8.9 玻璃幕墙安装机具——吸盘机

8.3 饰面工程

8.3.1 小规格面砖镶贴施工

1. 材料品种和规格

面砖有釉面和毛面之分，颜色有米黄色、深黄色、乳白色等多种色彩，形状有正方形和长方形不同规格，其边长一般在 400mm 以下，厚度在 15mm 左右。近年来从国外进口的面砖规格各异，主要是厚度有所减薄(一般为 6～8mm)。

水泥应选用不低于 42.5 级的普遍硅酸盐水泥，有彩色和特殊要求的应该用白水泥。砂宜选用中粗砂，粒径为 0.35～0.5mm，颗粒坚硬，含泥量不大于 3%，用时须过筛。

2. 镶贴工艺

1) 逐块铺贴法

(1) 要求刮糙层是一个既平整又粗糙、墙角方正、线条通顺的糙坯面。

(2) 按设计要求和面砖的规格弹好分格线，面砖的排列力求避免半块。

(3) 在墙面及转角处每隔 2M 左右坞好贴面标志点(可用面砖角料)以控制面层的平整度、垂直度和粘结层的厚度。

(4) 面砖粘贴前先将其洗刷干净，放入桶内用清水浸泡 2h 以上，取出表面晾干后使用。

(5) 面砖粘贴应分段或分块进行，每个分块自下而上粘贴，黏结砂浆宜用 1∶1.5 或 1∶2 水泥砂浆。操作时在面砖背面刮满刀灰，砂浆厚度 6～8mm，面砖上墙后，用小木锤轻轻敲打，用直尺调正平整度和垂直度。粘贴面砖应保持面砖上口平直，贴完一皮将砂浆刮平，放上分缝用小木条，然后再贴第二皮。木条宜次日取出，用水洗净后继续使用。

(6) 待铺贴一定面积后即可勾缝，勾缝用 1∶1 水泥砂浆，一般为凹缝，凹进面砖表面 3mm，要求批嵌密实。

(7) 面砖表面的清洁工作宜在当天随即做好。如完成后还有不洁之处，可用 5%～10%稀盐酸清洗墙面。

2) 托板模具铺贴法

对于墙面造型特殊、要求多种颜色面砖交叉镶贴的墙面，可用托板模具铺贴小规格面砖。它比单块镶贴简便，工效一般可提高 3 倍以上，又可节约大量的嵌线条木料，并能确保镶贴质量。其铺贴步骤如下。

(1) 定线划块。自屋面向下根据建筑物轴线尺寸用线垂挂正，做出塌饼控制垂直度。然后依据窗盘、天盘标高弹出水平线控制水平尺寸。托板的大小根据建筑物的轴线尺寸和层高以能整除为好，以减少模具铺贴后的镶补工作。

(2) 拼花组合。按照设计的要求对不同颜色面砖进行花纹排列。先将面砖按编号反铺在模具内粘接面朝上，并在砖缝中撒上细砂，随后在砖面上满黏结水泥砂浆(1∶1.5～2.0)2～3mm。同时墙面糙胚层上抹上相同的水泥黏结砂浆，随即将托板模具对准基线上墙粘贴，用木榔头轻轻击平，然后取下模具，刷清砖缝间细砂，最后进行托板之间镶补工作，在铺贴 ld 后用纯水泥浆勾缝。

根据建筑物的外型，模具可设计为平面、凹弧形等各种形式的模具。模具材料应选用质地坚硬、遇水不易变形的木制品和硬塑料制品。模具要求尺寸正确、分格均匀、符合设计要求，模具板在每块面砖位置开一个小孔，防止起出模具时将面砖吸出，托板模具如图 8.10 所示。

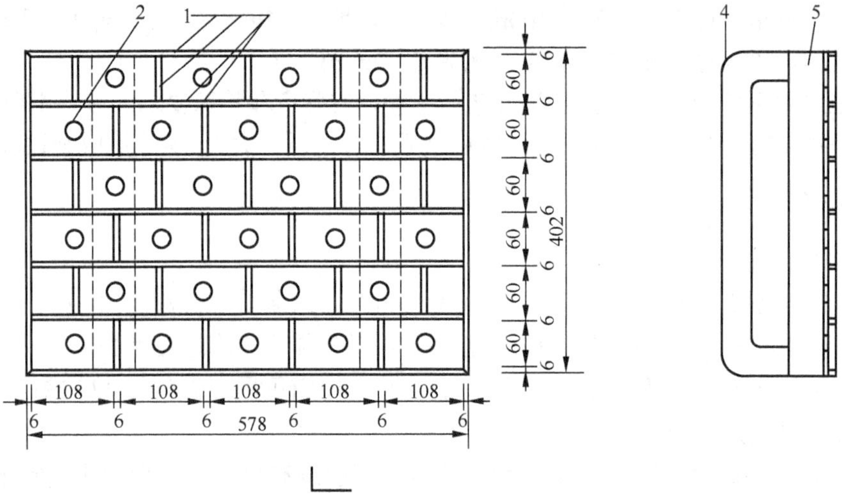

图 8.10　托板模具示意图

1—硬塑料条　2—板面开孔　3—托板木框　4—木手柄

8.3.2　大规格饰面板(边长大于 400mm)施工

1. 材料的品种

用于高层建筑外装饰的大规格饰面板一般选用天然石料。天然石料根据材质分为大理石和花岗石两种。根据表面加工处理的不同有光面、镜面、粗磨面、麻面、条纹面及天然石面等。大理石和花岗石均是色彩丰富、绚丽美观的高级装饰材料，价格昂贵，质量要求高。

2. 安装方法

1) 灌浆固定法

(1) 按照设计要求在基层表面绑扎好钢筋网和结构预埋件，连接牢固。

(2) 每块墙面进行饰面板分块，按不同规格分别编号，并要求在平地上试拼，以校核其尺寸、排列和色泽的协调一致。

(3) 安装前饰面板材按设计要求用钻头打圆孔，穿上铜丝或镀锌铅丝。

(4) 自下而上进行安装，先在最下一皮两头做好找平标志，拉好横线，从中间向两边(或从一端向另一端)开始安装，将铜丝与结构表面的钢筋网绑扎固定，随时用托线板靠平靠直，保证板与板的接缝和四角平整。

(5) 板材与基层墙面的缝隙一般为 20～50mm，用石膏将一皮饰面板逐块临时固定，检查其平整度与垂直度，然后用 1∶2.5 水泥砂浆(稠度一般为 8～12cm)分层灌注。灌浆高度每皮控制在 15～20cm，并振捣密实，待初凝后再继续灌浆，灌至离饰面板上口 5～10cm 时停止，然后将上口临时固定的石膏剔除，清理干净缝隙，继续安装上皮的饰面板，依次由下而上安装灌浆固定。

(6) 较大规格的饰面板除了和结构物的钢筋网拉结外，还应采用支撑形式帮助固定，在离墙面约 10cm 处搭设临时支撑，用木榫和板材面填实作临时固定。

(7) 安装和固定后的饰面板，当天应做好表面清理，并对已完工的贴面做好产品保护。光面和镜面饰面板须经清洗晾干后方可打蜡擦亮。

2) 扣件固定法

用扣件固定大规格饰面板是近期才发展的新工艺，费用较高。它改变了传统的饰面板固定用灌浆的湿作业法，而是采用在混凝土墙面上打膨胀螺栓，再通过钢扣件连接饰面板材的扣件固定法。每块板材的自重由钢扣件传递给膨胀螺栓支承。板与板之间用不锈钢销钉固定，板面接缝的防水处理是用密封硅胶嵌缝。用扣件固定饰面板，在板块与混凝土墙面之间形成空腔，无须用砂浆填充，因此对结构面的平整度要求较低。墙体外饰面受热胀冷缩的影响较小。饰面板扣件固定如图 8.11 所示。

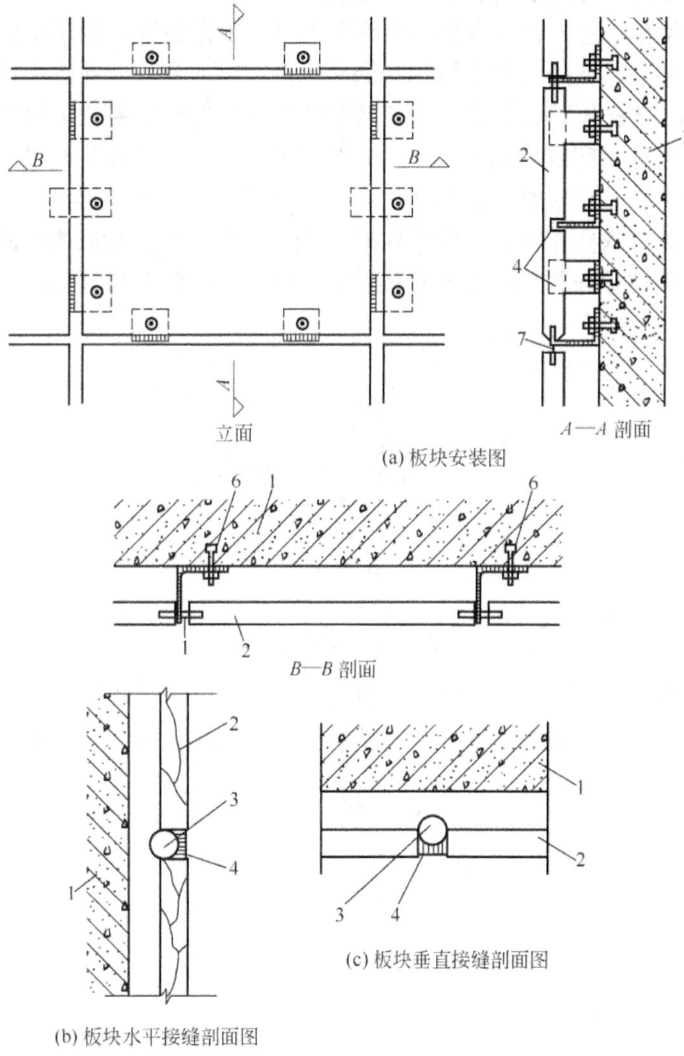

图 8.11　用扣件固定饰面板

1—混凝土墙面　2—板块　3—泡沫条　4—密封硅胶　5—钢扣件　6—膨胀螺栓　7—销钉

扣件固件法的安装步骤如下。

(1) 板材切割、磨边、钻孔、开槽。按照设计图纸要求在施工现场进行切割，由于板块规格较大，宜采用板块切割机切割，以保持切割边角挺直。板材切割后，为使边角光滑采用手提磨光机进行打磨。相邻板块采用不锈钢销钉固定，销钉插在板材侧面孔内，孔径5mm、深12mm，用电钻钻孔，要求钻孔位置正确。大规格板材由于自重大，除了由钢扣件将板块下口托牢以外，还在板块中部开槽设置承托扣件支承板材的自重。

(2) 涂防水剂。在板材背面涂上一层丙烯酸防水涂料，以加强外饰面的防水性能。

(3) 墙面修整。当墙面外表凸出过大影响扣件安装时，必须凿除。

(4) 弹线。从结构中引出楼面标高和轴线位置，在墙面上弹出安装板材的水平和垂直控制线，并做砂浆塌饼以控制板材安装的平整度。

(5) 涂墙面防水剂。由于板材与混凝土墙身之间不填充砂浆，为防止因材料性能或施工质量可能造成的渗漏，在外墙面上涂刷一层防水剂，以加强外墙的防水性能。

(6) 板材安装。安装自下而上进行，在墙面最下一排板材安装位置的上下口拉两根水平控制尼龙丝。板材从中间或墙面阳角开始安装。先装好第一块作为基准，其平整度以塌饼为依据，用线锤吊直，经校准后加以固定。一排板材安装完毕，再进行上排扣件固定和板材安装，板材安装要求四角平整、纵横对缝。钢扣件和墙身用膨胀螺栓固定。扣件成角铁型，扣件上的孔洞均呈椭圆形，便于安装时调节位置，如图 8.12 所示。

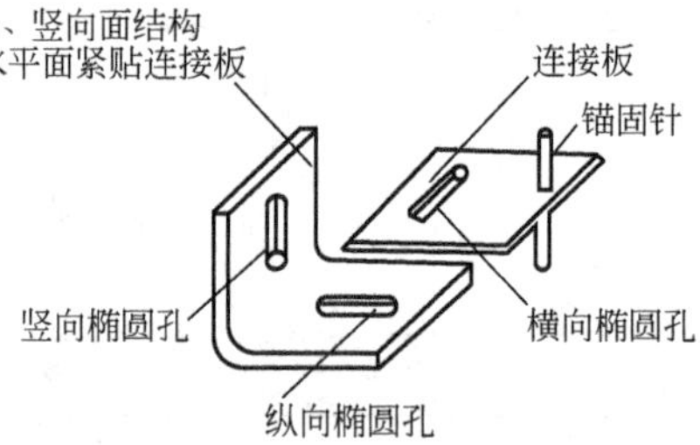

图 8.12　钢扣件

(7) 外饰面接缝的防水处理。外饰面板材接缝的防水处理采用密封硅胶嵌缝。嵌缝前先在接缝处嵌入柔性条状泡沫聚乙烯材料作为衬底，以控制密封深度和加强密封材料的黏结力。

参 考 文 献

1 高等学校土木工程专业指导委员会. 高等学校土木工程专业本科教育培养目标和培养方案及课程教学大纲. 北京：中国建筑工业出版社，2002

2 莫海鸿等. 基础工程. 北京：中国建筑工业出版社，2003

3 建筑边坡工程技术规范(GB 50330—2002)

4 建筑地基基础设计规范(GB 50007—2002)

5 建筑基坑支护技术规程(JGJ 120—1999)

6 滕延京. 建筑地基基础设计规范理解与应用. 北京：中国建筑工业出版社，2004

7 刘建航等. 基坑工程手册. 北京：中国建筑工业出版社，1997

8 蒋国盛等. 基坑工程. 北京：中国地质大学出版社，2000

9 吴之乃等. 建筑业 10 项新技术及其应用. 北京：中国建筑工业出版社，2001

10 建筑结构荷载规范(GB 50009—2001)

11 余志成等. 深基坑支护设计与施工. 北京：中国建筑工业出版社，1997

12 黄强. 建筑基坑支护技术规程应用手册. 北京：中国建筑工业出版社，1999

13 张厚先. 建筑施工技术. 北京：机械工业出版社，2004

14 建筑施工手册(第四版). 中国建筑工业出版社，2003

15 普通混凝土配合比设计规程. 北京：中国建筑工业出版社，2001

16 王铁梦. 工程结构裂缝控制. 北京：中国建筑工业出版社，1997

17 杨跃等. 高层建筑施工. 武汉：华中科技大学出版社，2004

18 徐伟等. 高层建筑施工. 武汉：武汉理工大学出版社，2003

19 范俊祥. 塔式起重机. 北京：中国建材工业出版社，2004

20 赵志缙等. 高层建筑施工. 北京：中国建筑工业出版社，1996

21 建筑施工扣件式钢管脚手架安全技术规范(JGJ 130—2001，J 84—2001)

22 建筑施工门式钢管脚手架安全技术规范(JGJ 128—2000，J 43—2000)

23 杜荣军. 建筑施工脚手架实用手册. 北京：中国建筑工业出版社，1994

24 施岚青，余宗明，张玉祥，姜传库. 新型脚手架与模板支撑架. 北京：中国建筑工业出版社，1997

25 糜嘉平. 我国新型脚手架的发展动向. 施工技术，1999(3)

26 杜荣军. 我国建筑脚手架设计和管理工作的重大进展. 建筑技术，1999(9)

27 混凝土结构设计规范(GB 50010—2002)

28 郝临山，陈晋中. 高层与大跨建筑施工技术(M). 机械工业出版社，2004

29 赵志缙. 高层建筑施工手册(M). 上海：同济大学出版社，1997

30 刘新，时虎. 钢结构防腐蚀和防火涂装. 北京：化学工业出版社，2005

31 现行建筑施工规范大全. 北京：中国建筑工业出版社，2002

32 宋桂军. 建筑工程施工验收规范与强制性条文实务全书. 科学技术文献出版社，2001

33 杨嗣信. 高层建筑施工手册. 北京：中国建筑工业出版社，2003

34 实用建筑施工手册编写组. 实用建筑施工手册. 北京：中国建筑工业出版社，2000

35 中国建筑工程总公司. 建筑装饰装修工程施工工艺标准. 北京：中国建筑工业出版社，2003
36 丁洁民等. 建筑装饰工程施工. 上海：同济大学出版社，2004
37 高层建筑混凝土结构技术规程(JGJ 3—2002，J 186—2002)
38 建筑变形测量规程(JGJ/T 8—1997)